"十二五"普通高等教育本科国家级规划教材

机械原理

第2版

主编　赵自强　张春林
参编　李志香　马　超　冯欣欣
张　颖　王立勇

机 械 工 业 出 版 社

本书是按照高等工科教育逐步与国际教育接轨的要求编写的改革创新型教材。全书内容从机构分析、机构设计、机构系统及运动方案设计到机械动力学，遵循以设计为主线，以加强基本概念、基本理论、基本方法为基础，以理论与工程实践相结合为指导思想，对传统机械原理的内容进行了整合与拓展。

全书共有13章。第一章主要介绍机械、机器、机构的基本概念；第二章到第四章主要介绍机构结构分析、机构运动分析和机构受力分析；第五章到第九章主要介绍连杆机构、凸轮机构、齿轮机构、轮系、间歇运动机构等常用机构的设计；第十章介绍空间机构和机器人机构；第十一章介绍机构系统的设计与机械系统运动方案的设计；第十二章和第十三章主要介绍飞轮设计和平衡设计。创新设计的思想与内容融于各章中。

本书各章配有相应二维码，扫描后可浏览配套动画演示，请在wifi环境下观看。

本书可作为高等工科学校机械类专业的机械原理教材，也可作为机械工程人员的参考用书。

图书在版编目（CIP）数据

机械原理/赵自强，张春林主编. —2版. —北京：机械工业出版社，2015.12（2021.8重印）
“十二五”普通高等教育本科国家级规划教材
ISBN 978-7-111-52171-6

Ⅰ.①机…　Ⅱ.①赵…②张…　Ⅲ.①机构学－高等学校－教材　Ⅳ.①TH111

中国版本图书馆CIP数据核字（2015）第270737号

机械工业出版社（北京市百万庄大街22号　邮政编码100037）
策划编辑：余　皞　责任编辑：余　皞　安桂芳
责任校对：佟瑞鑫　封面设计：张　静
责任印制：张　博
保定市中画美凯印刷有限公司印刷
2021年8月第2版第4次印刷
184mm×260mm·19印张·468千字
标准书号：ISBN 978-7-111-52171-6
定价：49.80元

前言

《机械原理》教材是在教育部颁布的教学基本要求的指导下，以设计为主线，以加强基本理论、基本方法和基本知识为基础，以培养创新意识和创新设计能力为目标编写的。在编写中，参考了国内和国外同类教材的特点，结合作者多年的教学科研经验，引入了一些新内容。

本书的编写特点如下：

1）教材按照机构分析、机构设计、机构系统和运动方案设计及机构动力学设计的内容编写，形成完整的机械原理课程体系。

2）教材内容中淡化图解法，强化解析法。如机构运动分析、力分析、连杆机构综合、凸轮机构设计、平衡设计等，均淡化了图解法，突出了解析法，符合现代科学技术的发展趋势。

3）教材对传统机械原理内容进行了修改、整合与拓展。如在绪论中重新定义了机构的基本概念，使其更具有时代特点。机构自由度的计算内容拓展到变胞机构和线性相关的概念；把机构组成原理拓展到机构创新设计；放弃了传统的利用效率判断机构自锁的方法，改为利用运动副的自锁判断机构的自锁；利用运动副中的总反力作用在摩擦锥或摩擦圆之内来判断机构的自锁，不但与运动副的摩擦内容一致，而且概念清晰，方法实用。把摩擦与自锁机构设计相结合，也强化了设计主线。在连杆机构和凸轮机构的解析法设计中，引入了简单的几何代数法，简化了数学运算过程。本教材还增加了空间机构、机器人机构、机构创新设计、机构系统设计与运动方案设计等内容，完善了从简单机构设计到复杂机构系统设计的整体内容；同时简化了齿轮机构中的变位齿轮、斜齿轮、锥齿轮、蜗杆机构以及其他常用机构的内容。把机构动态静力分析、摩擦与自锁、考虑摩擦的力分析等内容整合为机构的力分析。

4）为了突出教材的新颖性，学习了国外同类教材的插图风格，采用了平面彩色渲染图和一些三维实物图形，代替了传统的黑白线条图形，层次分明，有益于对教材内容的理解。

5）改革了课后习题的体系与内容。本教材的习题内容分为理解练习、分析与设计练习和自测练习三个组成部分，形成一套完整的课后训练系统。习题的选编在加强基本理论、基本概念和基本方法的基础上，采用与工程实践相结合的题目，突出了理论与实践相结合的训练目的，使学生逐步提高解决工程设计中的实际问题以及进行创新的能力。

6）引入了一些国外教材中的基本概念和基本方法。如局部自由度改为冗余自由度、虚约束改为冗余约束；机械动平衡设计中，国内教材是把转子内的各不平衡力分解到两个校正平面上，然后在两个校正平面分别进行力系平衡计算。本教材采用了转子中各不平衡力直接对两个校正面求力矩的方法，减少了力系分解，计算更为简单。

7）引入了作者的一些科研成果。如第二章曲柄齿轮齿条机构自由度的计算中，作者提出了自由度线性相关的概念，解决了一些特殊机构自由度计算中存在的争议；把机构组成原理进行了拓展，突出了机构的创新设计。

8）本教材是在张春林、张颖主编的《机械原理》（英汉双语）教材的基础上改编的，增加了许多内容。

9）本教材的习题引入了机构学中的部分新内容，如柔顺机构、微机构、电磁机构以及含有柔性构件的机构，此类习题可开拓学生的视野，培养学生创新设计的思维方式。

10）每章结束后，增加了各章的总结，有利于对各章内容的复习。

参加本教材编写的教师有：张春林（第一章，第二章，第三章），王立勇（第四章），赵自强（第五章，第六章，第七章），李志香（第八章），马超（第九章，第十章，第十一章），冯欣欣（第十二章，第十三章），张颖（习题整理）。全书由张春林教授及赵自强老师负责统稿。

本教材于2012年出版后，通过教学实践的检验，在教学内容、课程体系和章节结构等方面，较好地满足了教学改革和人才培养的要求。

经过三年多的使用，根据作者自查和用户意见反馈，结合目前常用的二维码新技术，为方便学生学习，对本教材进行修改、补充和完善。修订的基本思路为：

1）保持原教材的基本结构体系和内容特色。

2）引入二维码技术，方便学生理解各类典型机构的结构组成特点及运动特点。

3）进一步优化与工程实际相结合的练习题目，以提升学生解决实际问题的能力。

4）更正了一些文字错误和绘图错误。

为减少本书的不当之处，欢迎广大读者批评指正。

感谢我的博士生团队为本书的修订所做的工作。

由于作者水平有限，难免存在错误、疏漏之处，敬请广大读者批评指正。

张春林

于北京光大花园

目录

第一章

绪　论

解释机器、机构和机械的基本概念，介绍机械原理的研究对象和机械原理课程的主要内容，强调机械原理课程在机械工程领域中的重要地位，探讨机械原理的学习方法。

第一节　机械总论

机械工业是一个国家发展的基础，现代社会已经完全离不开机械。

各种各样的机械，如纺织机械、印刷机械、食品机械、交通运输机械、矿山机械、建筑机械、工程机械、农业机械、林业机械、包装机械、冶金机械、流体机械、电力机械、服务机械、兵器与机器人等，在经济建设和国防建设中发挥了巨大作用，促进了人类社会的快速发展。改造原有机械、设计新机械是机械工程领域的重要任务。认识机械、了解机械、设计机械是机械工程专业教学的重要内容。

一、机械的概念

机械的概念是伴随人类社会的不断进步逐渐发展与完善的。从原始社会早期人类使用的诸如石斧、石刀等最简单的石制工具，到杠杆、辘轳、人力石碾、兽力石碾等简单的木制或石制工具，发展到较复杂的水力驱动和风力驱动的水碾和风车等都是简单机械。图 1-1 所示为早期简单机械的发展历程。人类由石制工具发展到由人工操作的简单机械（如辘轳），又发展到兽力驱动的机械，再发展到水力驱动的简单机械。人类逐步掌握了一次能源在机械中的使用方法。

18 世纪英国工业革命后，人类发明的蒸汽机、内燃机、电动机等复杂的机械，奠定了现代机械的基础。图 1-2a 为英国工业革命期间发明的蒸汽机，此后，人类学会了利用二次

a) b) c) d)

图1-1 早期简单机械

a）石刀、石斧 b）人力辘轳 c）兽力驱动的石碾 d）水车

能源，为发展经济奠定了坚实的基础。图1-2b为早期的车床，其动力由蒸汽机驱动的带传动装置提供，为金属材料的精确加工提供了条件。图1-2c为早期的纺织机械车间。

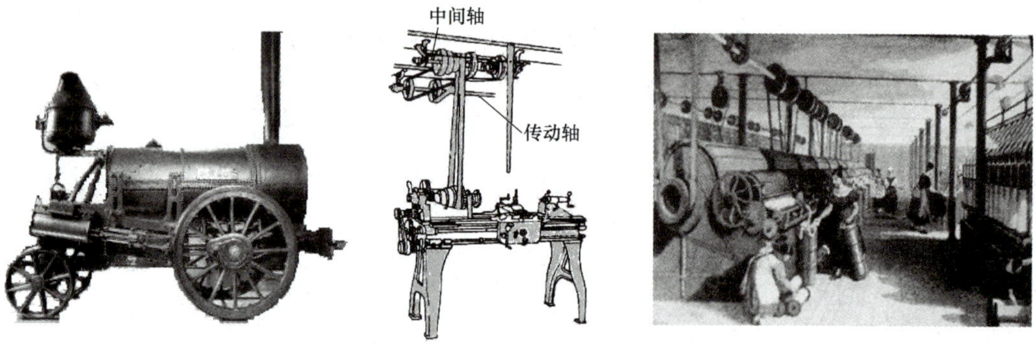

a) b) c)

图1-2 工业革命期间的机械

a）蒸汽机 b）车床 c）纺织机械车间

计算机发明后，自动控制技术、信息技术、传感技术融入机械中，机械实现了自动化和智能化。特别是进入21世纪后，机器人、数控机床、高速运载工具、重型机械、微型机械等大量先进机械加速了人类社会的繁荣和进步。机械进入了智能化的机电结合的新时代。图1-3所示为汽车生产流水线的一部分。

图1-3 汽车生产流水线

不同历史时期，人们对机械的定义也有所不同。从广义角度讲，凡是能实现机械运动的装置都是机械。如螺钉旋具、锤子、钳子、剪子等简单工具是机械，汽车、坦克、飞机、舰船、各类加工机床、机械手、机器人、复印机、打印机等高级复杂装备也是机械。无论其结构和材料如何，只要是实现机械运动的装置，就称之为机械。在社会生活中，人们常把最简单的、没有动力源的简单机械称为工具或器械，如杠杆、钳子、剪子、手推车等最简单的机械常称为工具。

工程中，谈到具体的机械时，常使用机器这个名词，泛指时则用机械来统称。

1. 机器的概念

机器是执行机械运动的装置，用来变换或传递能量、物料或信息。机器的重要特征是执行机械运动，同时完成能量的转换、物料或信息的传递。汽车、坦克、导弹、飞机、轮船、车床、起重机、织布机、印刷机、包装机等大量具有不同外形、不同性能和用途的装置都是具体的机器。电视机不是机器，因为其功能与机械运动无关。

2. 机构的概念

机器的重要特征是执行机械运动，工程中把机器中执行机械运动的装置称为机构。为研究方便，常用简单的符号和线条表示机构的组成情况和运动情况，并称之为机构运动简图。

图 1-4a 所示的四冲程内燃机，是一个把热能转换为机械能的机器。该内燃机中，活塞 1 的往复移动通过连杆 2 推动曲轴 3 连续旋转，将这种把活塞移动转化为曲轴连续转动的机械运动装置称为连杆机构。凸轮 7、7′转动，驱动推杆 8、8′往复移动，称之为凸轮机构。再通过杠杆 9、9′，驱动气门 10、10′开闭，控制进、排气阀的运动，保证缸体 11 内按顺序吸进燃气和排出废气。四冲程内燃机中，活塞往复移动四次，曲轴转动两周，进气阀和排气阀各开闭一次，所以凸轮的转速要比曲轴的转速低一半。也就是说，在曲轴和凸轮轴之间要设置减速齿轮 4、5、6，称之为齿轮机构。齿轮机构实现了高速转动到低速转动的运动变换。

综上所述，机构是组成机器的主体。为表明机器的组成和运动情况，常用机构运动简图来表示。

图 1-4b 为该内燃机的机构简图。为表达清楚，另一套凸轮机构单独画出。使用机构简图对内燃机进行分析和设计时，简化了设计工作。单缸四冲程内燃机的主体机构如图 1-5 所示。其进气、压缩、爆炸燃烧、排气过程中，活塞往复移动四次，曲轴转动两周，进气阀与排气阀各开闭一次。但只有爆炸燃烧过程，才是做功行程，这导致了曲轴运动速度的不均匀，所以在曲轴的另一端还要安装调速飞轮。上述各机构协调动作，才能实现内燃机的工作要求。

尽管机器的种类很多，其功能、形状、结构、尺寸等也各不相同，但组成不同机器的机构种类却是有限的，仅有 20 余种。要用有限的机构组成无限的机器，就必须掌握机构的种类、工作原理以及设计方法。

3. 机械的概念

机构与机器都是实现机械运动的装置，所以从运动学的观点看，两者是一样的。不同点是机构没有能量的转换。如机械表是机构，不是机器。因为机械表中没有能量转换，且弹簧能量没有转换为有用机械能输出，其作用仅为克服各运动构件之间的摩擦阻力。

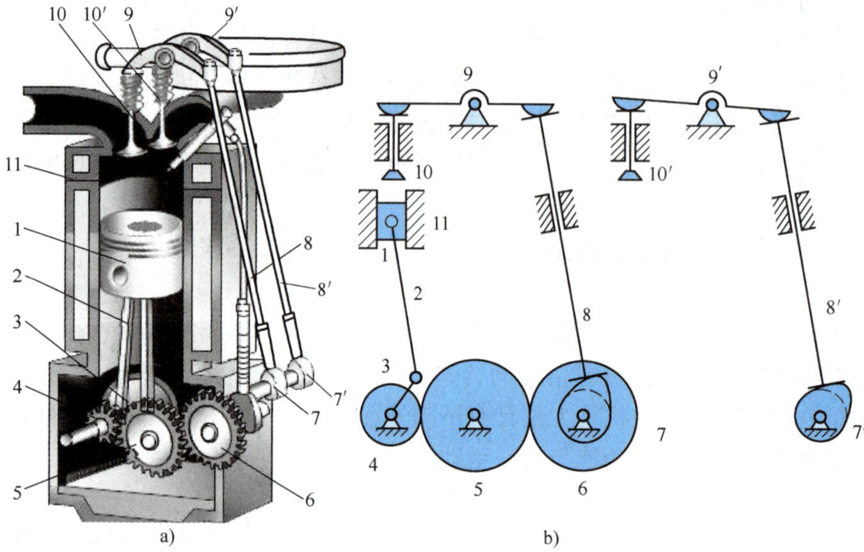

图 1-4　内燃机及其简图

1—活塞　2—连杆　3—曲轴　4、5、6—齿轮　7、7′—凸轮
8、8′—推杆　9、9′—杠杆　10、10′—气门　11—缸体

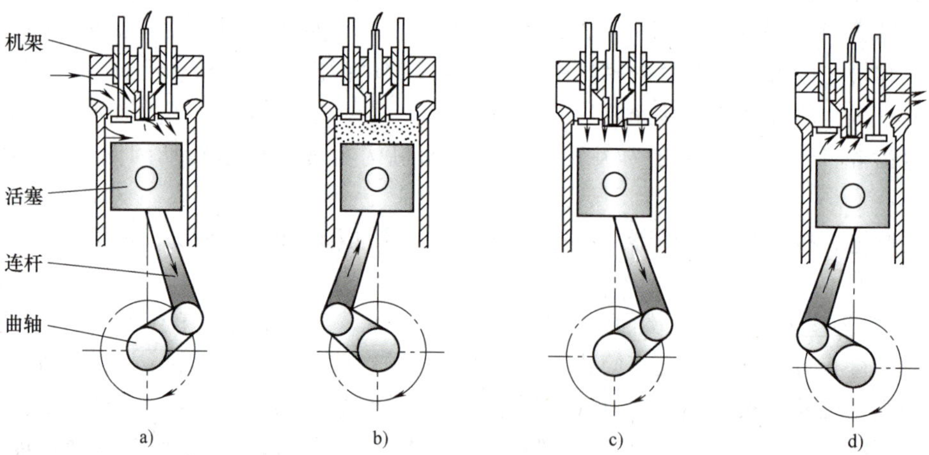

图 1-5　单缸四冲程内燃机

a）进气冲程　b）压缩冲程　c）做功冲程　d）排气冲程

从机械运动的观点看问题，机构与机器没有本质区别，工程中将机构与机器统称为机械。

二、机器的组成

根据机器的定义，机器中要有动力源，并称之为原动机；机器中还要有机械运动的传递装置或机械运动形态的变换装置，常将它们称为机械传动系统和工作执行系统，统称为机械运动系统；现代机器还有控制系统。图 1-6 所示框图为常见机器的组成示意图。

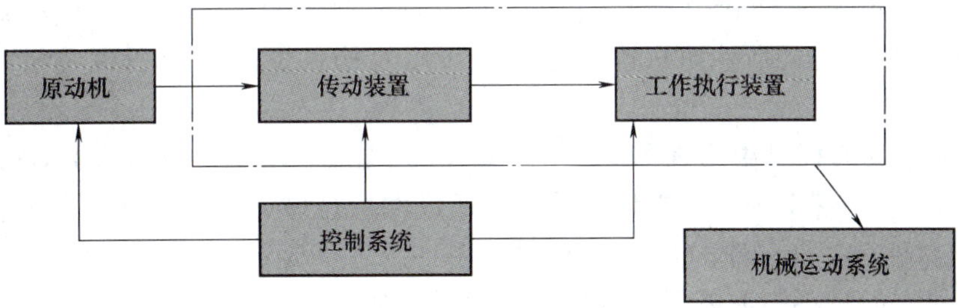

图 1-6 机器组成示意图

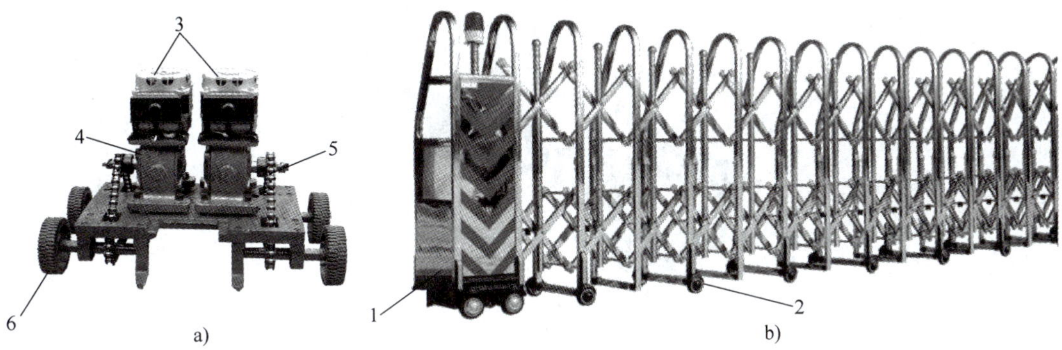

图 1-7 电动大门示意图

1—驱动器 2—大门 3—电动机 4—减速器 5—链传动 6—滚轮

图 1-7 所示为电动大门示意图，驱动器 1 的内部组成如图 1-7a 所示，原动机为电动机 3，其转速很高，大门 2 的开起速度较低，所以要经过减速器 4 和链传动 5 把电动机 3 的工作转速降下来，图中的减速器和链传动就是速度变换机构。由许多平行四边形机构和滚轮组成的大门 2 称为工作执行机构。该自动门的控制系统含传感器和电子电路，此处不作详述。

工程中应用的机械运动系统，大都具有减速机构。但也有一些现代机器没有减速机构，如火力发电机组，直接由汽轮机驱动发电机。功率不是很大的现代机械中，有时用可控电动机直接驱动工作执行机构。

第二节 机械原理课程的研究对象与内容

一、机械原理的研究对象

机械原理是研究有关机械基本理论的课程，其研究对象为机械，而机械又是机器和机构的总称，所以，机械原理是研究机器和机构基本理论的课程。

从机器的组成情况看，原动机是把其他形式的能量转化为机械能的机器，为机器的运转提供动力。机械原理的研究对象不涉及具体原动机的选择，也不涉及机器的控制系统。机器的传动机构和工作执行机构才是机械原理的研究重点。

图 1-4 所示的内燃机中，活塞作往复直线运动，连杆作平面运动，齿轮、凸轮作定

轴转动，推杆作往复直线运动，它们都是最小的运动单元，这里把组成机器的最小运动单元称为构件。构件的运动轨迹、运动规律以及构件的受力分析也是机械原理研究的对象。

图1-8所示的连杆是由连杆体1、连杆头4、大端滑动轴承3与小端滑动轴承2、连接螺栓5、螺母6、垫圈7等多个零件刚性连接而成的组合体，该组合体内各零件之间没有相对运动。这里把组成构件的最小单元称为零件。零件是制造后没有经过组装的物体，因而是组成机器的最小制造单元。构件可以是若干零件的刚性组合体，也可以是单个零件。如一个齿轮可能是一个零件，也是一个构件。机械零件的设计问题将在后续课程中进行讲述。

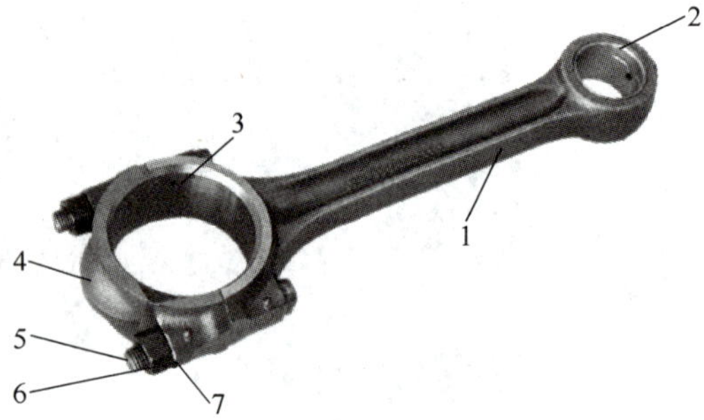

图1-8　连杆的组成

1—连杆体　2—小端滑动轴承　3—大端滑动轴承　4—连杆头　5—连接螺栓　6—螺母　7—垫圈

二、机械原理的研究内容

机构是机器中执行机械运动的主体，或者说机构是组成机器的要素。因此，机械原理的主要研究对象是机构。即研究机构的种类、机构的组成、机构的分析、机构的运动、机构的受力、机构的设计以及机构系统的设计等内容。

一般说来，常把机械原理的内容分成三大部分：

（1）机构结构学　研究机构组成，机构运动简图的画法，机构自由度的计算以及机构的结构分析等。

（2）机构运动学　研究机构运动时的位置、速度、加速度，构件之间的作用力，按照工作要求设计机构的运动学尺寸等。

（3）机械动力学　研究机械在外力作用下的运转过程，机械中惯性力的平衡以及速度波动的调节等。

为方便教学，本教材把机械原理课程内容分为四部分：

（1）机构分析　研究机构组成，机构运动简图的画法，机构自由度的计算，机构的结构分析以及利用机构组成原理进行机构的创新设计；研究考虑摩擦的机构受力分析、考虑惯性力的机构受力分析等内容。

（2）机构设计　研究连杆机构、凸轮机构、齿轮机构、间歇运动机构以及其他常用机构的尺度设计；介绍简单空间连杆机构及机器人机构设计的基本知识。

（3）机构系统设计　研究由上述基本机构组成复杂机构系统的方法，为创新设计机构系统提供理论与方法上的依据；研究机械系统运动方案的设计等。

（4）机械动力学　研究机械运转过程中惯性力的平衡，研究机械运转过程中速度波动的调节方法。

随着科学技术的飞速发展和各学科之间的融合与渗透，机械的内容不断丰富，柔性机构、微型机构、仿生机构的出现，使机械原理的研究内容不断拓展。

第三节　学习机械原理课程的目的与方法

一、开设本课程的目的

机械与人类生活、经济建设、国防建设密切相关，机械工程的发展程度代表一个国家工业基础的强弱和科学技术的发展水平。机械种类众多，但组成各类机械的机构种类是有限的。用有限的机构去设计无限多的各种新机器，必须要掌握各类机构的分析、设计以及各类机构的组合设计，这样才能为设计各类新机械奠定理论基础。

机械原理的内容不但是后续课程的基础，也是机械设计过程中的一个重要环节。只有掌握机械原理的基本知识，才能设计新机械。本课程的目的是为设计各类机械奠定理论基础和技术基础。

二、本课程的学习方法

由于机械科学技术的发展和教学改革的不断深入，反映机械科学技术发展的新内容不断充实到机械原理课程中，如机械系统运动方案的设计、机构创新设计、空间连杆机构、机器人机构、解析法在机构分析与设计中的应用已充实到机械原理课程中，导致了机械原理课程内容的膨胀，而传统的机械原理内容减少不多，但教学时数却减少了，因此，本课程的教学方法和学习方法要作适当调整，要转变教学观念和学习观念。

机械原理课程既然是一门技术基础课程，既和基础课程内容密切相关，又贴近工程设计。根据本课程的性质和在教学中的地位，在学习本课程时要注意以下问题。

1）充分运用前面已经学过的相关课程的基本知识、基本理论和基本方法。机械原理课程内容与理论力学课程内容密切相关。理论力学中静力学中的力系平衡条件、约束、摩擦，运动学中的相对运动、平面运动原理和动力学的动量矩定理、达朗伯原理等基本原理是学习机械原理课程的理论基础。

机械原理课程内容与高等数学课程内容密切相关。高等数学中的矢量运算、数值计算、坐标变换、矩阵运算、微分方程等内容是机械原理课程中进行分析与设计的主要数学工具。

机械原理课程内容与计算机、算法语言类的课程内容密切相关。能够运用算法语言编制程序，对运用数学方法求解机构分析与设计的结果具有巨大帮助。

另外，机械原理课程还需要机械制图、机械制造技术基础等课程的相关知识，在学习机械原理的过程中，要注意相关课程知识的复习与运用。

总之，在学习本课程时，要注意对相关课程内容的复习与运用，否则，很难学好机械原理课程。

2）机械原理课程让学生第一次接触到具体的机械设计过程，要完成从纯基础理论课到专业课学习方法的转变。

机械原理课程由课堂教学、实验教学和实践教学组成。实践教学以课程设计的形式完成，课程设计是机械原理课程的延续和补充。课堂教学中，教师主要讲述重点、难点以及解决问题的方法，听课时要求掌握基本理论与方法以及解决问题的基本思路；作业可以检查所学知识的掌握程度，认真思考与善于思考是学好机械原理的必要途径；机械原理课程的实验较多，分析型、验证型及其创新设计型的实验是巩固所学知识、提高分析问题和解决问题能力的基本训练，实验中要注意培养自己的动手能力、工程实践能力和创新能力；课程设计是学习结果的全面检验和首次进行工程设计的尝试，要求完成从机械系统运动方案的设计到机构系统设计的全过程，最后结合机械设计课程完成机械结构和强度设计，并绘制机械装配图。

3）机械原理课程是理论性和实践性很强的课程，其分析与设计方法不是唯一的，有时设计计算结果具有多值性。因而在学习本课程时，要把逻辑思维和形象思维相结合，想像力与工程实际相结合，才能提高创新设计的能力。

4）本课程的学习要求可分为掌握、理解和了解性的内容，在学习过程中，教师可根据教学基本要求自行确定，学生可据此有针对性的学习。

总而言之，复习相关课程的知识，认真听课，独立完成作业，勤于思考，参加实验，理论与实践相结合，是学好本课程的关键。

本章总结

1. 机构是执行机械运动的装置。
2. 机构运动简图是机构的简化表达形式。
3. 机器是执行机械运动的装置，且能变换或传递能量、物料与信息。
4. 机械是机构与机器的总称，谈到具体的机械时，常用机器这一名词，泛指时，常用机械这一名词。
5. 从运动学观点看，构件是机器中的最小运动单元。
6. 从制造观点看，零件是机器中的最小制造单元。
7. 构件可能是一个零件，也可能是若干零件的刚性组合体。
8. 机械原理是研究有关机器和机构的基本理论的课程。
9. 机械原理课程内容在机械设计过程中，特别是在机械创新设计中，占有重要地位。
10. 从科研观点出发，机械原理的内容可分为机构结构学、机构运动学和机械动力学三部分。
11. 从教学观点出发，机械原理的内容可分为机构的分析、机构的设计、机构系统的设计和机械系统动力学四部分。
12. 机械原理是一门技术基础课程，不但为后续课程提供知识，在机械设计过程中也有其独特作用。

习　题

1. 理解

1-1　从广义角度讲，凡是能实现（　　）的装置都是机械。

a）机械运动　　b）能量转换　　c）速度变化　　d）加速度变化

1-2　机器是执行机械运动的装置，用来变换或传递（　　）、（　　）或（　　）。

a）能量　　b）物料　　c）加速度　　d）速度

e）信息

1-3　工程中，把机器中（　　）的装置称为机构。

a）进行能量转换　　b）执行机械运动　　c）提供能量　　d）加工工件

1-4　机构是组成机器的主体，为表明机器的组成和运动情况，常用（　　）来表示。

a）草图　　b）CAD 图　　c）机构运动简图　　d）三维模型图

1-5　机构与机器都是实现机械运动的装置，所以从运动学的观点看，两者是一样的。不同点是________没有______________和信息的传递。

1-6　机械原理是研究机器和机构基本理论的课程，其研究对象不涉及________的选择，也不涉及机器的________。

1-7　习题图 1-1 中的装置是否为机器，逐一说明理由。

a)　　b)　　c)　　d)

习题图 1-1　各种装置

a）电视机　b）机械手表　c）手推车　d）汽车发动机

1-8　________是机器中最小的运动单元。

1-9　机械原理的内容通常分为三大部分：________、________和________。

1-10　机构结构学主要研究：机构组成，________的画法，________的计算，以及机构的结构分析等。

2. 分析与设计

2-1　从下列常见机械中选择三个，观察其运动过程并分析其工作原理。

a）自行车　b）公交车门的开闭装置　c）汽车发动机　d）机械手表　e）婴儿摇床

f）翻斗车的装卸系统　g）立式电风扇转头机构　h）推土机土铲的运动机构

2-2　千百年前，我们的祖先就学会了制作水轮，如习题图 1-2a 所示；而如习题图 1-2b 所示水轮发电机是当代一个很伟大的发明。同样是利用自然之力，请比较两个发明的异同，并对其进行简要分析。

2-3　习题图 1-3 中，给出了一辆折叠自行车、一辆普通自行车和一辆电动自行车。请判断哪辆自行车是机构，哪辆是机器，并简述原因。

2-4　人体就如同一部机器，每一个部分都十分的精密，请用本章学到的内容对自己的手进行分析（习题图 1-4）。（提示：可从机器定义、机器组成等角度分析）

2-5　习题图 1-5 所示为瓦特改良的蒸汽机结构模型，请查阅相关资料，了解瓦特从哪些方面对其进行了改良。对所示机器进行分析，掌握蒸汽机的工作原理，并说明能量转换过程。

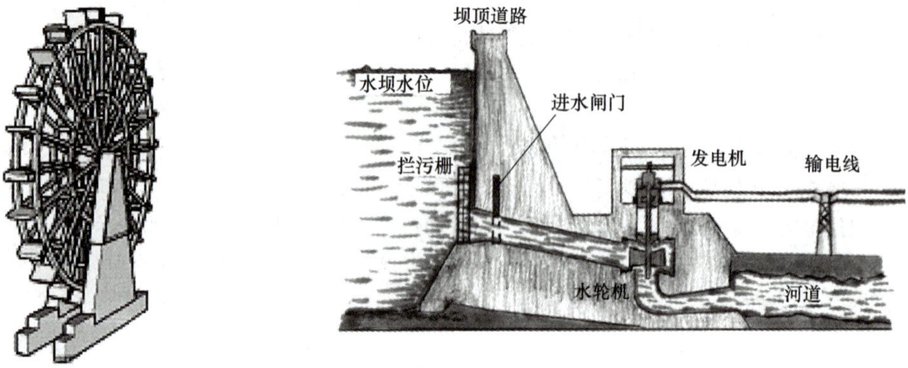

a)　　b)

习题图 1-2　水轮及水轮发电机

a)　　b)　　c)

习题图 1-3　自行车

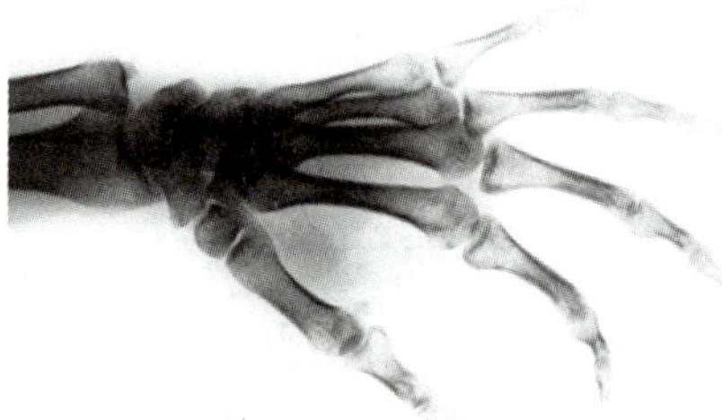

习题图 1-4　手部骨骼

3. 自测题

3-1　习题图 1-6 所示的装置是否为机器，简述理由。

3-2　__________是组成机器的最小制造单元。

3-3　下列选项中，属于构件的有（　　）；属于零件的有（　　）。

a）凸轮　　b）螺栓　　c）齿轮　　d）弹簧

e）发动机中的连杆　　f）轴承　　g）发动机

h）电动机　　i）垫片

3-4　机构运动学主要研究：机构运动时的位置、__________、__________，以及按照工作要求设计机构的运动学尺寸。

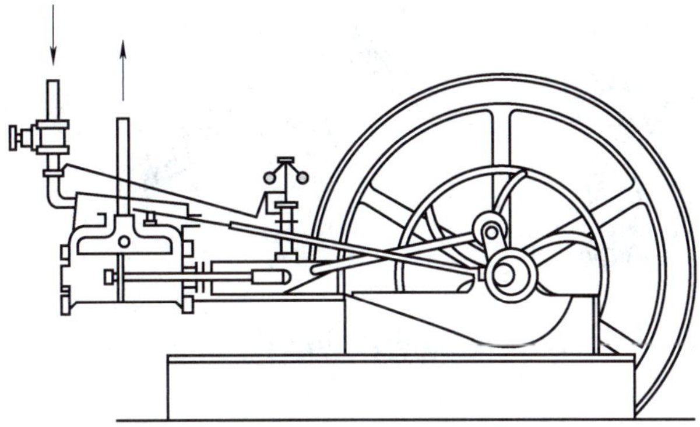

习题图 1-5　瓦特改良的蒸汽机结构模型

a)　　　b)　　　c)　　　d)

习题图 1-6　各种常用工具

a）电锯　b）滚筒式洗衣机　c）微波炉　d）飞机

3-5　习题图 1-7 所示为内燃机内部结构图，查阅相关资料，了解内燃机的工作原理，描述其工作过程，并与习题图 1-5 中瓦特改良的蒸汽机进行比较，分析其优缺点。

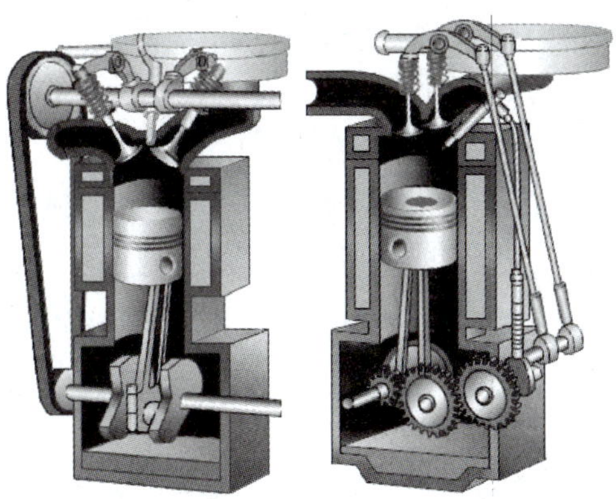

习题图 1-7　内燃机内部结构图

3-6　习题图 1-8 所示为四种开瓶器，请描述其工作原理，并指出它们由哪些构件组成，是否为机构，四种开瓶器的差别在哪里。

a) b) c) d)

习题图 1-8 四种开瓶器

第二章

平面机构的结构分析

学习构件、运动副、运动链、机构的名词术语，掌握平面机构的自由度计算以及在计算过程中的注意事项、机构运动简图的绘制，了解机构的组成原理和机构结构分析的基本方法。

第一节　运动链与机构

一、构件

构件是组成机器的最小运动单元。图 2-1a 所示为一单缸四冲程内燃机示意图，机构运动简图如图 2-1b 所示。其中箱体 4 为固定件、活塞 3 作往复直线移动、连杆 2 作平面运动、曲轴 1 作定轴转动，它们都是独立的运动单元，因此也都称为构件。构件可能是一个零件，也可能是几个零件的刚性组合。图 2-1c 所示的内燃机中的连杆是一个构件，但该构件是由连杆体、连杆头、轴瓦、连接螺栓、螺母、垫圈等几个零件刚性组合在一起的。也就是说，构件可能仅包含一个零件，也可能是几个零件的刚性组合。

当不考虑构件的自身弹性变形时，则视之为刚性构件，本书在不作特殊说明时，均指刚性构件。

在机构运动简图中，常用简单直线或曲线表示构件。图 2-1b 中，曲柄、连杆是简单直线，活塞用方形滑块表示。

二、运动副

单独的构件不能实现既定运动要求，必须把多个构件以某种形式连接起来，组成一个构件系统，才能实现既定运动。人们把两构件之间具有相对运动的连接称为运动副。

两构件既然被运动副连接起来，就必须要保持接触，而且在接触过程中还要能够产生相

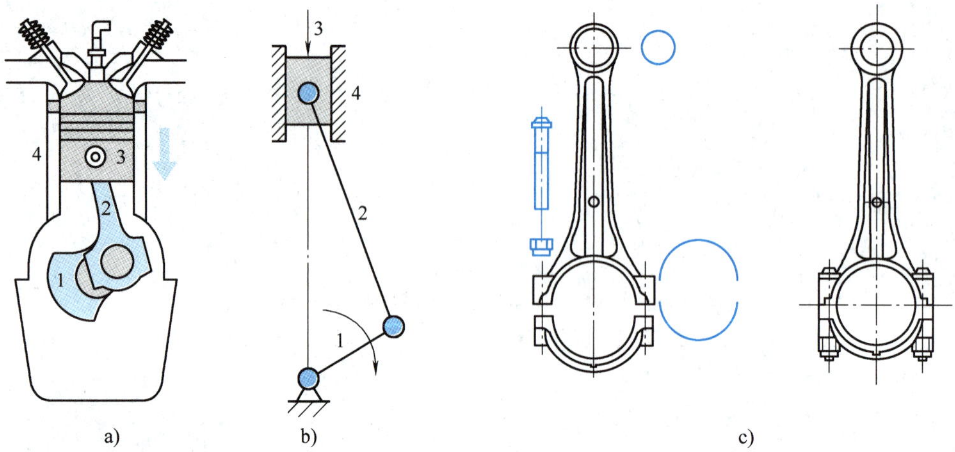

图 2-1　内燃机及其连杆

对运动，因此可以按两构件的相对运动方式和接触方式对运动副进行分类。

1. 按两构件之间的相对运动方式分类

两构件之间的相对运动只有转动和移动，平面运动形式可以看作为转动和移动的合成运动。

（1）转动副　保持两构件之间的相对运动为转动的运动副，称之为转动副。

图 2-2a 所示为构件 2 固定，构件 1 转动的转动副，对应的简图为图 2-2b。图 2-2c 所示是连接两运动构件的转动副，对应的简图为图 2-2d。

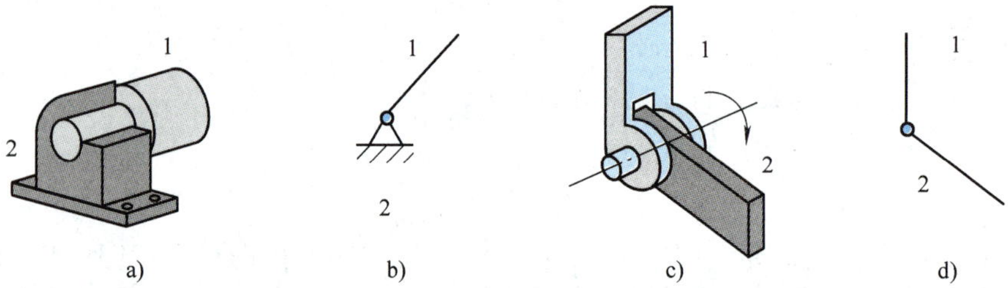

图 2-2　转动副

（2）移动副　保持两构件之间的相对运动为移动的运动副，称之为移动副。

图 2-3a、b 所示是构件 1 相对构件 2 的移动副。若两构件均是运动构件，其运动副简图如图 2-3c 所示；若其中某一构件固定，其运动简图如图 2-3d 所示。

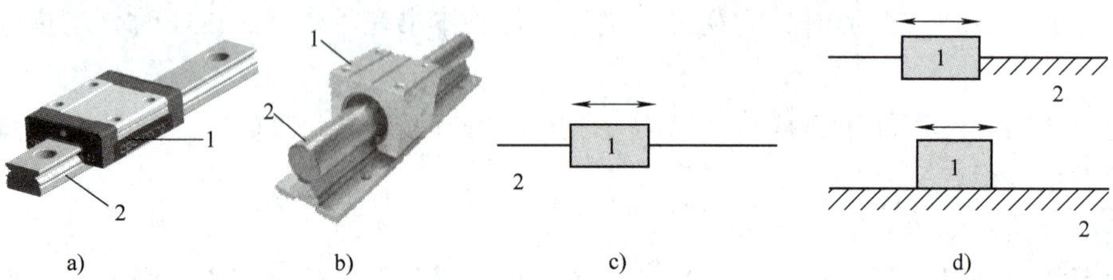

图 2-3　移动副

2. 按两构件的接触方式分类

两构件用运动副连接后。构件之间的接触方式共有三种，即面接触、点接触和线接触。

（1）低副 两构件之间是面接触的运动副称为低副。由于在承受同等作用力时，面接触具有较小的压强，所以称其为低副。图 2-2 所示转动副中，转轴 1 与轴承座 2 的接触区是圆柱面，图 2-3 所示移动副中，滑块 1 与导轨 2 之间也是面接触，它们都是低副。

（2）高副 两构件之间是点或线接触的运动副称为高副。由于在承受同等作用力时，点或线接触的运动副中具有较大的压强，所以称之为高副。图 2-4a所示轮齿 1 与轮齿 2 接触时，从端面看是点接触，从空间看是线接触，称之为齿轮高副，对应的运动副简图如图 2-4b所示。图 2-4c 所示滚子 1 与凸轮 2 接触时，从端面看是点接触，从空间看是线接触，称之为凸轮高副，对应的运动副简图如图 2-4d 所示。图 2-4e 所示为一滚子在槽面内移动，按相对运动是移动副，按其接触性质则为高副。也就是说，移动副有时是低副接触，有时是高副接触。

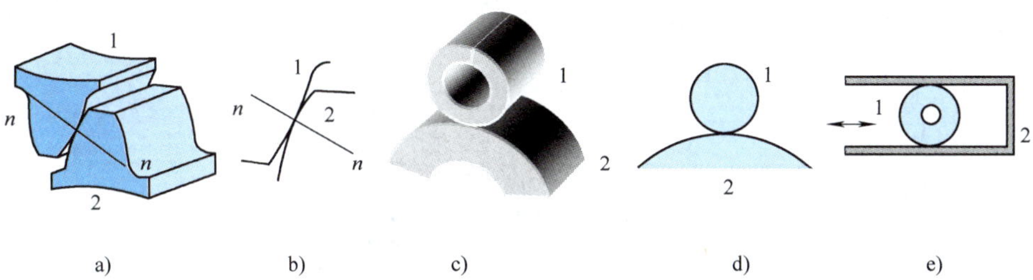

图 2-4 高副

3. 运动副元素

在研究运动副时，经常涉及两构件在运动副处的接触表面形状，其接触形式可能是点接触、线接触或面接触。把两构件在运动副处的点、线、面接触部分称为运动副的元素。

图 2-2 所示转动副中，轴 1 的外圆柱面是轴 1 的运动副元素，轴承座 2 的内圆柱面是轴承座 2 的运动副元素。图 2-3a 所示移动副中，运动副元素为接触平面，图 2-3b 所示移动副中，运动副元素为圆柱面。2-4a 所示轮齿 1、2 形成的运动副中，各自的轮廓曲线是轮齿的运动副元素。图 2-4c 所示凸轮高副中，各自的轮廓线则是相应的运动副元素。因此，高副的运动简图一般用其对应的曲线表示。在机构的结构分析、力分析和机构设计过程中，表示单一构件的运动副连接处时，经常使用运动副元素表示。

三、运动链

若干个构件通过运动副连接起来可作相对运动的构件系统称为运动链。若运动链中的各构件形成了首尾相接的封闭系统，则称之为闭链。闭链中每个构件上至少有两个运动副元素。图 2-5a、b 所示运动链为闭链。图 2-5c 为含有两个运动副元素的构件。

若各构件之间没有形成首尾相接的封闭系统，则称之为开链。开链中，首、尾构件仅含有一个运动副元素。图 2-6a、b 所示运动链为开链，构件 3、4 只含有一个运动副元素。开链在机器人领域中有广泛应用。

图 2-7a、b 所示的构件系统中，各构件间均不能作相对运动。因此，它们不是运动链，而是桁架，这样的系统在运动中只相当于一个运动单元，即是一个构件。

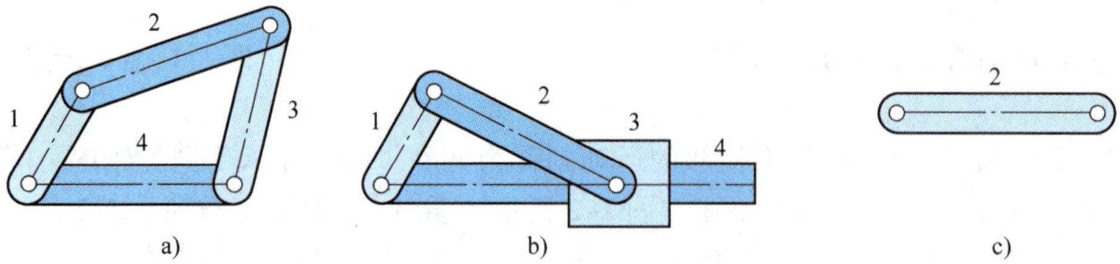

图 2-5 闭链及构件

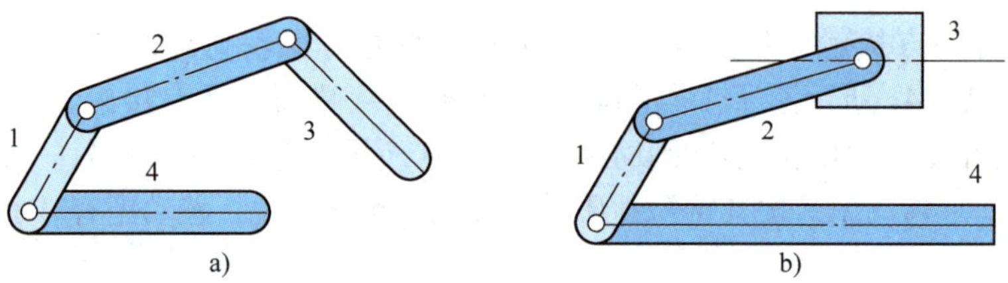

图 2-6 开链

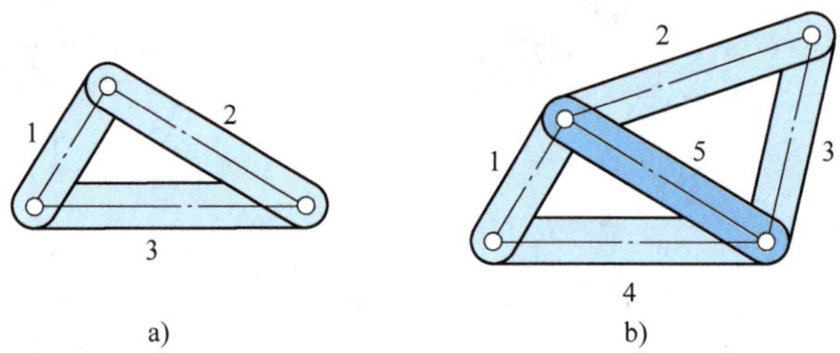

图 2-7 桁架

四、机构

在运动链中，若选定某个构件为机架，则该运动链成为机构。

机架是相对固定不动的构件，如安装在车辆、船舶、飞机等运动物体上的机构，其机架相对于该运动物体是固定不动的。

机构中各构件的运动平面若互相平行，则称为平面机构；若机构中至少有一个构件不在相互平行的平面上运动，或至少有一个构件能在三维空间中运动，则称之为空间机构。

固定图 2-5a、b 所示闭链中的构件 4，可得到图 2-8a、b 所示的闭链机构；固定图 2-6a所示开链中的构件 4，可得到图 2-8c 所示的开链机构。开链机构广泛应用于机器人中。

完全由低副连接而成的机构，称为低副机构。连杆机构是常用的低副机构。

机构中只要含有一个高副，就称该机构为高副机构。图 2-9 所示机构在 C 处用高副连接，故称为高副机构。齿轮机构、凸轮机构是常用的高副机构。

运动链中各构件都可以运动，没有固定不动的机架；而机构则有机架和运动构件，两者差别仅仅如此。如平放在桌子上的剪刀，是运动链；拿在手中进行裁剪时，则为机构。图 2-5a所示为四杆运动链，固定其中任何一个构件为机架时，将成为四杆机构。学习过程中，要掌握它们之间的异同点。

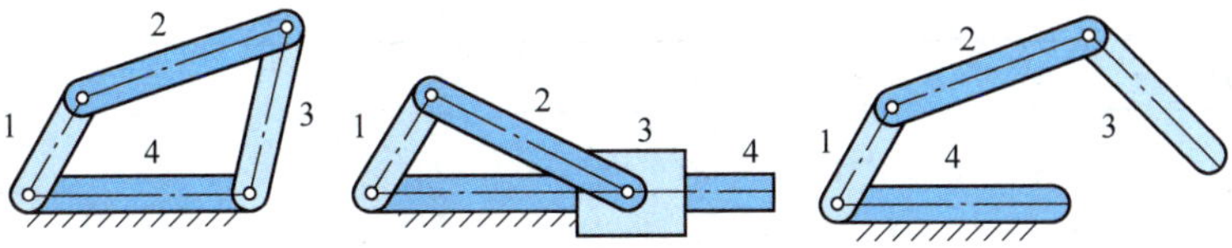

a)　　b)　　c)

图 2-8　低副机构

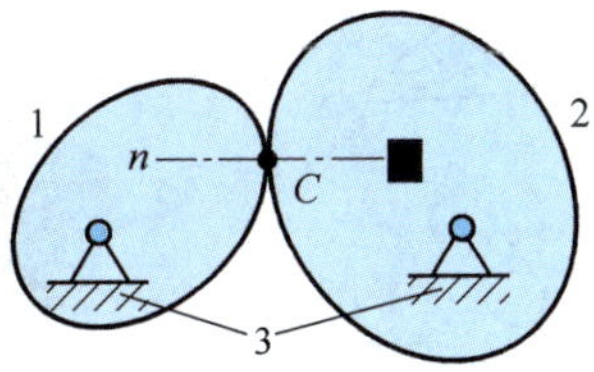

图 2-9　高副机构

第二节　机构运动简图

一、机构运动简图概述

机构设计与分析过程中，用简单的线条表示构件，用图形符号表示运动副，这样描述机构的组成和运动情况概念清晰，简单实用，称这种用简单的线条和运动副的图形符号表示机构的组成情况的简单图形为机构简图。如按比例尺画出，则称之为机构运动简图；否则为机构示意图。机构运动简图所反映的主要信息是：机构中构件的数目、运动副的类型和数目、各运动副的相对位置即运动学尺寸。而对于构件的外形、断面尺寸、组成构件的零件数目，在画机构运动简图时均不予考虑。

机构运动简图应与原机构具有相同的运动特性，因此须按一定的长度比例尺来画。长度比例尺 μ_l 采用如下定义：

$$\mu_l = \frac{运动尺寸的实际长度}{图上所画的长度}\left(\frac{\mathrm{m}}{\mathrm{mm}}或\frac{\mathrm{mm}}{\mathrm{mm}}\right)$$

严格按照比例尺正确画出的机构运动简图，可作为图解法运动分析、受力分析与机构设计的依据。

二、常用构件与运动副画法

在画机构运动简图时，必须对构件和运动副的画法作出一些规定。具体规定可参阅表 2-1给出的常用构件和运动副表示方法。

表 2-1　常用构件和运动副表示方法

名　称	符　号	名　称	符　号
杆件之间的固定连接 		转动副 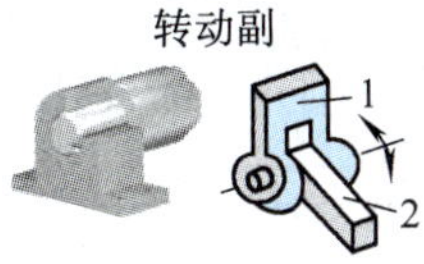	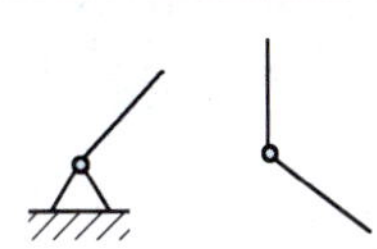

（续）

名　称	符　号	名　称	符　号
二副构件 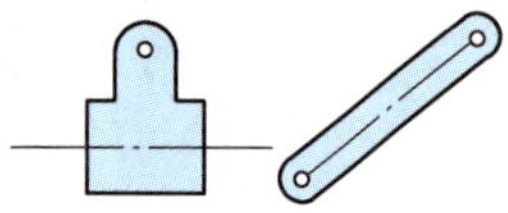		移动副 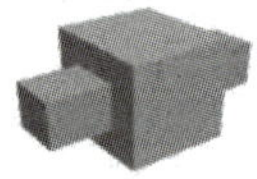	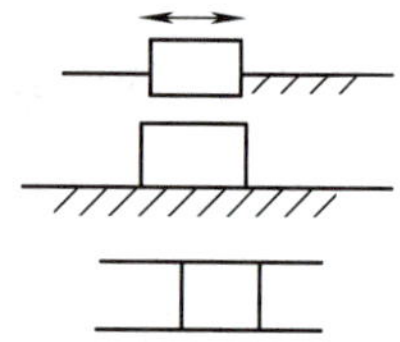
三副构件 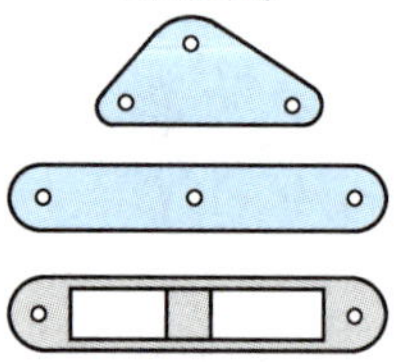	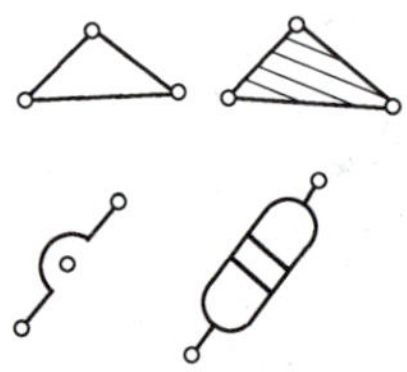	电动机 	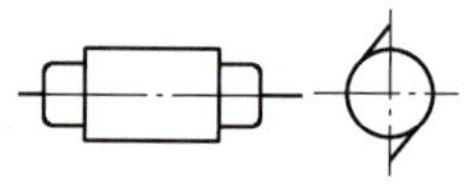
螺旋副 	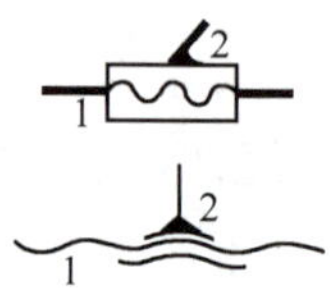	向心轴承 	
推力轴承 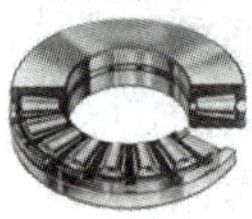	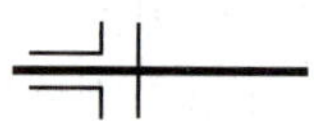	齿轮齿条机构 	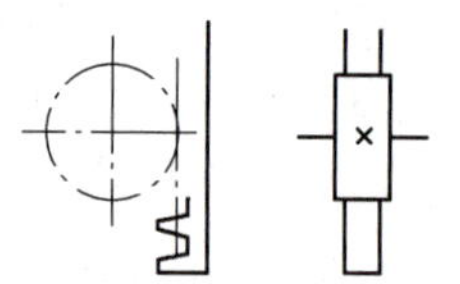
凸轮机构 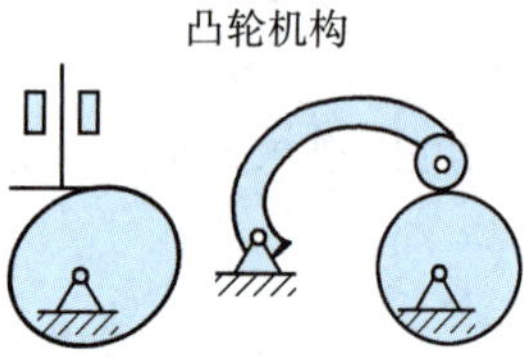	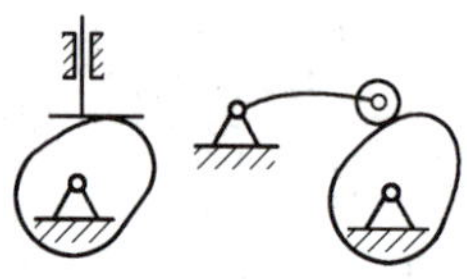	锥齿轮传动 	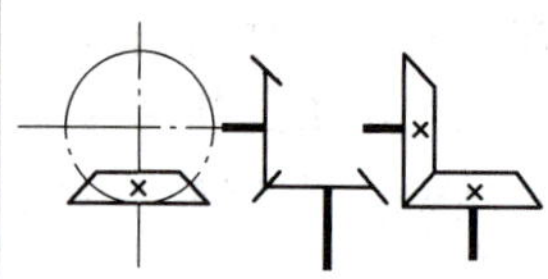
带传动 	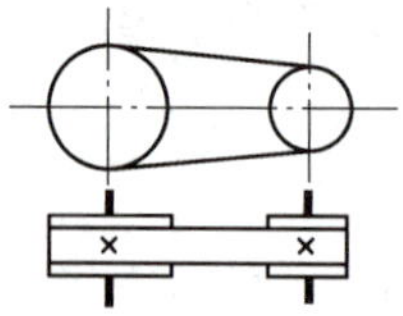	蜗杆传动 	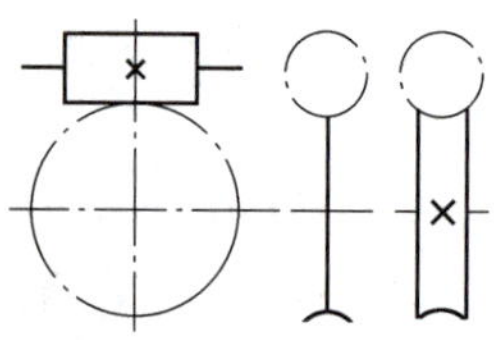
链传动 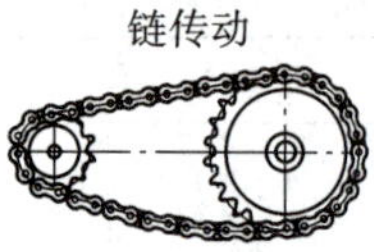	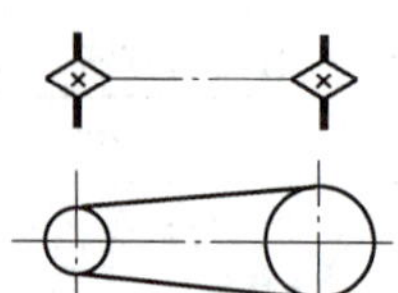	棘轮机构 	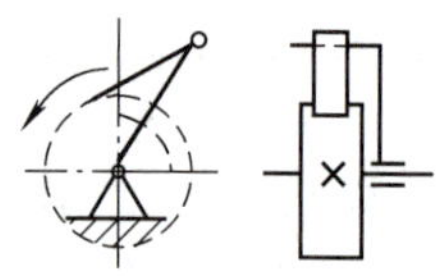

（续）

名　称	符　号	名　称	符　号
外啮合圆柱齿轮机构 	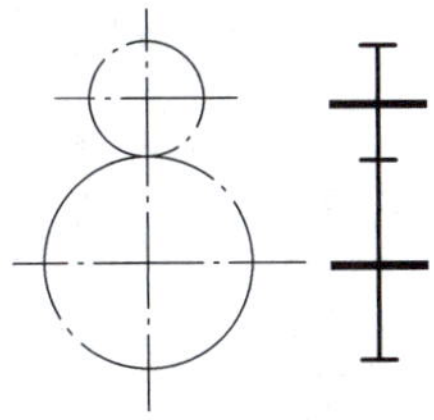	联轴器 	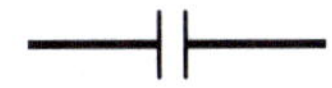
内啮合圆柱齿轮机构 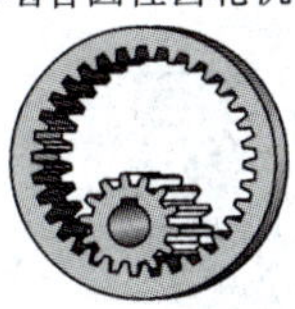	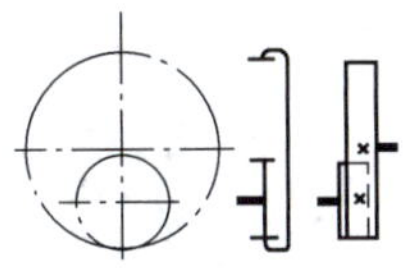	制动器 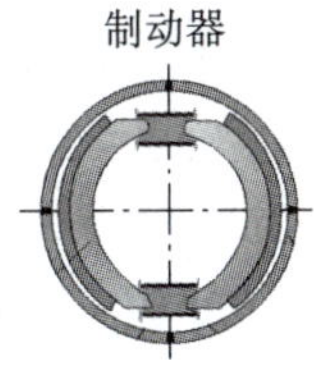	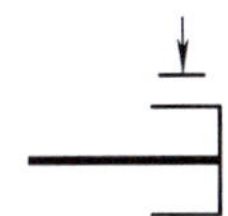

三、机构运动简图画法

1. 机构的基本术语

如图 2-10a 所示，固定不动的构件 4 称为机架，与机架相连接的构件 1、3 称为连架杆，不与机架相连接的构件 2 称为连杆。图 2-10a 所示的机架经常用图 2-10b 所示机架表示，两者相同。连杆是把一个连架杆的运动传递到另一个连架杆的传动构件，此类机构也称为连杆机构。

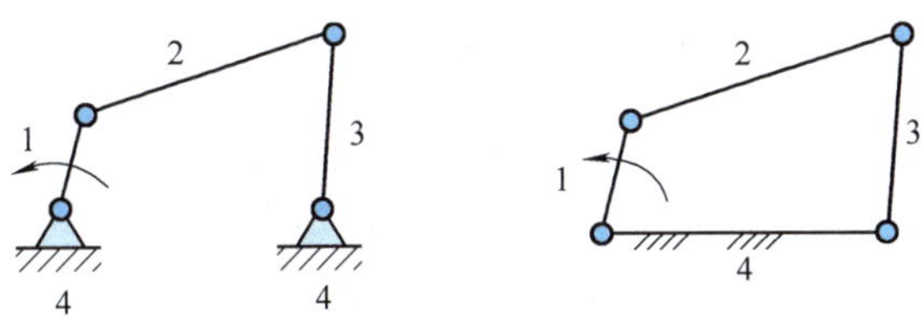

a)　　　　b)

图 2-10　机构术语

施加驱动力的构件或给定已知运动规律的构件，称为原动件或主动件。原动件一般是某个连架杆，如图 2-10 所示机构的构件 1 为原动件，其运动方向可用图示箭头表示。原动件是设计人员根据机构运动要求自行确定的。原动件确定后，其余构件均为从动件。

2. 机构运动简图的具体画法

正确画出机构的运动简图，是机械工程技术人员必须掌握的基本技能，在机械工程领域有着非常重要的作用。其绘制步骤如下：

1）观察待分析的机械，找出其原动件和从动件。

2）使该机械缓缓运动，观察其组成情况和运动情况。

3）沿主动件到从动件的传递路线找出构件数目和运动副的数目与种类。

4）选择大多数构件所在平面为投影面。

5）测量各运动副之间的尺寸，用运动副符号表示各构件的连接，选择适当比例尺画出机构运动简图。

例 2-1 画出图 2-11a 所示泵的机构运动简图。

解 图 2-11a 所示的泵中，偏心盘 1 为主动件。该机构由偏心盘 1、连杆 2、滑块 3 和机架 4 组成。各构件的连接关系如下：

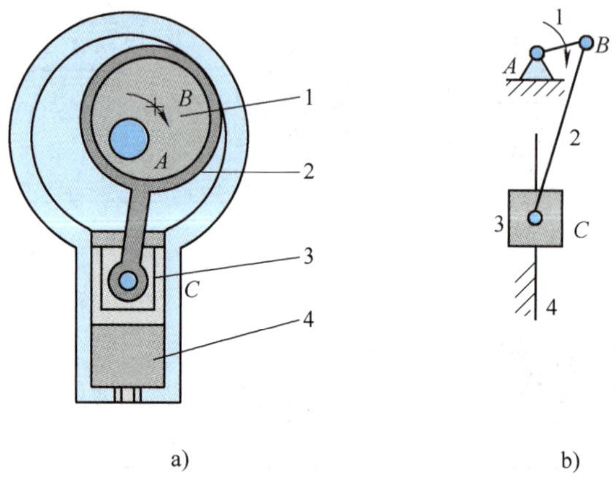

图 2-11 泵及机构运动简图

1—偏心盘 2—连杆 3—滑块 4—机架

偏心盘 1 与机架 4 在 *A* 点用转动副连接，偏心盘 1 与连杆 2 在 *B* 点用转动副连接，*AB* 为构件 1。构件 2 与构件 3 在 *C* 点用转动副连接，*BC* 为构件 2。构件 3 与机架 4 用移动副连接。选择合适投影面和比例尺，测量出 *AB*、*BC* 尺寸，滑块运动方向线偏离 *AB* 的转动中心 *A* 的距离，画出的机构运动简图如图 2-11b 所示。

例 2-2 画出图 2-12a 所示牛头刨的机构运动简图。

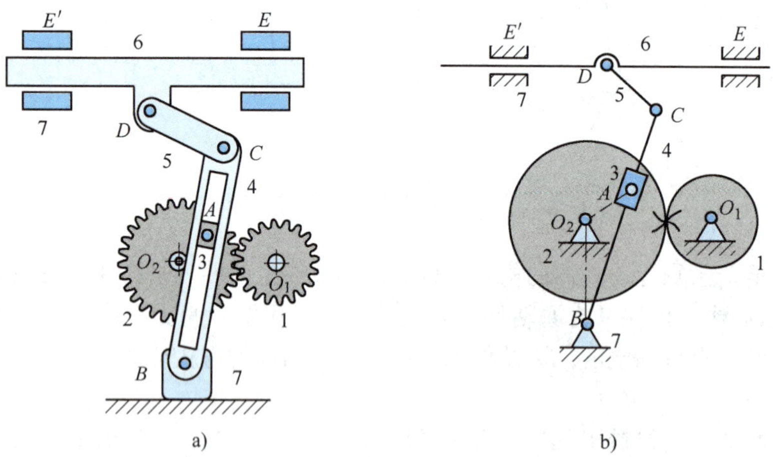

图 2-12 牛头刨及机构运动简图

1、2—齿轮 3—滑块 4—摆杆 5—连杆 6—滑枕 7—机架

解 图 2-12a 所示牛头刨由齿轮 1、齿轮 2、滑块 3、摆杆 4、连杆 5、滑枕 6 和机架 7 组成。各构件间的连接关系如下：

齿轮 1、2 与机架 7 在 O_1、O_2 处以转动副连接，两齿轮以高副连接。齿轮 2 和滑块 3 在 *A* 处以转动副连接，柱销 *A* 与齿轮 2 固连；滑块 3 与摆杆 4 以移动副连接，摆杆 4 分别与机架7和连杆5以转动副B、C连接，连杆5与滑枕6以转动副D连接，滑枕6与机架7在E、E'以移动副连接。分别测量齿轮节圆半径，距离O_1O_2、O_2A、O_2B、BC、CD以及滑枕导路方向与B点距离，选择投影面和比例尺，画出机构运动简图如图2-12b所示。

用机构运动简图表示机构的组成情况，简单实用。后续内容将使用机构运动简图进行机构的分析与设计。

第三节 机构自由度的计算

一、平面机构自由度的计算公式

1. 构件自由度

构件自由度是指自由运动的构件所具有的独立运动的数目。

图2-13a所示自由运动的构件在平面内有3个自由度，沿x、y方向的移动和绕A点的转动。n个构件在平面内则有$3n$个自由度。

2. 运动副的约束

构件之间用运动副连接后，其相对运动就会受到运动副的约束。把这种运动副对构件运动产生的约束称为运动副约束。图2-13b所示的转动副中，沿x、y方向的移动受到约束；图2-13c所示的移动副中，约束了沿y方向的移动和绕z轴的转动（z轴垂直纸面，图中未画）；图2-13d所示的高副中，约束了沿两曲线公法线方向的移动。平面运动副提供的最大约束数目为2。

综上所述，一个平面低副提供2个约束，一个平面高副提供1个约束。

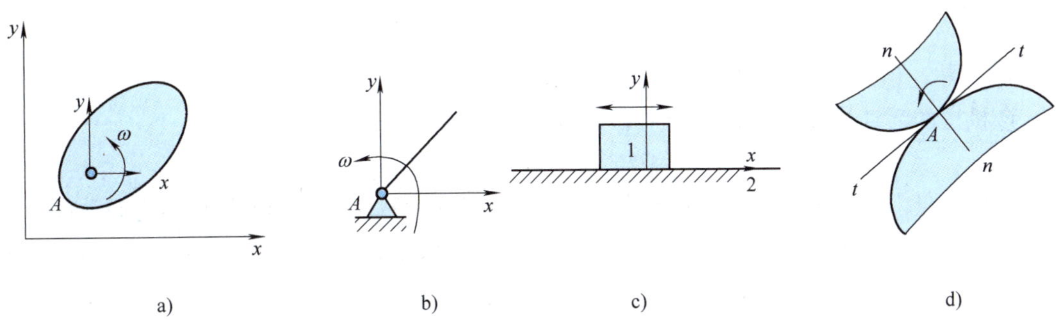

图2-13 运动副的约束

3. 运动副自由度

连接两构件的运动副所具有的独立运动数目，称为运动副自由度。设平面运动副所提供的约束数目为C，则该运动副的自由度数目为$(3-C)$。图2-13b所示的转动副中，约束了沿x、y方向的两个移动，保留1个绕z轴转动的自由度；图2-13c所示的移动副中，自由度为1个沿x轴的移动；图2-13d所示的高副中，由于约束了1个沿其公法线方向的移动，其自由度为2，即沿公切线$t—t$的移动和绕切点A的转动。

4. 平面机构的自由度与计算

1）机构的自由度。机构只有实现确定的运动，才能完成特定的功能要求。机构具有确定运动时，所具有的独立运动参数的数目，称为机构的自由度。

2）机构自由度的计算。一个平面低副提供2个约束，设机构中有 P_l 个低副，则提供 $2P_l$ 个约束。一个平面高副提供1个约束，设机构中有 P_h 个高副，则提供 P_h 个约束。机构中各运动副提供的约束总数为

$$2P_l + P_h$$

因此，机构的自由度 F 可表示为

$$F = 3n - 2P_l - P_h \tag{2-1}$$

式中，n 为机构中活动构件的数目，P_l 为机构中低副的数目，P_h 为机构中高副的数目。该式即为计算平面机构自由度的一般公式。

例 2-3 计算图2-14a所示的双曲线画规机构和图2-14b所示的牛头刨床机构的自由度。

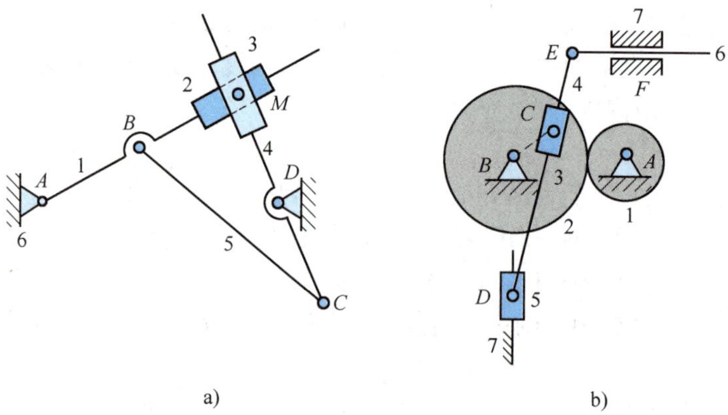

图 2-14 自由度计算例 2-3 图

解 图2-14a所示机构上的 M 点的运动轨迹为双曲线。

该机构的活动构件数 $n=5$，低副数 $P_l=7$，高副数 $P_h=0$。

$$F = 3n - 2P_l - P_h = 3\times5 - 2\times7 - 0 = 1$$

该机构自由度为1，说明该机构具有1个独立运动参数。一般选择构件1为原动件。

图2-14b所示机构活动构件数 $n=6$，低副数 $P_l=8$，仅有一个齿轮高副，高副数 $P_h=1$。

$$F = 3n - 2P_l - P_h = 3\times6 - 2\times8 - 1 = 1$$

该机构自由度也为1，说明该机构也具有1个独立运动参数。

机构自由度是机构的固有属性，只要机构中的构件数、运动副数目和运动副的类型确定后，其自由度就确定，所需要的独立运动的参数也就确定。

二、机构具有确定运动的条件

机构具有确定运动是指：当给定机构原动件的运动时，该机构中的其余运动构件也都随之作相应的确定运动。

如果机构中的自由度等于原动件的数目，则该机构具有确定运动。因此，机构是否具有确定的运动，与机构的自由度及给定的原动件数目有关。

图2-15a所示的四杆机构中，机构自由度为1，给定1个原动件，该机构则有确定运动。如给定构件1的角位移 φ，则其余构件的位置都是完全确定的，原动件 AB 运动到 AB'，则该机构由 $ABCD$ 位置运动到唯一的位置 $AB'C'D$。

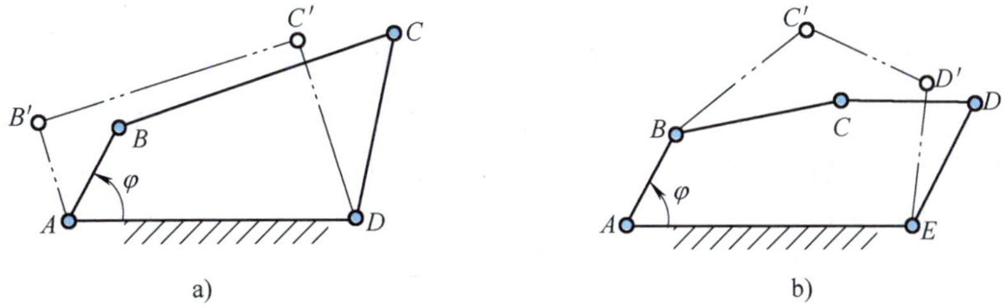

图 2-15　机构具有确定运动的条件

图 2-15b 所示的五杆机构中，其自由度为 2。若 AB 为原动件，已知其角位置，其余构件的位置并不能确定。很明显，当原动件占据位置 AB 时，其余构件既可分别占据位置 BC、CD、DE，也可占据位置 BC'、$C'D'$、$D'E$，还可以占据其他位置。但若再给定一个原动件，如构件 DE 的角位置，即同时给定 2 个原动件，则不难看出该五杆机构中各构件的运动便完全确定了。

从以上两例可以看出，只有当给定的原动件数目与机构的自由度数目相等时，才可使机构具有确定的运动。

如果机构自由度等于或大于 1，能否具有确定运动，取决于原动件数是否等于自由度数。当自由度小于 1 时，该机构蜕变为桁架，此时已经不是机构了。

机构的自由度是机构所固有的属性，仅与组成机构的构件数目、运动副数目及运动副的类型有关，而机构的原动件则是人为选定的，要使机构有确定运动，在设计时必须保证其自由度数与给定的原动件数目相等。

三、计算机构自由度的注意事项

在计算平面机构自由度时，有时会出现计算出的自由度与机构实现确定运动所需原动件数不一致的现象，对其进行分析并寻求解决方法是必要的。

1. 冗余自由度

在某些机构中，某个构件所产生的相对运动并不影响其他构件的运动，把这种不影响其他构件运动的自由度称为冗余自由度，或者称为局部自由度。

图 2-16a 所示凸轮机构中，其自由度为

$$F=3n-2P_l-P_h=3\times3-2\times3-1=2$$

显然，该机构只需要一个主动件就有确定的运动，滚子绕自身轴线的转动不影响推杆的运动，其作用仅仅是把滑动摩擦转换为滚动摩擦。不影响机构运动的滚子 2 绕自身轴线的转动自由度，称为冗余自由度。在计算机构自由度时的处理方法是把滚子 2 固化在支承滚子的构件 3 上，去掉冗余自由度，如图 2-16b所示。其自由度为

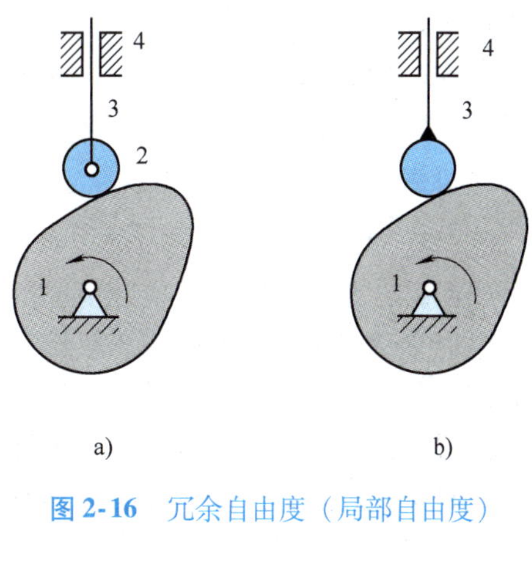

图 2-16　冗余自由度（局部自由度）

$$F=3n-2P_l-P_h=3\times2-2\times2-1=1$$

冗余自由度经常出现在用滚动摩擦代替滑动摩擦的场合，这样可减小机构的磨损。

2. 复合铰链

两个以上的构件在同一处以转动副连接，则形成复合铰链。

图2-17a所示的两个构件1、2在一处用转动副连接时，则有一个转动副。当图2-17b所示的三个构件在同一处用转动副连接时，则有两个转动副。m个构件在同一处用转动副连接时，则有$(m-1)$个转动副。

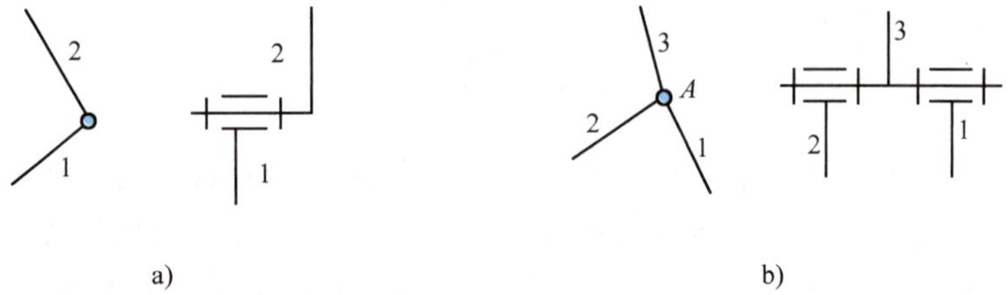

图2-17　转动副及复合铰链

在计算机构自由度时，必须要注意正确判别复合铰链，否则会发生计算错误。图2-18所示为一些典型的连接三个构件的复合铰链示意图。

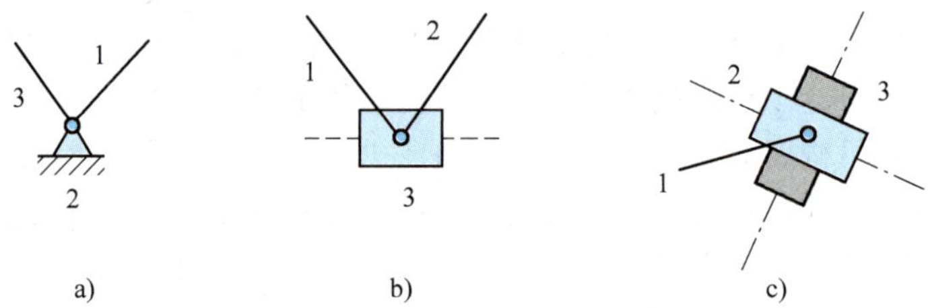

图2-18　连接三个构件的复合铰链

3. 冗余约束

对机构运动不起限制作用的约束称为冗余约束，也称虚约束。图2-19中实线所示的平行四边形机构，其自由度$F=1$。

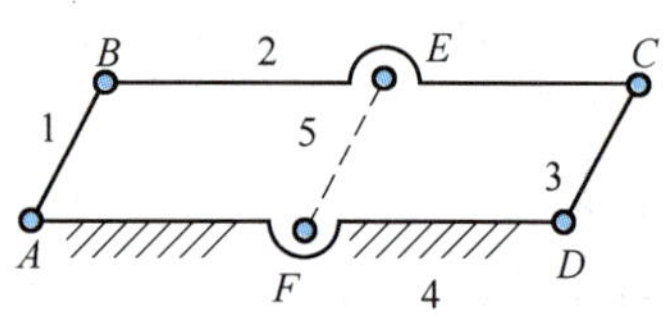

图2-19　平行四边形的冗余约束（虚约束）

若在构件2和机架4之间与AB或CD平行地铰接一构件EF，且EF的尺寸等于构件AB和CD的尺寸，此时，机构自由度为

$$F=3n-2P_l-P_h=3\times4-2\times6=0$$

很明显，该计算结果与实际情况是不相符的。因为在连接构件EF前，构件2上E点的轨迹是以F为圆心、以$\overline{EF}=\overline{AB}$为半径的圆弧，$EF$没有起到对构件2的约束作用，是冗余约束。

这说明冗余约束会影响计算自由度的正确性。处理手段是将机构中的冗余约束去掉，其方法是将构成冗余约束的构件连同其所附带的运动副一概去掉不计。

一般情况下，机构中的冗余约束不会影响机构的运动情况，但能改善机构的受力情况并增加机构的刚度。从机构运动的角度看，冗余约束是多余的，但从机械结构的角度看，冗余约束又是必要的。

冗余约束类型较多，比较复杂，在自由度计算时要特别注意。为便于判断，将常见的几种冗余约束形式简述如下。

（1）判别冗余约束的准则

1）两个构件只能用一个运动副连接，若用多个运动副连接，可能会出现冗余约束。

2）机构的对称布置或不起约束作用的布置可能出现冗余约束。

（2）常见的几种冗余约束

1）两构件在多处用转动副连接，且各转动副的轴线重合，这时多个转动副的约束作用相同，只计一处转动副，其余转动副均为冗余约束。

图 2-20a 所示的齿轮机构中，每根轴处都有两个转动副。计算机构自由度时，每根轴上仅计一个转动副，余者为冗余约束，如图 2-20b 所示。

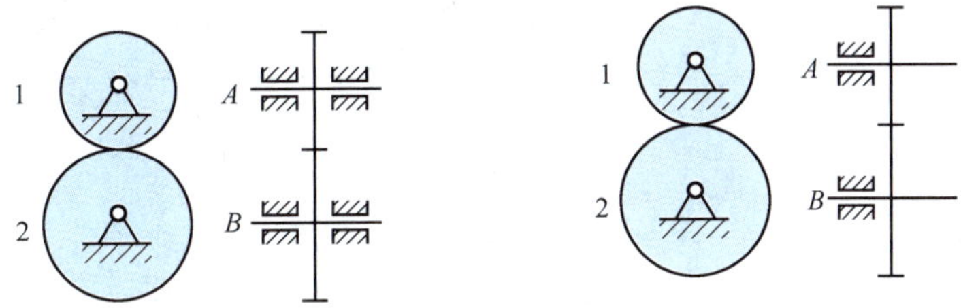

图 2-20　转动副的冗余约束（虚约束）

2）两构件在多处用移动副连接，且各移动副的导路平行，这时只计一处移动副，其余为冗余约束。

图 2-21a 所示的机构中，构件 3 与机架 4 用两个移动副 D、D'连接，且导路平行，计算机构自由度时，仅考虑一个移动副，余者为冗余约束。

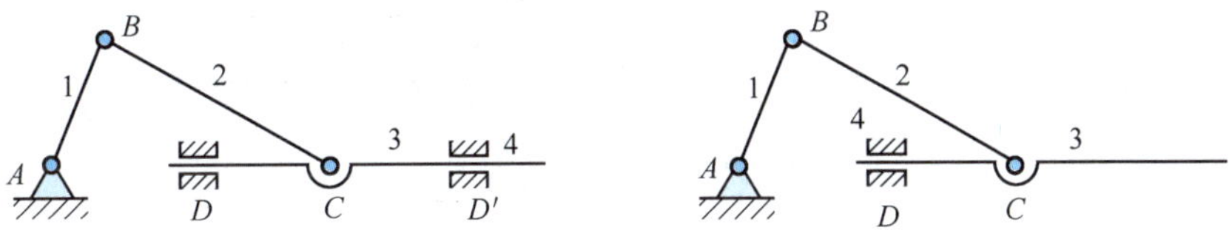

图 2-21　移动副的冗余约束（虚约束）

3）两构件在多处用高副连接，且各高副的公法线重合，这时只计一处高副约束，余者为冗余约束。

图 2-22 所示的机构中，圆形构件与框架在 A、B 两处形成两个高副，且各高副处的公法线重合，计算机构自由度时，仅考虑一个高副，余者为冗余约束。

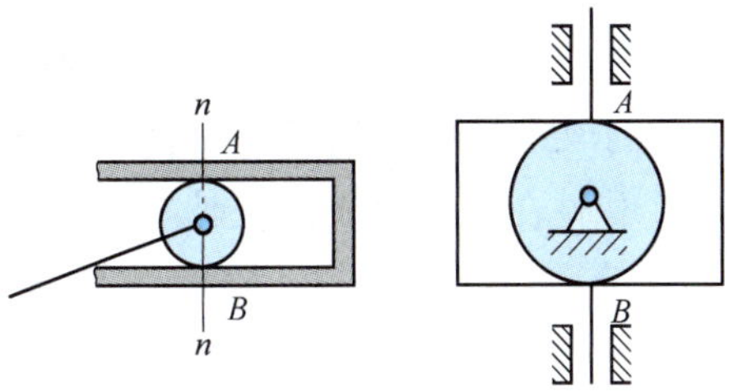

图 2-22　高副机构的冗余约束（虚约束）

4）不起约束作用的构件将导致冗余约束，在计算机构自由度时要去掉该构件。

图 2-23a 所示的轮系机构中，齿轮 z_1、z_2、z_3、

H 组成一个具有确定运动的轮系机构，为平衡行星齿轮 2 的惯性力及均分载荷，在其对称方向又安装一个行星轮，该行星轮连同支承该齿轮的转动副为冗余约束，计算自由度时应该去掉。

图 2-23b 所示的机构中，$\overline{AB}=\overline{AC}=\overline{OA}$，没有 OA 之前，A 点的运动轨迹是以 O 为圆心，$\overline{OA}$为半径的圆。加装 OA 后，A 点的轨迹没改变，因此 OA 为冗余约束。在计算自由度时，应该去掉带有两个转动副元素的构件 OA。这类约束的判断比较复杂，一般要经过几何证明。

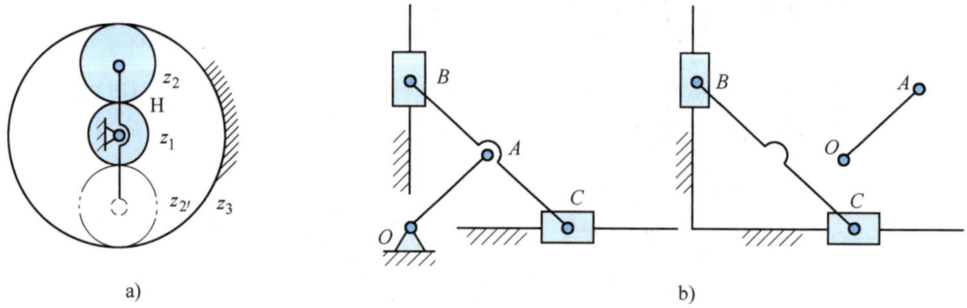

图 2-23　不起限制作用的约束

构件 OA 具有 3 个自由度，两端运动副具有 4 个约束，故带有两个转动副的构件 OA 引入了 1 个冗余约束。去掉构件 OA 时，必须将构件两端的运动副一同去掉。

5）若两构件上两点间距离在运动过程中始终保持不变，当用运动副和构件连接该两点时，则构成冗余约束，如图 2-24 所示。该机构中，B'、C'两点之间的距离不随机构的运动而改变，杆件 $B'C'$连同转动副元素 B'、C'为冗余约束，计算机构自由度时必须将其去掉。

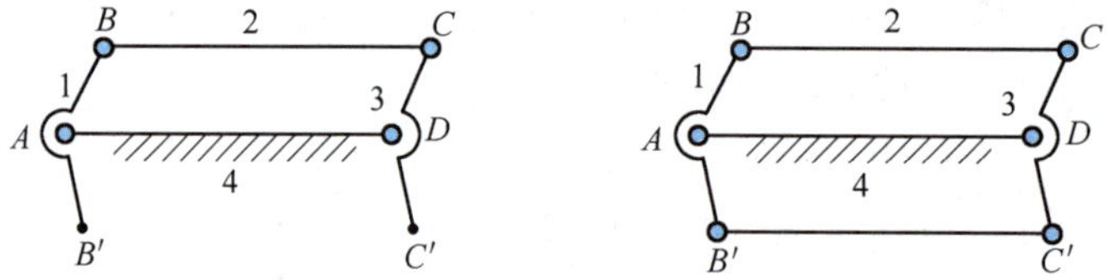

图 2-24　连接等距点产生的冗余约束（虚约束）

正确处理冗余约束（虚约束）是计算机构自由度的难点。

例 2-4　计算图 2-25 所示机构的自由度。

解　图 2-25a 中的弹簧 K 对计算机构自由度没有影响；滚子 2′有一个冗余自由度；构件 7 与机架 8 在平行的导路上组成两个移动副，其中之一为冗余约束。通过分析可知，运动构件 $n=7$，低副 $P_l=9$，高副 $P_h=2$，机构自由度为

$$F=3n-2P_l-P_h=3\times7-2\times9-2=1$$

图 2-25b 所示的轮系机构中，齿轮 2′、2″为冗余约束；齿轮 1、3 和系杆 4 及机架 5 共有 4 个构件在 A 处组成转动副，构成复合铰链，A 处的转动副实际数目为 3 个。通过分析可知，该轮系$n=4$，$P_l=4$，$P_h=2$，机构自由度为

$$F=3n-2P_l-P_h=3\times4-2\times4-2=2$$

例 2-5　计算图 2-26 所示剪床机构的自由度。

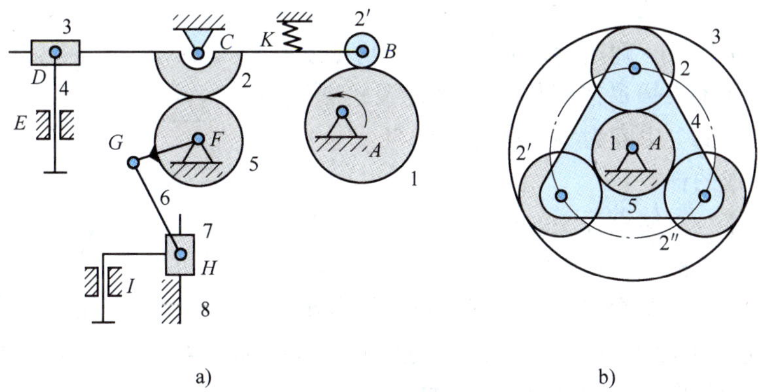

图 2-25　复杂机构及轮系机构的自由度

解　图 2-26a 中，由于 C、G 两点等距，构件 GC 为冗余约束；杆组 FGH 为不起作用的冗余约束。运动副 C 处为复合铰链，B' 处为冗余自由度。将图 2-26a 所示机构等效为图 2-26b所示机构后，该机构的自由度为

$$F=3n-2P_l-P_h=3\times 8-2\times 11-1=1$$

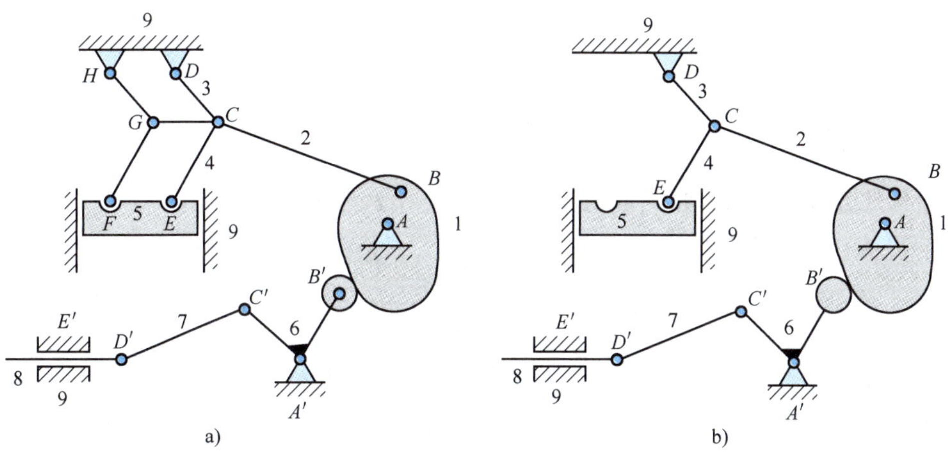

图 2-26　剪床机构的自由度

第四节　机构分析与创新

一、杆组分析

1. 最简机构

具有独立运动参数的构件称为原动件。一般情况下，原动件与机架相连接。

一个可动构件和机架用运动副连接起来组成的开链系统，可称为最简机构，其自由度为 1。最简机构常作定轴转动或往复移动，如图 2-27 所示。

但是，原动件有时也可不与机架相连接，如具有多个自由度的串联机器人机构中，经常出现这种情况。在机构结构分析中，原动件还指与机架连接的构件。

2. 杆组

前述已知，机构具有确定运动时，该机构自由度等于原动件的数目。如果去掉最简机构（原动件及机架），则剩余部分杆件系统的自由度为零，称之为杆组。本书仅考虑由低副连接而成的杆组。

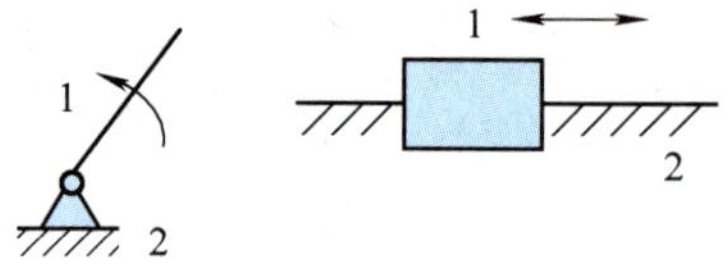

图 2-27　最简机构

把自由度为零且不能再分割的杆组称为基本杆组。

图 2-28a 所示机构中，其自由度为 1。去掉原动件 AB 及机架后，相当于减少一个自由度，则图 2-28b 所示的剩余杆件系统 $BCDEF$ 的自由度一定为零。自由度为零的杆件系统 $BCDEF$ 还可以进一步拆分为图 2-28c 所示的自由度为零的杆组 BCD 和 EF。这两个杆组都是由两个构件和三个低副组成的杆组，已不能再进行拆分。

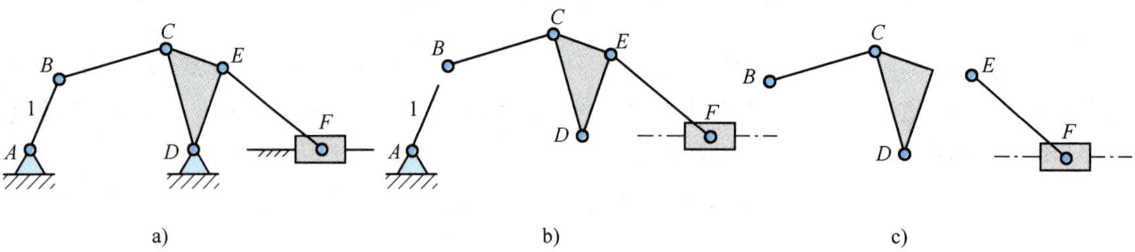

图 2-28　拆分杆组示意图

由于杆组自由度为零，则有

$$F=3n-2P_l=0$$

其中构件数 n 和运动副数 P_l 都必须是整数。n 和 P_l 满足下列关系：

$$P_l=\frac{3}{2}n;\quad n=2\quad P_l=3$$

$$n=4\quad P_l=6$$

$$n=6\quad P_l=9$$

$$\vdots$$

把 $n=2$、$P_l=3$ 的杆组称为Ⅱ级杆组。Ⅱ级杆组有一个内接副（指连接杆组内部构件的运动副），两个外接副（与杆组外部构件连接的运动副）。内接副和外接副可以是转动副，也可以是移动副。Ⅱ级杆组的基本形式如图 2-29 所示。

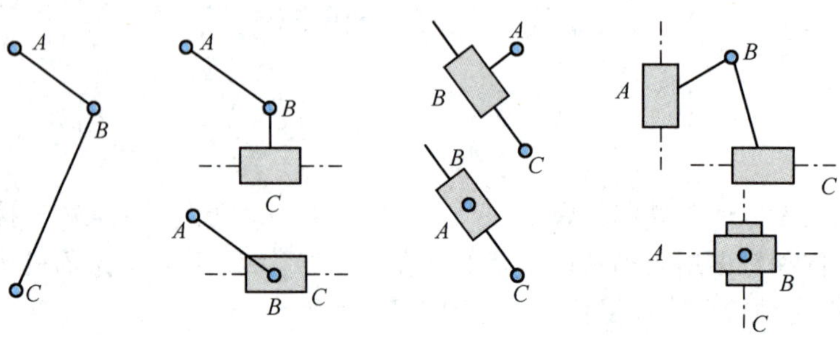

图 2-29　Ⅱ级杆组的基本形式

图中运动副 B 为杆组的内接副，运动副 A、C 为外接副。

$n=4$、$P_l=6$ 时，如果杆组中含有三个内接副，则称之为Ⅲ级杆组。如有四个内接副，则称之为Ⅳ级杆组。

图 2-30 所示为几种Ⅲ级杆组的基本形式。

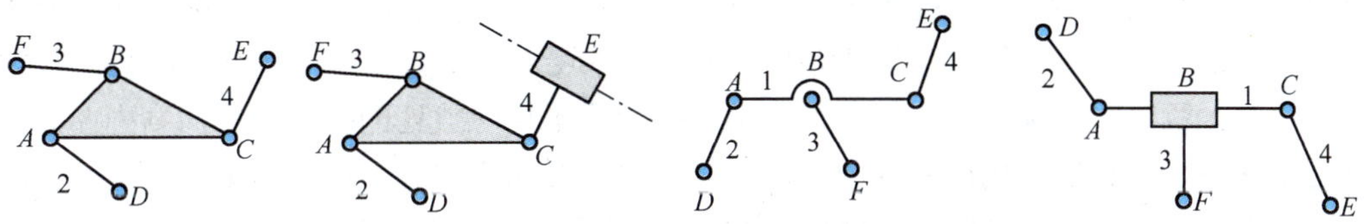

图 2-30　Ⅲ级杆组的基本形式

图中的运动副 A、B、C 为内接副，运动副 D、E、F 为外接副。

图 2-31 所示为Ⅳ级杆组的基本形式。Ⅳ级杆组中有四个内接副和两个外接副。Ⅳ级以上杆组应用较少，本书不进行讨论。

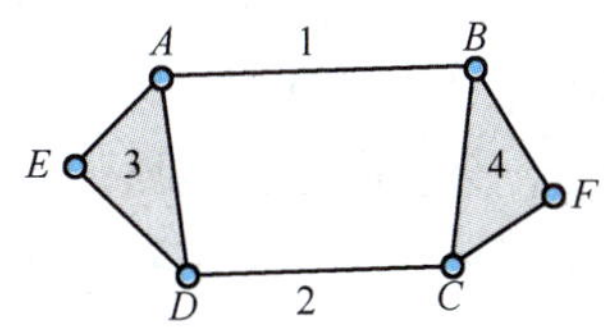

图 2-31　Ⅳ级杆组的基本形式

二、机构的组成原理

任意复杂的平面机构都可看作是把基本杆组连接到原动件和机架上组成的，或者说，把基本杆组的外接副连接到原动件和机架上，可组成串联机构。

图 2-32e 所示的牛头刨床主运动机构就是在图 2-32a 所示的原动件上连接不同Ⅱ级杆组构成的。

把Ⅱ级杆组 BC 的外接副 C 连接到原动件上，把另一个外接副 B 连接到机架上，组成四杆机构 ABC，把另一个Ⅱ级杆组 DEF 的外接副 D 连接到机构 ABC 的摆杆 BC 上，另一个外接副 F 连接到机架上，则组成牛头刨床机构。

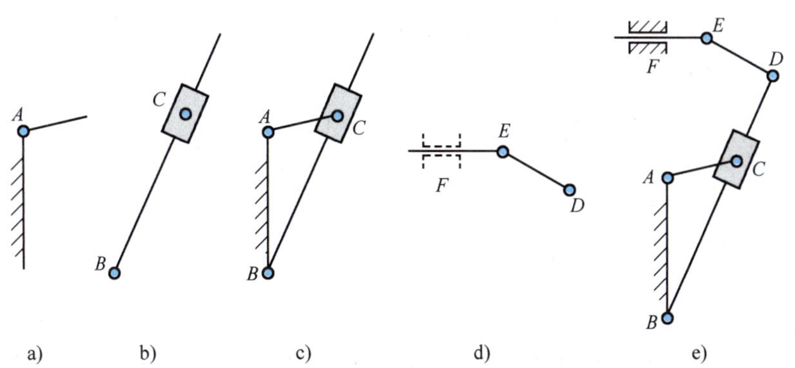

图 2-32　牛头刨床的组合过程

机构组成原理还可以拓展为：如果把基本杆组的外接副全部连接到原动件上，可组成并联机构。具体方法见后续内容。

三、高副低代简介

前面仅分析了低副机构，对含有高副的机构进行分析时，可把高副机构转换为瞬时等效的低副机构，然后再按照低副机构的分析方法研究高副机构，这一过程简称高副低代。

高副低代是一种运动上的代换，其代换原则为：

1）代换前后保持机构的自由度不变。

2）代换前后保持机构的运动关系不变。

1 个平面高副提供 1 个约束，而 1 个低副提供 2 个约束，欲使自由度不变就须使高副低代前后引入的约束数不变。最简单的代换方法是用带有 2 个低副的一个构件来代换 1 个平面高副，满足条件 1。又因为平面高副所引入的约束是限制两高副元素沿接触点的公法线方向作相对移动，所以，高副低代的要点是找出两高副元素接触点处的公法线和两高副曲线在接触点的曲率中心。只要将代换后的两个低副分别置于两曲率中心，便可满足条件 2。

图 2-33 给出了几种典型高副接触的代换图例。图 2-33a 中，两高副构件各自绕 O_1、O_2 转动，其接触点为 P。过接触点 P 作两曲线的公法线，并确定其曲率中心 C_1、C_2，则含有两个转动副的构件 C_1C_2 代替了高副 P。显然，C_1C_2 构件有 3 个自由度，两端的转动副共有 4 个约束，总的约束为 1，与 P 处高副约束数目相等。铰链四杆机构 $O_1C_1C_2O_2$ 为该高副机构的等效代替机构。O_1C_1、O_2C_2 分别代表原高副机构的构件 1、2。用低副机构代替高副机构后，会比高副机构增加一个含有两个转动副的构件。

如果其中一个高副曲线的曲率半径为零时，即出现尖点时，其曲率中心即在该尖点处。图 2-33b 所示的直动尖顶从动件盘形凸轮机构即是此类特例。曲柄滑杆机构 $O_2C_2C_1$ 即是该高副机构的替代机构。

如果其中一个高副曲线的曲率半径无穷大，该高副曲线演化为直线，其曲率中心在无穷远，绕无穷远点的转动即演化为直线移动，该转动副演化为移动副。图 2-33c 所示的摆动平底从动件盘形凸轮机构即是此类特例。导杆机构 $O_2C_2C_1O_1$ 即是该高副机构的替代机构。

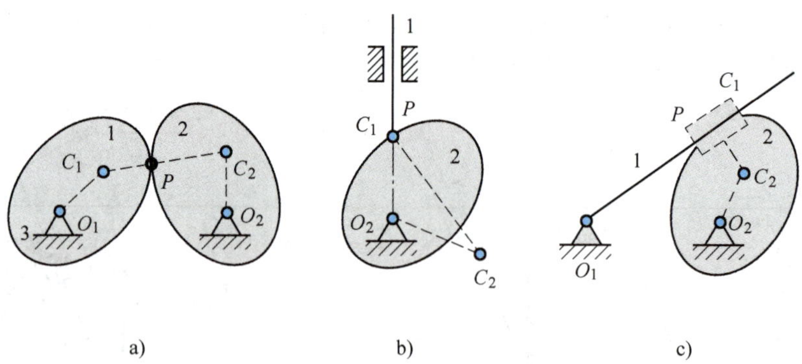

图 2-33　高副低代例一

需要指出，高副机构在运动过程中，两高副曲线接触点处曲率半径与中心时刻在变化，该两点间的距离也随机构位置的不同而变化，即代替高副的含有两个低副的构件长度和位置也时刻在变化。说明高副机构的位置不同，其替代机构的尺寸也不同，所以高副低代是瞬时替代。

图 2-34a 所示的齿轮高副机构的替代过程如图 2-34b 所示，其替代后的低副机构如图 2-34c所示。齿轮机构的等效低副替代机构不随啮合点的变化而改变。图 2-34d 所示高副机构为摩擦轮机构，该机构没有等效的低副替代机构。这是因为该机构是靠摩擦力传递运动

和动力的，其接触点的公法线通过两轮转动中心，因而没有对应的等效低副机构。只有诸如齿轮、凸轮之类的啮合高副机构才有对应的等效低副机构。

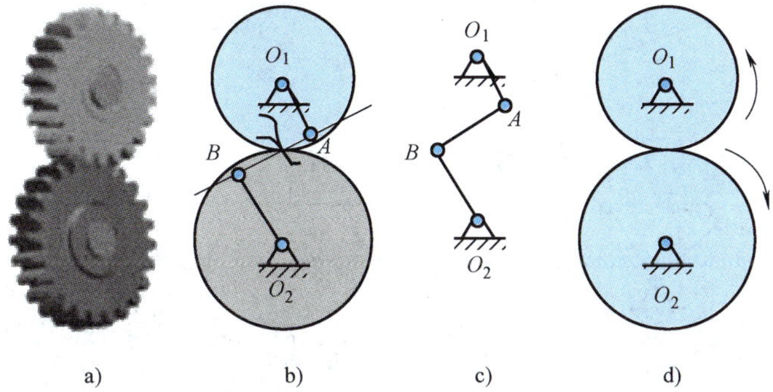

图 2-34 高副低代例二

四、平面机构的结构分析

平面机构结构分析的主要任务是把机构分解为若干原动件和基本杆组，然后再判定机构的级别。机构的级别是由机构中所含基本杆组的最高级别决定的：最高级别为Ⅱ级杆组组成的机构称为Ⅱ级机构；最高级别为Ⅲ级杆组组成的机构称为Ⅲ级机构。

把机构分解为原动件和基本杆组，并确定机构级别的过程称为机构的结构分析。机构的结构分析与机构的组成过程相反，两者对比，可加深对机构组成原理的理解。

机构的结构分析的一般步骤为：

1）计算机构的自由度并确定原动件。同一机构中，原动件不同，机构的级别可能不同。

2）高副低代，去掉冗余自由度和冗余约束。

3）从远离原动件的部位开始拆分杆组，首先考虑拆分Ⅱ级杆组，若无法拆下Ⅱ级杆组，则拆更高级别杆组，拆下的杆组是自由度为零的基本杆组，最后剩下的原动件数目与自由度数相等。

例 2-6 图 2-26 所示的剪床机构中，凸轮 1 为原动件，对该机构进行结构分析。

解 该机构的自由度为 1。

高副低代，去掉冗余自由度（局部自由度）和冗余约束（虚约束），如图 2-35a 所示。

从远离原动件的位置处，开始拆分杆组。共拆下四个Ⅱ级杆组，没有Ⅲ级杆组。最后剩下 1 个原动件。杆组的最高级别为Ⅱ级杆组，所以该机构为Ⅱ级机构。

例 2-7 对图 2-36 所示的以曲柄 AB 为原动件的牛头刨床机构进行杆组分析。

解 该机构的自由度为 1，没有冗余自由度（局部自由度）和冗余约束（虚约束）。

该机构不含Ⅱ级杆组，仅有 1 个原动件和 1 个Ⅲ级杆组，所以该机构为Ⅲ级机构。

五、机构创新

机构组成与分析是机构创新的重要途径。

1. 设计串联机构

把杆组的外接副连接到原动件和机架上，可以组成串联机构，在此基础上，再把其他杆组的外接副连接到前述机构的运动构件和机架上，可组成更加复杂的机构。

如图 2-37 所示，把图 2-37b 所示的Ⅱ级杆组的外接副 B、D 连接到图 2-37a 所示的原动

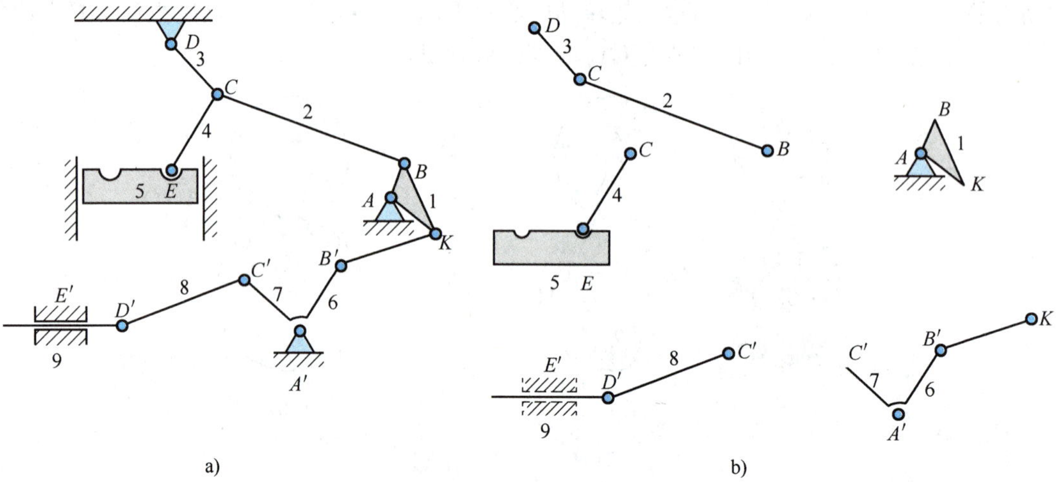

图 2-35　机构的结构分析

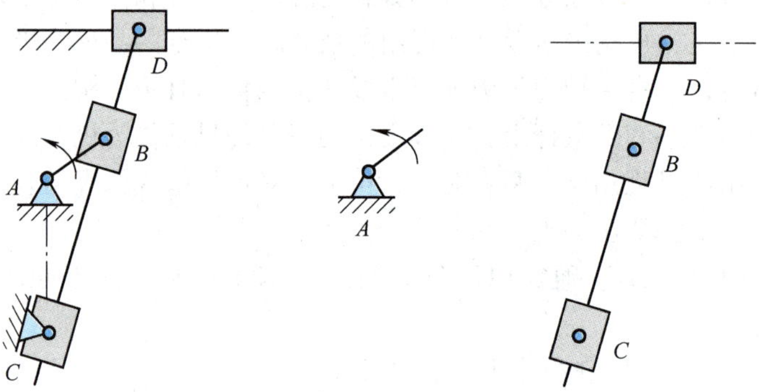

图 2-36　牛头刨床机构的杆组分析

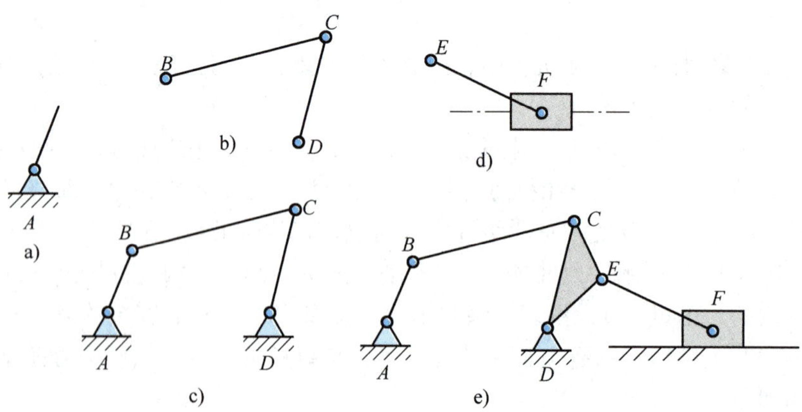

图 2-37　Ⅱ级杆组组成的串联机构

件和机架上，组成图 2-37c 所示的四杆机构。再把图 2-37d 所示的Ⅱ级杆组的外接副 E、F 分别连接到四杆机构的构件 CD 和机架上，又组成图 2-37e 所示的六杆机构。该机构可近似实现滑块的等速运动，在机械工程中有特殊应用。

图 2-38 所示是Ⅲ级杆组组成串联机构的过程。Ⅲ级杆组的运动副 *A*、*B*、*C* 为内接副，*E*、*F*、*D* 为外接副。将外接副 *E* 连接到原动件上，其余两个外接副连接到机架上，组成了图 2-38c 所示的Ⅲ级串联机构。

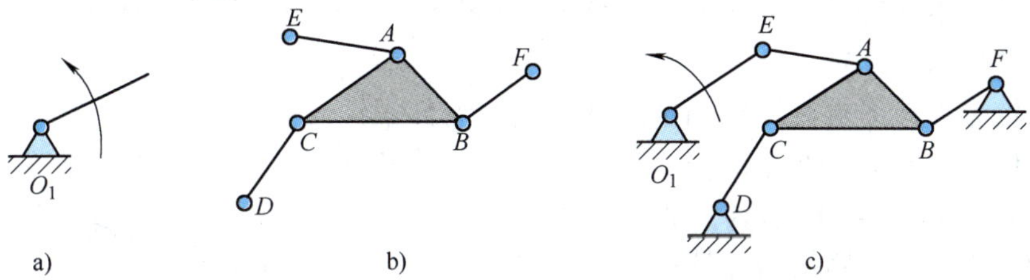

图 2-38　Ⅲ级杆组组成的串联机构

2. 设计并联机构

把杆组的外接副连接到原动件上，可以组成并联机构。并联机构在机器人领域有广泛应用。将图 2-39b 所示的Ⅱ级杆组的两个外接副 *B*、*D* 连接到图 2-39a 所示的两个原动件上，组成了图 2-39c 所示的 2 自由度的五杆并联机构。该机构可实现 *C* 点的复杂运动轨迹。

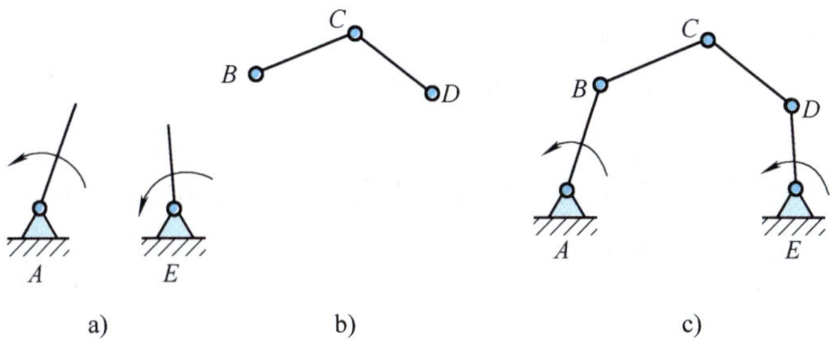

图 2-39　Ⅱ级杆组组成的并联机构

将图 2-40a 所示的Ⅲ级杆组的三个外接副 *D*、*E*、*F* 连接到三个原动件上，组成了图 2-40b所示的 3 自由度并联机构。该机构可作为平面并联机器人，也可以应用到微机械中。

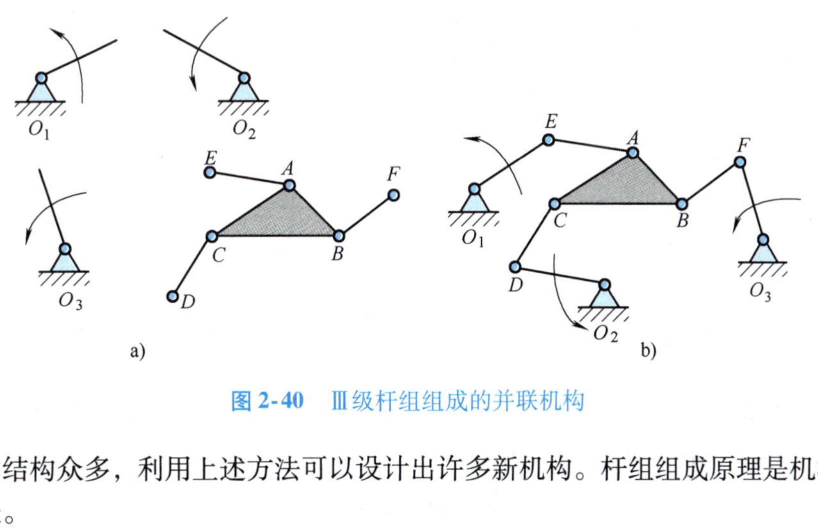

图 2-40　Ⅲ级杆组组成的并联机构

杆组的结构众多，利用上述方法可以设计出许多新机构。杆组组成原理是机械创新设计的有效途径。

第五节　机构结构的拓展内容简介

随着科学技术的发展，机构学研究的内容不断增加。本节仅讨论一些常见的拓展内容。

一、柔性机构的概念

柔性机构分为局部柔性机构和全柔性机构，局部柔性机构是利用机构的局部弹性变形作为柔性铰链，其他部分则假设为刚体。图 2-41 所示为局部柔性铰链四杆机构。全柔性机构是指整个机构均为弹性体，只不过是不同位置的弹性变形不同，这里不再讨论。局部柔性机构在微机械领域有广泛应用。

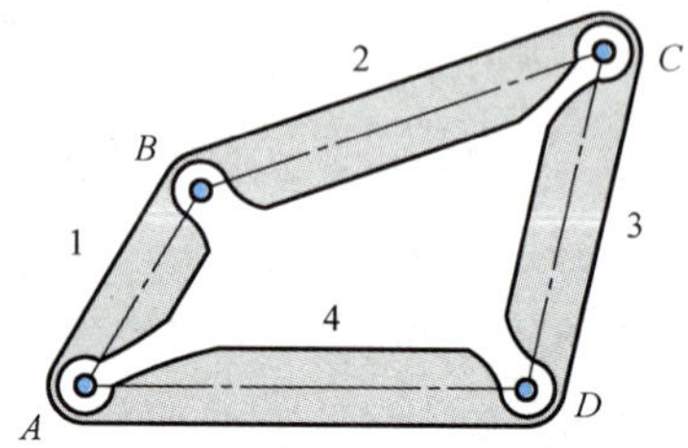

图 2-41　局部柔性铰链四杆机构

与传统机构相比，柔性机构不再是各构件的组合体，而是一个整体，其相对运动的产生不是依赖传统的运动副，而是依赖小截面积处的弹性变形。小截面积处又称柔性铰链。柔性铰链的形状设计是这类机构的设计重点之一。

局部柔性机构可等效为图 2-41 中细点画线所示的铰链四杆机构 *ABCD*，然后再按铰链四杆机构进行分析与设计，这种方法又称伪刚体法。

二、自由度计算的拓展

有些机构中的可动构件数与运动副数目是变化的，因而其自由度也是变化的，此类机构称为变约束机构或变胞机构（metamorphic mechanism）。

图 2-42 所示制动机构中，通过操纵拉杆 1 的往复移动，可控制闸瓦 *G*、*J* 的制动与放松。

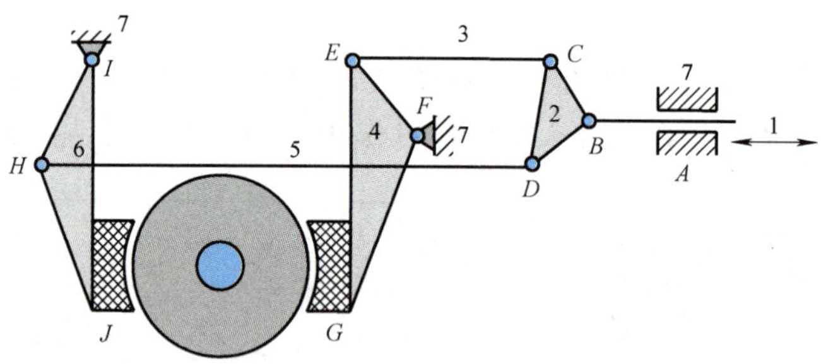

图 2-42　制动机构

1）制动前，该机构的自由度为

$$F = 3n - 2P_l - P_h = 3 \times 6 - 2 \times 8 = 2$$

该机构只有一个原动件，而其自由度为 2，所以是一个欠驱动机构。构件按照最小阻力原则运动。

2）制动瞬间自由度。拉杆右移，根据最小阻力原则，假设闸瓦 *J* 首先接触车轮，构件 6 静止不动。制动瞬间的机构自由度为

$$F = 3n - 2P_l - P_h = 3 \times 5 - 2 \times 7 = 1$$

3）制动后自由度。拉杆继续右移，两闸瓦 J、G 同时抱紧车轮。此时机构自由度为

$$F=3n-2P_l-P_h=3\times4-2\times6=0$$

图 2-43a 所示为曲柄滑块机构，其自由度为 1；若将图 2-43a 中的滑块换为一个滚子，得到图 2-43b 所示的曲柄滚子机构，其自由度也为 1，只不过在滚子处有一个冗余自由度，因为滚子绕自身轴线的转动不影响机构运动。但是，它却将滑块的滑动摩擦转换为滚动摩擦，降低了摩擦阻力，提高了机械效率。若将滚子转换为一个齿轮，原导轨转换为同模数的齿条，图 2-43b所示机构转换为图 2-43c 所示曲柄齿轮齿条机构。该机构的自由度计算公式为

$$F=3n-2P_l-P_h=3\times3-2\times3-1=2$$

很明显，给定该机构一个独立运动参数，即有确定运动。如何处理此类问题出现了一些不同观点。

其一：齿轮齿条是无侧隙啮合，认为齿轮齿廓双侧啮合，故有两个高副，这样，其自由度为 1。但这样的解释与齿轮机构、齿轮齿条机构的自由度计算发生矛盾。故还需进一步讨论。

其二：认为齿轮绕自身轴线的转动为冗余自由度，此时

$$F=3n-2P_l-P_h-P_r=3\times3-2\times3-1-1=1$$

式中，P_r 为冗余自由度。

图 2-43b 所示的具有冗余自由度的机构不运动时，滚子也能作绕自身轴线的转动。冗余自由度的处理方法是把滚子与连杆固接，而不影响机构的运动。但把齿轮绕自身轴线的转动看作冗余自由度时，当齿轮与连杆固接后，该机构则不能实现正常运动，此观点也不能自圆其说。

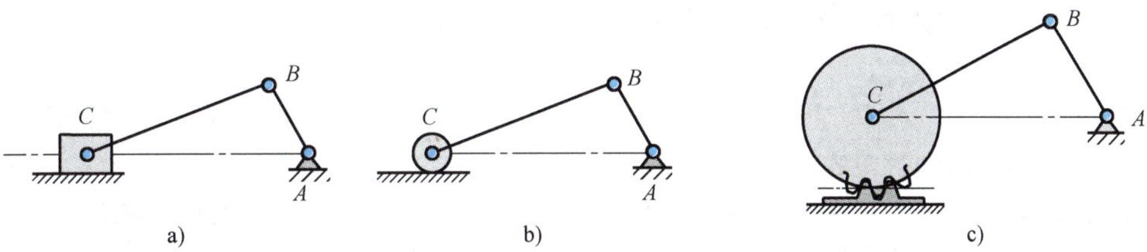

图 2-43　滑块机构的演化

编者认为，该机构是具有两个自由度。但是，这两个自由度线性相关。曲柄的转动自由度和齿轮转动的自由度有严格的比例关系，而不是两个独立运动。所以在计算其自由度时，要减去 1 个线性相关的自由度，则其自由度为 1。正如螺旋传动机构中，螺旋的转动与螺母的移动线性相关，只能看作 1 个自由度的运动副。

图 2-44a 所示机构为棘轮机构，当摆杆 1 顺时针转动时，棘爪 2 嵌入棘轮 3，推动棘轮顺时针转动。此时，摆杆 1、棘爪 2 和棘轮 3 成为一个整体运动，转动副 A 失去作用，只有一个转动副 B，其机构自由度为

$$F=3n-2P_l-P_h-P_r=3\times1-2\times1-0-0=1$$

当摆杆 1 逆时针转动时，棘爪 2 相对摆杆在转动副 A 处摆动，并在棘轮 3 的齿背上滑动，棘爪 2 与棘轮 3 之间为线接触高副，棘轮上无驱动力矩，转动副 B 为复合铰链，其机构自由度为

$$F=3n-2P_l-P_h-P_r=3\times3-2\times3-1-0=2$$

为保证机构具有确定运动，必须再安装一个止动棘爪4，如图2-44b所示。

图2-45a所示机构为槽轮机构，当主动曲柄1顺时针转动时，滚轮3嵌入槽轮2的槽中，推动槽轮逆时针转动，滚轮3的自转为冗余自由度，此时，其机构自由度为

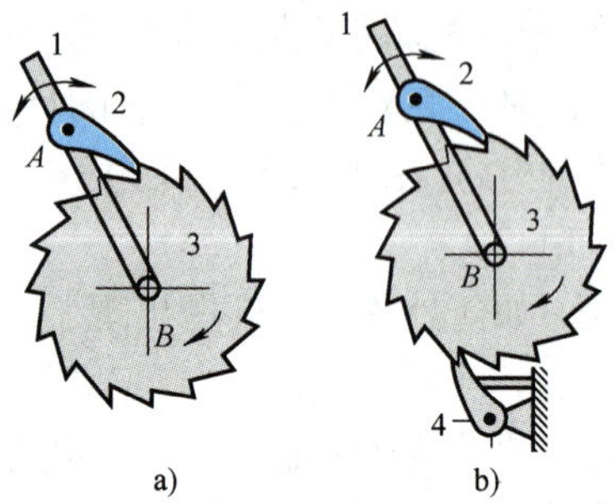

图2-44　棘轮机构的自由度

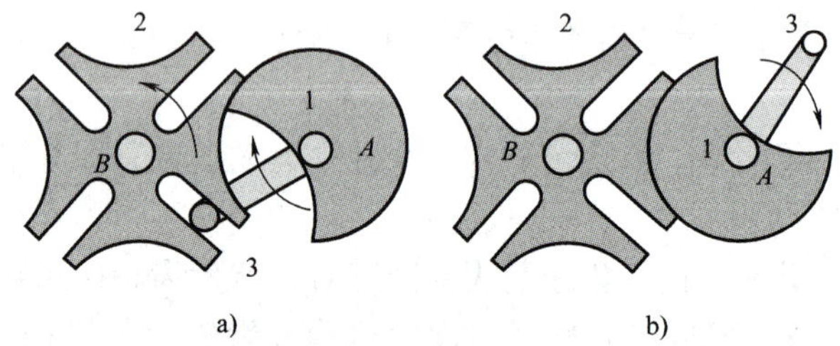

图2-45　槽轮机构的自由度

$$F=3n-2P_l-P_h-P_r=3\times2-2\times2-1=1$$

如图2-45b所示，当主动曲柄1上的滚轮3脱离槽轮2的沟槽时，减少一个高副，主动曲柄1上的锁止弧与槽轮2上圆弧形成一个转动副，转动中心在A点，与A处转动副同轴线，为冗余约束。由于槽轮2被锁定，B处转动副不起作用。此时，其机构自由度为

$$F=3n-2P_l-P_h-P_r=3\times1-2\times1-0-0=1$$

在机械工程中，有些机构在运动过程中，其可动构件数、运动副数或自由度数可能发生改变，此类机构称为变胞机构。进行机构设计时，应引起足够的重视。

本章总结

1. 运动副是两构件之间的可动连接。
2. 根据两构件在运动副处的接触情况，可将其分为面接触的低副和点、线接触的高副。
3. 根据两构件在运动副处的相对运动情况，可将其分为转动副和移动副。
4. 一个平面低副提供2个约束，因而具有1个自由度。
5. 一个平面高副提供1个约束，因而具有2个自由度。
6. 若干构件通过运动副连接后组成的可动系统，称为运动链。
7. 若把运动链中的某个构件固定，则该运动链成为机构。
8. 运动链和机构的差别是运动链中没有机架，而机构中有机架。
9. 画出表示机构组成情况和运动情况的机构运动简图，对分析与设计机构是非常必要的。
10. 机构具有确定运动的条件是其自由度数等于其原动件数，自由度是机构的固有属性，原动件是人为选定的。
11. 当机构中的构件数目、运动副类型与数目确定以后，其自由度也就确定了。其计算公式为

$$F=3n-2P_l-P_h$$

12. 在计算机构自由度时，必须注意是否存在冗余自由度（局部自由度）、冗余约束（虚约束）以及复合铰链。

13. 把基本杆组的外接副连接到 1 个原动件和机架上，可组成串联机构；把基本杆组的外接副全部连接到原动件上，可组成并联机构。
14. 把机构拆分为基本杆组和原动件的过程，称为机构的结构分析。
15. 进行机构的结构分析时，以不同的构件为原动件，可能会改变机构的级别。
16. 机构组成原理是机构创新设计的重要途径。
17. 本章把虚约束改为冗余约束，局部自由度改为冗余自由度，与国际接轨。
18. 本章拓展了机构组成原理，提出了把杆组的外接副全部连接到原动件上，可组成并联机构的创新思路。
19. 提出了机构自由度线性相关的概念，为解决一些特殊机构自由度的计算奠定了基础(图 2-43c)。
20. 引入了变胞机构自由度的计算实例，为计算其他变胞机构自由度提供了思路。

习　题

1. 理解

1-1　区别下列概念：

a) 低副和高副　b) 螺旋副和转动副　c) 螺旋副和移动副　d) 冗余约束和冗余自由度

e) 闭链和开链　f) Ⅱ级杆组和Ⅲ级杆组

1-2　两构件间的可动连接称为（　　）。

a) 运动副　b) 转动副　c) 移动副　d) 高副

1-3　平面内两构件之间的相对运动主要有（　　）和（　　），其他运动可以看成它们运动的合成。

a) 转动　b) 滚动　c) 移动　d) 振动

1-4　在平面机构中，按两构件之间相对运动方式，运动副可分为（　　）和（　　）；按两构件之间的接触方式，运动副可分为（　　）和（　　）。

a) 转动副　b) 高副　c) 移动副　d) 低副

e) 螺旋副　f) 平面副

1-5　判断下列物品中的运动是纯转动还是纯移动。

a) 风车　b) 计算机键盘上的按键　c) 钟表的指针

1-6　用简单的线条和运动副的图形符号表示机构的组成情况的简单图形为（　　）；按比例尺画出，则称之为（　　），其反映的主要信息是构件的数目、运动副的类型和数目以及各运动副的相对位置。

a) 机构示意图　b) CAD 图　c) 机构运动简图

1-7　连杆机构中，原动件一般是某个（　　），有时（　　）也可以作原动件。

a) 连杆　b) 机架　c) 连架杆

1-8　机构具有确定运动的条件：机构的__________等于__________的数目。

1-9　工程中，把自由度为零且不能再分割的杆组称为__________。

1-10　高副低代是（　　）替代。

a) 永久　b) 瞬时　c) 不定

1-11　铰链四杆运动链和铰链四杆机构的差别在哪里？它们的自由度计算公式相同吗？

1-12　冗余约束使机构自由度减少，冗余自由度使机构自由度增加，这种提法准确吗？

1-13　用冗余自由度代替局部自由度，用冗余约束代替虚约束，两种概念哪种较准确？

1-14　习题图 2-1 所示为常见机械装置，近距离观察它们，试画出其机构简图。

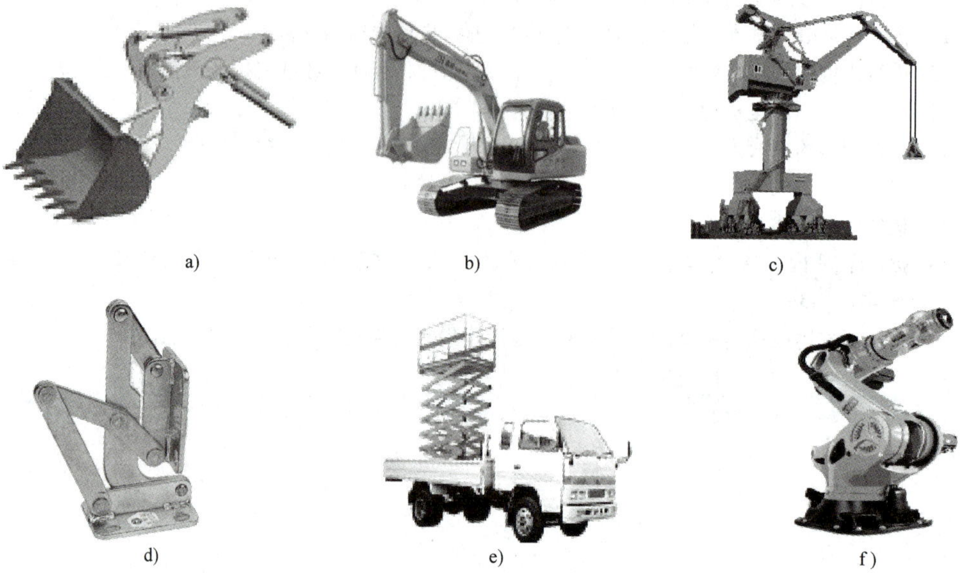

习题图 2-1　常见机械装置

a）铲斗驱动系统　b）挖掘机大臂及前臂　c）港口起重机
d）汽车配件　e）维修车的升降机构　f）工业机器人

1-15　分析不同情况下，如习题图 2-2 所示冰钳的自由度。

a）当冰钳没有夹任何东西时。

b）当冰钳夹着冰但未离开地面时。

c）冰被夹起时。

2. 分析与设计

2-1　习题图 2-3 所示为机械压线钳，画出其机构简图并确定它的自由度。

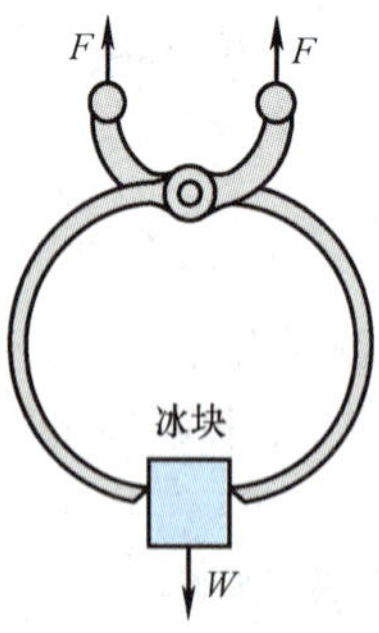

习题图 2-2　冰钳

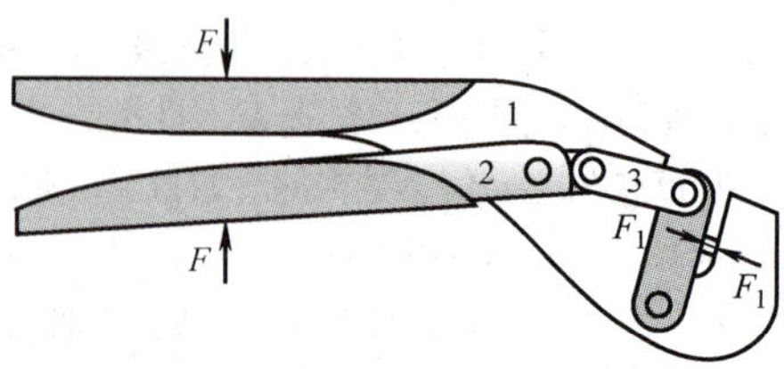

习题图 2-3　机械压线钳

2-2　画出习题图 2-4 所示千斤顶的机构简图，确定其自由度，并描述其工作原理及过程。

2-3　画出习题图 2-5 所示单缸对心发动机的机构简图，并确定其自由度。

2-4　画出习题图 2-6 所示颚式碎石机的机构简图，描述各构件及运动副的类型，并确定机构自由度。

2-5　画出习题图 2-7 所示牛头刨床的机构简图，并确定其自由度。

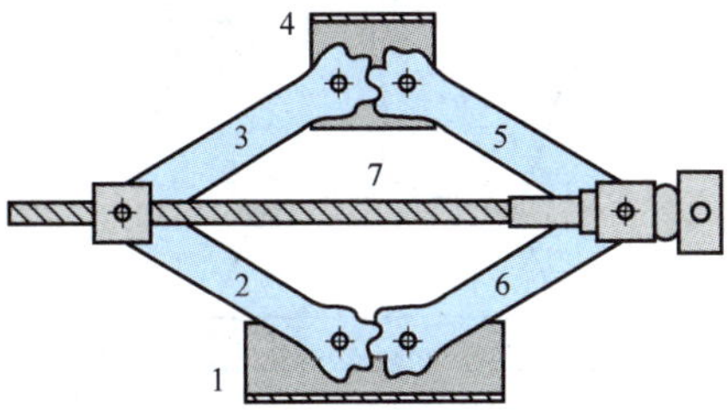

习题图 2-4　千斤顶

习题图 2-5　单缸对心发动机

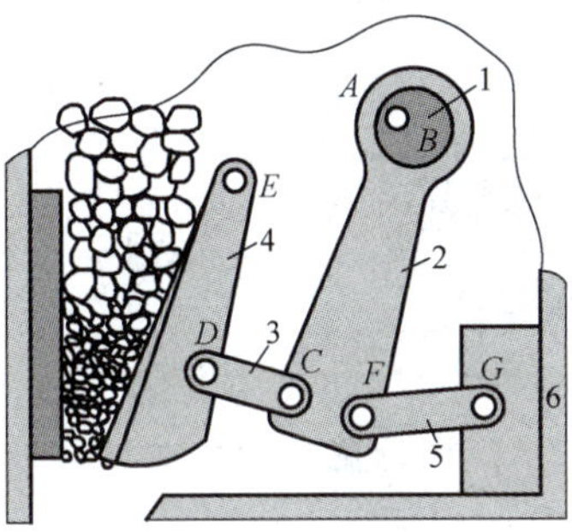

习题图 2-6　颚式碎石机

习题图 2-7　牛头刨床

2-6　画出习题图 2-8 所示压力机的机构简图，说明该机构的高副连接，并计算该机构的自由度。

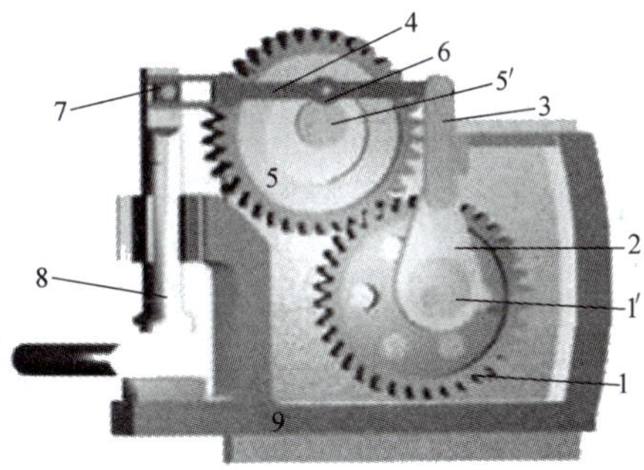

习题图 2-8　压力机

2-7　画出习题图 2-9 所示液压挖掘机的挖掘机构简图，计算其自由度。对该机构的主动件进行进一步说明。

2-8　确定习题图 2-10 所示压力机的自由度，并找出其冗余约束。

2-9　确定习题图 2-11 所示复杂机构的自由度（图 2-11b 中凸轮与大齿轮固连）。

2-10　分析习题图 2-12 所示机构的组成，并计算其自由度。

2-11　分析习题图 2-13 所示机构的组成，并计算其自由度。

2-12　计算习题图 2-14 所示机构的自由度，并确定该机构的等级。（凸轮为原动件）

2-13　计算习题图 2-15 所示机构的自由度，并确定该机构的等级。

习题图 2-9　液压挖掘机

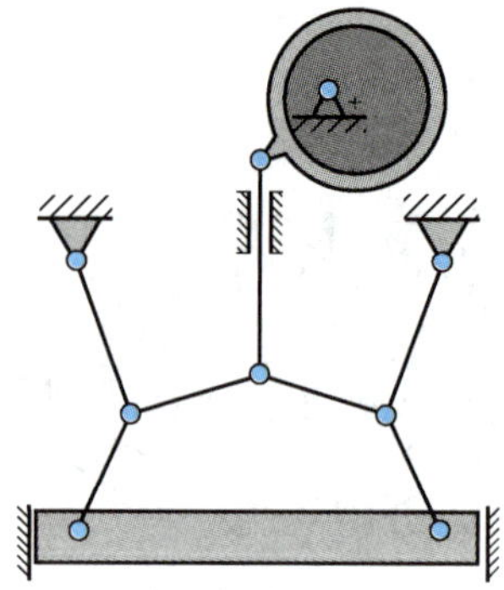

习题图 2-10　压力机

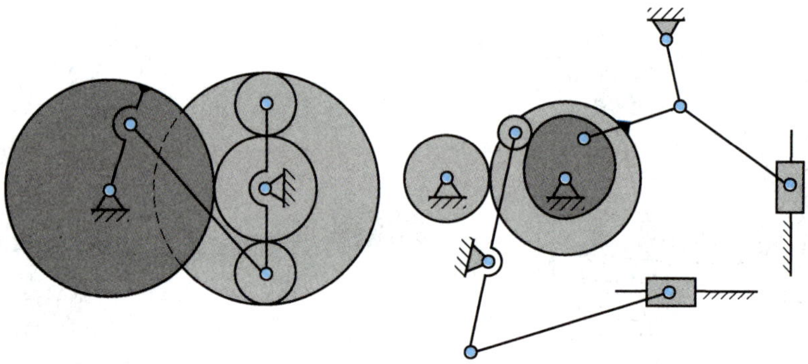

a)　　b)

习题图 2-11　复杂机构

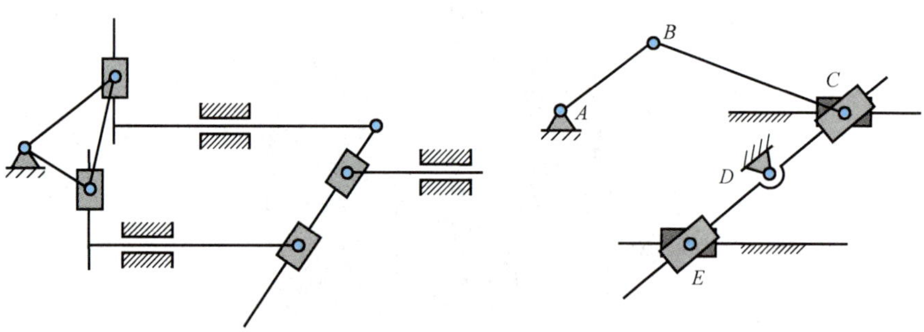

a)　　b)

习题图 2-12　杆组自由度计算

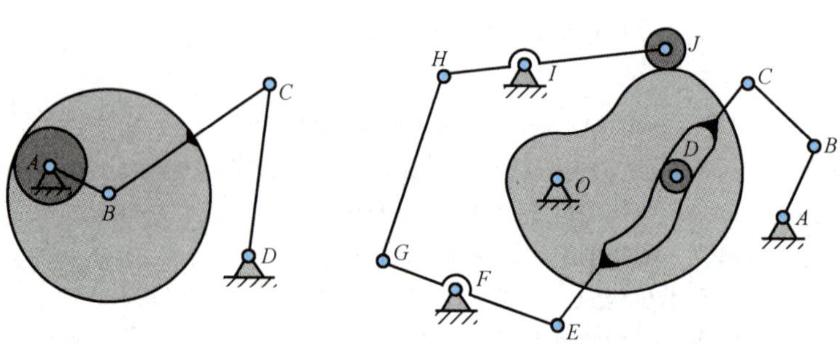

a)　　b)

习题图 2-13　机构组成及自由度

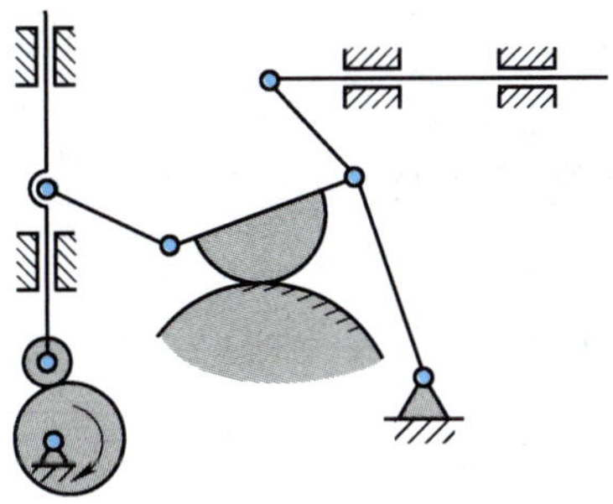

习题图 2-14　确定机构等级一

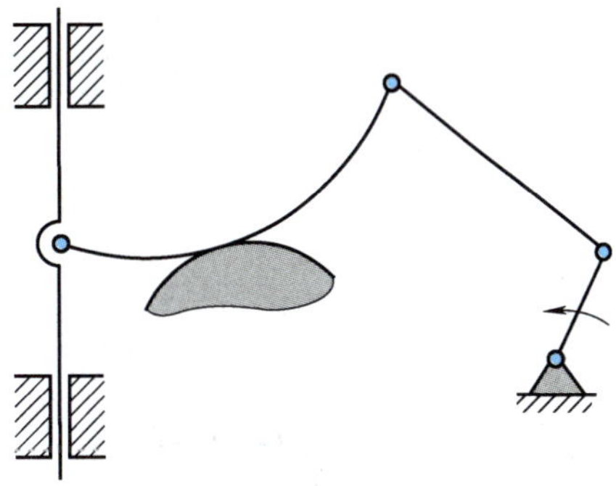

习题图 2-15　确定机构等级二

2-14　计算习题图 2-16 所示机构的自由度，并确定该机构的等级。

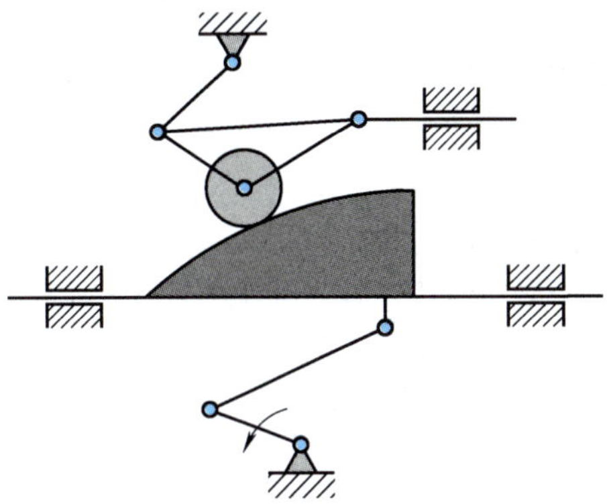

习题图 2-16　确定机构等级三

3. 自测题

3-1　运动副中，如果两构件在运动过程中是面接触，则该运动副是（　　）。

a）高副　　b）封闭副　　c）低副　　d）开副

3-2　车床中的丝杠与螺母是（　　）。

a）球面副　　b）螺旋副　　c）转动副　　d）移动副

3-3　比较开链与闭链的区别。

3-4　如果将运动链中的一个构件固定，则该运动链变成（　　）。

a）桁架　　b）机构　　c）组件　　d）机器

3-5　凸轮机构是（　　）。

a）高副机构　　b）低副机构　　c）连杆机构

3-6　连杆机构是（　　）。

a）高副机构　　b）低副机构　　c）四杆机构

3-7　一个三杆机构可能包含（　　）。

a）三个转动副　　b）两个转动副一个高副

c）三个高副　　d）两个高副一个低副

3-8　习题图 2-17 所示为自行车刹车机构，画出与它等效的连杆机构，确定其自由度（提示：将弹性刹车线视为一个构件）。

3-9　确定习题图 2-18 所示六杆机构的自由度，画出其机构简图，并确定该机构的组成及等级。

3-10　习题图 2-19 所示为一构件系统，试去掉其中一个构件，使之成为一个自由度为 1 的机构。

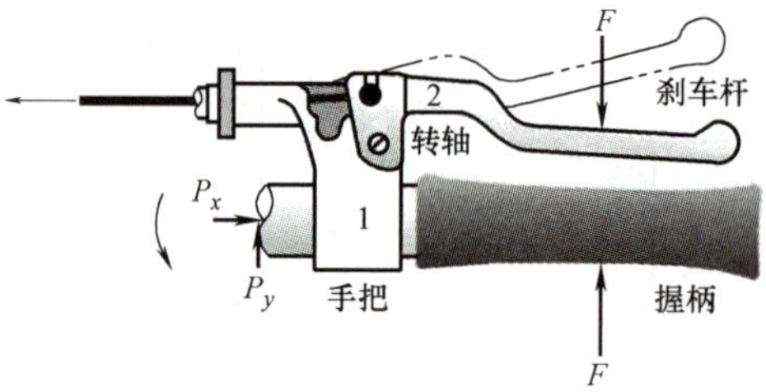

习题图 2-17　自行车刹车机构

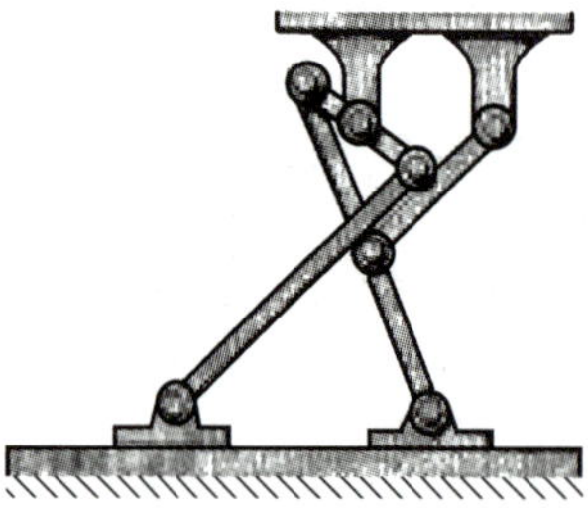

习题图 2-18　六杆机构

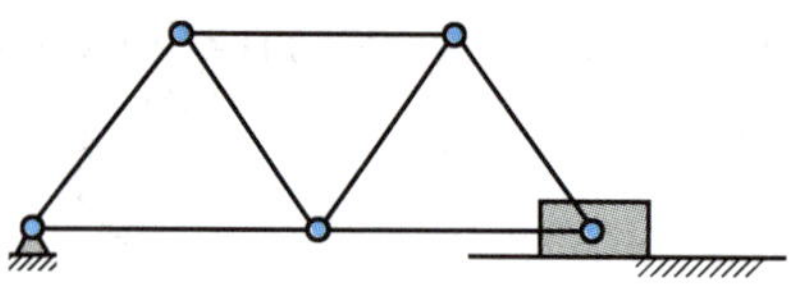

习题图 2-19　机构自由度计算一

3-11　计算习题图 2-20 所示机构自由度。

3-12　习题图 2-21 所示为电磁振动送料机，画出与其等效的机构，简述其工作原理及运动副类型。

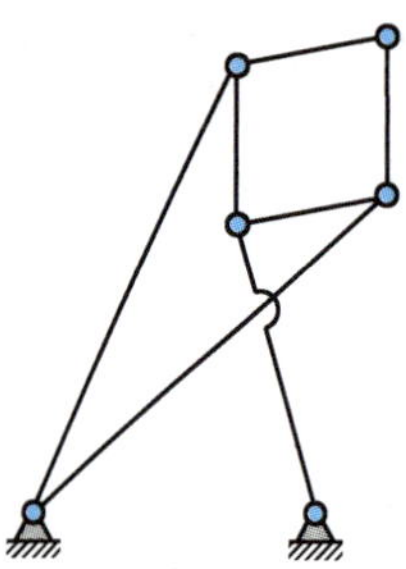

习题图 2-20　机构自由度计算二

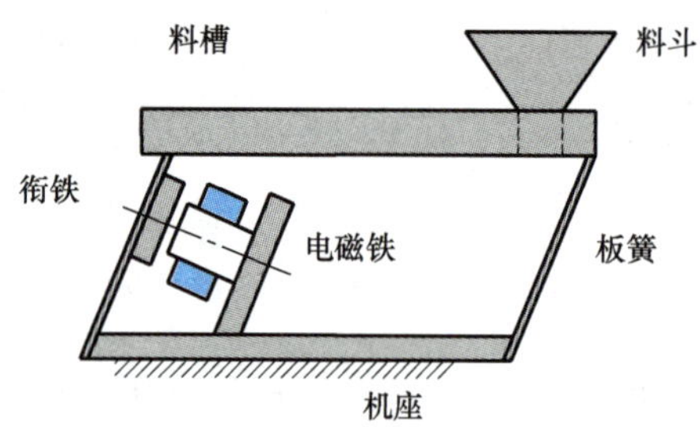

习题图 2-21　电磁振动送料机

3-13　计算习题图 2-22 所示的人手腕及手掌骨骼的自由度。

3-14　习题图 2-23 所示为一柔性开关机构，开关由一块材料整体做成，画出其等效的机构简图，简述其工作原理。由此联想运动链的定义，有何感想？

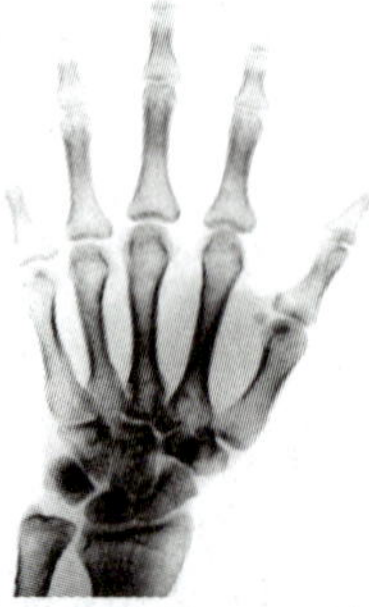

习题图 2-22　手腕及手掌骨骼结构图

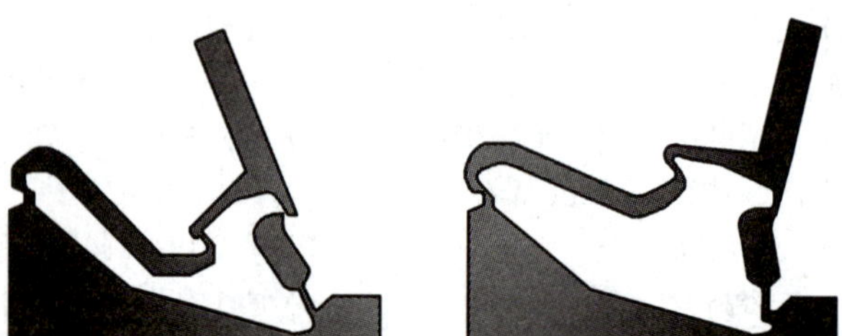

习题图 2-23　柔性开关机构

第三章

平面机构的运动分析

机构运动分析的内容主要包括求解机构的位置、构件的角速度和角加速度，以及构件上某些点的线速度和线加速度。其分析方法主要有：用瞬心法对简单机构进行速度分析；用相对运动图解法对机构进行运动分析；用解析法对机构进行运动分析。

分析机构在某个具体位置的运动状态时，图解法是必要的；但分析机构的一个运动循环中的运动状态时，解析法则有巨大优势。

第一节　平面机构运动分析概述

平面机构的运动分析是根据给定的原动件运动规律，求解其他从动件上某些点的位置、速度和加速度，以及这些构件的角位置、角速度和角加速度的过程。

一、平面机构运动分析的目的

1. 求解机构中某些点的运动轨迹或位移，确定机构的运动空间

图 3-1a 所示为内燃机中的曲柄滑块机构，滑块的运动行程 C_1C_2 是设计活塞缸长度尺寸的依据，连杆 BC 的运动轨迹是设计内燃机箱体内部尺寸的依据。

2. 求解某些构件的速度、加速度，了解机构的工作性能

图 3-1b 所示的牛头刨床机构中，要求滑枕在工作行程中接近等速运动，其加速度的变化要小，才能提高加工质量。因此对刨床进行运动分析就成为刨床设计的重要内容。

3. 为力分析作前期准备工作

现代机械的运转正在向高速化发展，惯性力的影响不能忽略。而构件的惯性力与其加速度成正比，惯性力矩与其角加速度成正比，因此运动分析为机构的力分析奠定了基础。

二、运动分析的方法

机构运动分析的方法主要有图解法、解析法及实验法。图解法又可分为速度瞬心法与相

对运动图解法。在解析法中，矩阵法因其简便实用而常被人们采用。

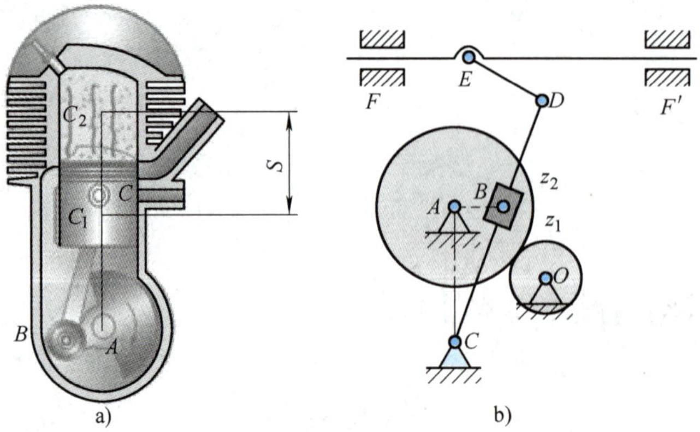

图 3-1　机构的运动分析

1. 图解法

（1）速度瞬心法　利用瞬心是两个构件的瞬时转动中心，又是两构件绝对速度相等的重合点原理，求解从动件的角速度或某些点的速度。瞬心法只能进行速度分析。

（2）相对运动图解法　利用理论力学中的相对运动原理，把速度方程和加速度方程转换为几何矢量方程，用作图的方法求解构件的角速度、角加速度或某些点的速度及加速度。

2. 解析法

在建立机构运动学模型的基础上，采用数学方法求解构件的角速度、角加速度或某些点的速度及加速度。本书采用矩阵法进行机构的运动分析。

3. 实验法

通过位移、速度、加速度等各类传感器对实际机械的位移、速度、加速度等运动参数进行测量，实验法是研究已有机械运动性能的常用方法。

第二节　用速度瞬心法对机构进行速度分析

一、瞬心的基本概念

1. 瞬心

在任一瞬时，两个作平面相对运动的构件都可以看成为绕一个瞬时重合点作相对转动。这个瞬时重合点又被称为瞬时转动中心，简称为瞬心。这两个构件在该重合点处的绝对速度相等，所以瞬心又被称为等速重合点或同速点。当这两个构件之中有一个构件固定不动，则瞬心处的绝对速度为零，称这类瞬心为绝对瞬心。当两个构件都在运动时，其瞬心称为相对瞬心。

如图 3-2 所示，构件 1、2 作平面相对运动，两构件在重合点 A 处的相对速度为 $v_{A_2A_1}$，在重合点 B 处的相对速度为 $v_{B_2B_1}$，两相对速度垂直线的交点为两构件的瞬心 P_{12}。若构件 1、2 都在运动，则 P_{12} 为相对速度瞬心；若有一构件固定不动，则 P_{12} 为绝对速度瞬心。因两构件作相对运动，P_{12} 与 P_{21} 代表同一个瞬心。

2. 平面机构瞬心的数目

假设机构中含有 k 个构件，其中既包含运动构件也包含机架。每两个构件之间有一个瞬心，则全部瞬心的数目 N 为

$$N = C_k^2 = \frac{k(k-1)}{2}$$

当构件数 k 较多时，找出全部瞬心是一项比较繁琐的工作。所以，瞬心法通常适用于构件数较少的简单机构的运动分析。

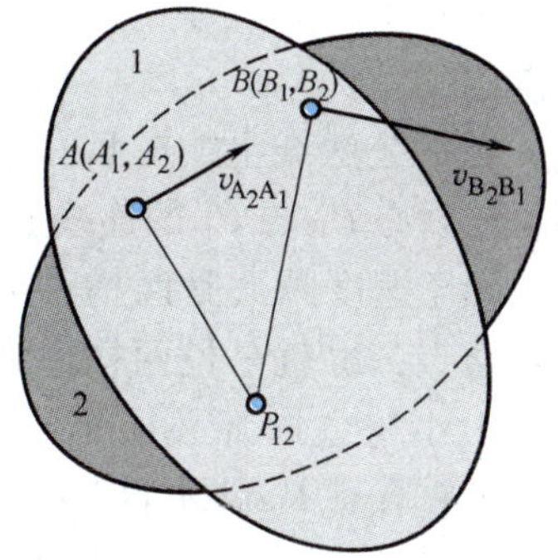

图 3-2　速度瞬心

3. 瞬心位置的确定

两个构件之间有一个瞬心，按两构件是否用运动副连接，可以把瞬心分为两类。其一是两个构件之间直接用运动副连接的瞬心，其二是两个构件之间没有用运动副连接的瞬心。下面分别讨论如何确定这两类瞬心的位置。

（1）两个构件用运动副连接的瞬心位置

1）两个构件用转动副连接的瞬心位置。图 3-3a、b 所示的构件 1 与构件 2 由转动副连接，显然，铰链中心点就是两个构件的瞬心 P_{12}。

2）两个构件用移动副连接的瞬心位置。图 3-3c 所示的构件 1 与构件 2 的相对移动速度方向与导路方向平行，瞬心 P_{12} 位于垂直导路方向的无穷远点。

3）两构件用平面高副连接的瞬心位置。平面高副分为纯滚动高副和滚动兼滑动的高副。图 3-3d 为纯滚动高副，两构件在接触点处的相对速度为零。该接触点即为瞬心 P_{12}。

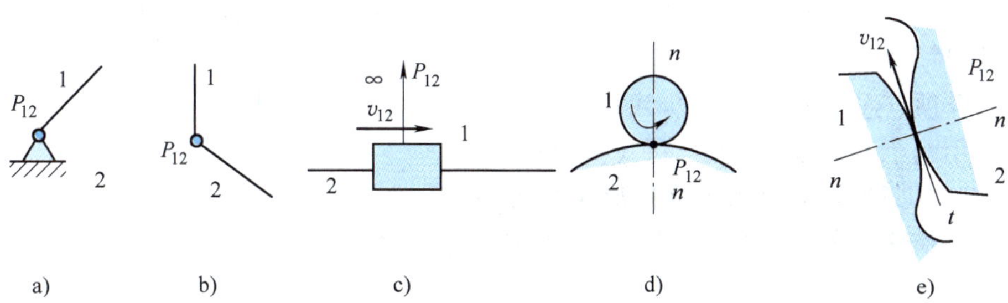

图 3-3　两构件用运动副连接的瞬心位置

图 3-3e 中，构件 1 与构件 2 之间用高副连接，高副廓线在接触点处的相对速度为 v_{12}，其方向沿两高副廓线在接触点处的切线方向。而瞬心则位于过接触点且与 v_{12} 方向相垂直的法线 $n—n$ 上。至于 P_{12} 具体位于法线上的哪一点，还需要由其他条件来确定。

（2）两构件之间没有用运动副连接的瞬心位置　两构件之间没有用运动副连接时，仍有瞬心存在。其瞬心位置可用三心定理确定。

1）三心定理。作平面运动的三个构件间有三个瞬心，它们位于同一直线上，称这一结论为三心定理。

图 3-4 所示的高副机构中，设构件 1、2、3 在同一平面内运动。根据瞬心计算公式可知，该机构的瞬心数目为 3。

其中，构件 1、2 之间由转动副 A 连接，瞬心 P_{12} 位于转动副 A 的回转中心。构件 1、3

之间由转动副 B 连接，其中心点 B 即为瞬心 P_{13}的位置。另外一个瞬心 P_{23}位于过高副接触点 C 处的公法线上，按照三心定理，P_{23}还必须位于瞬心 P_{12}与 P_{13}的连线上。

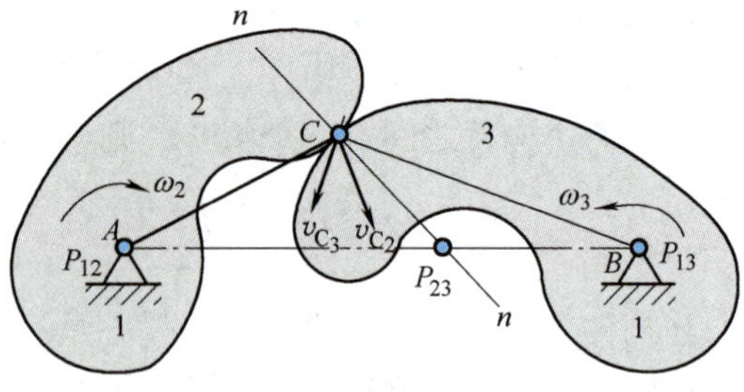

图 3-4　三心定理

由于速度瞬心是两构件的绝对速度相等的重合点，也就是说两构件在该重合点处的速度大小与方向都必须相同，只有在图 3-4 所示的重合点 P_{23}处才能满足该条件。

如果 P_{23}点不在 P_{12}与 P_{13}的连线上，假定在图 3-4 所示的 C 点，构件 2 上 C_2 点的速度为 v_{C_2}，方向垂直于 P_{12}与 C 点的连线。构件 3 上 C_3 点的速度为 v_{C_3}，方向垂直于 P_{13}与 C 点的连线。只要 C 点不在 P_{12}与 P_{13}的连线上，两构件在该点处的速度方向永远不会相同，只有当 C 点落在 P_{12}与 P_{13}的连线上时，v_{C_2}与 v_{C_3}的方向才能相同，C 点才能成为瞬心点。这就是说，瞬心 P_{23}必定位于 P_{12}与 P_{13}的连线上。

应用三心定理求解没有用运动副连接的两构件瞬心非常方便。

2）瞬心多边形法。当机构的瞬心数目较多时，应用三心定理直接求解各个瞬心比较复杂，这里介绍瞬心多边形法来求解各个瞬心的位置。瞬心多边形法是三心定理的具体应用。

瞬心多边形法的步骤如下：

a）利用公式 $N=k(k-1)/2$，计算瞬心数目。

b）按构件数目画出正 k 边形的 k 个顶点，每个顶点代表一个构件，并按顺序标注阿拉伯数字，每两个顶点连线代表一个瞬心。

c）三个顶点连线构成的三角形的三条边表示三瞬心共线。

d）利用两个三角形的公共边可找出未知瞬心。

以下通过几个实例说明瞬心多边形法的用法。

例 3-1　确定图 3-5、图 3-6 所示四杆机构的全部瞬心。

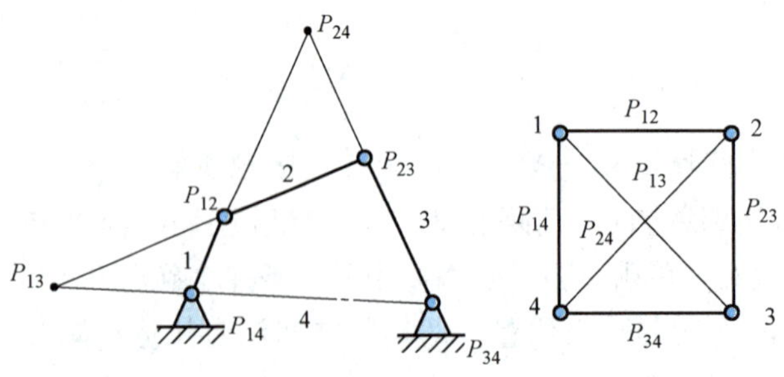

图 3-5　瞬心求法一

解　图 3-5 所示铰链四杆机构中，瞬心总数为

$$N=\frac{k(k-1)}{2}=\frac{4\times(4-1)}{2}=6$$

各构件之间的铰链中心分别为瞬心 P_{14}、P_{12}、P_{23}、P_{34}。由于瞬心位置与两构件次序无

关，故 P_{14}、P_{41} 相同，P_{12}、P_{21} 相同，P_{23}、P_{32} 相同，P_{34}、P_{43} 相同。未知瞬心为 P_{13}、P_{24}，可利用瞬心多边形法找出。

画出正四边形的四个顶点 1、2、3、4，表示该机构的四个构件 1、2、3、4。连接顶点 4、1，表示瞬心 P_{14}；连接顶点 1、2，表示瞬心 P_{12}；连接顶点 2、3，表示瞬心 P_{23}；连接顶点 3、4，表示瞬心 P_{34}。

四边形的对角线 13 和 24 分别表示未知瞬心 P_{13} 和 P_{24}。三心定理的直接应用是利用三角形 123，143 的公共边找出 P_{13}。三角形 123 中，表明 P_{12}、P_{23}、P_{13} 共线；三角形 143 中，表明 P_{14}、P_{34}、P_{13} 共线。两线交点即为 P_{13}。

同理，三角形 124 中，P_{12}、P_{14}、P_{24} 共线；三角形 234 中，P_{23}、P_{34}、P_{24} 共线。两线交点即为 P_{24}。

图 3-6 所示铰链四杆机构中，瞬心总数为 6。

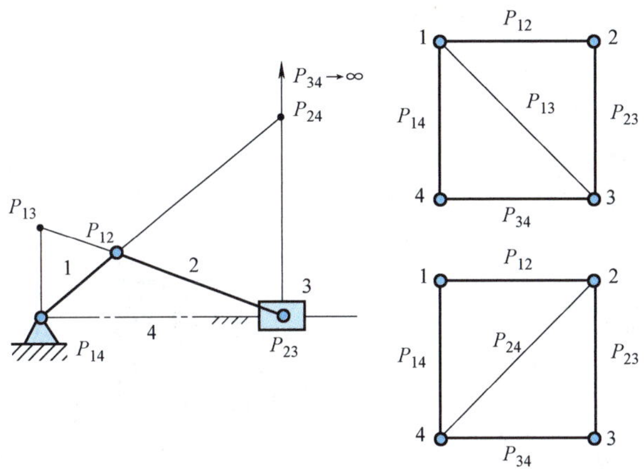

图 3-6 瞬心求法二

可直接找出的瞬心为 P_{14}、P_{12}、P_{23}、P_{34}。未知瞬心为 P_{13}、P_{24}，可利用瞬心多边形法找出。

P_{13} 在 P_{12} 和 P_{23} 的连线上，又在 P_{14} 和 P_{34} 的连线上，其交点为 P_{13}。

P_{24} 在 P_{12} 和 P_{14} 的连线上，又在 P_{34} 和 P_{23} 的连线上，其交点为 P_{24}。

实际上，瞬心多边形是三心定理的具体应用，只不过更加形象直观。

二、用瞬心法对机构进行速度分析

利用速度瞬心对机构进行速度分析时，要选择一个适当的比例尺 μ_l 画出机构运动简图，找出机构的全部瞬心并标注在机构运动简图上。利用瞬心是两构件重合点处的同速点和瞬时转动中心的概念，找出待求构件的速度。

例 3-2 已知图 3-7 所示的铰链四杆机构 *ABCD* 尺寸、位置，构件 1 的角速度 ω_1，用瞬心法求解构件 2、3 的角速度 ω_2、ω_3。

解 找出该机构的全部速度瞬心并标注在机构运动简图上。

因已知构件 1 的角速度 ω_1，待求角速度的构件要同构件 1 联系起来。

若求解 ω_2，则应找出构件 1 和构件 2 的同速点，即瞬心 P_{12}。

P_{12} 在构件 1 上，$v_{P_{12}}=v_B=\omega_1 L_{P_{14}P_{12}}$

P_{12}在构件 2 上，$v_{P_{12}}=v_B=\omega_2 L_{P_{24}P_{12}}$

$\omega_1 L_{P_{14}P_{12}}=\omega_2 L_{P_{24}P_{12}}$，$\omega_2=\omega_1\dfrac{L_{P_{14}P_{12}}}{L_{P_{24}P_{12}}}$

若求解 ω_3，则应找出构件 1 和构件 3 的同速点，即瞬心 P_{13}。

扩大构件 1、3，其同速点为 P_{13}，利用瞬心 P_{13}求 ω_3。

$v_{P_{13}}=\omega_1 L_{P_{13}P_{14}}=\omega_3 L_{P_{34}P_{13}}$，$\omega_3=\dfrac{L_{P_{13}P_{14}}}{L_{P_{13}P_{34}}}\omega_1$

其转向可由 $v_{P_{13}}$的速度方向判断。

例 3-3 已知图 3-8 所示凸轮机构中的凸轮角速度 ω_2，用瞬心法求从动件速度 v_3。

解 画出机构运动简图并标注全部速度瞬心。P_{23}为凸轮 2 与推杆 3 的速度瞬心，即两个构件的同速点，则有 $v_{P_{23}}=\omega_2 L_{P_{12}P_{23}}=v_3$，推杆的运动方向可由瞬心处的速度方向决定。

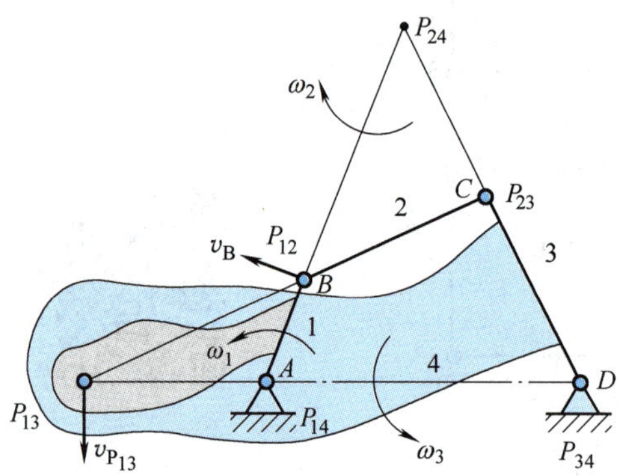

图 3-7 瞬心法在铰链四杆机构速度分析中的应用

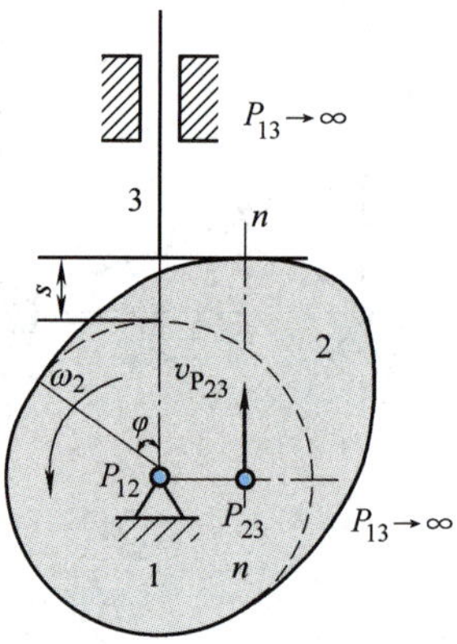

图 3-8 瞬心法在凸轮机构中的应用

从上式可找出以下关系：

$L_{P_{12}P_{23}}=\dfrac{v_3}{\omega_2}=\dfrac{ds/dt}{d\varphi/dt}=\dfrac{ds}{d\varphi}$，该关系式在凸轮机构的设计中有重要应用。

当机构中的构件很多时，寻找全部瞬心是件很繁琐的事情，只有当机构的构件数较少时，应用瞬心法作速度分析才比较简便快捷。

第三节 用相对运动图解法对机构进行运动分析

用相对运动图解法对机构进行运动分析时，经常会遇到两类问题。其一是已知某个构件上一点的速度和加速度，求该构件上另外一点的速度和加速度；其二是两个作平面相对运动的构件之间，存在一个瞬时重合点，其中一个构件在这个重合点处的速度和加速度是已知的，求解另外一个构件在该点处的速度和加速度。

要解决这两类问题，首先要建立两点之间的速度和加速度矢量方程，然后通过求解矢量方程来得到未知点的速度和加速度。下面我们就来讨论如何针对上述两类问题建立速度和加速度矢量方程。

一、相对运动图解法的基本原理

相对运动图解法的基本原理源自理论力学中刚体的相对运动原理，以下进行简单的回顾。

1. 同一构件上两点之间的速度、加速度关系

作平面运动的物体，任一点的运动都可以看成是随同基点的平动以及绕基点的转动的合成。图 3-9 所示为作平面运动的刚体，已知基点 A 的速度 $\boldsymbol{v}_{A}$，则该刚体上任意一点 B 的速度为

$$\boldsymbol{v}_{B}=\boldsymbol{v}_{A}+\boldsymbol{v}_{BA}$$

式中，$\boldsymbol{v}_{A}$ 为 A 点的绝对速度，方向已知；$\boldsymbol{v}_{B}$ 为 B 点的绝对速度，方向未知；$\boldsymbol{v}_{BA}$ 为 B 点相对于 A 点的相对速度，$v_{BA}=\omega l_{AB}$，其方向垂直于 AB。

速度为矢量，是具有方向和大小的物理量。每个速度方程可求解两个未知数。为求解方便，列速度方程时尽量使未知数位于等号两侧。

同一构件上两点之间的运动关系可以概括为牵连运动是移动、相对运动是转动的运动关系。

B 点与 A 点之间的加速度关系可以表达如下：

$$\boldsymbol{a}_{B}=\boldsymbol{a}_{A}+\boldsymbol{a}_{BA}^{n}+\boldsymbol{a}_{BA}^{t}$$

式中，$\boldsymbol{a}_{BA}^{n}$是 B 点相对于 A 点的法向加速度，$a_{BA}^{n}=v_{BA}^{2}/l_{AB}=\omega^{2}l_{AB}$，其方向由 B 指向 A。$\boldsymbol{a}_{BA}^{t}$是 B 点相对于 A 点的切向加速度，$a_{BA}^{t}=\alpha l_{AB}$，其方向垂直于 A、B 两点的连线。

ω、α 分别为该构件的角速度和角加速度。

加速度为矢量，是具有方向和大小的物理量。每个加速度方程可求解两个未知数。为求解方便，列加速度方程时尽量使未知数位于等号两侧。

2. 两构件重合点处的速度和加速度矢量关系

如图 3-10 所示，构件 1 和 2 用移动副连接，且构件 1 绕 A 点转动，两构件在重合点 B 处的运动关系可用理论力学中的牵连运动是转动、相对运动是移动来描述。

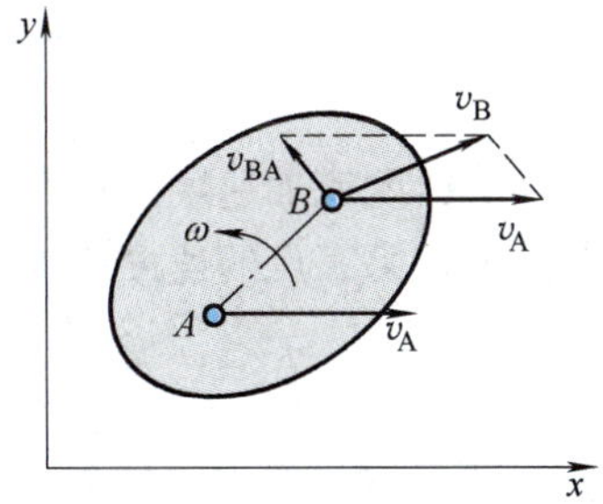

图 3-9　同一构件上两点之间的速度关系

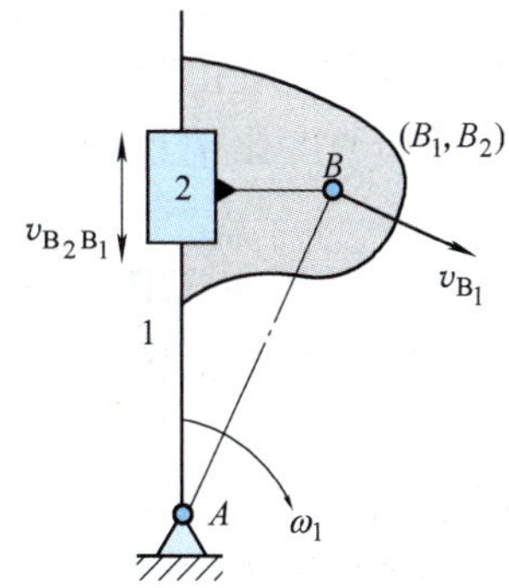

图 3-10　两构件重合点处的运动关系

注：书中黑体字母表示矢量，同字母明体表示标量。

该重合点处的速度矢量关系为

$$\boldsymbol{v}_{B_2}=\boldsymbol{v}_{B_1}+\boldsymbol{v}_{B_2B_1}$$

式中，$\boldsymbol{v}_{B_2}$为构件2上B点的绝对速度，一般不知道其运动方向；$\boldsymbol{v}_{B_1}$为构件1上B点的绝对速度，其方向垂直于AB；$\boldsymbol{v}_{B_2B_1}$为构件2上B点相对构件1上B点的相对速度，其方向平行导路。$\boldsymbol{v}_{B_2B_1}$与$\boldsymbol{v}_{B_1B_2}$的大小相等，方向相反。

两构件在重合点B处的加速度关系为

$$\boldsymbol{a}_{B_2}=\boldsymbol{a}_{B_1}+\boldsymbol{a}^k_{B_2B_1}+\boldsymbol{a}^r_{B_2B_1}$$

式中，$\boldsymbol{a}_{B_2}$为构件2上B点的绝对加速度；$\boldsymbol{a}_{B_1}$为构件1上B点的绝对加速度，$\boldsymbol{a}_{B_1}=\boldsymbol{a}^n_{B_1}+\boldsymbol{a}^t_{B_1}$，若构件1等速转动，其值为$a_{B_1}=a^n_{B_1}=\omega_1^2 l_{AB}$，方向由$B$指向$A$；$\boldsymbol{a}^r_{B_2B_1}$为构件2上$B$点相对构件1上$B$点的相对加速度，其方向与导路方向平行；$\boldsymbol{a}^k_{B_2B_1}$为构件2上$B$点相对构件1上$B$点的科氏加速度，其方向为把$\boldsymbol{v}_{B_2B_1}$沿$\omega_1$方向转过90°，其值为$a^k_{B_2B_1}=2v_{B_2B_1}\omega_1$。

当两构件以相同的角速度转动且有相对移动时，其重合点处一定存在科氏加速度。

为求解方便，列上述方程时，尽量使未知数分布在等号两侧。

二、相对运动图解法

通过引入速度比例尺μ_v，把速度矢量转化为长度矢量，即可用图解矢量加法求解未知速度。速度比例尺为

$$\mu_v=\frac{\text{实际速度（m/s）}}{\text{图中的长度（mm）}}$$

通过引入加速度比例尺μ_a，把加速度矢量转化为长度矢量，即可用图解矢量加法求解未知加速度。加速度比例尺为

$$\mu_a=\frac{\text{实际加速度（m/s}^2\text{）}}{\text{图中的长度（mm）}}$$

具体步骤如下：

1）选长度比例尺μ_l画出机构运动简图。

2）列出速度矢量方程，标注出速度的大小与方向的已知与未知情况。

3）选择速度比例尺μ_v，将速度矢量转换为长度矢量，作矢量加法，求出未知量。

4）列出加速度矢量方程，标注出加速度的大小与方向的已知与未知情况。

5）选择加速度比例尺μ_a，将加速度矢量转换为长度矢量，作矢量加法，求出未知量。

如果知道同一构件上两点的速度或加速度，求解第三点的速度或加速度，可利用在速度多边形或加速度多边形上作出对应构件的相似三角形的方法求解第三点的速度或加速度，称之为影像法。

下面举例说明相对运动图解法的具体应用。

例3-4 在图3-11a所示机构中，已知曲柄AB以逆时针方向等速转动，其角速度为ω_1，求构件2、3的角速度ω_2、ω_3和角加速度α_2、α_3，求构件2上E点的速度和加速度。

解 1）选长度比例尺μ_l画出图3-11a所示的机构运动简图。

2）速度分析。因为机构中构件2上B点的速度为已知，可从B点开始进行速度分析，构件2上C点与B点为同一构件上的两点，故有

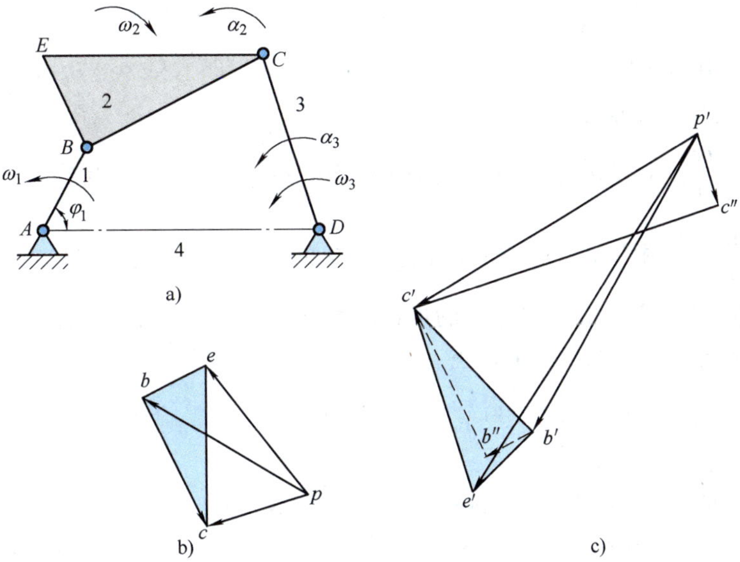

图 3-11　铰链四杆机构的运动分析

$$v_{B_1} = v_{B_2} = v_B = \omega_1 l_{AB}$$

$$\boldsymbol{v}_C = \boldsymbol{v}_B + \boldsymbol{v}_{CB}$$

	$\boldsymbol{v}_C$	$\boldsymbol{v}_B$	$\boldsymbol{v}_{CB}$
大小	?	$\omega_1 l_{AB}$	?
方向	$\perp DC$	$\perp AB$	$\perp BC$

该速度矢量方程有两个未知数，可用矢量加法求得 $\boldsymbol{v}_C$、$\boldsymbol{v}_{CB}$的值。

上述速度矢量方程可通过引入速度比例尺转化为下列矢量方程。该方程可用高等数学中的矢量运算求解。即

$$\boldsymbol{pc} = \boldsymbol{pb} + \boldsymbol{bc}$$

做矢量加法时的开始点 p 称为极点，矢端点的标注与其代表的绝对速度点相同。如 $\boldsymbol{pc}$ 代表 $\boldsymbol{v}_C$，$\boldsymbol{pb}$ 代表 $\boldsymbol{v}_B$；矢量图中的相对速度与对应的相对速度方向相反，如 $\boldsymbol{bc}$ 代表 $\boldsymbol{v}_{CB}$。

具体作图步骤为：选择速度比例尺，$\mu_v = v_B/\overline{pb}$，则$\overline{pb} = v_B/\mu_v$。

任选一极点 p，作线段 $pb \perp AB$，代表速度 $\boldsymbol{v}_B$。过 b 点作 BC 的垂直线，代表 $\boldsymbol{v}_{CB}$的方向线；过 p 点作 CD 的垂直线，代表 $\boldsymbol{v}_C$ 的方向线，交点即为 c 点。线段 pc 代表速度 $\boldsymbol{v}_C$，线段 bc 代表速度 $\boldsymbol{v}_{CB}$。在进行矢量运算时，代表绝对速度的矢量要从极点 p 开始画出，如 $\boldsymbol{pb}$、$\boldsymbol{pc}$。从矢量$\triangle \boldsymbol{pbc}$ 中可知，$\boldsymbol{bc}$ 代表 $\boldsymbol{v}_{CB}$，字母顺序相反。从矢量加法可知 $\boldsymbol{v}_{CB}$（$\boldsymbol{bc}$）的方向。

$$v_C = \mu_v \overline{pc} \quad v_{CB} = \mu_v \overline{bc}$$

已知构件 BC 上两点的速度后，可以用影像法求解该构件上另一点 E 的速度。在图 3-11b所示的速度多边形中，以 bc 为边，作$\triangle bce$ 与构件$\triangle BCE$ 相似，即$\triangle bce \backsim \triangle BCE$，可在速度多边形中直接求得 e 点，连接 pe，则 $\boldsymbol{pe}$ 代表 E 点的绝对速度 $\boldsymbol{v}_E$。作相似三角形时要注意保持速度多边形和机构中表示构件的字母顺序的一致性。影像法可以很容易证明出来。当求出构件 2 上 C 点速度后，构件 2 上的 B、C 两点速度为已知，求解该构件上第三点的速度，如 E 点速度，可列出以下方程。

$$\boldsymbol{v}_E = \boldsymbol{v}_B + \boldsymbol{v}_{EB}$$

$$\boldsymbol{v}_E = \boldsymbol{v}_C + \boldsymbol{v}_{EC}$$

速度多边形中，be 与 ce 的交点即为 e 点。也很容易证明$\triangle bce \backsim \triangle BCE$。

构件2、3的角速度很容易求出来。

$\omega_2 = \dfrac{v_{CB}}{l_{BC}} = \dfrac{\mu_v \overline{bc}}{l_{BC}}$，根据 $\boldsymbol{bc}$ 的方向可判别构件2的角速度方向为顺时针方向。

$\omega_3 = \dfrac{v_C}{l_{DC}} = \dfrac{\mu_v \overline{pc}}{l_{DC}}$，根据 $\boldsymbol{pc}$ 的方向可判别构件3的角速度方向为逆时针方向。

3）加速度分析。因为机构中 B 点的加速度为已知，可从 B 点开始进行加速度分析，构件2上 C 点与 B 点为同一构件上的两点，故有

	$\boldsymbol{a}_C^n$	+	$\boldsymbol{a}_C^t$	=	$\boldsymbol{a}_B^n$	+	$\boldsymbol{a}_{CB}^n$	+	$\boldsymbol{a}_{CB}^t$
大小	$\omega_3^2 l_{CD}$		?		$\omega_1^2 l_{AB}$		$\omega_2^2 l_{BC}$		?
方向	$//DC$		$\perp DC$		$//AB$		$//BC$		$\perp BC$

式中，$a_B^n = \omega_1^2 l_{AB}$，$a_{CB}^n = \omega_2^2 l_{BC}$，$a_C^n = \omega_3^2 l_{CD}$，均为已知数；$a_C^t = \alpha_3 l_{DC}$，$a_{CB}^t = \alpha_2 l_{BC}$，为待求的值。

上述加速度矢量方程可通过引入加速度比例尺转化为下列矢量方程。该方程可用高等数学中的矢量运算求解，矢量方程表达如下

$$\boldsymbol{p'c''} + \boldsymbol{c''c'} = \boldsymbol{p'b'} + \boldsymbol{b'b''} + \boldsymbol{b''c'}$$

式中，$\boldsymbol{p'c''}$代表 C 点的法向加速度 $\boldsymbol{a}_C^n$；$\boldsymbol{c''c'}$代表 C 点的切向加速度 $\boldsymbol{a}_C^t$；$\boldsymbol{p'b'}$代表 B 点的法向加速度 $\boldsymbol{a}_B^n$；$\boldsymbol{b'b''}$代表构件2上 C 点相对 B 点的法向加速度 $\boldsymbol{a}_{CB}^n$；$\boldsymbol{b''c'}$代表构件2上 C 点相对 B 点的切向加速度 $\boldsymbol{a}_{CB}^t$。

加速度多边形的小写字母与机构运动简图中的大写字母最好一一对应，涉及法向或切向分量时，可在相应字母右上角加撇号。

矢量加法的具体过程为：任选极点 p'，作 $p'b'//AB$，$\boldsymbol{p'b'}$代表 $\boldsymbol{a}_B^n$，过 b'作 $b'b''//BC$，$\boldsymbol{b'b''}$代表 $\boldsymbol{a}_{CB}^n$；过 b''作 BC 的垂直线，代表 $\boldsymbol{a}_{CB}^t$的方向线；过 p'作 $p'c''//DC$，$\boldsymbol{p'c''}$代表 $\boldsymbol{a}_C^n$；过 c''作 DC 的垂直线，代表 $\boldsymbol{a}_C^t$的方向线，交点 c'即为所求。$\boldsymbol{p'c'}$代表 C 点的加速度 $\boldsymbol{a}_C$。

$a_C^t = \overline{c''c'}\mu_a$，$\alpha_3 = a_C^t / l_{DC}$，其方向由 $\boldsymbol{c''c'}$的方向判断，为逆时针方向。

$a_{CB}^t = \overline{b''c'}\mu_a$，$\alpha_2 = a_{CB}^t / l_{BC}$，其方向由 $\boldsymbol{b''c'}$的方向判断，为逆时针方向。

连杆上 E 点的加速度也可用加速度影像法直接求出，即 $a_E = \overline{p'e'}\mu_a$，方向如图3-11所示。

例3-5 在图3-12所示机构中，已知曲柄 AB 以逆时针方向等速转动，其角速度为 ω_1，求构件2、3的角速度 ω_2、ω_3 和角加速度 α_2、α_3。

解 1）选长度比例尺 μ_l 画出图3-12a所示的机构运动简图。

2）速度分析。构件1上 B_1 点的速度为

$$v_{B_1} = v_{B_2} = \omega_1 l_{AB}$$

列速度方程时必须与 B_1 点联系起来，才能使矢量方程的未知数少于2。因此扩大构件3，如图3-12b所示。此时，B 点为构件1、2、3的重合点，可用 B_1、B_2、B_3 表示重合点 B 的位置。

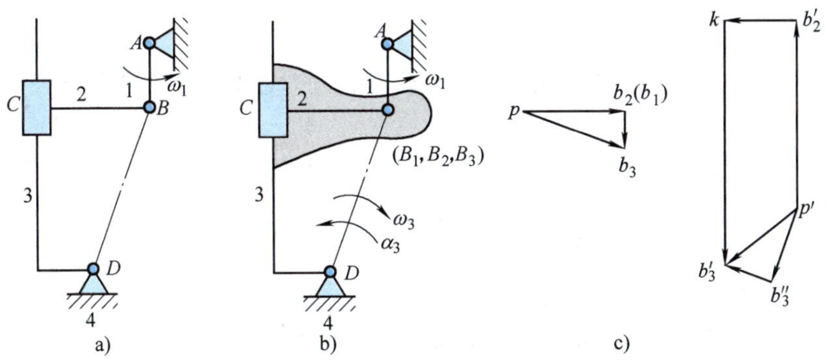

图 3-12　导杆机构的运动分析

构件 3 与构件 2 在重合点 B 的速度矢量方程为

	$\boldsymbol{v}_{B_3}$	=	$\boldsymbol{v}_{B_2}$	+	$\boldsymbol{v}_{B_3B_2}$
方向	$\perp BD$		$\perp AB$		//导路
大小	?		$\omega_1 l_{AB}$		?

选速度比例尺 μ_v，把 $\boldsymbol{v}_{B_2}$转化为长度 pb_2。

任选一极点 p 作矢量加法。

$$\boldsymbol{pb}_3 = \boldsymbol{pb}_2 + \boldsymbol{b}_2\boldsymbol{b}_3$$

$v_{B_3} = \mu_v \overline{pb_3}$，$v_{B_3B_2} = \mu_v \overline{b_2b_3}$，$\omega_3 = v_{B_3}/l_{BD}$，$\omega_2 = \omega_3$，其方向为顺时针方向。

两构件在重合点 B 的加速度关系为

$$\boldsymbol{a}_{B_3} = \boldsymbol{a}_{B_2} + \boldsymbol{a}^k_{B_3B_2} + \boldsymbol{a}^r_{B_3B_2}$$

$$\boldsymbol{a}_{B_3} = \boldsymbol{a}^n_{B_3} + \boldsymbol{a}^t_{B_3}$$

	$\boldsymbol{a}^n_{B_3}$	+	$\boldsymbol{a}^t_{B_3}$	=	$\boldsymbol{a}^n_{B_2}$	+	$\boldsymbol{a}^k_{B_3B_2}$	+	$\boldsymbol{a}^r_{B_3B_2}$
方向	$B\to D$		$\perp BD$		$B\to A$		$\perp$导路（指左）		//导路
大小	$\omega_3^2 l_{BD}$		?		$\omega_1^2 l_1$		$2v_{B_3B_2}\omega_2$		?

选加速度比例尺 μ_a，把 $\boldsymbol{a}^n_{B_2}$，$\boldsymbol{a}^n_{B_3}$，$\boldsymbol{a}^k_{B_3B_2}$转化为相应长度矢量。

任选一点 p' 作矢量加法。

$$\boldsymbol{p'b'_3} = \boldsymbol{p'b'_2} + \boldsymbol{b'_2k} + \boldsymbol{kb'_3}$$

$$\boldsymbol{p'b''_3} + \boldsymbol{b''_3b'_3} = \boldsymbol{p'b'_2} + \boldsymbol{b'_2k} + \boldsymbol{kb'_3}$$

式中，$\boldsymbol{p'b''_3}$代表 B_3 点的法向加速度 $\boldsymbol{a}^n_{B_3}$；$\boldsymbol{b''_3b'_3}$代表 B_3 点的切向加速度 $\boldsymbol{a}^t_{B_3}$；$\boldsymbol{p'b'_2}$代表 $B_2(B_1)$ 点的法向加速度 $\boldsymbol{a}^n_{B_2}$；$\boldsymbol{b'_2k}$ 代表重合点 B 的科氏加速度 $\boldsymbol{a}^k_{B_3B_2}$；$\boldsymbol{kb'_3}$代表重合点 B 的相对加速度 $\boldsymbol{a}^r_{B_3B_2}$。

加速度多边形如图 3-12c 所示。

$\alpha_3 = a^t_{B_3}/l_{BD} = \overline{b''_3b'_3}\mu_a/l_{BD}$，其方向由 $\boldsymbol{a}^t_{B_3}$判断，如图 3-12b 所示。

三、机构运动分析中应注意的若干问题

1. 正确判别科氏加速度

科氏加速度的存在条件是两构件以相同的角速度共同转动，同时还必须作相对移动，其重合点存在科氏加速度。

2. 建立速度或加速度矢量方程

建立速度或加速度矢量方程时，一定要从已知速度或加速度的点开始列方程，待求速度或加速度的构件与该点不连接时，可采用构件扩大的方法重合到该点，这样就可以建立两重合点的速度方程或加速度方程。如图 3-13所示机构中，若想求出构件 3 的速度或加速度，只要把构件 3 按图 3-13 所示扩大到已知速度及加速度的点 B，即可列出简单的速度方程和加速度方程实现求解的目的。

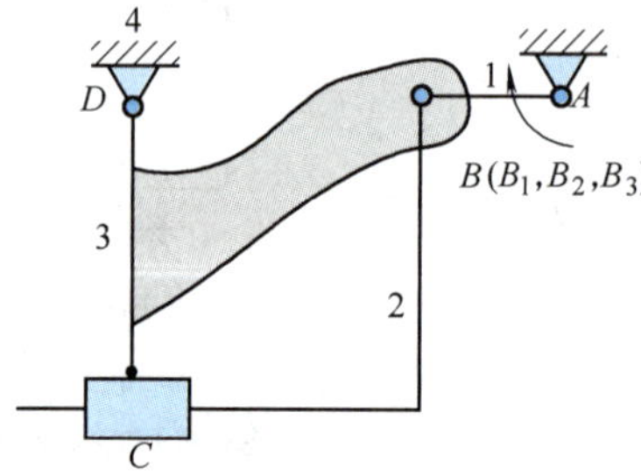

图 3-13　构件的扩大

$$\boldsymbol{v}_{B_3} = \boldsymbol{v}_{B_2} + \boldsymbol{v}_{B_3B_2}$$

在速度方程中，要注意构件 3 在 B 点的速度方向垂直于 BD，构件 2 在 B 点的速度等于构件 1 在 B 点的速度，构件 3 与构件 2 在 B 点的相对速度方向平行于导路方向，即可直接求解。

重合点选取得当，可使求解过程大大简化。

3. 机构在极限位置、共线位置等特殊运动位置

机构在极限位置、共线位置等特殊运动位置时，其速度和加速度多边形变得简单。图 3-14a所示铰链四杆机构的曲柄与连杆共线，图 3-14b 所示的导杆机构中，导杆 BC 处于极限位置。

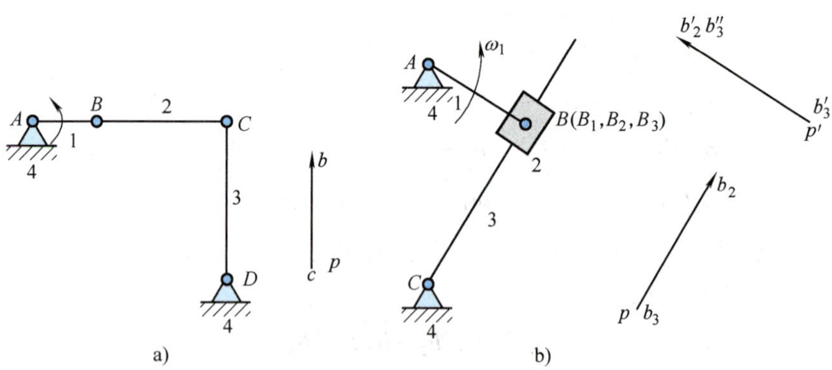

图 3-14　特殊位置的运动分析

在进行极限位置运动分析时，速度多边形和加速度多边形简单，但概念不清楚时极易出错。

4. 液压机构的运动分析可转化为相应的导杆机构进行

图 3-15a 所示的摆动液压缸机构可转化为图 3-15b 所示的摇块机构，已知速度是相对速度，可用相对运动图解法对其进行运动分析。

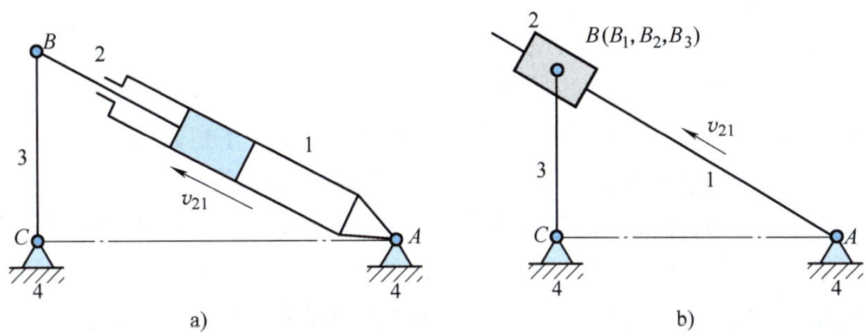

图 3-15　摆动液压缸机构运动分析

5. 电风扇摇头机构的运动分析

图3-16所示机构为电风扇摇头机构，已知速度为ω_{21}，待求速度为摆杆1和2的角速度。此类问题的求解难度较大，可利用扩大构件法求解。在C点扩大构件1，C点为C_1、C_2、C_3的重合点。其中，$v_{C_2}=v_{C_3}$，则速度方程为

	$\boldsymbol{v}_{C_2}$	=	$\boldsymbol{v}_{C_1}$	+	$\boldsymbol{v}_{C_2C_1}$
方向	$\perp CD$		$\perp AC$		$\perp BC$
大小	?		?		$\omega_{21}l_{BC}$

可解出ω_1、ω_3，进而可求出ω_2。

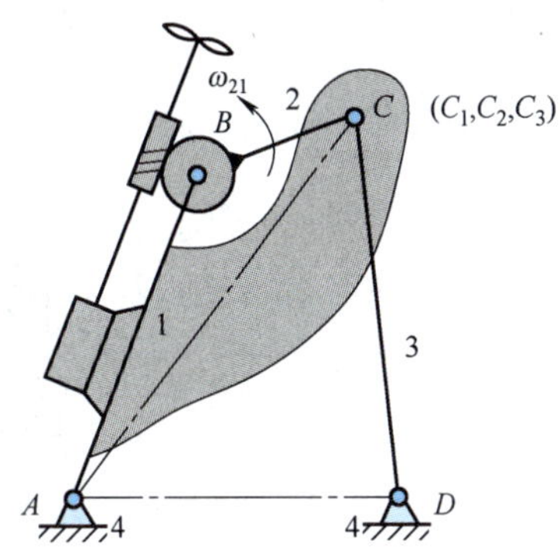

图 3-16　电风扇摇头机构

第四节　用解析法对机构进行运动分析

一、解析法的基本知识

解析法的实质是建立机构的位置方程$s=s(\varphi)$、速度方程$v=v(\varphi)$、加速度方程$a=a(\varphi)$，并求解的过程。

解析法的一般步骤为：

1）建立直角坐标系。一般情况下，坐标系的原点与原动件的转动中心重合，x轴通过机架，y轴的确定按直角坐标系法则处理。

2）建立机构运动分析的数学模型。把机构看成一个封闭矢量环，各构件看成矢量，连架杆的矢量方向指向其与连杆连接的铰链中心，其余杆件的矢量方向可任意选定。最后列出的机构封闭矢量之和应为零，即

$$\sum_{i=1}^{n}\boldsymbol{L}_i=0$$

3）各矢量与x轴的夹角以逆时针方向为正，把矢量方程中各矢量向x、y轴投射，其投影方程即为机构的位置方程。该方程为非线性方程，可用牛顿法求解。

4）位置方程中的各项对时间求导数，可得到机构的速度方程，从中解出待求的角速度或某些点的速度。

5）速度方程中的各项对时间求导数，可得到机构的加速度方程，从中解出待求的角加

速度或某些点的加速度。

二、解析法在机构运动分析中的应用

以下通过几个示例说明解析法的具体应用。

例 3-6 已知图 3-17 所示的铰链四杆机构中各构件的尺寸和原动件 1 的位置 φ_1 和角速度 $\boldsymbol{\omega}_1$，求解构件 2、3 的角速度 $\boldsymbol{\omega}_2$、$\boldsymbol{\omega}_3$ 和角加速度 $\boldsymbol{\alpha}_2$、$\boldsymbol{\alpha}_3$。

解 1）建立直角坐标系 Axy，坐标原点通过 A 点，x 轴沿机架 AD 方向。

2）封闭矢量环如图 3-17 所示，连架杆矢量外指（分别指向与连杆连接处的铰链中心，$\boldsymbol{L}_1 \sim \boldsymbol{L}_4$ 表示矢量，下同），余者任意确定。封闭矢量环方程为

$$\boldsymbol{L}_1 + \boldsymbol{L}_2 - \boldsymbol{L}_3 - \boldsymbol{L}_4 = 0$$

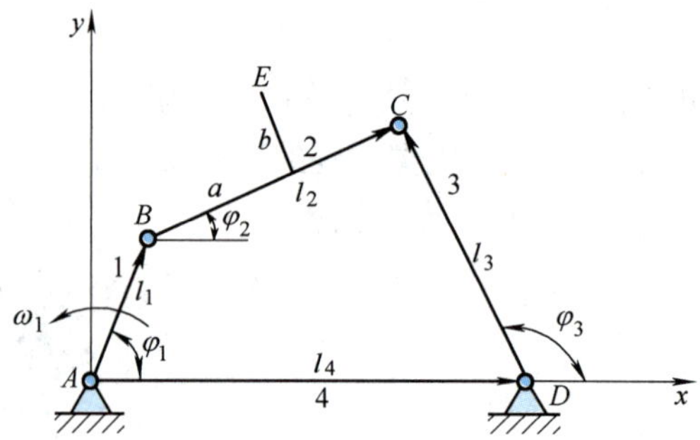

图 3-17 铰链四杆机构的数学模型

3）建立各矢量的投影方程。注意各矢量与 x 轴的夹角以逆时针方向为正（$l_1 \sim l_4$ 表示构件长度，下同）。

$$l_1\cos\varphi_1 + l_2\cos\varphi_2 - l_3\cos\varphi_3 - l_4 = 0$$
$$l_1\sin\varphi_1 + l_2\sin\varphi_2 - l_3\sin\varphi_3 = 0$$

该位移方程为非线性方程组，可用牛顿法解出构件 2、3 的角位移 φ_2、φ_3。

4）位移方程对时间求导数，可得到速度方程。两边求导并整理后得

$$-l_2\omega_2\sin\varphi_2 + l_3\omega_3\sin\varphi_3 = l_1\omega_1\sin\varphi_1$$
$$l_2\omega_2\cos\varphi_2 - l_3\omega_3\cos\varphi_3 = -l_1\omega_1\cos\varphi_1$$

写成矩阵方程

$$\begin{pmatrix} -l_2\sin\varphi_2 & l_3\sin\varphi_3 \\ l_2\cos\varphi_2 & -l_3\cos\varphi_3 \end{pmatrix}\begin{pmatrix} \omega_2 \\ \omega_3 \end{pmatrix} = \begin{pmatrix} l_1\omega_1\sin\varphi_1 \\ -l_1\omega_1\cos\varphi_1 \end{pmatrix}$$

此方程为线性方程组，可用消元法求解出构件 2、3 的角速度 ω_2、ω_3。

5）速度方程再对时间求一次导数，可得加速度方程：

$$\begin{pmatrix} -l_2\sin\varphi_2 & l_3\sin\varphi_3 \\ l_2\cos\varphi_2 & -l_3\cos\varphi_3 \end{pmatrix}\begin{pmatrix} \alpha_2 \\ \alpha_3 \end{pmatrix} = -\begin{pmatrix} -l_2\cos\varphi_2 & l_3\cos\varphi_3 \\ -l_2\sin\varphi_2 & l_3\sin\varphi_3 \end{pmatrix}\begin{pmatrix} \omega_2^2 \\ \omega_3^2 \end{pmatrix} + \begin{pmatrix} l_1\omega_1^2\cos\varphi_1 \\ l_1\omega_1^2\sin\varphi_1 \end{pmatrix}$$

此为线性方程组，可求解出构件 2、3 的角加速度 α_2、α_3。

求构件 2 上 E 点的速度或加速度，可写出 E 点的位置坐标，然后求导数。

$$x_E = l_1\cos\varphi_1 + a\cos\varphi_2 + b\cos(\varphi_2 + 90°)$$

$$y_E = l_1\sin\varphi_1 + a\sin\varphi_2 + b\sin(\varphi_2 + 90°)$$

$$v_E = \sqrt{x'^2_E + y'^2_E}$$

$$a_E = \sqrt{x''^2_E + y''^2_E}$$

例 3-7　对图 3-18 所示机构进行运动分析。已知机构的尺寸和原动件 1 的角位移 φ_1 和角速度 $\boldsymbol{\omega}_1$，求构件 3 的位移、速度、加速度。

解　画出机构运动简图并建立图 3-18 所示的坐标系，建立矢量环。

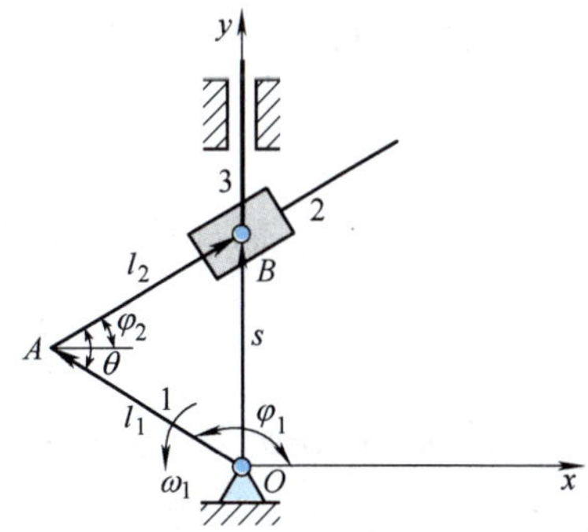

图 3-18　含有移动副四杆机构的运动分析模型

封闭矢量环方程如下

$$\boldsymbol{L}_1 + \boldsymbol{L}_2 - \boldsymbol{s} = 0$$

投影方程如下

$$l_1\cos\varphi_1 + l_2\cos\varphi_2 = 0$$
$$l_1\sin\varphi_1 + l_2\sin\varphi_2 = s$$
$$\varphi_2 = \theta - (180° - \varphi_1) = \theta + \varphi_1 - 180°$$

将 φ_2 代入上式有

$$l_1\cos\varphi_1 + l_2\cos(\varphi_1 + \theta - 180°) = 0$$
$$l_1\sin\varphi_1 + l_2\sin(\varphi_1 + \theta - 180°) = s$$
$$l_1\cos\varphi_1 - l_2\cos(\varphi_1 + \theta) = 0$$

整理可得

$$l_1\sin\varphi_1 - l_2\sin(\varphi_1 + \theta) = s$$

该例题求解过程比较简单。解上述位置方程可求出位移 s，对 s 求导数可求出速度与加速度。由于 l_2 是变量，l_2 的一次导数是构件 2、3 的相对速度，二次导数为相对加速度。

例 3-8　在图 3-19 所示的连杆机构 $ABCD$ 中，已知曲柄 AB 以等角速度 $\omega_1 = 10\text{rad/s}$ 逆时针方向旋转，已知各构件尺寸为：$l_1 = 50\text{mm}$，$l_2 = 150\text{mm}$，$l_3 = 150\text{mm}$，$l_4 = 200\text{mm}$，$a = 50\text{mm}$，$b = 40\text{mm}$，$\varphi_1 = 60°$。

求：1）构件 2、3 的角速度 $\boldsymbol{\omega}_2$、$\boldsymbol{\omega}_3$ 和角加速度 $\boldsymbol{\alpha}_2$、$\boldsymbol{\alpha}_3$。2）E 点的速度 v_E 及加速度 $\boldsymbol{a}_E$。

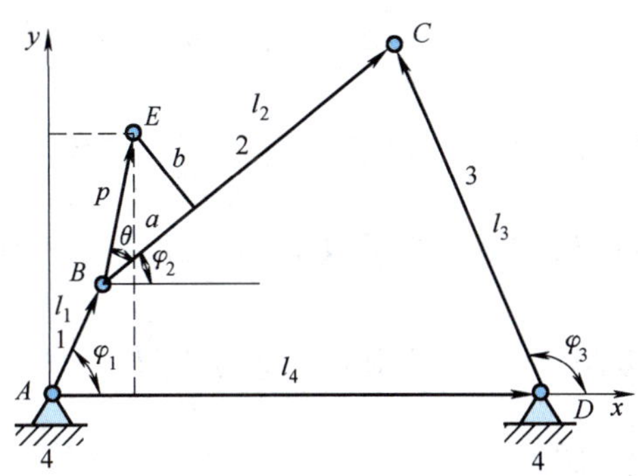

图 3-19　运动分析实例

解　1）建立如图 3-19 所示的直角坐标系，列出封闭矢量环方程

$$L_1+L_2-L_3-L_4=0 \tag{3-1}$$

2）建立投射到 x、y 轴方向的位移方程

$$\begin{cases}f_1(\varphi_2,\varphi_3)=l_1\cos\varphi_1+l_2\cos\varphi_2-l_3\cos\varphi_3-l_4=0\\f_2(\varphi_2,\varphi_3)=l_1\sin\varphi_1+l_2\sin\varphi_2-l_3\sin\varphi_3=0\end{cases} \tag{3-2}$$

3）解方程组，求 φ_2、φ_3。此方程组为非线性方程组，当已知 φ_1 时，可以用 Newton-Raphson 法求解。具体求解方法如下：

$$\text{Jacobi 矩阵为 } \boldsymbol{J}=\begin{pmatrix}\dfrac{\partial f_1}{\partial\varphi_2} & \dfrac{\partial f_1}{\partial\varphi_3}\\[2ex]\dfrac{\partial f_2}{\partial\varphi_2} & \dfrac{\partial f_2}{\partial\varphi_3}\end{pmatrix}=\begin{pmatrix}-l_2\sin\varphi_2 & l_3\sin\varphi_3\\l_2\cos\varphi_2 & -l_3\cos\varphi_3\end{pmatrix} \tag{3-3}$$

令原动件的初始位置 $\varphi_1=0$，用图解法求 φ_2、φ_3 的值作为初值。首先给 φ_2、φ_3 赋初值，$\varphi_2^k=\pi/3$，$\varphi_3^k=2\pi/3$，则上述非线性方程组就转化为一个线性方程组

$$\boldsymbol{J}^k\boldsymbol{\delta}^k=\boldsymbol{f}^k \tag{3-4}$$

其中，

$$\boldsymbol{J}^k=\begin{pmatrix}-l_2\sin\varphi_2^k & l_3\sin\varphi_3^k\\l_2\cos\varphi_2^k & -l_3\cos\varphi_3^k\end{pmatrix}\quad \boldsymbol{\delta}^k=\begin{pmatrix}\delta_1^k\\\delta_2^k\end{pmatrix}$$

$$\boldsymbol{f}^k=\begin{pmatrix}-f_1\\-f_2\end{pmatrix}=\begin{pmatrix}-(l_1\cos\varphi_1+l_2\cos\varphi_2^k-l_3\cos\varphi_3^k-l_4)\\-(l_1\sin\varphi_1+l_2\sin\varphi_2^k-l_3\sin\varphi_3^k)\end{pmatrix}$$

将初值和已知的 φ_1 代入式（3-4），可以求得 δ_1^k 和 δ_2^k。

$$\text{再令}\begin{cases}\varphi_2^{k+1}=\varphi_2^k+\delta_1^k\\\varphi_3^{k+1}=\varphi_3^k+\delta_2^k\end{cases} \tag{3-5}$$

将式（3-5）代入式（3-4）中，得到 $\boldsymbol{\delta}^{k+1}=\begin{pmatrix}\delta_1^{k+1}\\\delta_2^{k+1}\end{pmatrix}$，再代入式（3-5）中继续迭代。将每次求得的 δ_1^k 和 δ_2^k 与允许的误差 ε（这里取 10^{-3}）比较，直到计算得到的 δ_1^k 和 δ_2^k 均小于 ε。

4）求 $\dot{\varphi}_2$、$\dot{\varphi}_3$。将位移方程对时间求导可得速度方程

$$\begin{cases}-l_1\sin\varphi_1\cdot\dot{\varphi}_1-l_2\sin\varphi_2\cdot\dot{\varphi}_2+l_3\sin\varphi_3\cdot\dot{\varphi}_3=0\\l_1\cos\varphi_1\cdot\dot{\varphi}_1+l_2\cos\varphi_2\cdot\dot{\varphi}_2-l_3\cos\varphi_3\cdot\dot{\varphi}_3=0\end{cases} \tag{3-6}$$

此方程组为线性方程组，写成矩阵形式有

$$\boldsymbol{A}\cdot\dot{\boldsymbol{\varphi}}=\boldsymbol{B}\cdot\dot{\boldsymbol{q}} \tag{3-7}$$

其中，$\boldsymbol{A}=\begin{pmatrix}-l_2\sin\varphi_2 & l_3\sin\varphi_3\\ l_2\cos\varphi_2 & -l_3\cos\varphi_3\end{pmatrix}$，$\boldsymbol{B}=\begin{pmatrix}l_1\sin\varphi_1 & 0\\ 0 & -l_1\cos\varphi_1\end{pmatrix}$，$\dot{\boldsymbol{\varphi}}=(\dot{\varphi}_2\quad\dot{\varphi}_3)^T$，$\dot{\boldsymbol{q}}=(\dot{\varphi}_1\quad\dot{\varphi}_1)^T$。

求出 φ_2、φ_3 后，可以由式（3-7）求出 $\dot{\varphi}_2$、$\dot{\varphi}_3$。

5）求 $\ddot{\varphi}_2$、$\ddot{\varphi}_3$。将式（3-7）对时间 t 求导可以得到加速度方程

$$\dot{\boldsymbol{A}}\cdot\dot{\boldsymbol{\varphi}}+\boldsymbol{A}\cdot\ddot{\boldsymbol{\varphi}}=\dot{\boldsymbol{B}}\cdot\dot{\boldsymbol{q}}+\boldsymbol{B}\cdot\ddot{\boldsymbol{q}}$$

$\ddot{\boldsymbol{q}}=(\ddot{\varphi}_1\quad\ddot{\varphi}_1)^T=0$，整理可以得到

$$\boldsymbol{A}\cdot\ddot{\boldsymbol{\varphi}}=\dot{\boldsymbol{B}}\cdot\dot{\boldsymbol{q}}-\dot{\boldsymbol{A}}\cdot\dot{\boldsymbol{\varphi}} \tag{3-8}$$

其中，$\boldsymbol{A}=\begin{pmatrix}-l_2\sin\varphi_2 & l_3\sin\varphi_3\\ l_2\cos\varphi_2 & -l_3\cos\varphi_3\end{pmatrix}$，$\dot{\boldsymbol{A}}=\begin{pmatrix}-l_2\cos\varphi_2\cdot\dot{\varphi}_2 & l_3\cos\varphi_3\cdot\dot{\varphi}_3\\ -l_2\sin\varphi_2\cdot\dot{\varphi}_2 & l_3\sin\varphi_3\cdot\dot{\varphi}_3\end{pmatrix}$，$\dot{\boldsymbol{B}}=\begin{pmatrix}l_1\cos\varphi_1\cdot\dot{\varphi}_1 & 0\\ 0 & l_1\sin\varphi_1\cdot\dot{\varphi}_1\end{pmatrix}$，

$\ddot{\boldsymbol{\varphi}}=(\ddot{\varphi}_2\quad\ddot{\varphi}_3)^T$，$\dot{\boldsymbol{\varphi}}=(\dot{\varphi}_2\quad\dot{\varphi}_3)^T$，$\dot{\boldsymbol{q}}=(\dot{\varphi}_1\quad\dot{\varphi}_1)^T$。

求出 φ_2、φ_3 及 $\dot{\varphi}_2$、$\dot{\varphi}_3$后，可以由式（3-8）求出 $\ddot{\varphi}_2$、$\ddot{\varphi}_3$。

6）求 E 点的速度和加速度。连杆点 E 的位置可以表示如下

$$\begin{cases}x_E=l_1\cos\varphi_1+p\cos(\varphi_2+\theta)\\ y_E=l_1\sin\varphi_1+p\sin(\varphi_2+\theta)\end{cases} \tag{3-9}$$

其中，$p=\sqrt{a^2+b^2}$，$\theta=\arctan(b/a)$，将其对时间 t 求导后可以得到 E 点的速度方程

$$\begin{cases}v_{Ex}=-l_1\sin\varphi_1\cdot\dot{\varphi}_1-p\sin(\varphi_2+\theta)\cdot\dot{\varphi}_2\\ v_{Ey}=l_1\cos\varphi_1\cdot\dot{\varphi}_1+p\cos(\varphi_2+\theta)\cdot\dot{\varphi}_2\end{cases} \tag{3-10}$$

由此可以求出 E 点的速度，其大小为 $v_E=\sqrt{v_{Ex}^2+v_{Ey}^2}$，方向与 x 轴成 $\arctan(v_{Ey}/v_{Ex})$。将方程（3-10）对时间 t 求导以后可以得到 E 点的加速度方程

$$\begin{cases}a_{Ex}=-l_1\cos\varphi_1\cdot\dot{\varphi}_1^2-p\cos(\varphi_2+\theta)\cdot\dot{\varphi}_2^2-p\sin(\varphi_2+\theta)\cdot\ddot{\varphi}_2\\ a_{Ey}=-l_1\sin\varphi_1\cdot\dot{\varphi}_1^2-p\sin(\varphi_2+\theta)\cdot\dot{\varphi}_2^2+p\cos(\varphi_2+\theta)\cdot\ddot{\varphi}_2\end{cases} \tag{3-11}$$

由此可以求得 E 点的加速度，其大小为 $a_E=\sqrt{a_{Ex}^2+a_{Ey}^2}$，方向与 x 轴成 $\arctan(a_{Ey}/a_{Ex})$。求解的具体结果如图 3-20 所示线图。

三、解析法总结

封闭矢量环的建立是解析法的关键问题。图 3-21 所示为一些机构的封闭矢量环的示意图。

图 3-21a 中的曲柄滑块机构，不能用 ABC 建立封闭矢量环，要建成封闭矢量环 $ABCD$，$AD=e$，$DC=s$，s 为待求量。

图 3-21b 为摆动导杆机构的封闭矢量环及其坐标系的选择。

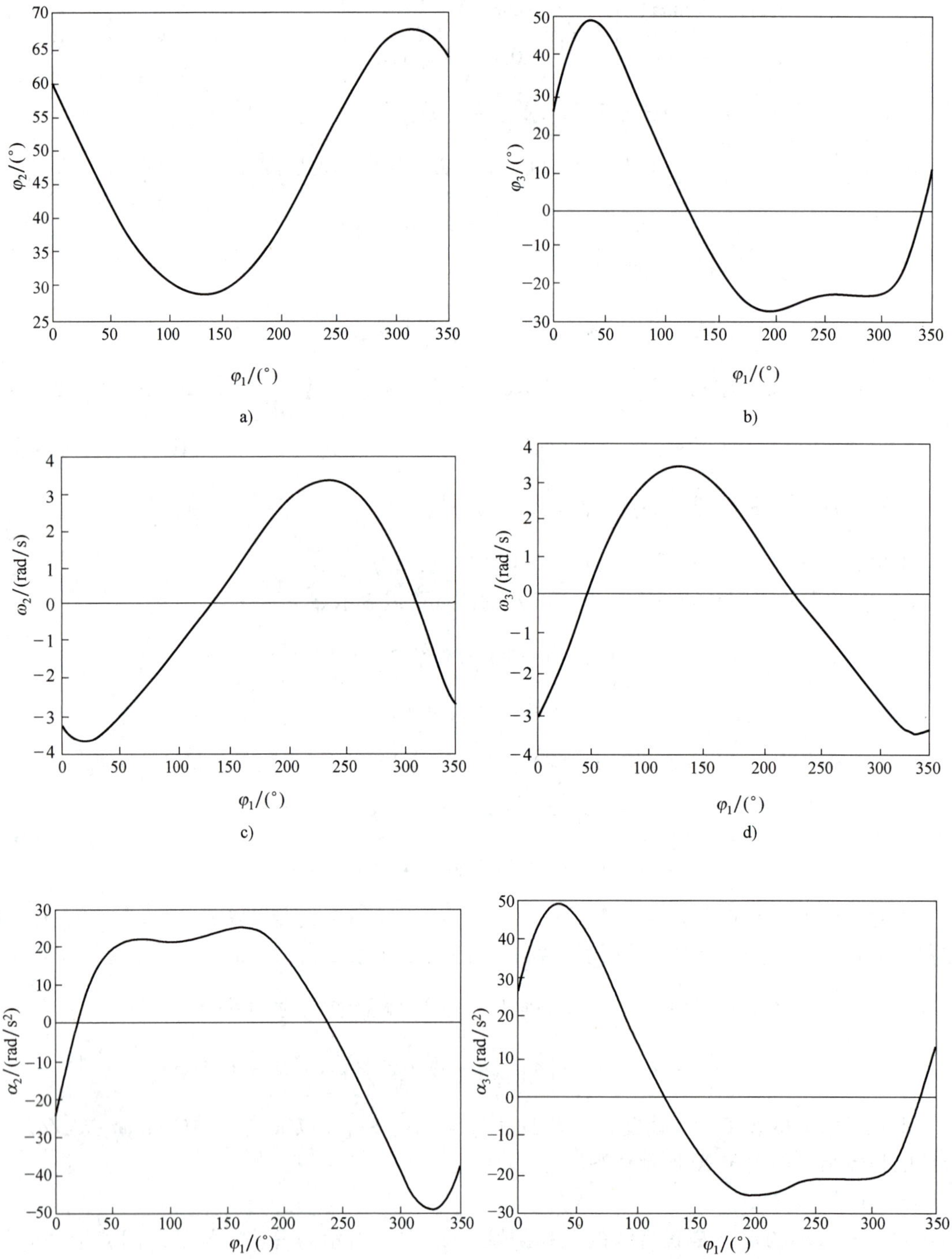

图 3-20 铰链四杆机构运动分析的曲线图

a）φ_2 曲线图 b）φ_3 曲线图 c）ω_2 曲线图

d）ω_3 曲线图 e）α_2 曲线图 f）α_3 曲线图

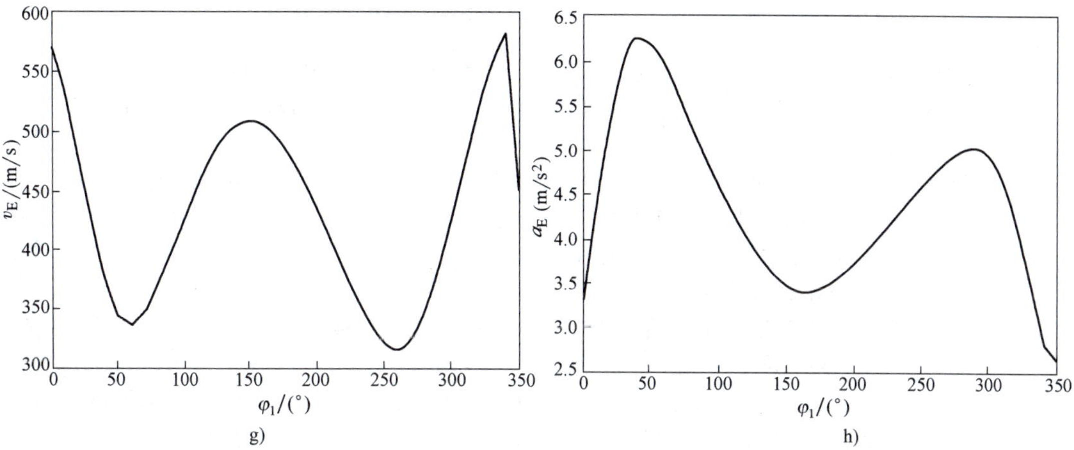

图 3-20　铰链四杆机构运动分析的曲线图（续）

g）E 点的速度曲线　h）E 点的加速度曲线

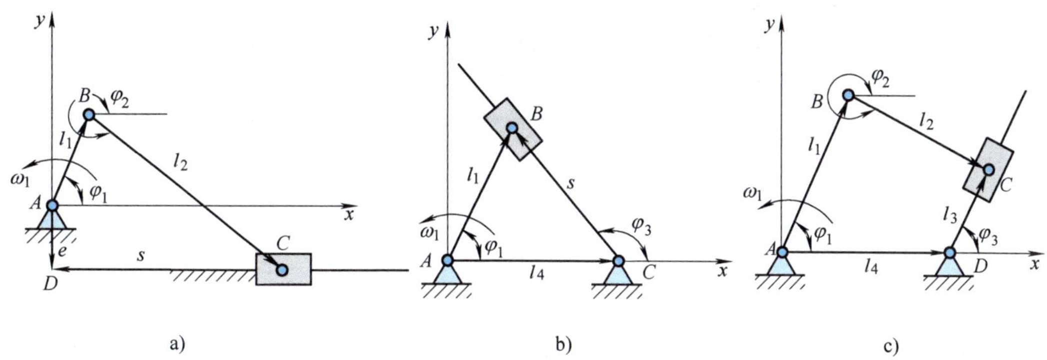

图 3-21　机构的封闭矢量环

当机构处于特殊位置时，如图 3-21c 所示机构，$\varphi_1=90°$时，可按图 3-21c 所示的一般位置建立封闭矢量环方程，最后在方程中代入特定角度后，再求解对应位置的速度与加速度，使问题更加简单化。

解析法的种类较多，如矢量法、复数法、影响系数法等，本教材仅介绍了常用的矩阵法。

本章总结

1. 机构的运动分析是指已知原动件的运动规律，求解从动件的角位置、角速度、角加速度或求解从动件上某些点的速度、加速度的过程。
2. 机构运动分析的方法有图解法、解析法和实验法。
3. 瞬心法只能求解机构从动件的角速度或某些点的速度。
4. 作平面相对运动的三个构件，共有三个瞬心，且三个瞬心共线。
5. 要求解哪个构件的角速度，就要用到这个构件与已知运动构件的瞬心。
6. 瞬心是两个构件上绝对速度相等的重合点，或两个构件相对速度为零的重合点。

7. 相对运动图解法的理论基础是理论力学的相对运动原理，数学基础是矢量加法。
8. 同一构件上两点间的速度和加速度的运动关系相当于理论力学中牵连运动是移动，相对运动是转动的运动关系。
9. 两构件共同转动，其重合点处的速度和加速度的运动关系相当于牵连运动是转动，相对运动是移动的运动关系，且重合点处必有科氏加速度。
10. 作速度或加速度多边形时，要首先选择一个极点。
11. 绝对速度或绝对加速度要从极点开始。
12. 速度影像法或加速度影像法适合于已知同一构件上两点的速度或加速度时，求解该构件上第三点速度或加速度。
13. 解析法的关键问题是首先正确建立机构的封闭矢量环方程。然后将其向两坐标轴投射，写出其位置方程，再把位置方程对时间求导数，得到速度方程，再对时间求导数，可得到加速度方程。
14. 位置方程是非线性方程组，可用牛顿法求解；速度方程和加速度方程是线性方程组，容易求解。
15. 实验法是在待求构件上安装位移传感器，然后利用为微分电路求解该构件的速度和加速度。也可以安装速度传感器，利用积分电路求解位移，再利用微分电路求解加速度；如在待求构件上安装加速度传感器，则可利用积分电路求解速度和位移。

习　　题

1. 理解

1-1　平面机构运动分析的目的：

1）求解机构中某些点的运动轨迹或位移，确定机构的__________。

2）求解某些构件的__________、__________，了解机构的工作性能。

3）为__________作前期准备工作。

1-2　机构运动分析的方法主要有__________、__________及__________。

1-3　图解法可分为__________和__________。

1-4　作平面相对运动的三个构件有__________个瞬心，且位于__________。

1-5　作平面运动的构件，任一点的运动都可以看成是（　　）以及（　　）的合成。

a）随同基点的平动　b）绕基点的转动　c）随同瞬心的平动　d）绕瞬心的转动

1-6　当两构件以相同的角速度转动且有相对移动时，其重合点处必有（　　）。

a）切向加速度　b）科氏加速度　c）角加速度

1-7　相对运动图解法中通过引入（　　）和（　　）把运动矢量转化为长度矢量。

a）角度比例尺　b）位移比例尺　c）速度比例尺　d）加速度比例尺

1-8　相对运动图解法中，加速度比例尺 μ_a 等于（　　）与图中长度的比值。

a）实际长度　b）科氏加速度的大小　c）实际加速度的大小　d）相对加速度的大小

1-9　建立速度和加速度方程时，可采用（　　）使待求速度的点与已知速度的点重合。

a）构件扩大法　b）构件缩小法　c）瞬心法　d）投影法

1-10　（　　）的建立是应用解析法解题的关键。

a）直角坐标系　b）封闭矢量环

c）速度及加速度比例尺 d）结构简图

1-11 习题图 3-1a 中所示曲柄滑块机构，滑块与机架的速度瞬心是（ ）；习题图 3-1b 中所示摩擦轮机构，两摩擦轮的速度瞬心是（ ）。

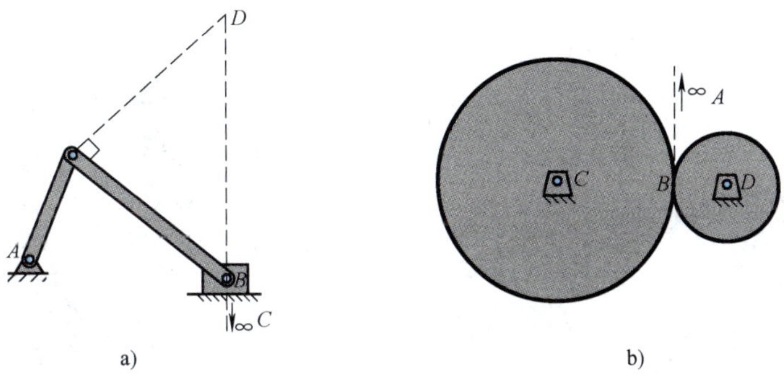

习题图 3-1 求机构瞬心

a）A b）B c）C d）D e）∞

1-12 解析法解题步骤的正确顺序为（ ）。

a）把矢量方程中各矢量向 x、y 轴投射

b）建立机构运动分析的数学模型

c）选长度比例尺画出机构运动简图

d）建立直角坐标系

e）将速度方程中的各项对时间求导数，解出待求的角加速度或某些点的加速度

f）将位置方程中的各项对时间求导数，解出待求的角速度或某些点的速度

g）列出速度矢量方程，标注出速度的大小与方向的已知与未知情况，画出速度多边形

2. 分析与设计

2-1 画出习题图 3-2 所示机构简图，并在机构简图上求出全部速度瞬心。

2-2 习题图 3-3 所示机构是在橱柜门上应用很广的一种合叶装置，试：

1）计算该机构的自由度。

2）计算该机构所含的瞬心数。

3）描述该机构的工作原理。

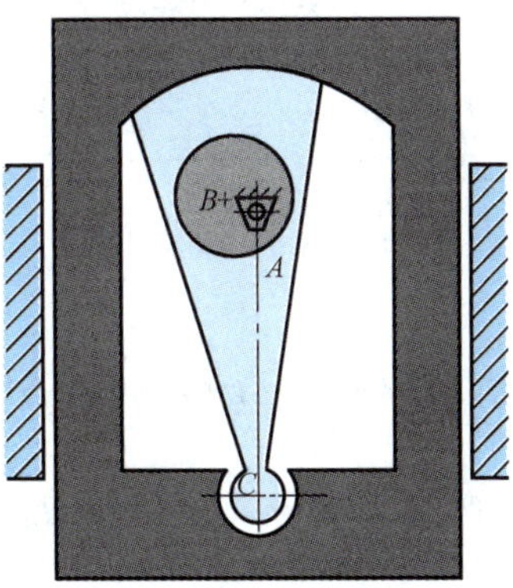

习题图 3-2 压力机机构

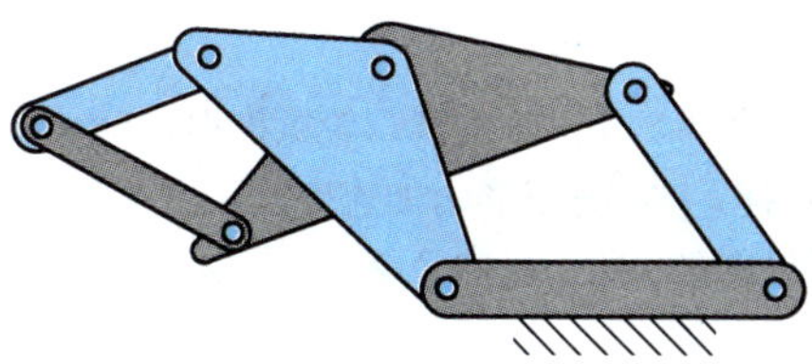

习题图 3-3 合叶装置结构图

2-3　画出习题图 3-4 所示鹤式起重机的机构运动简图，并在机构运动简图上标明全部瞬心的位置。

2-4　习题图 3-5 所示为内燃机内部结构图，图中曲柄 AB 长度为 10cm，连杆 BC 长度为 $10\sqrt{3}$cm，位置如图所示，此时刻曲轴的角速度为 30rad/s。求：1）画出主要运动机构的机构简图。2）标出各瞬心位置。3）求此瞬时活塞的速度。

习题图 3-4　鹤式起重机结构图

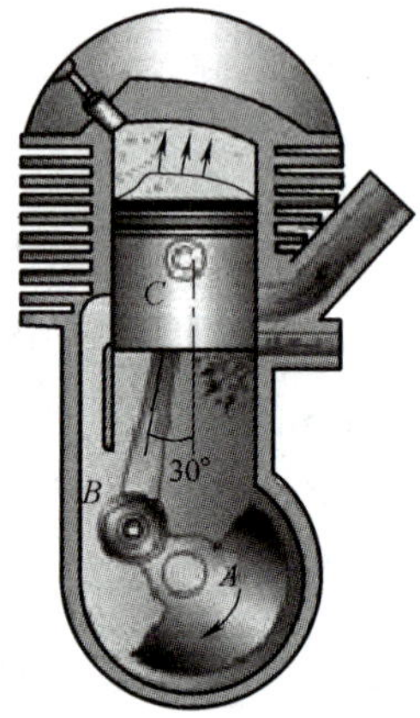

习题图 3-5　内燃机内部结构图

2-5　习题图 3-6 所示机构中，构件 2 通过销钉 B 驱动构件 3 运动。构件 2 以 $\omega_2 = 50$rad/s匀速转动，滑道半径 $R = 30.5$cm，机构尺寸：$\overline{O_2O_3} = 22.9$cm，$\overline{O_2B_2} = 5.08$cm，$\overline{O_3B_3} = 20.8$cm。求：图示位置时构件 3 在销钉处的加速度 $\boldsymbol{a}_{B_3}$ 和角加速度 $\boldsymbol{\alpha}_3$。

2-6　现有一架飞机进入领空，空军要对其进行监测，如习题图 3-7 所示，雷达天线需调整角度以实时追踪。图示瞬时，雷达俯仰机构中曲柄的角速度为 $\boldsymbol{\omega}_1$，曲柄位置为 θ_1，俯仰机构各部分尺寸为 l_1、l_2、l_3、l_4。应用解析法求解此瞬时雷达转动的角速度 $\boldsymbol{\omega}$ 和角加速度 $\boldsymbol{\alpha}$。

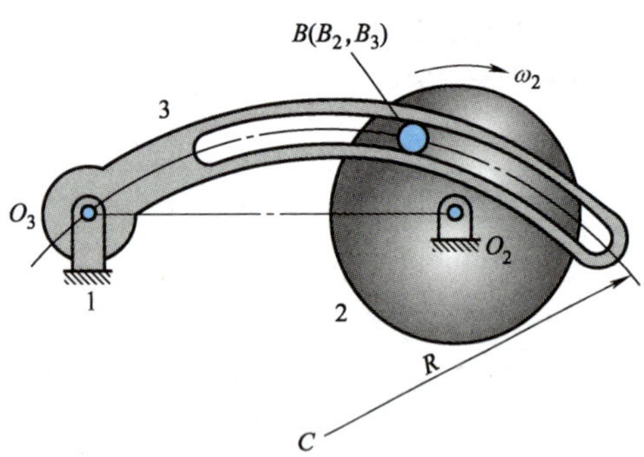

习题图 3-6　滑道机构

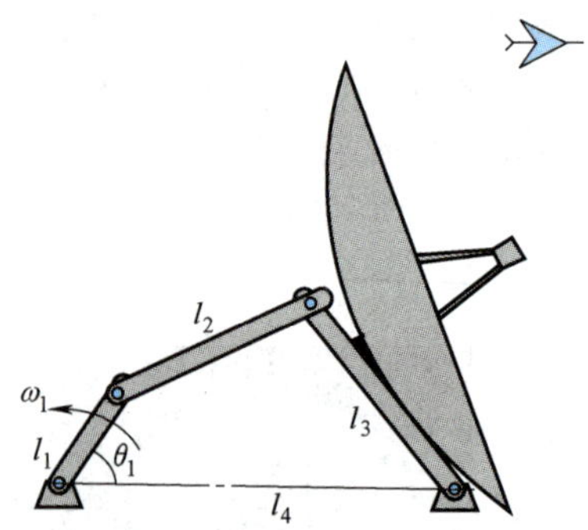

习题图 3-7　雷达俯仰机构

2-7　习题图 3-8 所示偏心圆凸轮机构中，$\overline{AB} = l$，圆半径为 R，$\overline{OA} = h$，$\angle OAB = 90°$，凸轮以角速度 ω 转动，试求推杆 2 的角速度和角加速度。

2-8　习题图 3-9 所示机构简图中，已知 $\omega_1 = 10$rad/s，$\theta = 30°$，$\overline{AB} = 20$mm，试用瞬心法求构件 3 的速度 $\boldsymbol{v}_3$。

2-9　习题图 3-10 所示连杆机构中，$\overline{O_2A} = 8$mm，$\overline{AB} = 19.3$mm，$\overline{AC} = 13.3$mm，偏距 e 为 3.8 mm，图示瞬时曲柄与水平位置夹角为 34.3°，角速度 $\omega_2 = 15$rad/s，$\angle BAC = 38.6°$，求 $\boldsymbol{\omega}_3$、$\boldsymbol{v}_A$、$\boldsymbol{v}_B$、$\boldsymbol{v}_C$。（选择两种方法解题）

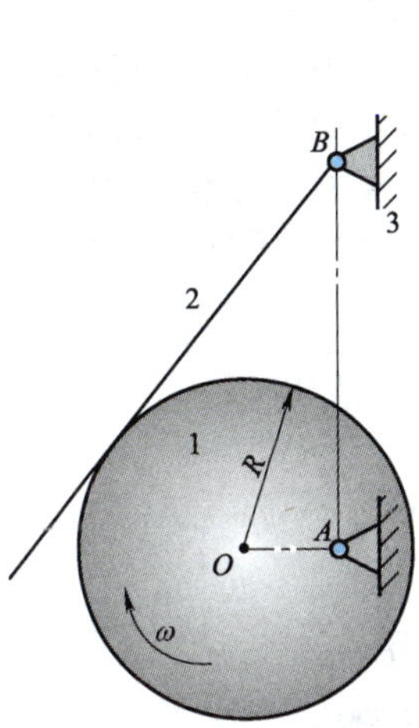

习题图 3-8 偏心圆凸轮机构

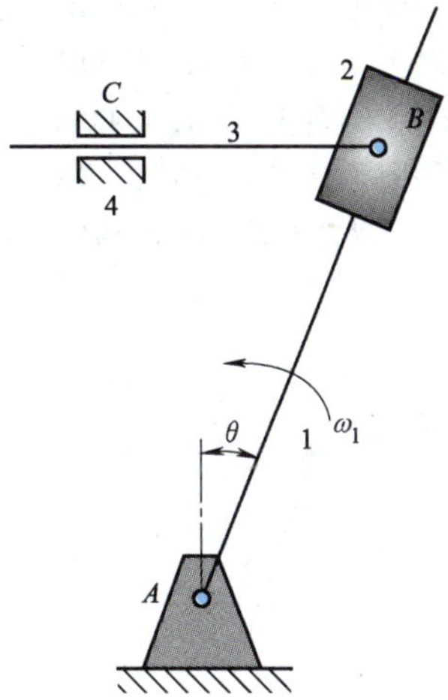

习题图 3-9 滑块导轨机构

a）相对运动图解法；b）瞬心法；c）解析法。

2-10 已知构件 AB 的角速度 $\omega_{AB}=4\text{rad/s}$，求习题图 3-11 所示瞬时 $\boldsymbol{v}_C$ 及 $\boldsymbol{\omega}_{CB}$（构件 CB 在图示位置处于水平状态）。

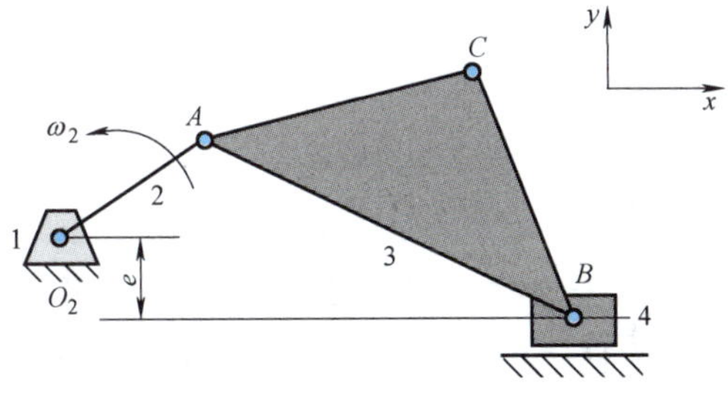

习题图 3-10 连杆机构

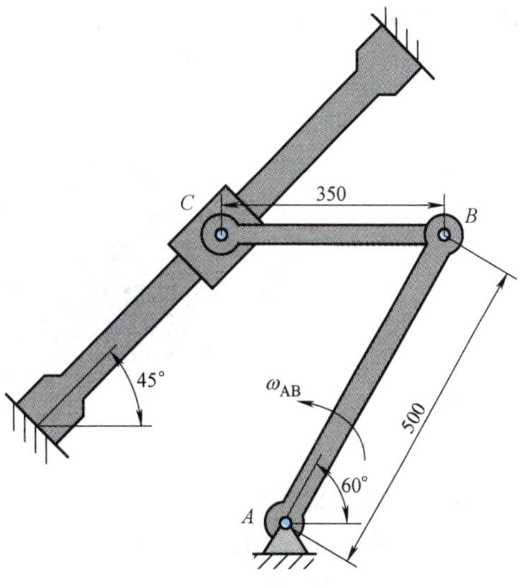

习题图 3-11 曲柄滑块机构

2-11 如习题图 3-12 所示，一辆跑车以 24m/s 的速度在湿滑的路面上行驶，由于打滑，后轮产生 $\omega=$

习题图 3-12 跑车

100rad/s 的角速度。求 A、B、C 三点的速度大小（已知后轮半径为 0.42m）。

2-12　已知习题图 3-13 所示六杆机构中，$l_{AB}=600\text{mm}$，$l_{OA}=150\text{mm}$，$l_{BC}=120\text{mm}$，$l_{BD}=500\text{mm}$，$l_{CE}=300\text{mm}$，$x_D=400\text{mm}$，$y_D=500\text{mm}$，$y_E=600\text{mm}$，$\omega_1=10\text{rad/s}$。求图示位置时 E 点的速度和加速度。

2-13　已知习题图 3-14 所示六杆机构中，$\angle CAE=90°$，$l_{AB}=150\text{mm}$，$l_{AC}=550\text{mm}$，$l_{BD}=80\text{mm}$，$l_{DE}=500\text{mm}$，$\omega_1=10\text{rad/s}$。求 $\angle BAE=45°$ 时构件 3 的角速度和角加速度及点 E 的速度和加速度。

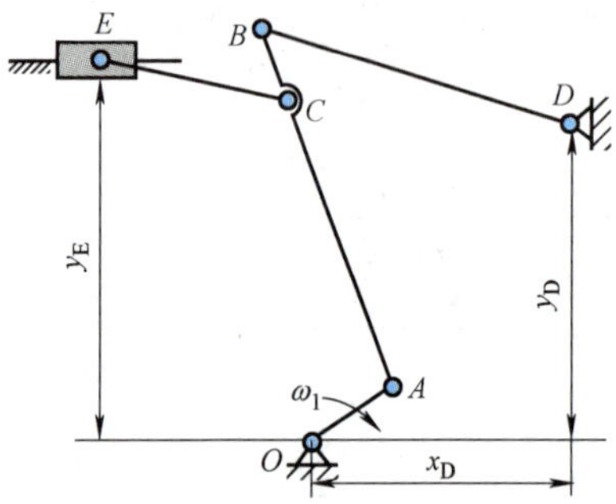

习题图 3-13　六杆机构一

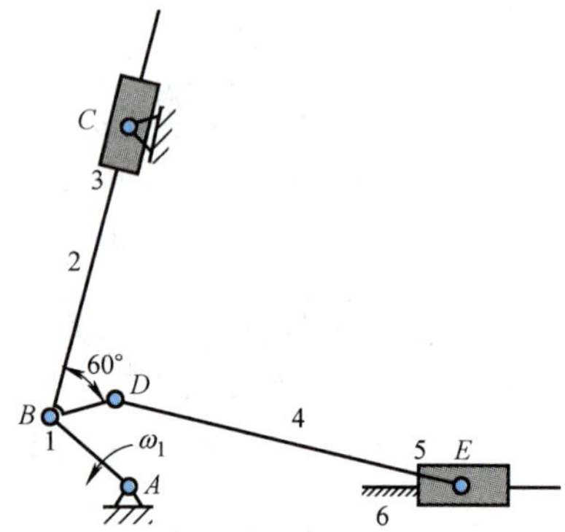

习题图 3-14　六杆机构二

2-14　已知习题图 3-15 所示高副机构中，已知构件 1 以 ω_1 顺时针匀速转动，试用相对运动图解法求构件 4 的速度和加速度。

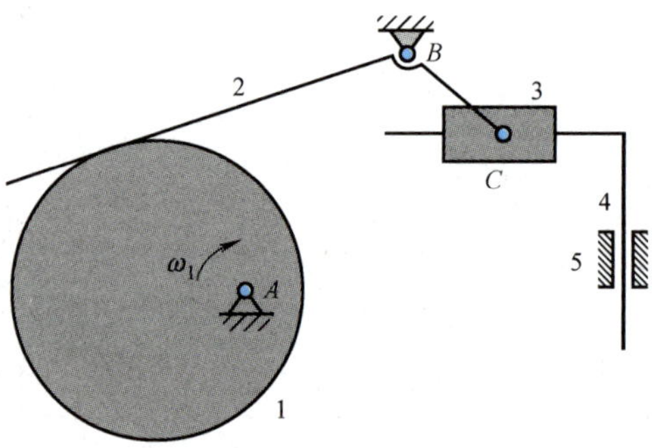

习题图 3-15　高副机构

2-15　习题图 3-16 所示导杆机构中，已知原动件 1 的角位置 $\varphi_1=0°$，以等角速度 $\omega_1=10\text{rad/s}$ 逆时针转动，$l_{AC}=45\text{mm}$，$l_{BC}=60\text{mm}$，用相对运动图解法或解析法求构件 2、3 的角速度 $\boldsymbol{\omega}_2$、$\boldsymbol{\omega}_3$ 与角加速度 $\boldsymbol{\alpha}_2$、$\boldsymbol{\alpha}_3$。

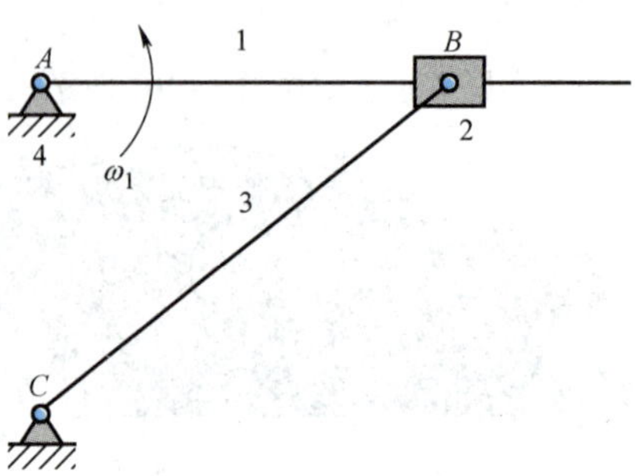

习题图 3-16　导杆机构

2-16　习题图 3-17 所示摇块机构中，已知原动件 1 的角位置 $\varphi_1 = 45°$，以等角速度 $\omega_1 = 10\text{rad/s}$ 逆时针转动，$l_{AB} = 20\text{mm}$，$l_{AC} = 60\text{mm}$，用相对运动图解法或解析法求构件 2、3 的角速度 $\boldsymbol{\omega}_2$、$\boldsymbol{\omega}_3$ 与角加速度 $\boldsymbol{\alpha}_2$、$\boldsymbol{\alpha}_3$。

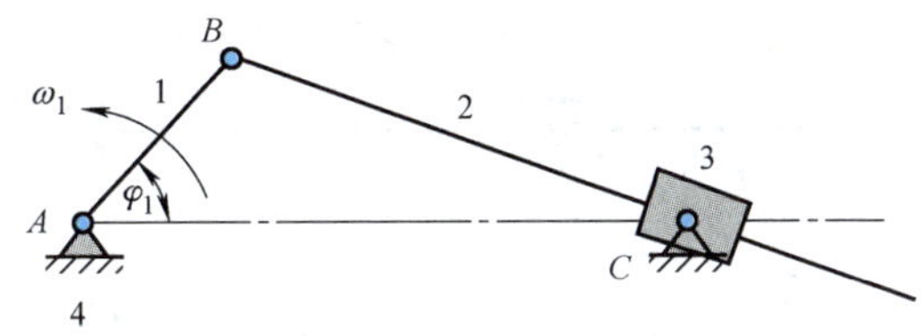

习题图 3-17　摇块机构

3. 自测题

3-1　铰链四杆机构中，共有__________个速度瞬心，其中__________个是绝对瞬心，__________个是相对瞬心。

3-2　当两构件的相对运动为__________动，牵连运动为__________动时，两构件的重合点处将有科氏加速度。

3-3　速度和加速度的影像法只适用于（　　）上。

a）整个机构　　b）相邻两构件　　c）从动件　　d）同一构件

3-4　速度瞬心是作平面相对运动的两构件上的（　　）速度相等的重合点。

a）绝对速度　　b）相对速度　　c）牵连速度　　d）角速度

3-5　习题图 3-18 所示各机构中，科氏加速度 $a^k_{C_2C_3}$ 不为零的机构是（　　）。

a）a　　b）b　　c）c　　d）a 和 c

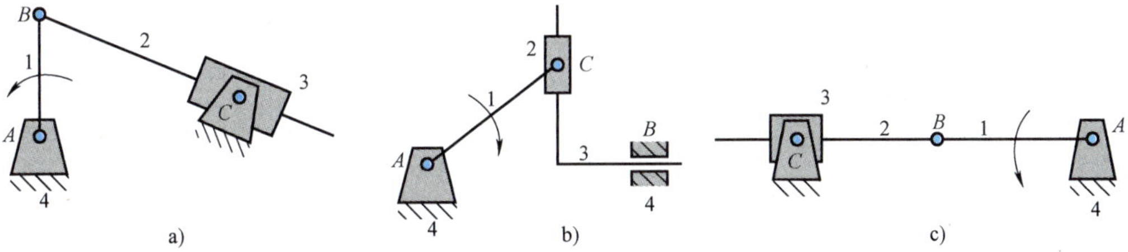

习题图 3-18　机构简图

3-6　确定习题图 3-19 所示机构的全部瞬心，并写出构件 3 的速度表达式。

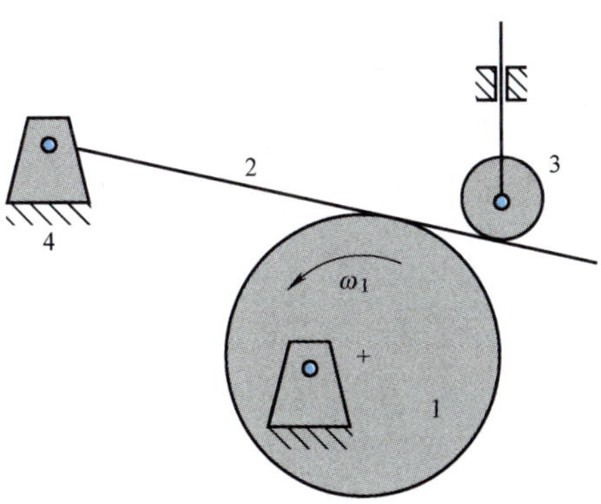

习题图 3-19　偏心轮机构简图

3-7　习题图 3-20 所示机构中，已知 $l_{AB} = 100\text{mm}$，$l_{BC} = l_{CD} = 200\text{mm}$，构件 1 匀速转动 $\omega_1 = 10\text{rad/s}$，求 $\boldsymbol{v}_F$ 及 $\boldsymbol{a}_F$ 的大小及方向，$\boldsymbol{\omega}_2$ 及 $\boldsymbol{\alpha}_2$ 的大小及方向。

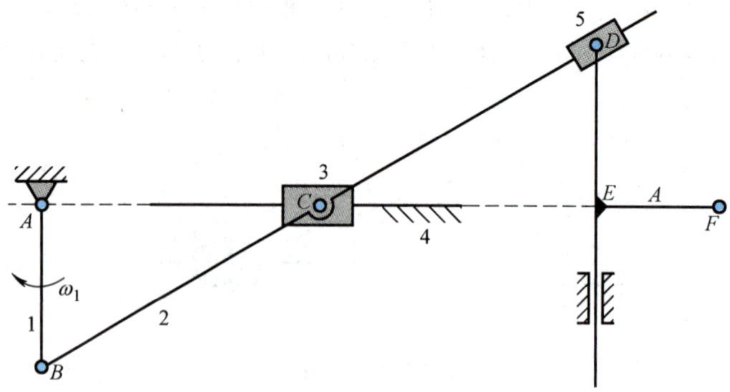

习题图 3-20　曲柄滑块机构简图

第四章

平面机构的力分析

机构的力分析是机械设计的重要环节。高速运转的机构力分析必须考虑惯性力的影响，低速运转的机构力分析则要考虑摩擦力的影响。本章主要讨论计入惯性力的机构力分析和计入摩擦力的机构力分析，此外，本章还利用运动副摩擦的概念，提出了利用运动副的自锁判断机构自锁的新方法。

第一节　平面机构力分析概述

机构运动过程中，会受到各种力的作用。作用在机构上的力是计算各构件的强度、刚度及结构设计的重要依据，也是计算机械效率的理论基础。

作用在机构上的力，可分为外部施加于机构的力以及机构中各运动副的反作用力。

外部施加的力主要包括作用在机构上的驱动力或驱动力矩、生产阻力等。机构中运动副的反力对整个机构系统来说是内力，但对一个分离出来的构件来说则是外力。

一、机构力分析的内容

机构的力分析主要包含以下内容：

1）根据作用在机构中的已知外力，求解各运动副中的反作用力。运动副中反作用力是运动副结构设计的依据。

2）已知作用在机构上的生产阻力，可求解出施加在原动件上的驱动力，进而确定原动机的功率；已知原动机的驱动力，可求解出作用在从动件上的生产阻力。

3）机械效率是评价机械性能的重要指标，机构的受力分析与计算机械效率有密切关系。

4）机构的受力分析还是设计自锁机构的基础。合理设计运动副中的反作用力的方向，可使机构具有自锁功能。自锁机构在工程中有独特的用途，工程中很多夹具就是利用自锁原理设计的。

二、机构力分析的方法

机构力分析的方法有两种，即图解法和解析法。

图解法简单，但画图工作量大，特别是在分析机构一个运动周期中的受力状态时，绘图量十分巨大；使用解析法并利用计算机编制程序可缩短计算时间并提高计算精度。当对机构的某一具体位置进行力分析时，图解法也有其简单明快的优点。

第二节　计入惯性力的机构力分析

高速运转的机械中，惯性力的影响不能忽略。将惯性力看成一般外力，施加在产生惯性力的构件上，该构件处于静平衡状态。这时可用静力学的基本原理进行受力分析，这种力分析方法被称为动态静力分析。高速机械中，惯性力对机构运动的影响要大于摩擦力对机构运动的影响。因此进行机构的动态静力分析时，一般忽略机构中的摩擦力。

一、构件惯性力的确定

进行动态静力分析时，首先要求出作用在各构件上的惯性力。

图 4-1a 所示的曲柄滑块机构中，通过运动分析可以求得连杆 2 在质心 s_2 处的加速度 a_{s_2} 和角加速度 α_2 以及滑块 3 的加速度 a_{C_3} 。

图 4-1a 中，G_2 为构件 2 的重力，J_{s_2} 为构件 2 绕质心的转动惯量，F_{i_2} 和 M_{s_2} 分别表示连杆 2 质心处的惯性力和惯性力矩。其值为

$$F_{i_2} = -m_2 a_{s_2},\ M_{s_2} = -J_{s_2}\alpha_2$$

构件质心 s_2 上的惯性力 F_{i_2} 和惯性力矩 M_{s_2} 合成为图 4-1b 所示的一个总惯性力，其大小不变，但力的作用点偏离了距离 h，其值为

$$h = \frac{M_{s_2}}{F_{i_2}}$$

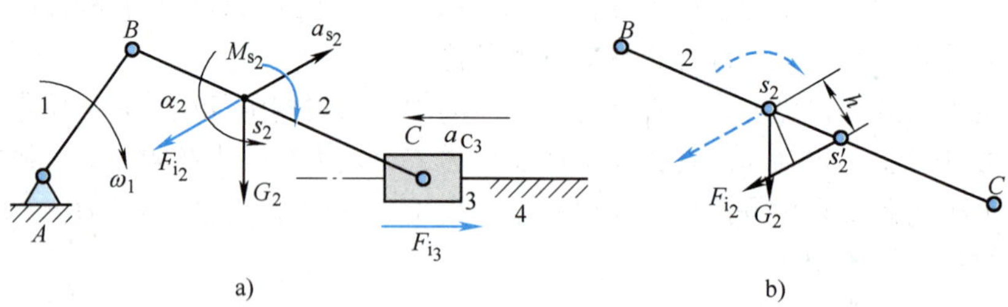

图 4-1　连杆上惯性力与惯性力矩的合成

二、机构的动态静力分析

机构动态静力分析的步骤是先求出各构件的惯性力，并把它们视为外力加在产生惯性力的构件上，然后将机构分解为若干个构件组，分别列出它们的力平衡方程，再逐一求解未知力及运动副反力。

力分析过程中，通常由二力杆开始，然后再考虑已知力作用的构件组。构件组中所含未知力的数目应该等于所能列出的力平衡方程的数目，以保证这些未知力能够顺利求解。这一

过程基本与理论力学的力分析相近。

1. 用图解法进行机构的动态静力分析

例 4-1　图 4-2a 所示牛头刨床机构中，各构件的尺寸及原动件的角速度 ω_1 均为已知。刨头的重力为 $\boldsymbol{G}_5$，在图示位置时刨头的惯性力为 $\boldsymbol{F}_{i_5}$，刀具所受的生产阻力为 $\boldsymbol{F}_r$。其余构件的重力及惯性力、惯性力矩均忽略不计。求该机构各运动副中的反力及需要加在原动件上的平衡力矩 $\boldsymbol{M}_b$。

解　1）选构件 4 为示力体。在不考虑摩擦的情况下，根据生产阻力 $\boldsymbol{F}_r$ 的方向及原动件角速度 ω_1 的方向判断，构件 4 为受压二力杆，$\boldsymbol{F}_{34}$与 $\boldsymbol{F}_{54}$方向如图 4-2b 所示。

2）选图 4-2c 所示构件 5 为示力体，根据力平衡条件可得

$$\boldsymbol{F}_r + \boldsymbol{G}_5 + \boldsymbol{F}_{i_5} + \boldsymbol{F}_{65} + \boldsymbol{F}_{45} = 0$$

式中，$\boldsymbol{F}_r$、$\boldsymbol{G}_5$、$\boldsymbol{F}_{i_5}$的大小、方向均为已知，而 $\boldsymbol{F}_{65}$的方向垂直于刨头导轨，仅大小未知。$\boldsymbol{F}_{45}$与 $\boldsymbol{F}_{54}$方向相反，大小未知。该力平衡方程中含有两个未知量，可以用图解法求解。选择适当的力比例尺 μ_F，作力的封闭矢量多边形如图 4-2d 所示。由此可得

$$F_{65} = \mu_F \overline{de},\quad F_{45} = \mu_F \overline{ea}$$

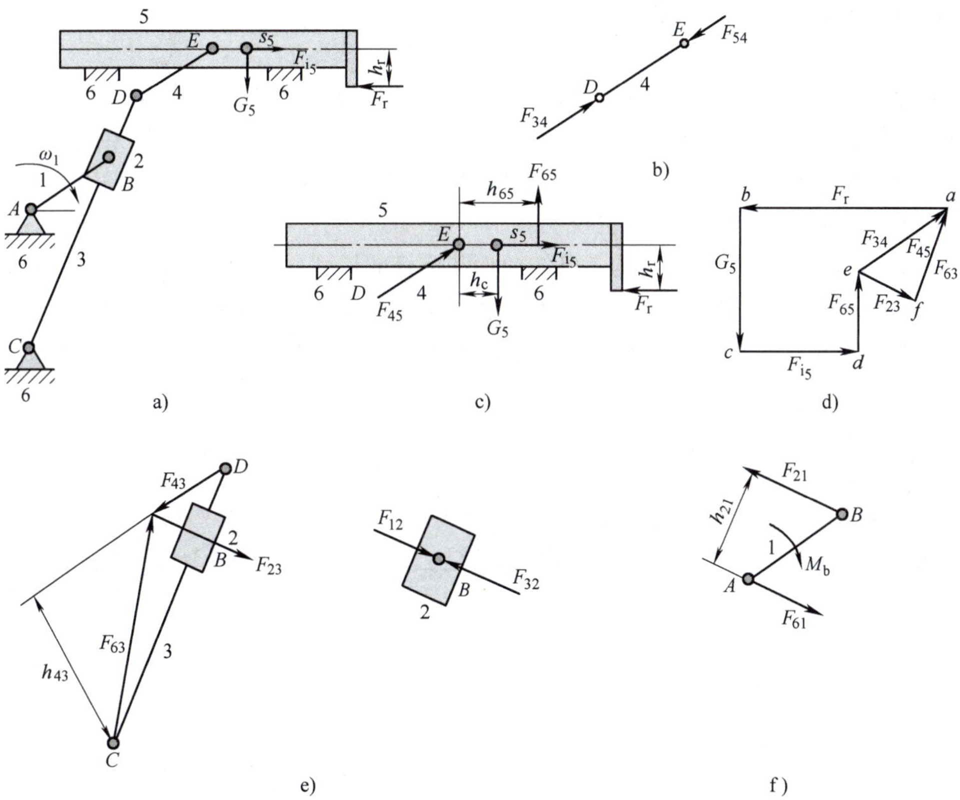

图 4-2　牛头刨床的动态静力分析

根据构件 5 上的力矩平衡条件，对 E 点取力矩，可求出 $\boldsymbol{F}_{65}$的作用线的位置。即

$$h_{65} = \frac{G_5 h_c + F_r h_r}{F_{65}}$$

3）选图4-2e所示构件2、3为示力体。滑块2为二力杆，在不考虑移动副和转动副中的摩擦的情况下，$\boldsymbol{F}_{32}$与移动副导路方向垂直。另一反力$\boldsymbol{F}_{12}$与$\boldsymbol{F}_{32}$等值、反向，共线且通过铰链中心B点。构件3上受3个力，分别是$\boldsymbol{F}_{43}$、$\boldsymbol{F}_{23}$、$\boldsymbol{F}_{63}$。其中，$\boldsymbol{F}_{43}$与$\boldsymbol{F}_{34}$大小相等，方向相反，$\boldsymbol{F}_{23}$垂直于导路方向，大小为未知量。根据构件3的力矩平衡条件可得

$$\boldsymbol{F}_{23}+\boldsymbol{F}_{43}+\boldsymbol{F}_{63}=0$$

作力多边形如图4-2d所示，由此可得

$$F_{23}=\mu_F\overline{ef},\ F_{63}=\mu_F\overline{fa}$$

4）选图4-2f所示构件1为示力体。构件1受平衡力矩（即驱动力矩）$\boldsymbol{M}_b$及运动副反力$\boldsymbol{F}_{61}$、$\boldsymbol{F}_{21}$的作用。其中，$F_{21}=-F_{12}=F_{32}$，大小及方向均为已知。根据构件1的力矩平衡条件，对A点取矩得

$$M_b=-F_{21}h_{21}$$

又根据力平衡条件

$$F_{61}=-F_{21}$$

上述过程仅针对该机构的某一具体位置，若该机构运动到另一个位置，则需要按类似步骤重新进行，可见图解法十分繁锁。

2. 用解析法进行机构的动态静力分析

为避免图解法的繁琐求解过程，可使用解析法。解析法的步骤十分简单，与机构的运动分析过程类似，在建立直角坐标系的基础上，分别以各构件为示力体，将约束反力和各作用力分解为沿x轴和y轴的分力，列出各构件的平衡方程，然后再联立求解，编制相应程序，利用计算机即可求得结果，下面以例说明。

如图4-3a所示的曲柄滑块机构，已知曲柄和连杆的尺寸分别为l_1、l_2，各构件的运动参数及作用在滑块上的生产阻力为F_3，求各运动副的反力和作用在曲柄上的平衡力矩。

分别以构件1、2、3为示力体，标注各力的分量如图4-3b、c、d所示，按力系平衡条

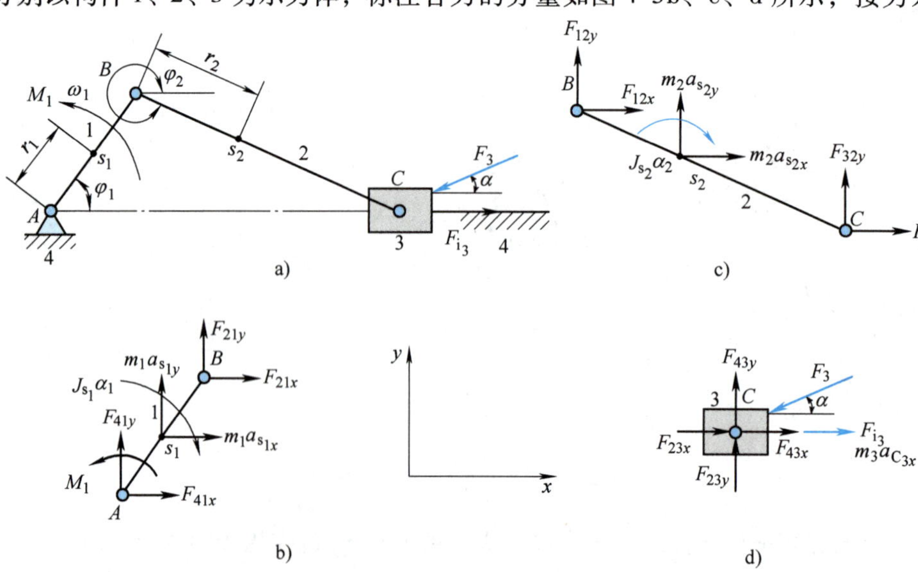

图4-3　动态静力分析的解析法

件列出力的平衡方程

$$\sum F_x=0,\quad \sum F_y=0,\quad \sum M=0$$

对于图 4-3b 所示的构件 1

$$F_{41x}+F_{21x}+(-m_1a_{s_{1x}})=0$$
$$F_{41y}+F_{21y}+(-m_1a_{s_{1y}})=0$$
$$M_1-F_{21x}l_1\sin\varphi_1+F_{21y}l_1\cos\varphi_1-(-m_1a_{s_{1x}})r_1\sin\varphi_1+(-m_1a_{s_{1y}})r_1\cos\varphi_1-(-J_{s_1}\alpha_1)=0$$

对于图 4-3c 所示的构件 2

$$F_{12x}+F_{32x}+(-m_2a_{s_{2x}})=0$$
$$F_{12y}+F_{32y}+(-m_2a_{s_{2y}})=0$$
$$F_{32x}l_2\sin\varphi_2+F_{32y}l_2\cos\varphi_2+(-m_2a_{s_{2x}})r_2\sin\varphi_2-(-m_2a_{s_{2y}})r_2\cos\varphi_2-(-J_{s_2}\alpha_2)=0$$

对于图 4-3d 所示的构件 3

$$F_{23x}+F_{43x}-F_{3x}+(-m_3a_{C_{3x}})=0$$
$$F_{23y}+F_{43y}-F_{3y}=0$$

考虑到 $F_{12x}=-F_{21x}$，$F_{12y}=-F_{21y}$，$F_{23x}=-F_{32x}$，$F_{23y}=-F_{32y}$，则未知数的个数为 8 个，而方程的个数也为 8 个，故该方程组可解。

将其写成矩阵形式为

$$\begin{pmatrix} -1 & 0 & 0 & 0 & 1 & 0 & 0 & 0 & 0 \\ 0 & -1 & 0 & 0 & 0 & 1 & 0 & 0 & 0 \\ l_1\sin\varphi_1 & -l_1\cos\varphi_1 & 0 & 0 & 0 & 0 & 0 & 0 & 1 \\ 1 & 0 & -1 & 0 & 0 & 0 & 0 & 0 & 0 \\ 0 & 1 & 0 & -1 & 0 & 0 & 0 & 0 & 0 \\ 0 & 0 & -l_2\sin\varphi_2 & -l_2\cos\varphi_2 & 0 & 0 & 0 & 0 & 0 \\ 0 & 0 & 1 & 0 & 0 & 0 & 0 & 0 & 0 \\ 0 & 0 & 0 & 1 & 0 & 0 & 0 & 1 & 0 \\ 0 & 0 & 0 & 0 & 0 & 0 & 0 & 0 & 0 \end{pmatrix}\begin{pmatrix} F_{12x} \\ F_{12y} \\ F_{23x} \\ F_{23y} \\ F_{41x} \\ F_{41y} \\ F_{43x} \\ F_{43y} \\ M_1 \end{pmatrix}=$$

$$\begin{pmatrix} m_1a_{s_{1x}} \\ m_1a_{s_{1y}} \\ -m_1a_{s_{1x}}r_1\sin\varphi_1+m_1a_{s_{1y}}r_1\cos\varphi_1-J_{s_1}\alpha_1 \\ m_2a_{s_{2x}} \\ m_2a_{s_{2y}} \\ +m_2a_{s_2}r_2\sin\varphi_2-m_2a_{s_{2y}}r_2\cos\varphi_2-J_{s_2}\alpha_2 \\ m_3a_{C_{3x}}+F_3\cos\alpha \\ +F_3\sin\alpha \\ 0 \end{pmatrix}$$

该矩阵可简写为

$$\boldsymbol{AF}_{ij}=\boldsymbol{B}$$

$\boldsymbol{A}$、$\boldsymbol{B}$ 矩阵均为已知参数矩阵，未知力向量 $\boldsymbol{F}_{ij}$ 非常容易求解。

第三节　计入摩擦的机构力分析

机械中的摩擦主要发生在运动副中，而运动副中的摩擦是一种有害阻力。它不仅降低机械效率，还使运动副的接触表面受到磨损，导致机械运转精度降低、引起机械振动、增大噪声，缩短机器的使用寿命。摩擦还会引起运动副元素发热并膨胀，可能导致运动副的卡死、机械运转不灵活，甚至发生损坏等现象。

一、运动副中的摩擦

工程中常用的运动副主要有移动副、转动副和螺旋副，以下分别讨论。

1. 移动副中的摩擦

根据移动副的具体结构，常把移动副分为平面移动副、斜面移动副和槽面移动副。

（1）平面移动副的摩擦　图 4-4 所示的滑块 1 在驱动力 F 的作用下，相对平面 2 以速度 v_{12} 等速移动。平面 2 给滑块 1 的反作用力有法向反力 N_{21} 和摩擦力 F_{21}，两者的合力 R_{21} 为平面 2 给滑块 1 的总反力，R_{21} 与法线方向的夹角为 φ。

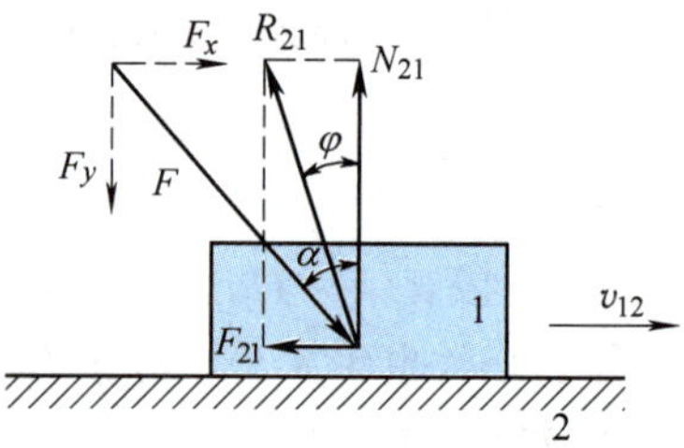

图 4-4　平面移动副的摩擦

摩擦力 F_{21} 与法向反力 N_{21} 之间的关系为

$$\tan\varphi = \frac{F_{21}}{N_{21}} \qquad F_{21} = fN_{21}$$

$$\tan\varphi = \frac{fN_{21}}{N_{21}} = f \qquad \varphi = \arctan f$$

当滑块与平面的材料及表面状况确定时，摩擦因数为定值，总反力与正压力方向夹角 φ 为一恒定角度，称之为摩擦角。构件 2 给构件 1 的总反力 R_{21} 和构件 1 相对构件 2 的相对运动方向 v_{12} 成（$90° + \varphi$）角。

设外加驱动力 F 与法线之间夹角为 α，沿运动方向和法线方向的分量分别为 F_x、F_y，两者关系为

$$\tan\alpha = \frac{F_x}{F_y}$$

根据力平衡条件 $N_{21} = F_y$，联立求解上述方程后，可有

$$F_x = \frac{\tan\alpha}{\tan\varphi} F_{21}$$

当 $\alpha < \varphi$ 时，如果滑块初始状态为静止状态，无论 F 力多大，驱动力 F_x 都小于最大静摩擦力 F_{21}，滑块不能运动，称这种现象为自锁。如果滑块初始状态为运动状态，则滑块将减速运动到静止。

当 $\alpha = \varphi$ 时，如果滑块初始状态为静止状态，则滑块仍然发生自锁；如果滑块初始状态为运动状态，则滑块将作等速运动。

当 $\alpha > \varphi$ 时，滑块将作加速运动。

因此，平面移动副的自锁条件可描述为当外加驱动力作用在摩擦角之内时，该运动副处于自锁状态，即 $\alpha \leqslant \varphi$ 为其自锁条件。

（2）斜面移动副的摩擦　如果把图 4-4 所示的平面移动副导路倾斜 α 角度后，则演化成为图 4-5 所示的斜面移动副。

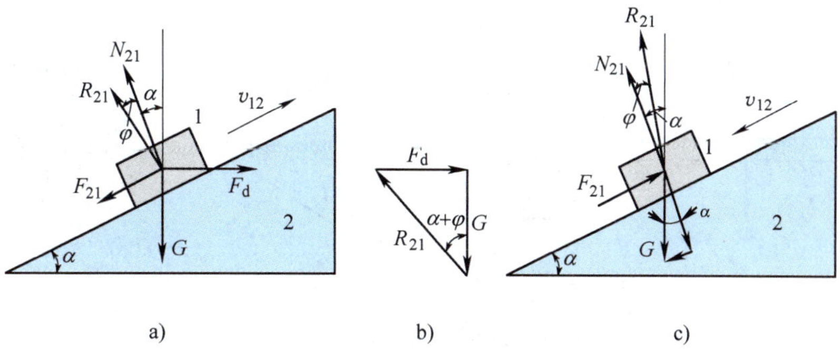

图 4-5　斜面移动副的摩擦

图 4-5a 中，滑块受铅垂方向载荷 G，在水平力 F_d 的作用下等速上升，斜面 2 给滑块 1 的正压力 $\boldsymbol{N}_{21}$ 和摩擦力 $\boldsymbol{F}_{21}$ 合成总反力 $\boldsymbol{R}_{21}$ 后，滑块的力系平衡条件为

$$\boldsymbol{F}_d + \boldsymbol{G} + \boldsymbol{R}_{21} = 0$$

作出图 4-5b 所示力矢量图后，可求出水平力 F_d 和铅直载荷 G 之间的关系，即

$$F_d = G\tan(\alpha + \varphi)$$

若要使滑块在上升过程中不发生自锁现象，则该平面的斜角 α 必须满足下列条件：

$$\alpha < 90° - \varphi$$

图 4-5c 中，取消水平驱动力，则滑块本身的自重为下滑的驱动力。若使滑块等速下滑，有效驱动力为 $G\sin\alpha$，斜面给滑块的摩擦阻力为

$$F_{21} = G\cos\alpha f = G\cos\alpha\tan\varphi$$

滑块沿斜面下滑的力学条件为

$$G\sin\alpha \geqslant G\cos\alpha\tan\varphi$$

$$\tan\alpha \geqslant \tan\varphi$$

$$\alpha \geqslant \varphi$$

若要使滑块在铅垂方向载荷 G 作用下不能运动，即发生自锁，则必须满足：$\alpha < \varphi$。

（3）槽面摩擦　如果将图 4-6a 所示滑块做成图 4-6b 所示夹角为 2θ 的楔形滑块，并置于相应的槽面中，楔形滑块 1 在外力 F 的作用下沿槽面等速运动。设两侧法向反力分别为 N_{21}，铅垂方向载荷为 G，总摩擦力为 F_f。

对图 4-6a 所示的平面摩擦，$F_f = fG$。

对图 4-6b 所示的槽面结构式的平面摩擦，$F_f = 2N_{21}f$。

由图 4-6c 所示的力多边形可知

$$N_{21} = \frac{G/2}{\sin\theta} = \frac{G}{2\sin\theta}$$

$$F_f = 2f\frac{G}{2\sin\theta} = \frac{f}{\sin\theta}G = f_v G$$

式中，$f_v = f/\sin\theta$，称为当量摩擦因数。很明显，$f_v > f$。槽面摩擦产生的摩擦力大于平面摩擦产生的摩擦力。发生这种现象，不是因为增大了摩擦因数，而是因为其正压力增加了。下式很容易证明楔形增压的理由。

$$F_f = f_v G = \frac{f}{\sin\theta} G = f \frac{G}{\sin\theta} > fG$$

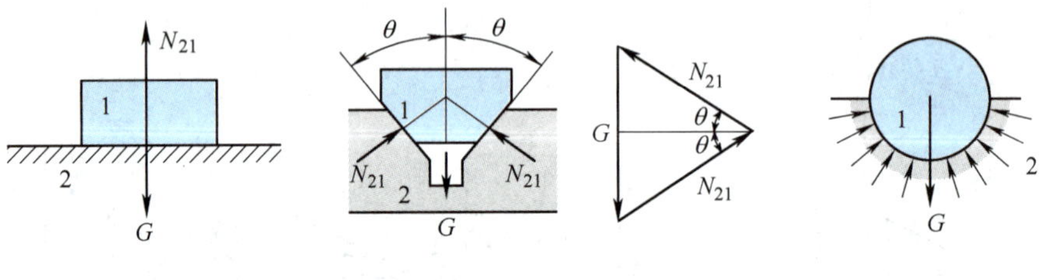

图 4-6　槽面摩擦

本书引入当量摩擦因数的概念只是为了同平面摩擦进行对比。

如果将图 4-6a 所示滑块转换为图 4-6d 所示的圆柱形，其法向反力的总和为

$$N_{21} = kG$$

式中，k 是与接触性质有关的因数，$k = 1 \sim \pi/2$。

总摩擦力 $F_f = kGf$，令 $f_v = kf$，$F_f = f_v G$，$k = 1 \sim \pi/2$，其值的选择与接触面的精度有关。

2. 转动副中的摩擦

轴承是转动副的典型代表，可分为承受径向载荷的轴承和承受轴向载荷的轴承。

（1）径向轴承的摩擦　径向滚动轴承因为摩擦因数很小，而且是由多个零件组成的转动副，本书不予讨论，仅讨论滑动轴承的摩擦现象。

如图 4-7a 所示为径向轴承，为分析方便，将运动副的间隙加以放大。轴颈 1 在没有转动前，径向载荷 G 与 A 点的法向反力 N_{21} 相平衡。

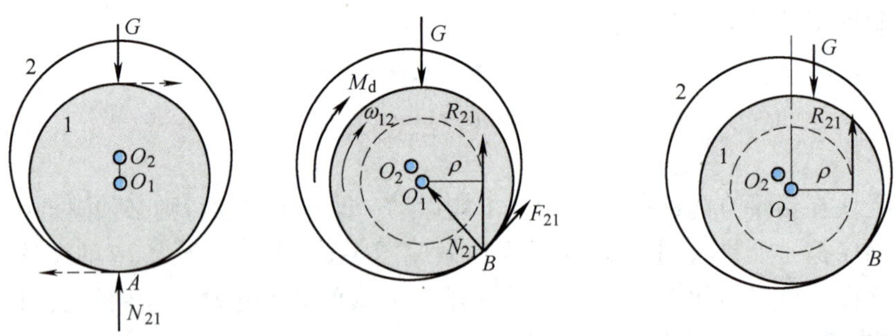

图 4-7　径向轴承的摩擦

在驱动力矩 M_d 作用下，图 4-7a 所示的轴颈 1 由于受到接触点 A 处的摩擦力，在驱动力矩的作用下，接触点爬行到图 4-7b 所示 B 点。此时摩擦力矩与驱动力矩平衡，轴颈匀速转动。摩擦力 F_{21} 与法向力 N_{21} 的合力 R_{21} 为轴承座 2 给轴颈 1 的总反力。总反力 R_{21} 到轴心的距离为 ρ。

如图 4-7b 所示，径向载荷 G 与总反力 R_{21} 相平衡，摩擦力矩为

$$M_f = F_{21} r = R_{21} \rho = G\rho$$

由于径向轴承为曲线状接触面，可引入当量摩擦因数 f_v，所以摩擦力与径向载荷之间的关系为 $F_{21} = f_v G$，将其代入上式，可求出总反力 R_{21} 到轴心之距离

$$\rho = f_v r$$

轴承尺寸与材料确定以后，ρ 为常量。以 ρ 为半径的圆称为摩擦圆，当 $\omega_{12} \neq 0$ 且匀速转动时，总反力 R_{21} 切于摩擦圆。

当量摩擦因数 f_v 的选取遵循以下原则：对于较大间隙的轴承，$f_v = f$；对于较小间隙的轴承，未经磨合时 $f_v = 1.57f$，经过磨合时 $f_v = 1.27f$。

总反力 R_{21} 方向的判别方法如下：轴承座 2 给轴颈 1 的总反力 R_{21} 对轴心力矩的方向与轴颈 1 相对于轴承座 2 的相对角速度 ω_{12} 方向相反并切于摩擦圆。

如图 4-7c 所示的外力的合力 G 作用在摩擦圆之内，由于力臂小于摩擦圆半径，其驱动力矩则小于摩擦力矩。若轴颈初始状态静止，则发生自锁，若初始状态运动，则减速到静止。若外力的合力与摩擦圆相切，若轴颈初始状态静止，则发生自锁，若初始状态运动，则作等速运动。若外力合力的作用在摩擦圆之外，则轴颈加速运动。转动副的自锁条件可以描述为“外力的合力作用在摩擦圆之内，则该转动副自锁”。

（2）推力轴承的摩擦　推力轴承是指外载荷通过轴线的轴承。

图 4-8a 所示为推力轴承示意图，G 为轴向载荷。未经磨合时，接触面压强 p 为常数，$p = c$。经过磨合时，压强与半径 ρ 的乘积为常数，$p\rho = c$。

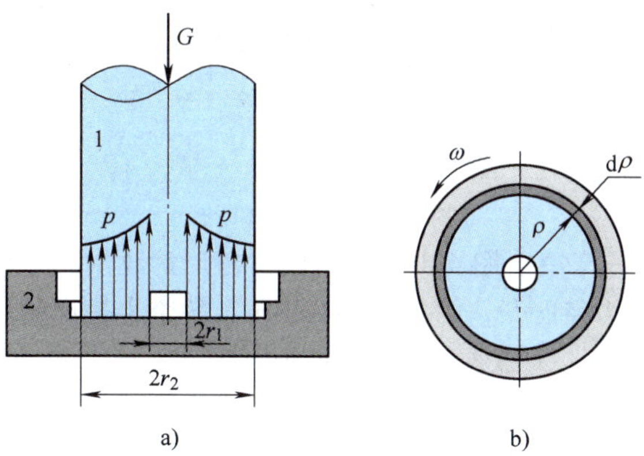

图 4-8　推力轴承的摩擦

在图 4-8b 所示的底平面半径 ρ 处取微小圆环，其面积值为 $\mathrm{d}s = 2\pi\rho\mathrm{d}\rho$。

小圆环面积上的正压力为 $\mathrm{d}N = p\mathrm{d}s = 2\pi p\rho\mathrm{d}\rho$。

小圆环面积上的摩擦力为 $\mathrm{d}F = f\mathrm{d}N = 2\pi fp\rho\mathrm{d}\rho$。

小圆环面积上的摩擦力矩为 $\mathrm{d}M_f = \rho\mathrm{d}F = 2\pi fp\rho^2\mathrm{d}\rho$。

整个圆环接触面积上的摩擦力矩为 $M_f = \int_{r_1}^{r_2} \mathrm{d}M_f = \int_{r_1}^{r_2} 2\pi fp\rho^2\mathrm{d}\rho$。

未经磨合的推力轴承，$p = c$，推出

$$M_f = \frac{2}{3} fG \frac{r_2^3 - r_1^3}{r_2^2 - r_1^2}$$

经过磨合的推力轴承，$p\rho=c$，推出

$$M_{\mathrm{f}}=\frac{1}{2}fG(r_2+r_1)$$

推力轴承在工程中有广泛应用，其摩擦原理是设计摩擦离合器的理论依据。

3. 螺旋副中的摩擦

根据螺纹牙型可将螺纹分为矩形螺纹和三角形螺纹。

（1）矩形螺旋副的摩擦　图4-9a所示为一矩形螺纹，将螺母2简化为图4-9b所示的滑块，承受轴向载荷 G，由于螺纹可以看成是斜面缠绕在圆柱体上形成的，故将矩形螺纹沿螺纹中径 d 展开，该螺纹成为图4-9b所示的斜面，斜面底长为螺纹中径处圆周长，高度为螺纹的导程 P_{h}。驱动力 F 等于拧紧力矩 M 除以螺纹中径，一般垂直螺纹轴线。其值为

$$F=\frac{2M}{d}$$

当拧紧螺母时，相当于滑块沿斜面等速上升，一般称为正行程。

当放松螺母时，相当于滑块沿斜面等速下降，为反行程。其自锁性能完全与斜面摩擦相同。斜面的倾角 α 就是螺纹升角，控制螺纹升角的大小就可以控制螺旋副的自锁。

当要求螺纹反行程自锁时，必须满足 $\alpha\leqslant\varphi$。

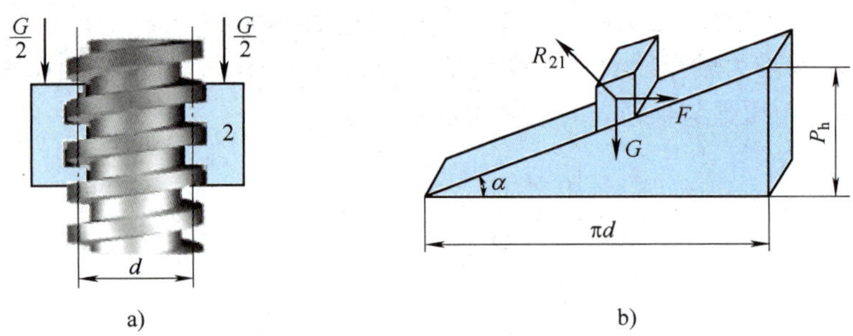

图4-9　矩形螺旋副的摩擦

（2）三角形螺旋副的摩擦　图4-10a所示的三角形螺纹中，牙型角为 2β，半角为 β，槽角为 2θ。将其螺纹沿中径展开，成为图4-10b所示的带半槽面的斜面，半牙型角 β 与半槽角 θ 之和为90°。斜面底长为螺纹中径处圆周长。

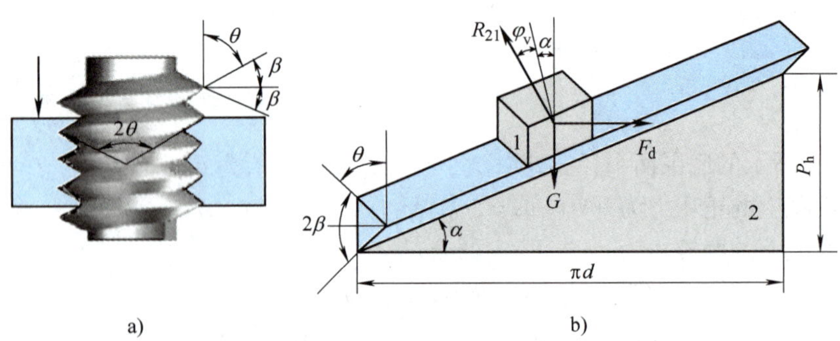

图4-10　三角形螺纹的摩擦

当拧紧螺母时，相当于滑块沿斜槽面等速上升，称为正行程。

当放松螺母时，相当于滑块沿斜槽面等速下降，称为反行程。

当反行程要求螺旋自锁时，必须满足 $\alpha\leqslant\varphi_{\mathrm{v}}$。这里的斜面倾角 α 就是螺纹升角，控制

螺纹升角的大小就可以控制螺旋副的自锁条件。由于引入槽面摩擦的概念，螺旋副的当量摩擦因数 f_v 的值类似槽面摩擦，即

$$f_v = \frac{f}{\sin\theta} = \frac{f}{\sin(90° - \beta)} = \frac{f}{\cos\beta}$$

当量摩擦角 φ_v 的值为

$$\varphi_v = \arctan f_v$$

由于三角形螺纹的当量摩擦角较大，反行程容易发生自锁，故主要用于连接。而矩形螺纹则用于传动。

二、计入摩擦力的力分析

当力分析过程需要考虑摩擦力时，一般忽略机构的惯性力。此时，仍按照力系平衡条件进行求解，只是运动副总反力方向发生了变化。移动副中的总反力与相对运动方向间的夹角为（$90° + \varphi$），转动副中的总反力与摩擦圆相切，且其轴心矩方向与相对转动方向相反。

例 4-2 图 4-11 所示的曲柄滑块机构中，已知各构件尺寸和曲柄的位置，作用在滑块 4 上的阻力为 F_r，各运动副处的摩擦因数为 f，忽略各构件质量和惯性力。在图上标注出各运动副的反力以及加在曲柄上的平衡力矩 M_b。

解 1）根据轴径尺寸和摩擦因数，求出摩擦圆半径，摩擦圆如图 4-11 所示。

2）根据原动件运动方向和从动件的受力方向，可判别出连杆 3 是受压二力共线杆。根据连杆 3 相对曲柄 2 的相对运动方向 ω_{32}，可判断曲柄 2 给连杆 3 的反力 F_{23} 的方向。根据连杆 3 相对滑块 4 的相对运动方向 ω_{34}，可判断滑块 4 给连杆 3 的反力 F_{43} 的方向。两者在两摩擦圆的内公切线上共线。

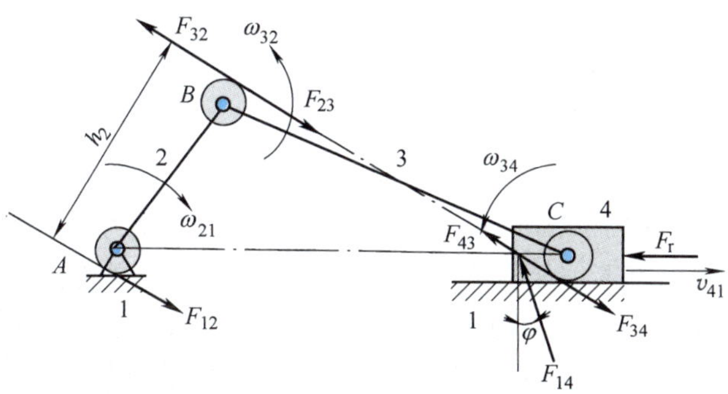

图 4-11 考虑摩擦的曲柄滑块机构力分析

3）滑块 4 为三力汇交构件，根据滑块 4 相对机架 1 的运动方向 v_{41}，可知道机架 1 给滑块 4 的反力 F_{14} 与 v_{41} 成（$90° + \varphi$）角，按三力汇交平衡条件，可解出未知力 F_{14}、F_{34}。

4）曲柄 2 为分离体，连杆 3 给曲柄 2 的作用力 F_{32} 已求出，机架 1 给曲柄 2 的作用力 F_{12} 对轴心 A 的力矩与 ω_{21} 反向。F_{32} 与 F_{12} 大小相等，方向相反，形成力偶矩。

5）加在曲柄 2 上的平衡力矩为 $M_b = F_{12}h_2$。

通过上述过程，各运动副反力和作用在曲柄上的平衡力矩可以利用图解法进行求解。

例 4-3 图 4-12a 所示的摆动从动件盘形凸轮机构中，已知凸轮机构的尺寸、轴径尺寸、运动副处的摩擦因数 f 以及作用在从动件 E 点的阻力 F_r，在不计构件质量和惯性力时，求各运动副处的反作用力及作用在凸轮上的平衡力矩 M_b。

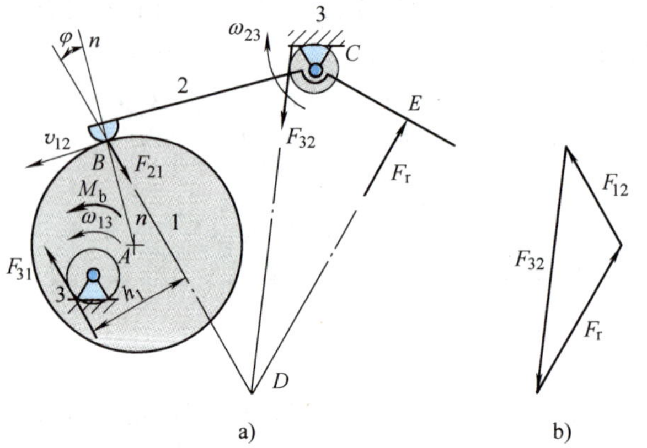

图 4-12 考虑摩擦的凸轮机构力分析

解 1）根据轴径尺寸和摩擦因数，画出转动副 A、C 处的摩擦圆，如图 4-12a 所示。

2）分析凸轮的受力：摆杆 2 给凸轮 1 的反力 F_{21} 与凸轮 1 相对摆杆 2 的相对速度方向成（$90° + \varphi$）角。F_{31} 对轴心 A 的力矩与 ω_{13} 反向，可确定凸轮 1 的受力如图 4-12a 所示。

3）分析摆杆 2 的受力：摆杆 2 受到 F_{12}、F_{32}、F_r 三个力的作用，构成三力汇交的平衡力系。F_{32} 对轴心 C 的力矩与 ω_{23} 反向，作力多边形，如图 4-12b 所示，可求出 F_{32}、F_{12}，$F_{12} = -F_{21}$。

4）求平衡力矩：凸轮 1 中，$F_{21} = -F_{31}$，力臂为 h_1，则作用在凸轮 1 上的平衡力矩 M_b 的大小为 $\boldsymbol{M}_b = \boldsymbol{F}_{21} h_1$，方向如图 4-12a 所示。

第四节 自锁机构分析与设计

一、运动副的自锁

用于连接构件的运动副中存在两种力，使构件运动的驱动力和阻碍构件运动的摩擦力。如果驱动力无论多么大，都不能使其运动，称这种现象为运动副的自锁。

对移动副而言，当外力的合力作用在摩擦角之内，移动副将发生自锁；对斜面移动副而言，经常用斜面倾角 α 与摩擦角 φ 的关系判断自锁。当滑块受到上节中所述的外力作用时，滑块沿斜面上升时的自锁条件为 $\alpha > 90° - \varphi$；滑块沿斜面下降时的自锁条件为 $\alpha \leqslant \varphi$。

对转动副而言，当外力的合力作用在摩擦圆之内时，转动副将发生自锁。

运动副的自锁条件是设计自锁机构的基础。

二、自锁机构

1. 机构的行程

（1）机构的正行程　当驱动力作用在图 4-13a 所示的原动件 A 上，从动件 B 克服生产阻力 F 做功，一般称该行程为正行程或工作行程。

（2）机构的反行程　当正行程中的生产阻力为驱动力，作用在图 4-13a 所示的正行程中的从动件 B 上，原动件 A 则为从动件，该过程称为机构的反行程。

在图 4-13a 所示的螺旋传动中，螺杆转动，螺母移动为正行程。反行程则为用力推动螺母，而使螺杆转动的过程。

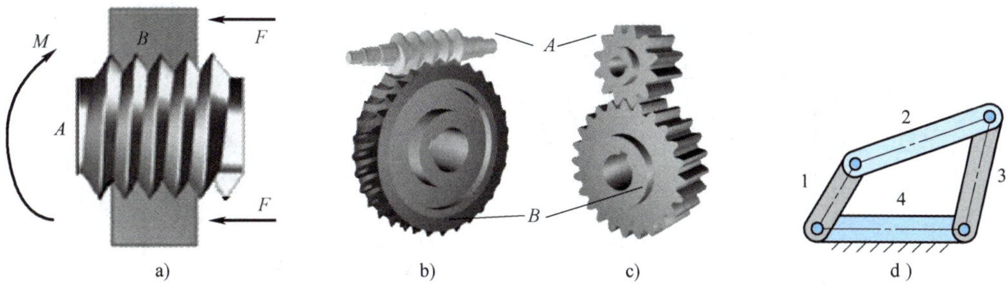

图 4-13　机构的正反行程

一般情况下，机构的正反行程工作特性不同，但正反行程也不是绝对的。图 4-13b 所示的蜗杆机构中，蜗杆作主动件，蜗轮减速转动；反之，若蜗轮作主动件，蜗杆可能增速转动，容易发生自锁，这取决于蜗杆螺纹升角的大小。图 4-13c 所示的齿轮机构中，小齿轮作主动件，大齿轮则减速输出；大齿轮作主动件，小齿轮则增速输出。图 4-13d 所示的铰链四杆机构中，曲柄 1 作主动件，摇杆 3 作往复摆动；若摇杆 3 作主动件，曲柄 1 为从动件，则机构会出现死点位置。

机构的正反行程是依据机构的工作需要，由设计人员自行拟定的。

2. 自锁机构定义

反行程发生自锁的机构，称为自锁机构。自锁机构在机械工程领域有广泛的应用。

三、自锁机构的分析与设计

本书没有介绍利用机械效率小于零的条件来判断机构自锁，而采用了利用运动副的自锁条件来判别机构的自锁。其理论依据是：对于一个单自由度机构系统而言，只要有一个运动副发生自锁，则该机构即发生自锁。这样，不仅概念清楚，而且简化了自锁机构的分析与设计过程。

例 4-4　在图 4-14 所示的斜面压榨机中，设各接触平面之间的摩擦因数均为 f。若在滑块 2 上施加一定的力 F，可以将物体 4 压紧。F_r 为被压紧的物体对滑块 3 的反作用力。当主动力 F 撤去后，该机构在力 F_r 的作用下应具有自锁性，即滑块 2 不会因松脱被挤出去。试分析其自锁条件。

解　取图 4-14b 所示的滑块 2 为示力体，当力 F 撤去后，滑块 2 可能松脱的相对运动方向为 v_{21}、v_{23}。若将滑块自重忽略不计，构件 1 给滑块 2 的反力 F_{12} 及构件 3 给滑块 2 的反力 F_{32} 的判别方法为：F_{12} 与 v_{21} 成 $(90°+\varphi)$ 角，F_{32} 与 v_{23} 成 $(90°+\varphi)$ 角。F_{32} 是使构件 2 水平向右滑出的驱动力，当这个驱动力的作用线位于构件 2 与构件 1 所形成的摩擦角之内时，构件 1、2 组成的移动副发生自锁。从图 4-14b 可以得出自锁条件为

$$\alpha-\varphi\leqslant\varphi$$

$$\alpha\leqslant2\varphi$$

例 4-5　图 4-15 所示偏心圆盘夹紧机构中，1 为偏心圆盘，2 为待夹紧的工件，3 为夹具体（机架）。在驱动力 F 的作用下夹紧工件，当力 F 取消后，在总反力 F_{21} 的作用下，工件不能自动松脱，求该机构的反行程必须满足的自锁条件。

该机构如能满足自锁要求，关键问题是确定偏心圆盘的转动中心 O 的位置。

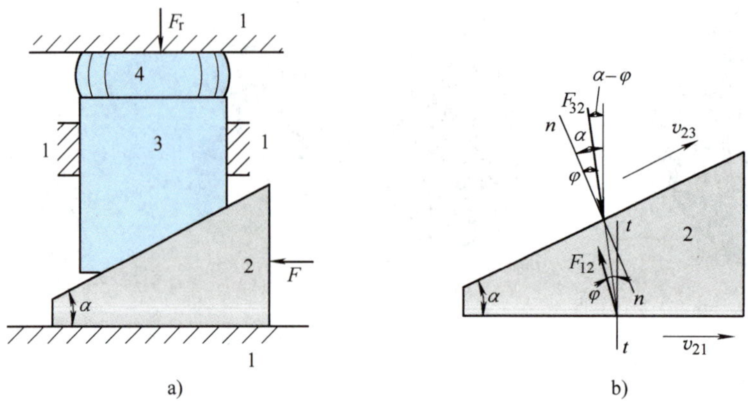

图 4-14　自锁机构的分析

设偏心圆盘的半径为 r_1，轴径 O 处的摩擦因数为 f_0，偏心圆盘与工件的摩擦因数为 f，轴径圆心到偏心盘圆心的距离为 e，摩擦圆半径为 ρ，摩擦角为 φ，转轴中心 O 和偏心盘圆心连线与工件接触点的法线之间夹角为 α。

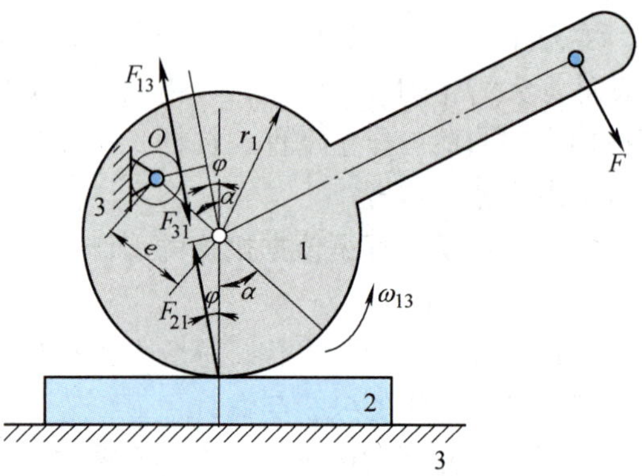

图 4-15　自锁机构的设计

解　若反行程能自锁，总反力 F_{21} 与转轴中心 O 处摩擦圆相割于 O 点右侧，才能保证 F_{31} 对轴心之矩与松脱方向 ω_{13} 相反。确定总反力 F_{31} 后，即可初步确定 O 点的位置应在 F_{31} 的左侧。用公式表达

$$0 \leqslant e\sin(\alpha-\varphi)-r_1\sin\varphi \leqslant \rho$$

从中解出

$$r_1\sin\varphi \leqslant e\sin(\alpha-\varphi) \leqslant r_1\sin\varphi+\rho$$

式中，r_1、φ、ρ 均为已知数据或可以求出的数据，此式即为机构反行程自锁必须满足的要求。

本章总结

1. 高速机构中力分析时要考虑惯性力的影响，一般不考虑摩擦力。
2. 低速机构中力分析时要考虑摩擦力的影响，一般不考虑惯性力。
3. 考虑惯性力的力分析，其依据是达朗伯原理，力分析过程与理论力学相同。
4. 可利用运动副的自锁条件判断机构的自锁，也可以利用运动副的自锁条件设计分析自锁机构。
5. 平面移动副的自锁条件是外力的合力作用在摩擦角之内。
6. 移动副的总反力与相对运动方向成（$90°+\varphi$）角。
7. 转动副的自锁条件是外力的合力作用在摩擦圆之内。
8. 转动副的总反力与摩擦圆相切，且对轴心之矩的方向与相对转动方向相反。
9. 螺旋副的摩擦可转换为滑块在斜面上的移动摩擦。
10. 三角形螺纹比矩形螺纹产生更大的摩擦力，这是楔形增压原理。

习 题

1. 理解

1-1 在对整个平面机构进行受力分析时，作用在构件运动副处的力是（ ）。

a）内力 b）外力 c）惯性力

1-2 在对平面机构中的单个构件进行受力分析时，作用在构件运动副处的力是（ ）。

a）内力 b）外力 c）惯性力

1-3 构件 2 对构件 1 的总反力 R_{21} 的方向与构件 1 相对于构件 2 的相对速度 v_{12} 的方向夹角为多少度？（摩擦角记为 φ）（ ）。

a）$90°+\varphi$ b）$90°-\varphi$ c）$180°+\varphi$ d）$180°-\varphi$

1-4 滑块 1 置于水平面 2 上，当滑块 1 上作用一个与竖直方向成 α 角的驱动力 F 时，如下哪种情况下将发生自锁？（摩擦角记为 φ）（ ）。

a）$\alpha<\varphi$ b）$\alpha>\varphi$ c）$\alpha<90°+\varphi$ d）$\alpha>90°+\varphi$

1-5 一个自重为 G 的滑块置于与水平面成 α 角的斜面上，当滑块上作用一个水平方向的驱动力 F_d 欲推动滑块向上运动时，如下哪种情况下将发生自锁？（摩擦角记为 φ）（ ）。

a）$\alpha<\varphi$ b）$\alpha>\varphi$ c）$\alpha<90°-\varphi$ d）$\alpha>90°-\varphi$

1-6 一个自重为 G 的滑块置于与水平面成 α 角的斜面上，如下哪种情况下将发生自锁？（摩擦角记为 φ）（ ）。

a）$\alpha<\varphi$ b）$\alpha>\varphi$ c）$\alpha<90°-\varphi$ d）$\alpha>90°-\varphi$

1-7 在条件相同的情况下，V 形面间的摩擦力要（ ）平面间的摩擦力。

a）大于 b）小于 c）等于

1-8 当转动副的轴径及材料确定的情况下，其摩擦圆半径是（ ）。

a）定值 b）变化值 c）不确定

1-9 当转动轴受到轴线方向的作用力时，将用到（ ）。

a）推力轴承 b）向心轴承

1-10 可用于传动动力的螺旋副为（ ）。

a）矩形螺旋副 b）三角形螺旋副

1-11 可用于连接两个零件的螺纹为（ ）。

a）矩形螺纹 b）三角形螺纹

1-12 若要使螺母反行程自锁，则要求其螺纹升角（ ）当量摩擦角。

a）小于 b）大于

1-13 螺旋千斤顶的传动效率取决于（ ）。

a）升距 b）载荷

c）升距和载荷 d）既非升距也非载荷

1-14 如果（ ），螺旋千斤顶的传动效率将提高。

a）减少载荷 b）增加载荷 c）减小升距 d）增大升距

1-15 在不施加其他外力时，螺旋千斤顶将下降的条件是（ ）。

a）$\alpha<\varphi$ b）$\alpha>\varphi$ c）$\alpha>2\varphi$ d）$\alpha<2\varphi$

1-16 作用在构件上的一对作用力与反作用力称为（ ）。

a）外力 b）约束力 c）惯性力

2. 分析与设计

2-1　习题图4-1所示为一个曲柄滑块机构，工作阻力 F_r 作用在滑块4上，曲柄2受到驱动力 F_d 的作用，机构中各构件的尺寸及各运动副处的摩擦因数均已知。试求各运动副处的作用力。(仅要求画出受力图)

2-2　习题图4-2所示为一个曲柄摇杆机构，其中曲柄 AB 长度为17mm，连杆 BC 长度为50mm，摇杆 CD 长度为28mm，机架 AD 长度为45mm，已知摩擦圆半径 $\rho=4\text{mm}$，从动件受到的外力矩为 $M_r=40\text{N}\cdot\text{m}$，试求各运动副处的作用力及输入转矩 M_d。

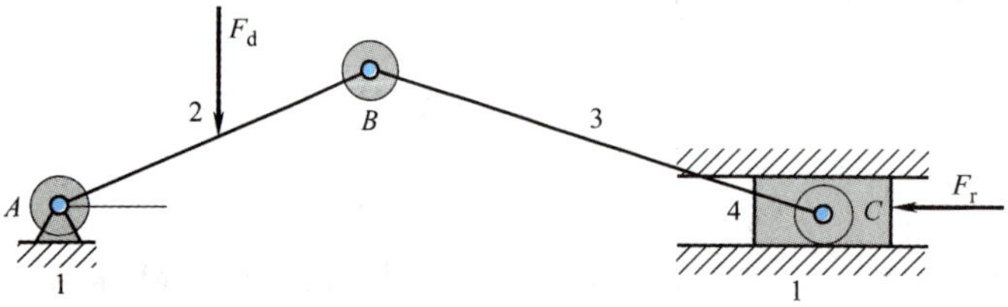

习题图4-1　曲柄滑块机构一

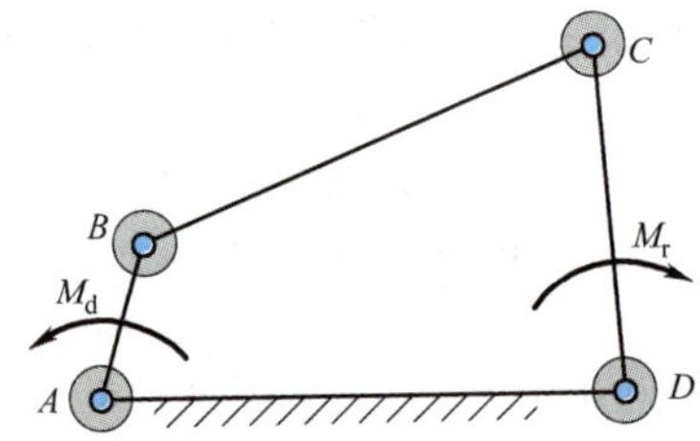

习题图4-2　曲柄摇杆机构

2-3　习题图4-3给出了一个曲柄滑块机构，其中曲柄 AB 长度为24mm，连杆 BC 长度为46mm，机架 AC 长度为58mm，已知摩擦圆半径 $\rho=4\text{mm}$，输入转矩 $M_d=20\text{N}\cdot\text{m}$，摩擦角 $\varphi=8°$，求滑块受到的生产阻力 F_r。

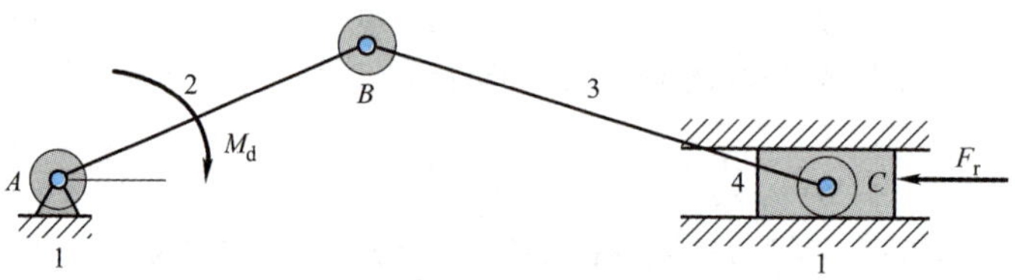

习题图4-3　曲柄滑块机构二

2-4　习题图4-4给出了一个曲柄滑块机构，工作阻力 P 作用在构件3上。曲柄1受到驱动力矩 M_d 的作用，机构中各构件的尺寸及各运动副处的摩擦因数均已知。试求各运动副处的受力。

2-5　习题图4-5所示为一夹紧机构，各构件的尺寸、运动副处的摩擦因数及摩擦圆半径均已知。试分析各运动副处的受力。

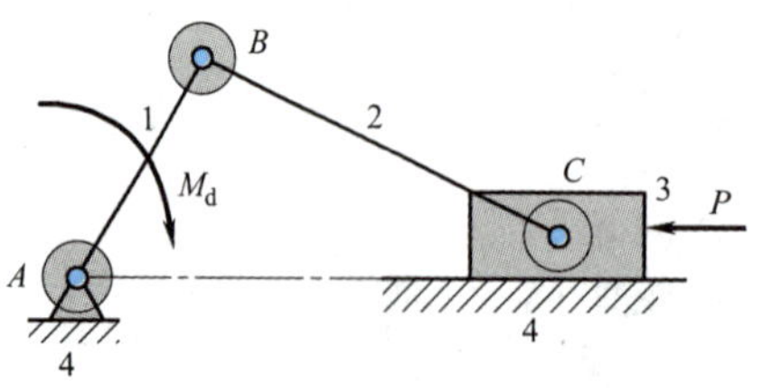

习题图4-4　曲柄滑块机构三

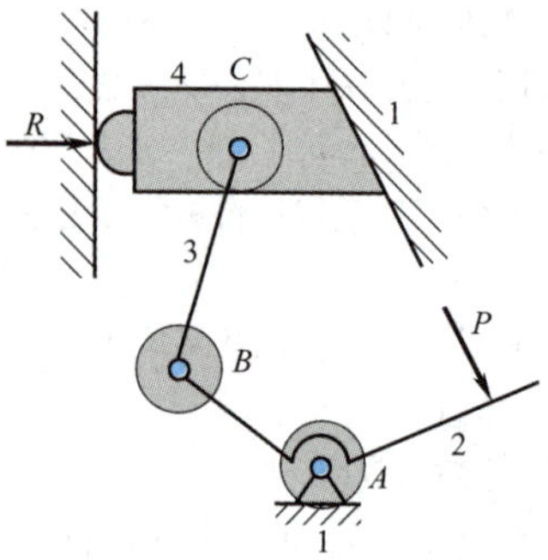

习题图4-5　夹紧机构

2-6　习题图4-6所示为拉力试验机中夹紧试料的斜块机构。无论载荷 P 多么大，斜块都不会滑脱，设计该斜面的倾斜角 θ。已知斜块机构的摩擦因数 $f_A=0.1$，斜块和试料之间的摩擦因数 $f_B=0.6$，忽略斜块的质量。

2-7　习题图4-7所示装置用于把蓄电池电缆终端 C 从电池极柱 B 上取下。如果 C 从 B 上取下所需的拉力为85N，试确定需施加在手柄上的转矩 M。螺杆为矩形螺纹，中径为20mm，导程为8mm，摩擦因数为 $f_S=0.5$。

2-8　习题图4-8所示为拖把夹持装置，凸轮通过转动副 A 安装在竖直平面上，拖把手柄夹于凸轮和竖

直墙面 B 之间。已知拖把手柄与凸轮间的摩擦因数为 $f_S=0.2$，拖把受到重力 G，墙面 B 为光滑表面，忽略凸轮的质量，几何参数如图所示，试确定拖把能否被夹持紧。

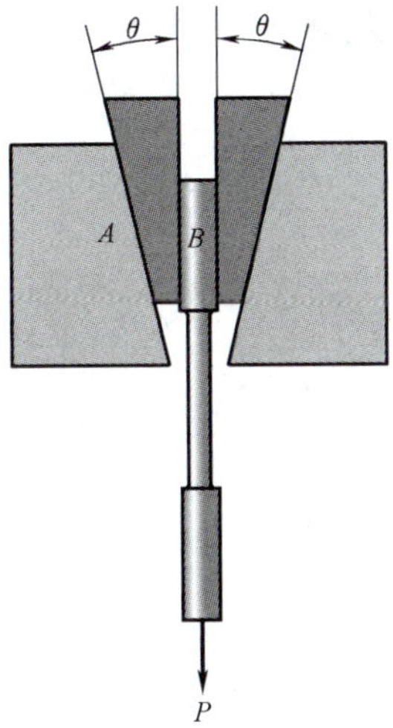

习题图 4-6　斜块机构

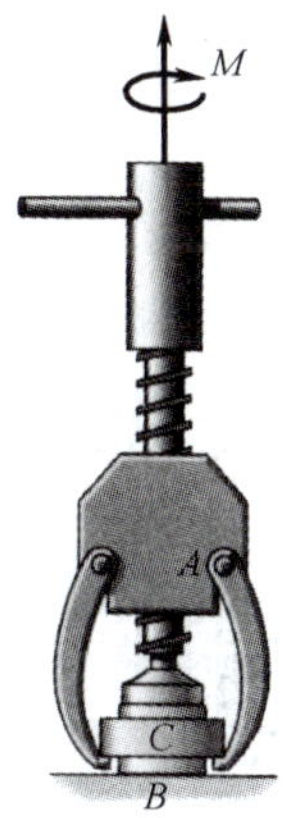

习题图 4-7　拔取机构

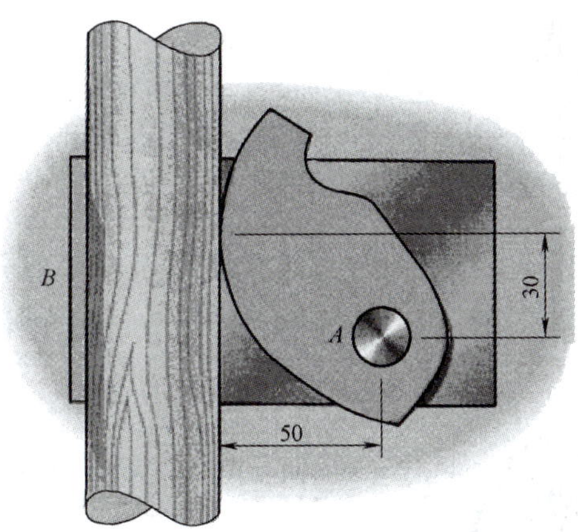

习题图 4-8　拖把夹持装置

3. 自测题

3-1　习题图 4-9 所示六杆机构中，生产阻力 Q 作用于构件 5 上，曲柄 1 受到输入力矩 M_d 的作用，各构件的尺寸及摩擦圆半径均已知，摩擦角 $\varphi=8°$，试求各运动副处的受力。

3-2　习题图 4-10 所示为一摩擦离合器，其由空套在轴 S 上的圆盘 A 及与轴齿轮 B 固连的构件 D 构成，齿轮 B 与轴 S 固连，齿轮 C 与齿轮 B 啮合，当齿轮 C 受到 $M=0.8\text{N}\cdot\text{m}$ 的驱动转矩时，确定预使轴 S 停止转动应在手柄上施加的最小的力 P。A 与 D 间的摩擦因数为 $f_S=0.4$。

3-3　习题图 4-11 所示为一高副机构，生产阻力 Q 作用于构件 4 上，凸轮 1 受到输入力矩 M_d 的作用，各构件的尺寸及摩擦圆半径均已知，摩擦角 $\varphi=8°$，试求各运动副处的受力。

3-4　习题图 4-12 所示为一颚式破碎机，请绘出其机构简图，并确定动颚板与静颚板间的夹角。

3-5　习题图 4-13 所示六杆机构中，曲柄 2 为原动件，且以恒定的转速 ω_1 顺时针转动，构件 6 受到工作阻力 Q，请确定各运动副处的受力，并求出曲柄 2 所受到的转矩。假设各构件的重力及惯性力均可忽略。

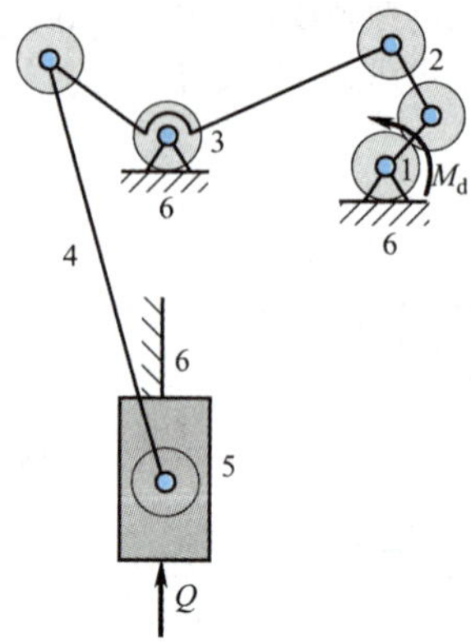

习题图 4-9　六杆机构一

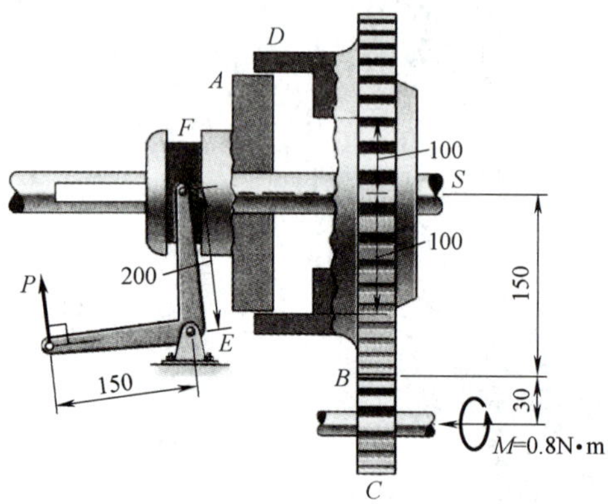

习题图 4-10　摩擦离合器

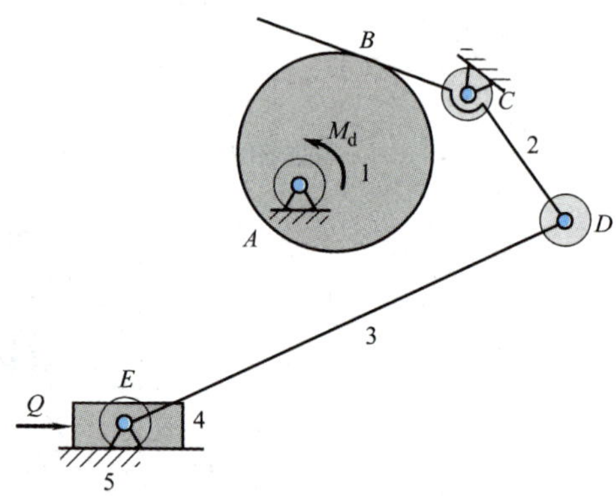

习题图 4-11　高副机构

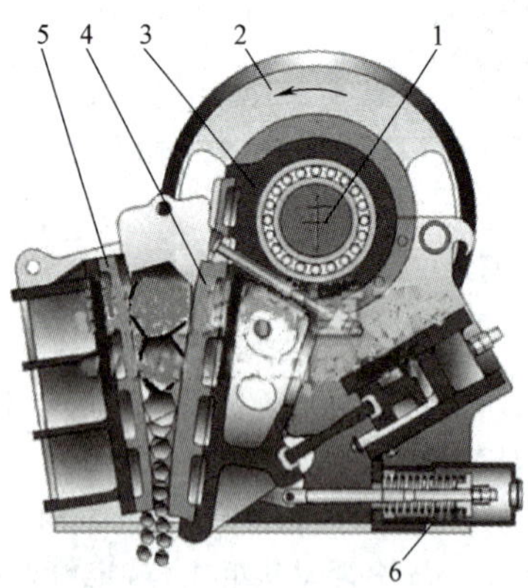

习题图 4-12　颚式破碎机

1—偏心盘　2—带轮　3—动颚　4—动颚板

5—静颚板　6—弹簧

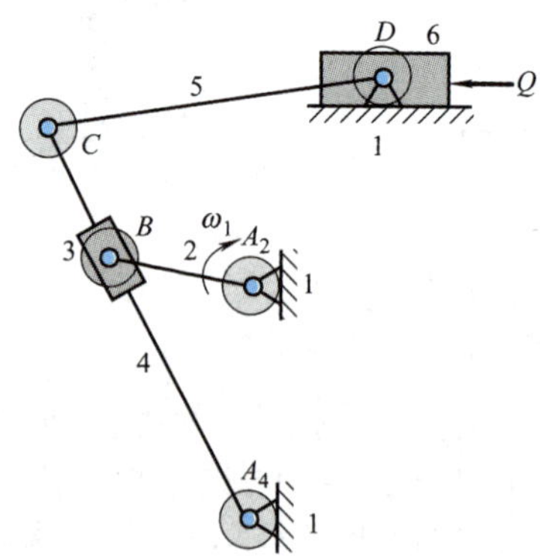

习题图 4-13　六杆机构二

第五章

平面连杆机构及其设计

本章以四杆机构为主，介绍四杆机构的种类，四杆机构的演化、变异与机构创新设计，四杆机构的基本特性以及四杆机构的设计等内容。按四杆机构的工作要求，把其设计问题分为按连杆一系列位置设计四杆机构，按连架杆一系列对应位置设计四杆机构，按急回特性设计四杆机构，按已知运动轨迹设计四杆机构等，设计方法可采用图解法或解析法。

第一节　平面连杆机构的特点与基本形式

由于主动件的运动是依靠中间连杆传递到从动件上，因此把这类机构称为连杆机构。

各构件在同一平面内运动或在相互平行的平面内运动的连杆机构，称为平面连杆机构。四个构件组成的连杆机构结构最简单，应用最广泛，因此，平面四杆机构是平面连杆机构的基础，也是本章的研究重点。

一、平面连杆机构的特点

1）平面连杆机构结构简单、易于制造、成本低廉。

2）连杆机构是用低副连接组成的机构，故承载能力大。

3）通过适当地设计各杆件尺寸，连杆机构可实现运动规律与运动轨迹的多样化。

4）可进行较远距离的传动。

5）连杆机构产生的惯性力平衡难度较大，不宜应用在高速运转场合。

二、平面连杆机构的基本形式

图 5-1a 所示连杆机构中，各构件均以转动副相连接，又称为铰链四杆机构。其中构件 4 为机架，能作整周转动的连架杆称为曲柄，如构件 1。连架杆中只能作往复摆动的构件称为摇杆，如构件 3。不与机架相连接的构件 2 称为连杆。其中，转动副 A、B 能作 360°的整周转动，称之为整转副。转动副 C、D 不能作 360°的整周转动，称之为摆转副。在铰链四杆

机构中，转动副的运动范围与机架选择无关。

常用四杆机构的基本形式如下。

1. 曲柄摇杆机构

若在四杆机构的两个连架杆中一个为曲柄，另一个为摇杆，则此铰链四杆机构称为曲柄摇杆机构，如图 5-1a 所示。

2. 双曲柄机构

若机构中的两个连架杆都能作 360°的整周转动，也就是说，两个连架杆均为曲柄，该机构称为双曲柄机构，如图 5-1b 所示。

3. 双摇杆机构

若机构中的两个连架杆都不能作 360°的整周转动，也就是说，两个连架杆均为摇杆，该机构称为双摇杆机构，如图 5-1c 所示。

4. 平行四边形机构

图 5-1b 所示双曲柄机构中，如两曲柄平行且相等，该机构演化为平行四边形机构，如图 5-1d 所示。

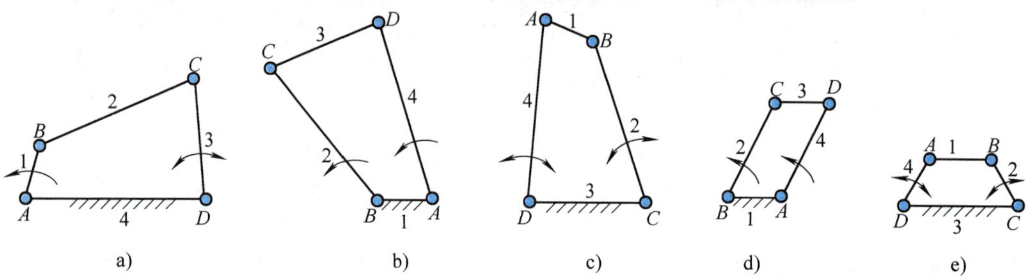

图 5-1　铰链四杆机构的形式

5. 等腰梯形机构

图 5-1c 所示双摇杆机构中，如两摇杆长度相等，该机构演化为等腰梯形机构，如图 5-1e 所示。

6. 曲柄滑块机构

图 5-2a 所示四杆机构中，一连架杆为曲柄，另一个连架杆为滑块，该机构称为曲柄滑块机构。其中，转动副 A、B 为整转副，转动副 C 为摆转副。

7. 转动导杆机构

若将图 5-2a 所示的曲柄滑块机构的曲柄 1 设为机架，转动副 A、B 为整转副，则连架杆 2、4 均为曲柄，滑块 3 沿连架杆 4 移动，且随连架杆 4 转动，该机构称为转动导杆机构，如图 5-2b 所示。

8. 曲柄摇块机构

若将图 5-2a 所示机构的构件 2 设为机架，转动副 A、B 仍为整转副，连架杆 1 仍为曲

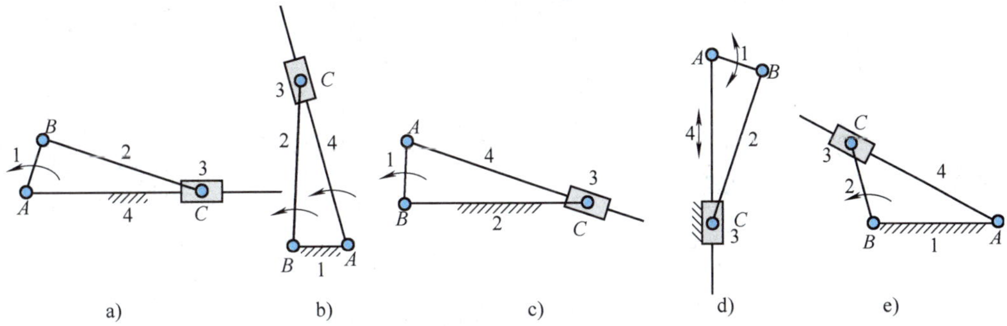

图 5-2　含有一个移动副的四杆机构

柄，另一连架杆（滑块 3）只能绕 C 点往复摆动，该机构称为曲柄摇块机构，如图 5-2c 所示。

9. 移动导杆机构

若将图 5-2a 所示机构的滑块 3 设为机架，转动副 A、B 仍为整转副，连架杆 4 只能沿滑块往复移动，该机构称为移动导杆机构，如图 5-2d 所示。

10. 摆动导杆机构

若将图 5-2b 所示的转动导杆机构的机架加长，使 $l_{BC} < l_{AB}$，转动副 A 演化为摆转副，连架杆 4 往复摆动，该机构称为摆动导杆机构，如图 5-2e 所示。

11. 双滑块机构

在含有两个移动副的四杆机构中，若两个连架杆做成块状，且相对十字形机架作相对移动，则称之为双滑块机构，如图 5-3a 所示。

12. 双转块机构

若两个块状连架杆相对机架作定轴转动，此时连杆为十字形，则称之为双转块机构，如图 5-3b 所示。

13. 正弦机构

图 5-3c 中，曲柄 2 绕 A 点转动时，通过滑块 3 驱动构件 4 作水平移动，其位移量 $s = l_2\sin\varphi$，与曲柄转角 φ 成正弦函数关系，该机构称为正弦机构。

14. 正切机构

图 5-3d 中，构件 2 摆动时，构件 4 竖直移动，其位移量 $s = a\tan\varphi$，该机构称为正切机构。

三、四杆机构的演化与变异

四杆机构的类型多种多样，但它们之间存在密切的关系。下面介绍机构的演化、变异方法。

1. 转换机架法

图 5-1a 所示机构为曲柄摇杆机构，其中转动副 A、B 为能作 360°转动的整转副，转动

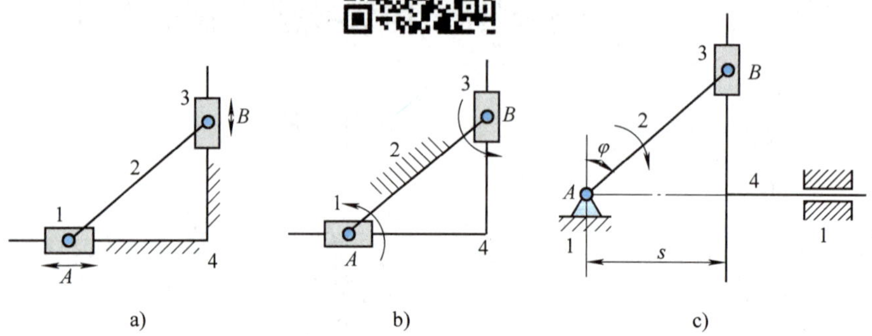

图 5-3　含有两个移动副的四杆机构

副 C、D 为不能作 360°转动的摆转副；若以曲柄 1 为机架，则得到图 5-1b 所示的双曲柄机构；若以摇杆 3 为机架，则得到图 5-1c 所示的双摇杆机构。图 5-2a 所示机构为曲柄滑块机构，若以曲柄 1 为机架，则得到图 5-2b 所示的转动导杆机构；若以连杆 2 为机架，则得到图 5-2c 所示的曲柄摇块机构；若以滑块 3 为机架，则得到图 5-2d 所示的移动导杆机构。图 5-3a所示的双滑块机构的演化也符合该方法。其基本原理是低副机构中各构件间的相对运动关系与机架的选择无关。

2. 转动副向移动副的演化

图 5-4a 所示曲柄摇杆机构中，摇杆上 C 点的运动轨迹是以 D 为圆心、以 DC 为半径的圆弧。将摇杆 DC 做成图 5-4b 所示的块状构件，在以摇杆长度为半径的圆弧上滑动，则曲柄摇杆机构演化为曲柄曲线滑块机构，两者的运动完全等效。若曲线滑动导轨的曲率半径无穷大，则该曲线滑块机构演化为图 5-4c 所示的滑块机构。该滑块机构的导路方向线不通过曲柄转动中心，偏开的距离 e 称为偏距，这种机构称为偏置曲柄滑块机构。如果偏置曲柄滑块机构的偏距 $e=0$，导路的方向线则通过曲柄的转动中心，这种曲柄滑块机构称为对心曲柄滑块机构，如图 5-4d 所示。转动副转化为移动副的过程说明了全转动副的四杆机构可以演化为含有移动副的四杆机构。

3. 转动副的销钉扩大

一个圆柱状销钉外套一圆环，则构成一个转动副。如图 5-5a 所示的曲柄滑块机构中，曲柄 AB 的尺寸较小时，可将转动副 B 的销钉扩大，当销钉 B 的半径大于曲柄的长度时，该机构演化为图 5-5b 所示的偏心盘机构。偏心盘的几何中心在 B 点，与连杆大端构成转动副 B；其转动中心在 A 点，与机架构成转动副 A。偏心盘机构可大大增加曲柄 AB 的强度。

当机构的曲柄尺寸较小时，常将其制成偏心盘状，不仅增加曲柄的强度，也能增加其刚度，还能改善轴承的设计。

四、平面连杆机构的应用

平面连杆机构的应用非常普遍，这里仅作些简单介绍。

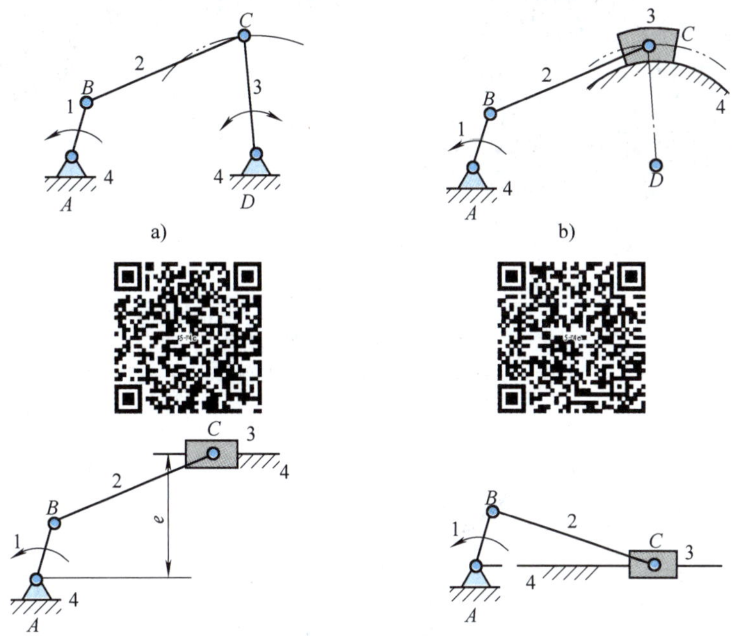

图 5-4　转动副向移动副的演化

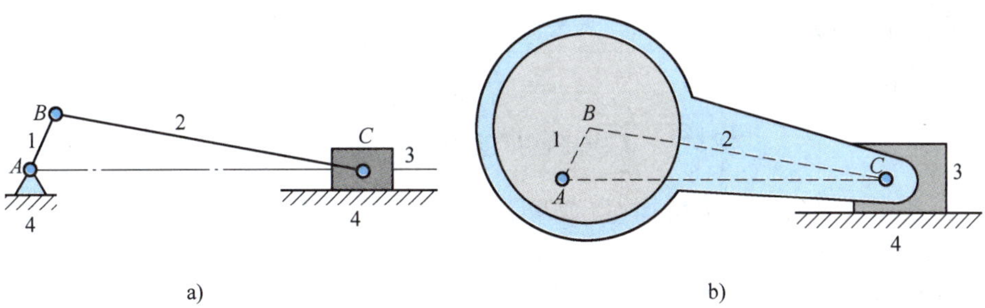

图 5-5　转动副的销钉扩大

1. 全转动副四杆机构的应用

图 5-6 所示为曲柄摇杆机构的应用。其中，图 5-6a 所示为矿石破碎机，图 5-6b 所示为其主体机构——曲柄摇杆机构的机构简图。图 5-6c 所示机构是利用连杆曲线设计的和面机示意图。

图 5-7 所示为双摇杆机构的应用。图 5-7a 所示为鹤式起重机，当摇杆 *CD* 摆动时，另一摇杆 *AB* 随之摆动，使得悬挂在连杆 *E* 点上的重物在近似的水平直线上运动，避免重物平移时因不必要的升降而消耗能量。图 5-7b 所示为其机构简图。图 5-7c 所示为汽车和拖拉机前轮转向机构，该机构为等腰梯形双摇杆机构。

图 5-8a 所示为双曲柄机构在惯性振动筛中的应用，图 5-8b 所示为机车车轮中的平行四

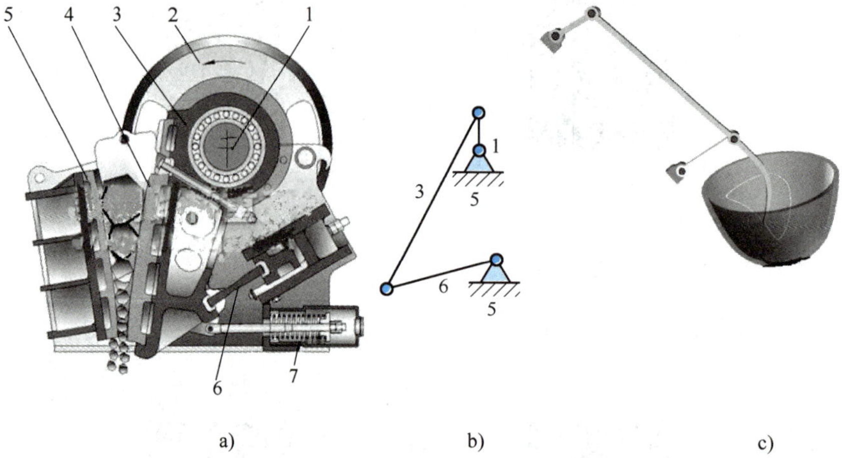

图 5-6　曲柄摇杆机构的应用

1—偏心盘　2—带轮　3—动颚　4—动颚板　5—静颚板　6—摆杆　7—弹簧

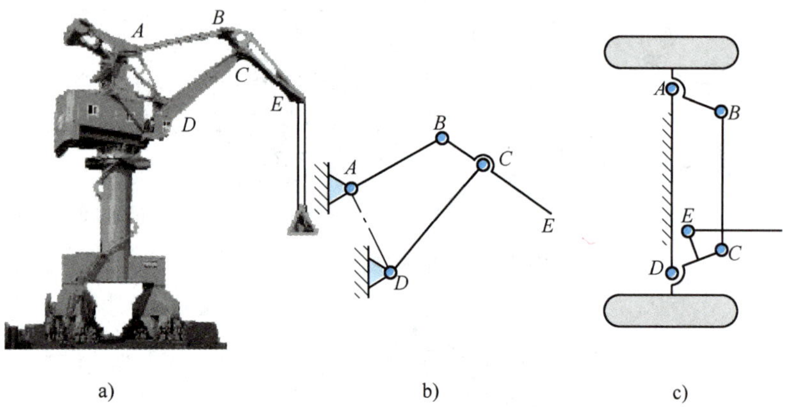

图 5-7　双摇杆机构的应用

边形机构，图 5-8c 所示为平行四边形机构在升降机中的应用。

2. 曲柄滑块机构的应用

图 5-9a 所示为曲柄滑块机构在多缸内燃机中的应用，图 5-9b 所示为曲柄滑块机构在剪床中的应用。

3. 导杆机构的应用

导杆机构包括转动导杆机构、摆动导杆机构、移动导杆机构。图 5-10a 所示为摆动导杆机构在牛头刨床中的应用。图 5-10b 所示为转动导杆机构在小型牛头刨床中的应用。

图 5-11a 所示为移动导杆机构在手摇唧筒中的应用。当上下扳动手柄 1 时，活塞 4 便在筒体内作往复移动，从而完成抽水和压水的工作。图 5-11b 所示为摇块机构在自动装卸卡车中的应用。

图 5-12a 所示为双滑块机构在椭圆规中的应用，图 5-12b 所示为双转块机构在联轴器中的应用。该联轴器可用于两平行但不共线轴的连接。图 5-12c 所示为正弦机构在缝纫机走线机构中的应用。

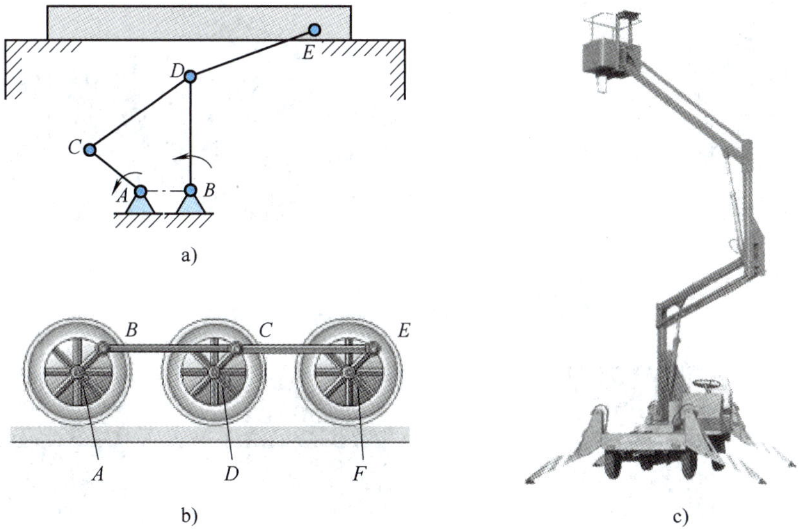

图 5-8　双曲柄机构的应用

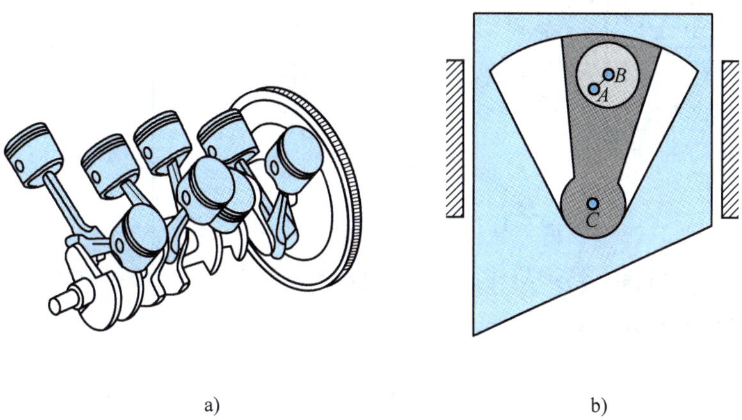

图 5-9　曲柄滑块机构的应用

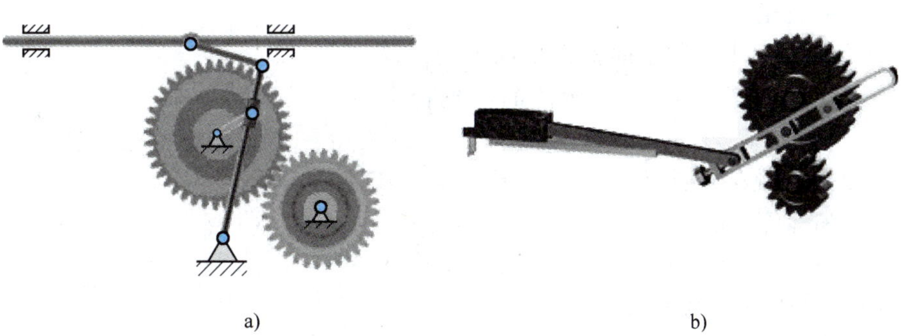

图 5-10　导杆机构的应用

图 5-11　移动导杆机构和摇块机构的应用

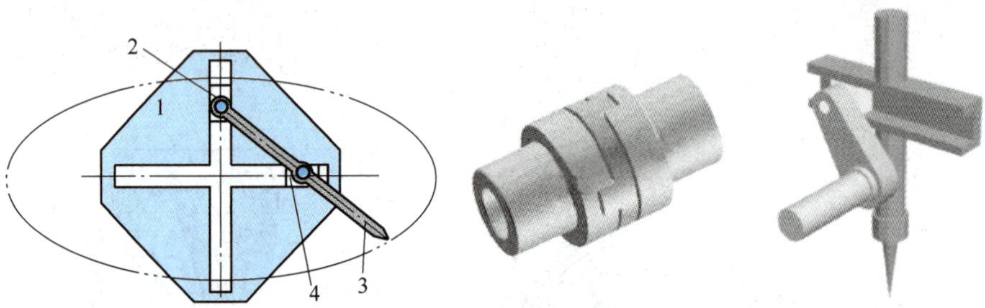

图 5-12　含有两个移动副机构的应用

连杆机构在工程机械、纺织机械、印刷机械、食品机械、矿山机械等大量机械中都有广泛应用，这里仅作初步介绍。

第二节　平面连杆机构的基本性质

了解四杆机构的基本特性是设计平面连杆机构的基础。

一、曲柄存在条件

在铰链四杆机构中，欲使曲柄作整周转动，各杆长度必须满足一定的条件，即所谓的曲柄存在条件。

图 5-13 所示的铰链四杆机构中，设构件 1、构件 2、构件 3 和构件 4 的长度分别为 a、b、c 和 d，并取 $a<d$。若构件 1 能绕点 A 作整周转动，则构件 1 必须能通过与构件 4 共线的两位置 AB_1 和 AB_2。

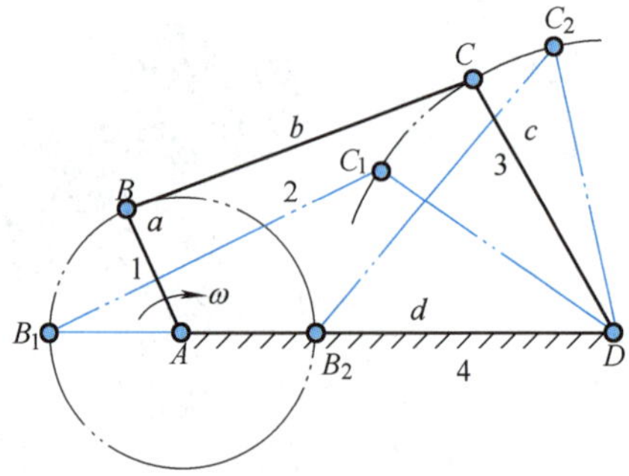

图 5-13　曲柄存在条件

当构件 1 转至 AB_1 时，形成$\triangle B_1C_1D$，根据三角形任意两边长度之和必大于第三边长度的几何关系并考虑到极限情况，得

$$a+d\leqslant b+c \tag{5-1}$$

当构件 1 转至 AB_2 时，形成 $\triangle B_2C_2D$，同理可得

$$b\leqslant(d-a)+c \quad 及 \quad c\leqslant(d-a)+b$$

整理后可写成

$$a+b\leqslant c+d \tag{5-2}$$

$$a+c\leqslant b+d \tag{5-3}$$

将式（5-1）、式（5-2）、式（5-3）两两相加，化简后得

$$a\leqslant b \tag{5-4}$$

$$a\leqslant c \tag{5-5}$$

$$a\leqslant d \tag{5-6}$$

在铰链四杆机构中，要使构件 1 为曲柄，它必须是四杆中之最短杆，且最短杆与最长杆长度之和小于或等于其余两杆长度之和。若 $d<a$，读者可参照上述过程自行推导。考虑到更一般的情形，可将铰链四杆机构中曲柄存在条件概括为：

1）连架杆和机架中必有一杆是最短杆。

2）最短杆与最长杆长度之和必小于或等于其余两杆长度之和。

当铰链四杆机构中最短杆与最长杆长度之和大于其余两杆长度之和时，则不论以哪一构件为机架，都不存在曲柄而只能是双摇杆机构。且该双摇杆机构中不存在能作整周转动的运动副。前面提到的汽车前轮转向机构（图 5-7c）就是没有整转副的双摇杆机构。

二、急回特性

图 5-14 所示曲柄摇杆机构中，设曲柄 AB 为主动件，摇杆 CD 为从动件。主动曲柄 AB 以等角速度 ω 顺时针转动，当曲柄转至 AB_1 位置与连杆 B_1C_1 重叠共线时，从动摇杆 CD 处于左极限位置 C_1D；而当曲柄转至 AB_2 位置与连杆 B_2C_2 拉伸共线时，从动摇杆处于右极限位置 C_2D。摇杆处于左、右两极限位置时，对应曲柄两位置所夹的锐角 θ 称为极位夹角。摇杆两极限位置间的夹角 ψ 称为摇杆的摆角。

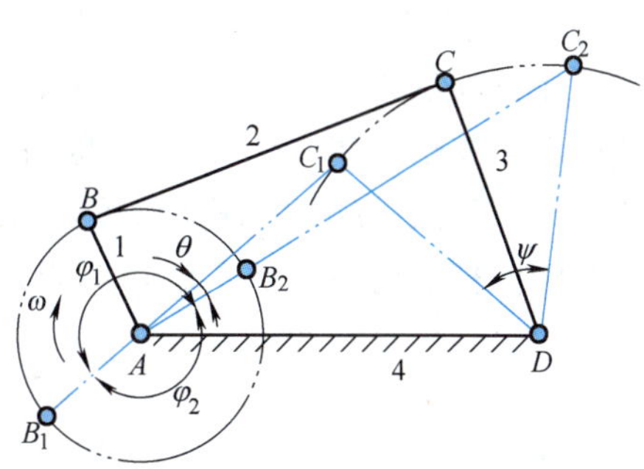

图 5-14　急回特性

当曲柄从 AB_1 位置转至 AB_2 位置时，对应曲柄转角为 $\varphi_1=180°+\theta$，而摇杆由位置 C_1D 摆至 C_2D 位置，摆角为 ψ，设所需时间为 t_1，C 点的平均速度为 v_1；当曲柄再继续从 AB_2 位置转至 AB_1 位置时，对应曲柄转角为 $\varphi_2=180°-\theta$，而摇杆则由 C_2D 位置摆回 C_1D 位置，摆角仍为 ψ，设所需时间为 t_2，C 点的平均速度为 v_2。摇杆往复摆动的角度虽然相同，但是对应的曲柄转角却不相等，$\varphi_1>\varphi_2$；由于曲柄是等速转动，所以有 $t_1>t_2$，故 $v_2>v_1$。由此可见，当曲柄等速转动时，摇杆往复摆动的平均速度是不同的，摇杆的这种运动特性称为急回特性。通常用 v_2 与 v_1 的比值 K 来衡量，K 称为行程速度变化系数，即

$$K=\frac{v_2}{v_1}=\frac{\dfrac{\overline{C_2C_1}}{t_2}}{\dfrac{\overline{C_1C_2}}{t_1}}=\frac{t_1}{t_2}=\frac{\varphi_1}{\varphi_2}=\frac{180^\circ+\theta}{180^\circ-\theta} \tag{5-7}$$

当给定行程速度变化系数 K 后，机构的极位夹角可由式（5-8）计算

$$\theta=180^\circ\frac{K-1}{K+1} \tag{5-8}$$

平面连杆机构有无急回特性取决于极位夹角 θ。只要极位夹角 θ 不为零，则该机构就有急回特性，其行程速度变化系数 K 可用式（5-7）计算。

四杆机构的这种急回特性，可以用来节省空回行程的时间，提高生产率。牛头刨床和摇摆式输送机中都利用了这一特性。

当行程速度变化系数 $K=1$ 时，机构无急回特性。此时，$\theta=0$。

三、机构压力角与传动角

压力角或传动角是判断连杆机构传力性能优劣的重要标志。图 5-15 所示曲柄摇杆机构中，若忽略各杆的质量和运动副中的摩擦，连杆 BC 作用于从动摇杆 CD 上的力 $\boldsymbol{F}$ 沿杆 BC 的方向。把从动摇杆 CD 所受力 $\boldsymbol{F}$ 与该力作用点 C 的速度 $\boldsymbol{v}$ 之间所夹的锐角 α 称为压力角。压力角 α 越小，传力性能越好。因此，压力角的大小可以作为判别连杆机构传力性能好坏的一个依据。

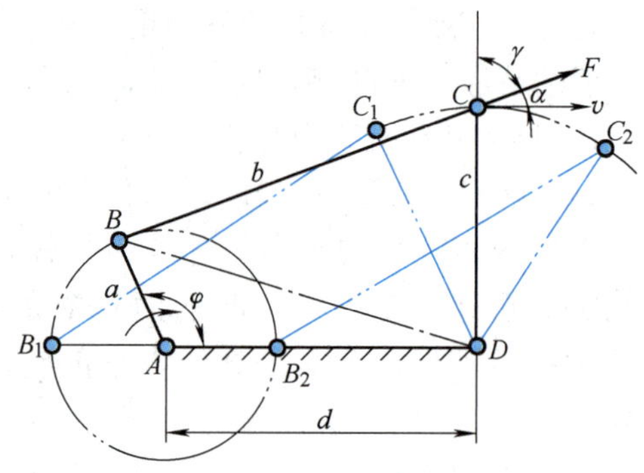

图 5-15　压力角和传动角分析

由图 5-15 可知，$\alpha+\gamma=90^\circ$，α 与 γ 互为余角。γ 是连杆与摇杆之间的夹角，很容易观察，所以通常用 γ 角来衡量机构的传力性能，并称之为传动角。α 越小，则 γ 越大，机构的传力性能越好，反之越差。当连杆 BC 与摇杆 CD 间的夹角为锐角时，该角即为传动角；而当连杆 BC 与摇杆 CD 间的夹角为钝角时，传动角 γ 则为其补角。在机构运动过程中，传动角的大小是随机构位置的改变而变化的。为了确保连杆机构更好工作，应使一个运动循环中最小传动角 $\gamma_{\min}>40^\circ\sim50^\circ$，具体数值可根据传递功率的大小而定。传递功率大时，$\gamma_{\min}$ 应取大些，如颚式破碎机、压力机等可取 $\gamma_{\min}\geqslant50^\circ$。

铰链四杆机构的最小传动角可按以下关系求得。在△ABD 和△BCD 中分别有

$$(\overline{BD})^2=a^2+d^2-2ad\cos\varphi$$

$$(\overline{BD})^2=b^2+c^2-2bc\cos\gamma$$

联立两式，得

$$\cos\gamma=\frac{b^2+c^2-a^2-d^2+2ad\cos\varphi}{2bc} \tag{5-9}$$

由式（5-9）可知，γ 仅取决于曲柄的转角 φ。当 $\varphi=0^\circ$时，$\cos\varphi=1$，$\cos\gamma$ 为最大，传动角 γ 最小，如图 5-15 中位置 AB_2C_2D；当 $\varphi=180^\circ$时，$\cos\varphi=-1$，$\cos\gamma$ 为最小，传动角 γ 最大，如图中位置 AB_1C_1D。当 γ 大于 90°时，取其补角即可。只要比较这两个位置的值，即可求得该机构的最小传动角 $\gamma_{\min}$。

机构的最小传动角 γ_{min} 可能发生在曲柄与机架两次共线位置之一处。进行连杆机构设计时，必须要检验最小传动角是否满足要求。

偏置曲柄滑块机构的传动角如图 5-16 所示。最小传动角可用式（5-10）求出。

$$\cos\gamma = \frac{a\sin\varphi + e}{b} \tag{5-10}$$

四、机构的死点位置

图 5-17 所示的曲柄摇杆机构中，若摇杆 CD 为主动件，则当摇杆在两极限位置 C_1D、C_2D 时，连杆 BC 与从动曲柄 AB 将两次共线，出现传动角 $\gamma = 0°$的情况。该作用力对 A 点的力矩为零，故曲柄 AB 不会转动。该位置称为机构的死点位置。

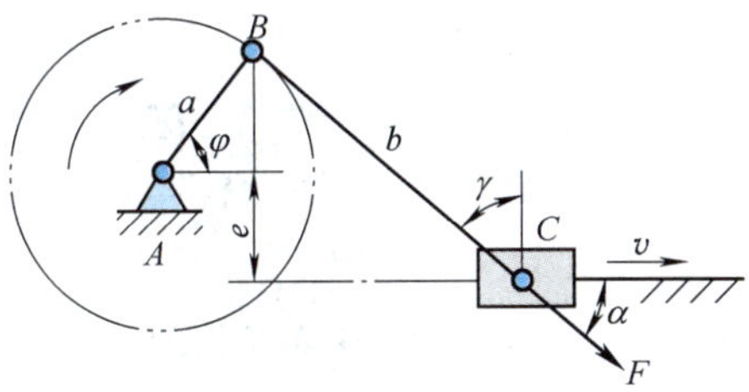

图 5-16 偏置曲柄滑块机构的传动角

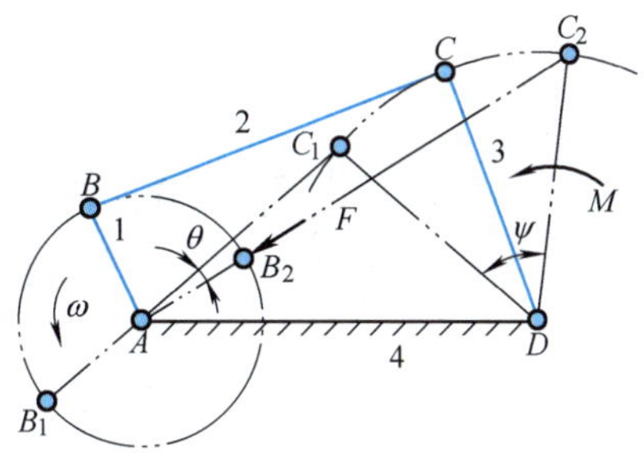

图 5-17 死点位置

就传动机构来说，存在死点是不利的，必须采取措施使机构能顺利通过死点位置。克服机构死点的常用方法有：

1）利用构件的惯性运动来通过死点位置。

2）利用两组机构的错位排列通过死点位置。

图 5-18 所示的单缸四冲程内燃机就是借助于飞轮的惯性运动通过曲柄滑块机构的死点位置的。

图 5-19 所示的机车驱动轮联动机构中，采用机构错位排列，使两组机构的位置相互错开，一组驱动轮驱动机构处于死点位置时，另一组则处于正常工作状态，可使机构顺利通过死点位置。

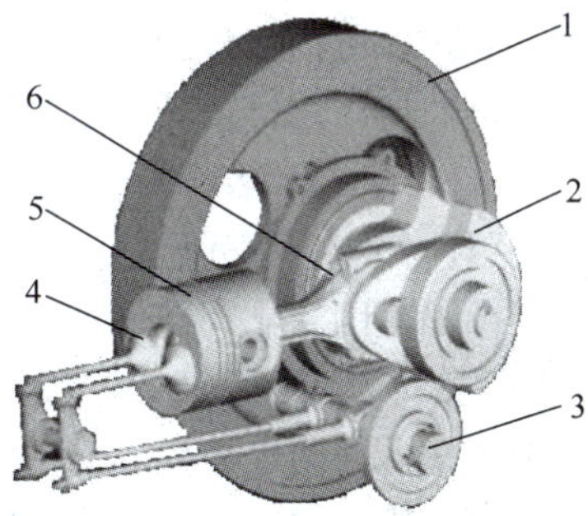

图 5-18 利用惯性克服死点

1—飞轮 2—曲轴 3—凸轮轴

4—气门 5—活塞 6—连杆

在工程中，有时也利用机构的死点位置来实现一定的工作要求。图 5-20 所示的夹具，就是利用机构死点位置来夹紧工件的。在连杆 BC 的手柄处施以压力 F 之后，连杆 BC 与连架杆 CD 成一直线。撤去外力 F 之后，在工件反弹力作用下，从动件 3 处于死点位置。即使此反弹很大，也不会使工件松脱。

尽管利用机构的死点位置和利用机构的自锁特性都能设计一些夹具，但机构的死点位置与机构自锁是两个完全不同的概念，不能混淆在一起。机构的死点位置是指机构在运动过程中，瞬时出现的传动角为零的位置，通过死点位置后，机构可继续运动。机构的自锁是指无论多么大的驱动力，机构始终不能运动。

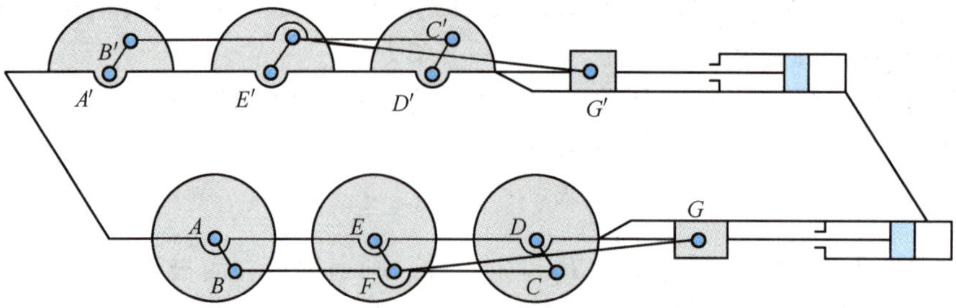

图 5-19　错位排列克服死点

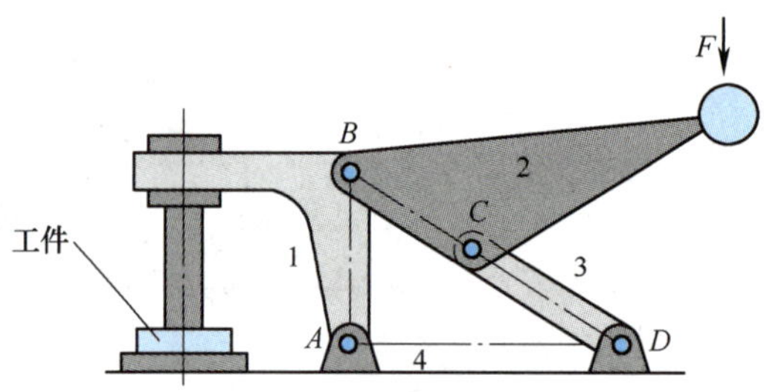

图 5-20　连杆式快速夹具

第三节　平面连杆机构的设计

一、概述

平面连杆机构的设计只针对机构运动简图中构件的尺寸，不涉及构件的强度、刚度、材料、结构、工艺、公差、热处理以及运动副的具体结构等问题，这种设计又称为综合。本书仅讨论平面四杆机构的设计。

平面四杆机构的设计可分为两大类。其一是按照给定的运动规律设计四杆机构，其二是按照给定的运动轨迹设计四杆机构。

1. 实现给定的运动规律

按照连杆的一系列位置设计四杆机构、按照两个连架杆的一系列对应位置设计四杆机构和按照行程速度变化系数设计四杆机构，是实现机构运动规律的基本途径。

图 5-21a 所示的铸造车间翻转台，是按照连杆的一系列位置设计四杆机构的示例。该机构是按照平台的两个位置 B_1C_1 和 B_2C_2 设计的。图 5-21b 所示车床变速机构是按照主动件和从动件的转角位置 φ、ψ 之间的对应关系设计的。变速手柄位于 1、2、3 位置时，换挡齿轮对应 1、2、3 档。按照主动件和从动件的对应转角位置，能实现这一系列的对应关系。

按照行程速度变化系数设计四杆机构时，实际上是按照连架杆的两个极限位置 DC_1、DC_2，摆角 ψ 以及反映机构急回特性的极位夹角 θ 来设计四杆机构的。

图 5-22a 中，设曲柄、连杆、摇杆和机架尺寸分别为 a、b、c、d，则有

$\overline{AC_1}=b+a$，$\overline{AC_2}=b-a$，联立求解得

$$a=\frac{\overline{AC_1}-\overline{AC_2}}{2} \tag{5-11}$$

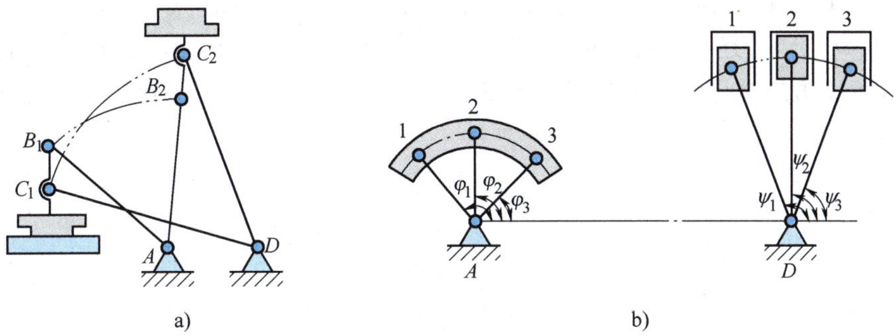

图 5-21 四杆机构设计基本问题一

求出曲柄长度后，其余尺寸可直接在图上求解。

2. 实现给定的运动轨迹

连杆上各点能描绘出各种各样的高次曲线。图 5-22b 所示机构中，连杆上不同点描绘出不同曲线，称之为连杆曲线。寻求能再现这些点的连杆机构则是实现按给定运动轨迹设计四杆机构的基本任务。

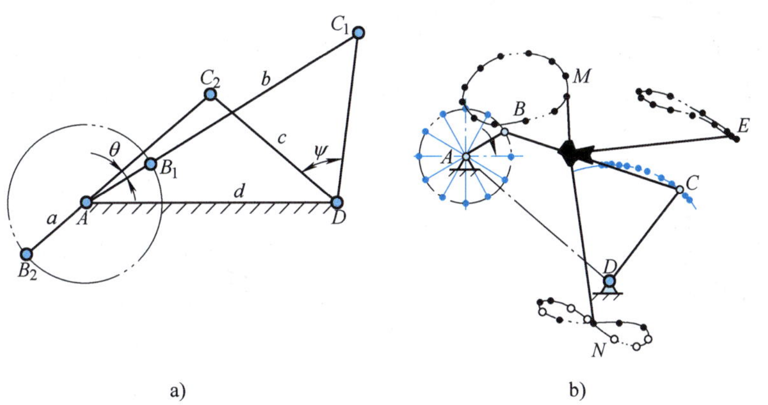

图 5-22 四杆机构设计基本问题二

机构设计方法有图解法和解析法。图解法简单易行，但精度低、费时。解析法的设计精度高，但需要编制程序在计算机上运行，近年来解析法的应用越来越广泛，但是在机构尺寸的初步设计阶段，图解法也有其独特的优点。

二、图解法

1. 按照连杆的一系列位置设计四杆机构

工程中，按照连杆的运动规律设计四杆机构有广泛应用。通常情况下，常给定连杆的两个或三个位置设计四杆机构。根据四杆机构的性质，连杆两端铰链点的运动轨迹均为圆弧曲线，所以设计的关键问题是分别找出两个连架杆的转动中心。

（1）按照连杆的两个位置设计四杆机构　如图 5-23 所示，设已知连杆 BC 的长度和预定占据的两个位置 B_1C_1、B_2C_2，设计此四杆机构。

连杆上铰链中心 B、C 点的轨迹都是圆弧。两固定铰链的中心必定分别位于 B_1B_2 和 C_1C_2 的垂直平分线 b_{12} 和 c_{12} 上。两固定铰链 A、D 可分别在 b_{12}、c_{12} 线上适当选取，故此类四杆机构设计有无数解。此时，可根据其他要求确定 A、D 的位置，然后连接 AB_1 及 C_1D，四杆机构 AB_1C_1D 是对应连杆位置 B_1C_1 的机构运动简图。设计完成后，还需要确定有无曲柄存在，验算传动角是否符合要求。如不满足这些条件，需重新确定铰链 A、D 的位置，直到符合条件为止。

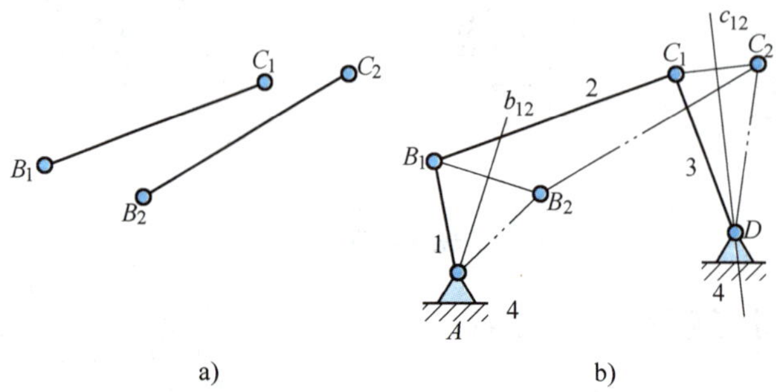

图 5-23　按照连杆的两个位置设计四杆机构

（2）按照连杆的三个位置设计四杆机构　如图 5-24a 所示，若要求连杆占据预定的三个位置 B_1C_1、B_2C_2、B_3C_3，则可用上述方法分别作出 B_1B_2 和 B_1B_3 的垂直平分线 b_{12} 和 b_{13}，其交点即为转动副 A 的位置；同理，分别作 C_1C_2 和 C_1C_3 的垂直平分线 c_{12} 和 c_{13}，其交点即为转动副 D 的位置。分别连接 AB_1 及 C_1D，即得所求的四杆机构在位置 B_1C_1 的简图，作图过程参见图 5-24b。

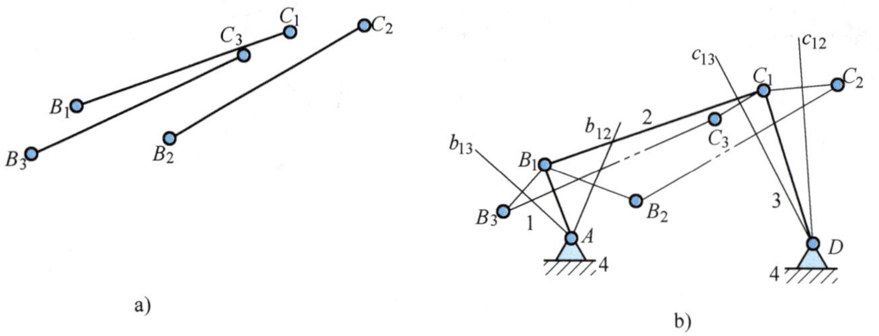

图 5-24　按照连杆的三个位置设计四杆机构

设计完成后，仍需确定是否满足曲柄存在的条件和检验最小传动角，如不符合要求，可适当修改给定的连杆位置。

给定连杆的四个位置，可能有解、可能无解，这取决于能否找到连架杆的转动中心。

（3）按照连杆平面位置设计四杆机构　若给定图 5-25 所示的连杆平面的两个或三个位置，可在连杆平面中假设出 BC 位置，按上述方法求解即可。由于每假设一组 BC 就对应一组解，故此时有无穷多解。此时可按曲柄存在条件和最小传动角的要求选定一组最优解。

2. 按照连架杆的一系列对应位置设计四杆机构

一般情况下，常给定连架杆的两组或三组对应位置，而且已知机架和其中一个连架杆的尺寸，设计的关键问题是找出另一个连架杆与连杆的铰链点的位置。该类问题可利用刚化反转法，将按照连架杆的一系列对应位置设计四杆机构问题转化为按照连杆的一系列位置设计四杆机构。

（1）刚化反转法的原理　在图 5-26 中，给出了四杆机构的两个位置 AB_1C_1D、AB_2C_2D，两连架杆的对应转角分别为 φ_1、φ_2 和 ψ_1、ψ_2。设想将机构位置 AB_2C_2D 整体刚化，并绕轴心 D 转过（$\psi_2-\psi_1$）角。构件位置 DC_2 与位置 DC_1 重合，构件位置 AB_2 运动到了 $A'B_2'$位置。经过这样的转化，可以认为此机构已转换为以 C_1D 为机架，AB_1、$A'B_2'$为两处连杆位置的设计问题。

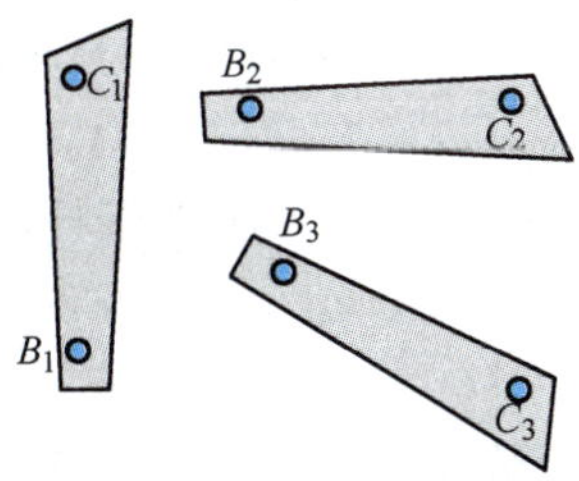

图 5-25　按照连杆平面位置设计四杆机构

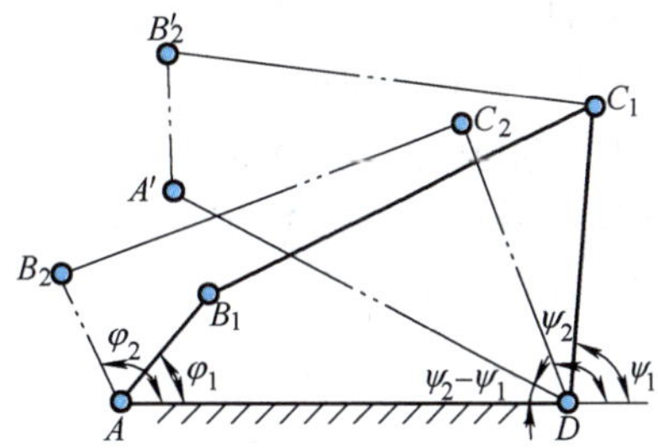

图 5-26　刚化反转法的原理

（2）按照连架杆的三组对应位置设计四杆机构　如图 5-27 所示，已知一连架杆 AB 和机架 AD 的长度，要求该机构在运动过程中，连架杆 AB 和连架杆 CD 上某一标线 DE 能占据三组预定的对应位置 AB_1、AB_2、AB_3 及 DE_1、DE_2、DE_3，三组对应位置的对应角度为 φ_1、φ_2、φ_3 和 ψ_1、ψ_2、ψ_3，设计此四杆机构。

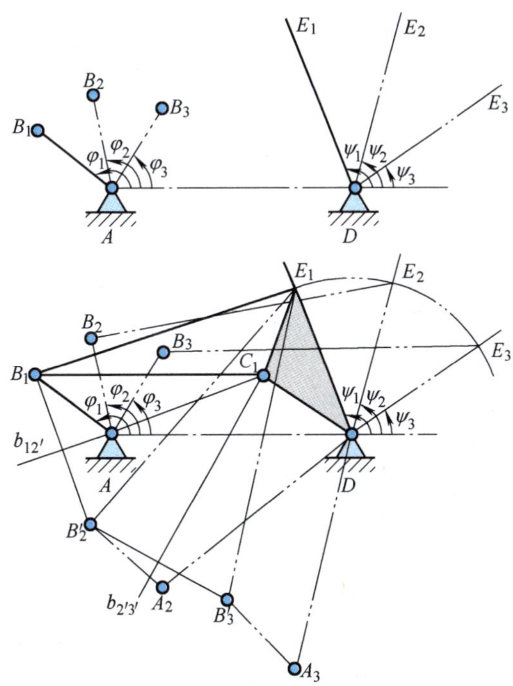

图 5-27　按两连架杆的三组对应位置设计四杆机构

此类设计问题可以转化为以连架杆 CD 为机架，以连架杆 AB 为连杆的设计问题。设计过程如下：

1）选适当比例尺画出机构的三组对应位置。

2）以 D 为圆心，任选半径画弧，交构件 DC 的三个方向线于 E_1、E_2、E_3 点。

3）连接四边形 AB_1E_1D、AB_2E_2D、AB_3E_3D，绕 D 点分别刚化反转 AB_2E_2D、AB_3E_3D，使 E_2D、E_3D 与 E_1D 重合。此时，转化为以E_1D为机架，以 AB_1、A_2B_2'，A_3B_3'为连杆三个位置的设计问题。

4）作 B_1B_2'、$B_2'B_3'$的中垂线，两条中垂线的交点 C_1 即为连杆与连架杆的铰接点。所求 AB_1C_1D 即为机构的第一位置。

5）验证是否满足曲柄存在的条件，验算最小传动角是否符合要求。如发现问题，可调整初始条件，重新设计，直到满足各项要求为止。

如果给出两连架杆的两组对应位置，则有无穷多解。如果其中一个连架杆演化为滑块，上述反转方法仍然适用。

3. 按照行程速度变化系数设计四杆机构

设计具有急回特性的机构时，通常已知行程速度变化系数 K 和其他条件，设计方法如下。

（1）曲柄摇杆机构　已知摇杆的长度 l_{CD}、摇杆摆角 ψ 和行程速度变化系数 K，设计该曲柄摇杆机构。

设计的实质是确定固定铰链中心 A 的位置，求出其他三个构件的尺寸 l_{AB}、l_{BC}和 l_{AD}。其设计步骤如下：

1）求解极位夹角 θ

$$\theta = 180^\circ\frac{K-1}{K+1}$$

2）任选一固定铰链点 D，选取长度比例尺 μ_l，按摇杆长 l_{CD}和摆角 ψ 作出摇杆的两个极限位置 C_1D 和 C_2D，如图5-28 所示。

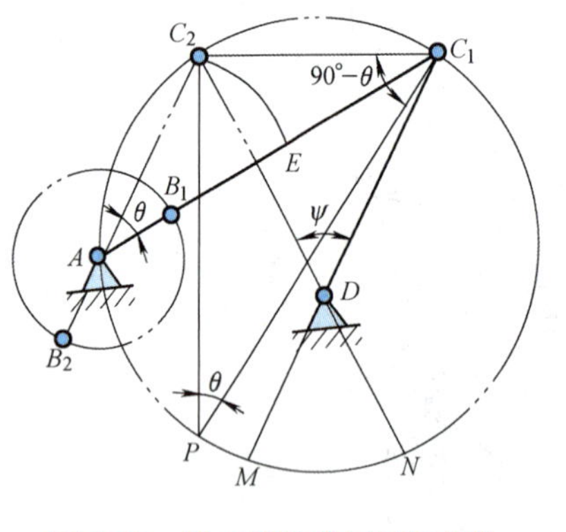

图 5-28　按 K 设计曲柄摇杆机构

3）连接 C_1、C_2，过 C_2点作 C_1C_2 的垂线 C_2P。

4）作$\angle C_2C_1P = 90^\circ - \theta$，得到直角三角形 C_1PC_2，直角三角形 C_1PC_2 中，$\angle C_1PC_2 = \theta$。

5）作直角三角形 C_1PC_2 的外接圆，在圆周 NC_1 或 MC_2 上任选一点 A 作为曲柄 AB 的转动中心，并分别与 C_1、C_2 相连，则$\angle C_1AC_2 = \angle C_1PC_2 = \theta$。

6）以 A 为圆心，AC_2 为半径作圆弧，交 AC_1 于 E 点，则$\overline{EC_1} = 2\overline{AB}$。然后，再以 A 为圆心，以 $EC_1/2$ 为半径作圆交 C_1A 于 B_1 点，交 C_2A 的延长线于 B_2 点，则$\overline{AB_1} = \overline{AB_2} = \overline{AB}$，即为曲柄长度，$\overline{B_1C_1} = \overline{B_2C_2} = \overline{BC}$为连杆长度，$AD$ 为机架。

故曲柄、连杆和机架的实际长度分别为

$$l_{AB}=\mu_l\ \overline{AB}$$

$$l_{BC}=\mu_l\ \overline{BC}$$

$$l_{AD}=\mu_l\ \overline{AD}$$

取圆弧上不同位置作 A 点时，所得机构的传动角大小也不同。为了获得较好的传力性能，可按最小传动角或其他辅助条件来确定 A 点位置。当 $K=1$ 时，极位夹角 $\theta=0°$。此时，A 点在 C_1C_2 的延长线上选取，再辅以其他条件确定曲柄 AB 的具体位置。

（2）曲柄滑块机构　已知曲柄滑块机构的行程速度变化系数 K、行程 H 和偏距 e，设计该曲柄滑块机构。

1）根据行程速度变化系数 K，计算出极位夹角 θ。

2）如图 5-29 所示，作一直线 $\overline{C_1C_2}=H$，由点 C_2 作 C_1C_2 的垂线 C_2P，再由点 C_1 作一直线 C_1P 与 C_2C_1 成（$90°-\theta$）的夹角，两线相交于点 P。

3）作直角三角形 C_1PC_2 的外接圆和 C_1C_2 的平行线，距离等于偏距 e，此直线与圆的交点即为曲柄 AB 的转动中心 A。连接 AC_1、AC_2，则 $\angle C_1AC_2=\angle C_1PC_2=\theta$。

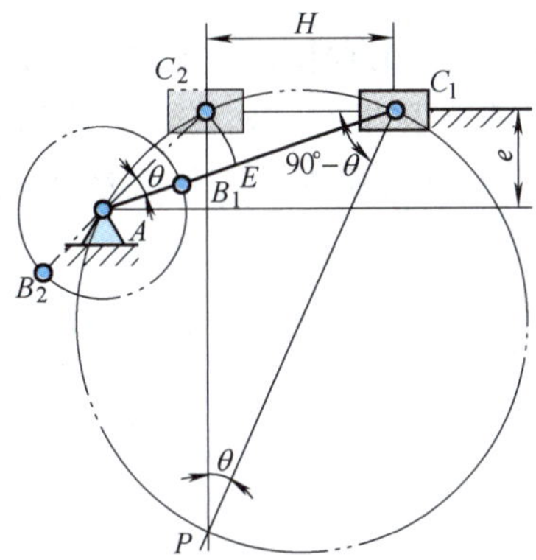

图 5-29　按 K 值设计曲柄滑块机构

4）A 点确定后，根据机构在极限位置时曲柄与连杆共线的特点，即可求出曲柄的长度及连杆的长度。

如 $K=1$，A 点在 C_1C_2 的延长线上选取，该机构为对心曲柄滑块机构。

（3）导杆机构　已知摆动导杆机构中机架的长度 l_{AC}、行程速度变化系数 K，设计该导杆机构。

由图 5-30 可知，导杆机构的极位夹角 θ 等于导杆的摆角 ψ，所需确定的尺寸是曲柄长度 l_{AB}。其设计步骤如下：

1）由行程速度变化系数 K，计算极位夹角 θ。

$$\psi=\theta=180°\frac{K-1}{K+1}$$

2）选取适当的长度比例尺 μ_l，任选固定铰链点 C，以夹角 ψ 作出导杆两极限位置 Cm 和 Cn。

3）作摆角 ψ 的平分线 AC，并在线上取 $\overline{AC}=l_{AC}/\mu_l$，求得固定铰链点 A 的位置。

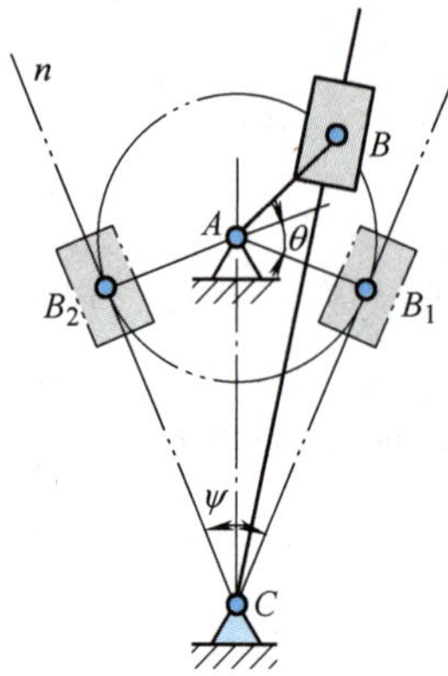

图 5-30　按 K 值设计导杆机构

4）过 A 点作导杆极限位置的垂线 AB_1（或 AB_2），即得曲柄长度

$$l_{AB}=\mu_l\,\overline{AB_1}$$

4. 按照连杆曲线设计四杆机构

按照连杆曲线设计四杆机构时，经常采用图谱法。参照图谱中曲线，可直接查阅出对应的连杆机构。利用连杆曲线方程绘制连杆曲线图谱也很方便。图 5-31 为连杆上 F 点的运动轨迹示意图，每改变连杆上 BE 与 EF 的尺寸，可以生成许多不同 F 点的连杆曲线，再对照连杆曲线选择相关的连杆机构。

三、解析法一

用数学方法进行机构的尺度综合，称为解析法。解析法一采用简单易学的几何代数法。

1. 按照连杆的一系列位置设计四杆机构

通过设定连杆铰链点的坐标值给定连杆的两个或三个位置，求出两端圆心坐标后，即可求解各构件尺寸。图 5-32 给出连杆对应位置的铰链 B、C 坐标。设铰链 B 点轨迹的半径为 a，铰链 C 点轨迹的半径为 c。

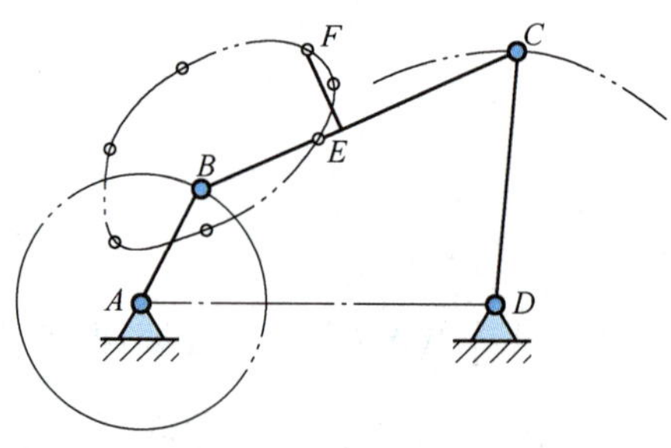

图 5-31　连杆曲线

由解析几何知识可直接写出机构中两点间距离的表达式。

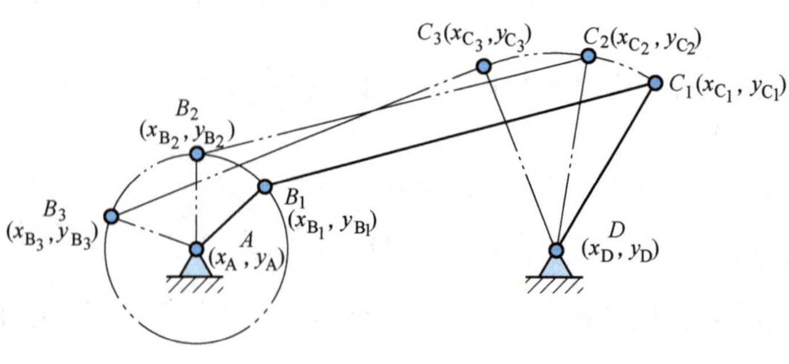

图 5-32　按照连杆的一系列位置设计四杆机构

求铰链 A 点坐标

$$(x_{B_1}-x_A)^2+(y_{B_1}-y_A)^2=a^2 \tag{5-12}$$

$$(x_{B_2}-x_A)^2+(y_{B_2}-y_A)^2=a^2 \tag{5-13}$$

$$(x_{B_3}-x_A)^2+(y_{B_3}-y_A)^2=a^2 \tag{5-14}$$

写出通式

$$(x_{B_i}-x_A)^2+(y_{B_i}-y_A)^2=a^2 \tag{5-15}$$

给定连杆的两组位置，可列出两个方程式（5-12）、式（5-13），未知数为三个，x_A、y_A、a，此时可先给一个未知数赋值，然后求解含有两个未知数的两个方程。每给未知数赋值一次，可对应一组解，故给定连杆两个位置时有无数解。

给定连杆的三个位置，可列出式（5-12）、式（5-13）、式（5-14）三个方程，未知数为三个，此时有唯一解。

同理可从下列方程中求解铰链 D 点坐标

$$\begin{cases}(x_{C_1}-x_D)^2+(y_{C_1}-y_D)^2=c^2 & (5\text{-}16)\\ (x_{C_2}-x_D)^2+(y_{C_2}-y_D)^2=c^2 & (5\text{-}17)\\ (x_{C_3}-x_D)^2+(y_{C_3}-y_D)^2=c^2 & (5\text{-}18)\end{cases}$$

写出通式

$$(x_{C_i}-x_D)^2+(y_{C_i}-y_D)^2=c^2 \tag{5-19}$$

求解过程与求解 A 点坐标过程相同。

若 c 值无穷大，该机构演化为曲柄滑块机构。

2. 按照连架杆的一系列对应位置设计四杆机构

图 5-33 给出连架杆的两组或三组对应位置，即：φ_1-ψ_1、φ_2-ψ_2、φ_3-ψ_3。根据图解法的过程可知，其设计关键是求解 C 点坐标。根据连杆满足定杆长的条件，可直接写出机构在不同位置的通式。

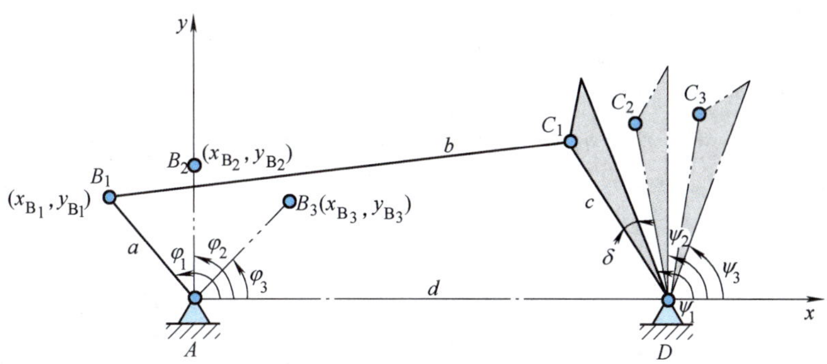

图 5-33　按照连架杆的一系列对应位置设计四杆机构

$$(x_{B_i}-x_{C_i})^2+(y_{B_i}-y_{C_i})^2=b^2 \tag{5-20}$$

式中，$(x_{B_i},\ y_{B_i})$、$(x_{C_i},\ y_{C_i})$ 分别为 B_i、C_i 点的坐标；$x_{B_i}=a\cos\varphi_i$，$y_{B_i}=a\sin\varphi_i$，$x_{C_i}=d+c\cos(\psi_i+\delta)$，$y_{C_i}=c\sin(\psi_i+\delta)$；$\delta$ 为连架杆的标线与连架杆 DC 的夹角。C 点在标线左侧，δ 取正号，C 点在标线右侧，δ 取负号。

整理后得

$$cd\cos(\psi_i+\delta)-ad\cos\varphi_i-ac\cos(\psi_i+\delta-\varphi_i)+\frac{a^2+d^2+c^2-b^2}{2}=0$$

该方程未知数为 a、b、c、d、δ，给定连架杆五组对应位置可列出五个方程求解。但方程过多时，求解较难。工程中，常按三组对应位置设计。此时假定 a、d 已知，则

$$\begin{cases}cd\cos(\psi_1+\delta)-ad\cos\varphi_1-ac\cos(\psi_1+\delta-\varphi_1)+\dfrac{a^2+d^2+c^2-b^2}{2}=0\\ cd\cos(\psi_2+\delta)-ad\cos\varphi_2-ac\cos(\psi_2+\delta-\varphi_2)+\dfrac{a^2+d^2+c^2-b^2}{2}=0\\ cd\cos(\psi_3+\delta)-ad\cos\varphi_3-ac\cos(\psi_3+\delta-\varphi_3)+\dfrac{a^2+d^2+c^2-b^2}{2}=0\end{cases} \tag{5-21}$$

上述三个方程可求解三个未知数。

3. 按照行程速度变化系数设计四杆机构

已知条件仍为摇杆长度 c、摆角 ψ、行程速度变化系数 K，求解曲柄长度 a、连杆长度 b 和机架长度 d。图 5-34 给出了待设计机构的极限位置。

$$\triangle DC_1C_2 \text{ 中，} \overline{C_1C_2}=2c\sin\left(\frac{\psi}{2}\right)$$

$\triangle AC_1C_2$ 中，$\overline{C_1C_2}^2=(b+a)^2+(b-a)^2-2(b+a)(b-a)\cos\theta$，则

$$\left[2c\sin\left(\frac{\psi}{2}\right)\right]^2=(b+a)^2+(b-a)^2-2(b+a)(b-a)\cos\theta \tag{5-22}$$

$$\theta=180°\frac{K-1}{K+1}$$

该方程有两个未知数，每假定一个 a，可求出一个对应的 b，故有无数解。求出 a、b 后，在 $\triangle AC_1D$ 中，可利用 a、b、c 的值求解机架尺寸 d。

同样道理，也可设计出曲柄滑块机构。

4. 按照连杆曲线设计四杆机构

给定连杆曲线设计四杆机构时，一般是给定连杆曲线上几个关键点的坐标，所设计的四杆机构能准确或近似通过所选的关键点。

如图 5-35 所示，已知 P 点为连杆曲线上的坐标，求待设计的四杆机构的尺寸与描述 P 点位置的 e、f、γ。

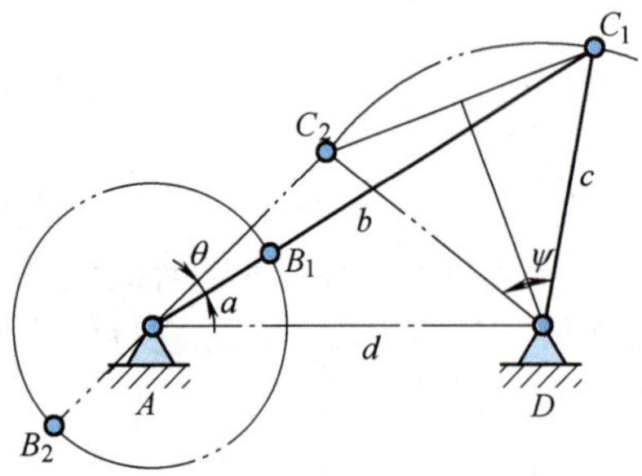

图 5-34　按照行程速度变化系数设计四杆机构

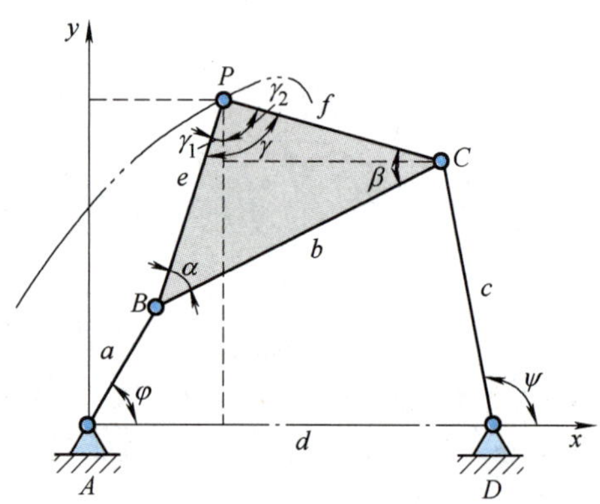

图 5-35　按照连杆曲线设计四杆机构

如图 5-35 所示，从 ABP 支路写出 P 点坐标

$$\begin{cases} x_P = a\cos\varphi + e\sin\gamma_1 & a\cos\varphi = x_P - e\sin\gamma_1 \\ y_P = a\sin\varphi + e\cos\gamma_1 & a\sin\varphi = y_P - e\cos\gamma_1 \end{cases}$$

两边平方再相加，消去 φ 后，得

$$2e(x_P\sin\gamma_1 + y_P\cos\gamma_1) = x_P^2 + y_P^2 + e^2 - a^2$$

从 $ADCP$ 支路写出 P 点坐标

$$\begin{cases} x_P = d + c\cos\psi - f\sin\gamma_2 & c\cos\psi = x_P - d + f\sin\gamma_2 \\ y_P = c\sin\psi + f\cos\gamma_2 & c\sin\psi = y_P - f\cos\gamma_2 \end{cases}$$

两边平方再相加，消去 ψ 后，得

$$-2f[(x_P - d)\sin\gamma_2 - y_P\cos\gamma_2] = (x_P - d)^2 + y_P^2 + f^2 - c^2$$

$$\gamma = \gamma_1 + \gamma_2,\ \gamma = \arccos\left[\frac{e^2 + f^2 - b^2}{2ef}\right]$$

整理后，得

$$U^2 + V^2 = W^2 \tag{5-23}$$

该方程为连杆曲线方程，为六阶代数曲线。

$$\begin{cases} U = f[(x_P - d)\cos\gamma + y\sin\gamma](x_P^2 + y_P^2 + e^2 - a^2) - ex_P[(x_P - d)^2 + y_P^2 + f^2 - c^2] \\ V = f[(x_P - d)\sin\gamma - y\cos\gamma](x_P^2 + y_P^2 + e^2 - a^2) + ey_P[(x_P - d)^2 + y_P^2 + f^2 - c^2] \\ W = 2ef\sin\gamma[x_P(x_P - d) + y_P^2 - dy_P\cot\gamma] \end{cases} \tag{5-24}$$

该方程中的未知数为 a、b、c、d、e、f 六个未知数。从连杆曲线上取六个关键点坐标 $P_i(x_{P_i}, y_{P_i})$，$i=1$、2、3、4、5、6，可写出六个连杆曲线方程，再求解六个未知数。由于方程复杂，导致求解难度大。一般满足曲线上三个点就可以了。

四、解析法二

机构中各构件的运动可用数学方法来描述，其理论依据是构件的定轴转动可用旋转矩阵来描述，构件的移动可用平移矩阵来描述，构件的复杂平面运动可分解为转动和移动的合成，当然也可用旋转矩阵和平移矩阵的合成（称之为位移矩阵）来描述。

1. 坐标变换的基本知识

（1）刚体的旋转矩阵　图 5-36 所示的刚体 MP 绕坐标原点从 MP_1 逆时针转过 $\theta_{1j}(\theta_{1j} = \theta_j - \theta_1)$，到达 MP_j 位置，P_j、P_1 两点之间的坐标关系如下

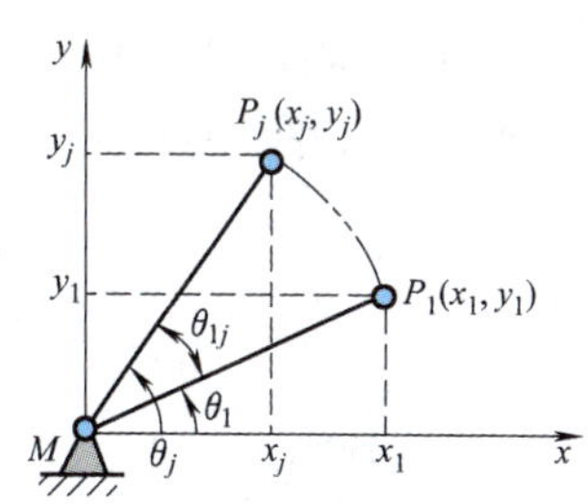

图 5-36　旋转变换

$$\begin{aligned} x_1 &= \overline{MP}\cos\theta_1 \\ x_j &= \overline{MP}\cos\theta_j = \overline{MP}\cos(\theta_1 + \theta_{1j}) \\ &= \overline{MP}(\cos\theta_1\cos\theta_{1j} - \sin\theta_1\sin\theta_{1j}) \\ &= \overline{MP}\cos\theta_1\cos\theta_{1j} - \overline{MP}\sin\theta_1\sin\theta_{1j} \\ &= x_1\cos\theta_{1j} - y_1\sin\theta_{1j} \end{aligned}$$

同理可求 y_j

$$y_1 = \overline{MP}\sin\theta_1$$

$$y_j = x_1\sin\theta_{1j} + y_1\cos\theta_{1j}$$

写成矩阵表达式，可有

$$\begin{pmatrix} x_j \\ y_j \end{pmatrix} = \begin{pmatrix} \cos\theta_{1j} & -\sin\theta_{1j} \\ \sin\theta_{1j} & \cos\theta_{1j} \end{pmatrix} \begin{pmatrix} x_1 \\ y_1 \end{pmatrix}$$

为计算方便，将其改写为齐次坐标表达式

$$\begin{pmatrix} x_j \\ y_j \\ 1 \end{pmatrix} = \begin{pmatrix} \cos\theta_{1j} & -\sin\theta_{1j} & 0 \\ \sin\theta_{1j} & \cos\theta_{1j} & 0 \\ 0 & 0 & 1 \end{pmatrix} \begin{pmatrix} x_1 \\ y_1 \\ 1 \end{pmatrix}$$

$$\boldsymbol{R} = \begin{pmatrix} \cos\theta_{1j} & -\sin\theta_{1j} & 0 \\ \sin\theta_{1j} & \cos\theta_{1j} & 0 \\ 0 & 0 & 1 \end{pmatrix}$$

称 $\boldsymbol{R}$ 为刚体由位置 1 共原点转动到位置 j 的旋转矩阵。若刚体顺时针转动，则 $\boldsymbol{R}$ 为

$$\boldsymbol{R} = \begin{pmatrix} \cos\theta & \sin\theta & 0 \\ -\sin\theta & \cos\theta & 0 \\ 0 & 0 & 1 \end{pmatrix}$$

（2）刚体的平移矩阵　刚体在平面中的位置可用刚体中某点的标线及该标线与 x 轴的夹角表示。图 5-37 所示的刚体 MP 从 M_1P_1 平移到位置 M_jP_j，由于 $\theta_1 = \theta_j$，P_j、P_1 两点之间的关系如下

$$\begin{cases} x_j = x_1 + \Delta x \\ y_j = y_1 + \Delta y \end{cases}$$

写成齐次坐标表达式为

$$\begin{pmatrix} x_j \\ y_j \\ 1 \end{pmatrix} = \begin{pmatrix} 1 & 0 & \Delta x \\ 0 & 1 & \Delta y \\ 0 & 0 & 1 \end{pmatrix} \begin{pmatrix} x_1 \\ y_1 \\ 1 \end{pmatrix}$$

（3）刚体平面运动的位移矩阵　如图 5-38 所示的刚体位置 1 用过 M 点的标线 M_1P_1 及其与 x 轴的夹角 θ_1 表示，M_1 点的坐标为（x_{M_1}，y_{M_1}）。刚体由位置 1 运动到位置 j 可看作 M_1P_1 绕M_1点转过 $\theta_{1j} = \theta_j - \theta_1$，到达 M_1P_1'位置，再平移到 M_jP_j 位置，该刚体的运动情况可用旋转矩阵和平移矩阵来表示。

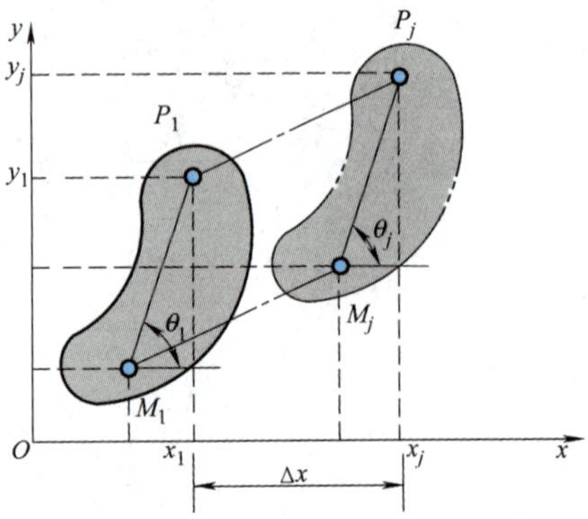

图 5-37　刚体的平移运动

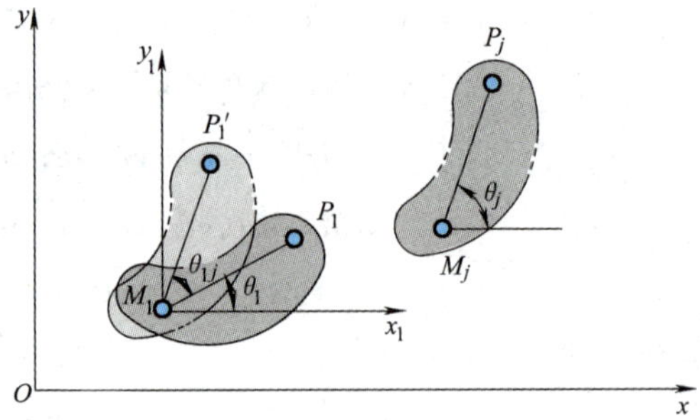

图 5-38　刚体的平面运动

刚体 M_1P_1 先在坐标系 $M_1x_1y_1$ 中转动 θ_{1j} 角，然后在坐标系 Oxy 中平移到 M_jP_j，故有

$$\begin{pmatrix} x_{P_j} \\ y_{P_j} \\ 1 \end{pmatrix} = \begin{pmatrix} \cos\theta_{1j} & -\sin\theta_{1j} & 0 \\ \sin\theta_{1j} & \cos\theta_{1j} & 0 \\ 0 & 0 & 1 \end{pmatrix} \begin{pmatrix} x_{P_1} - x_{M_1} \\ y_{P_1} - y_{M_1} \\ 1 \end{pmatrix} + \begin{pmatrix} x_{M_j} \\ y_{M_j} \\ 1 \end{pmatrix}$$

整理后有

$$\begin{pmatrix} x_{P_j} \\ y_{P_j} \\ 1 \end{pmatrix} = \begin{pmatrix} \cos\theta_{1j} & -\sin\theta_{1j} & x_{M_j} - x_{M_1}\cos\theta_{1j} + y_{M_1}\sin\theta_{1j} \\ \sin\theta_{1j} & \cos\theta_{1j} & y_{M_j} - x_{M_1}\sin\theta_{1j} - y_{M_1}\cos\theta_{1j} \\ 0 & 0 & 1 \end{pmatrix} \begin{pmatrix} x_{P_1} \\ y_{P_1} \\ 1 \end{pmatrix} \tag{5-25}$$

上述方程简写为

$$\begin{pmatrix} x_{P_j} \\ y_{P_j} \\ 1 \end{pmatrix} = \boldsymbol{D}_{1j} \begin{pmatrix} x_{P_1} \\ y_{P_1} \\ 1 \end{pmatrix}$$

其中，$\boldsymbol{D}_{1j} = \begin{pmatrix} \cos\theta_{1j} & -\sin\theta_{1j} & x_{M_j} - x_{M_1}\cos\theta_{1j} + y_{M_1}\sin\theta_{1j} \\ \sin\theta_{1j} & \cos\theta_{1j} & y_{M_j} - x_{M_1}\sin\theta_{1j} - y_{M_1}\cos\theta_{1j} \\ 0 & 0 & 1 \end{pmatrix}$为刚体由位置 1 运动到位置 j 的平面刚体位移矩阵。

令

$$\boldsymbol{P}_j = \begin{pmatrix} x_{P_j} \\ y_{P_j} \\ 1 \end{pmatrix},\ \boldsymbol{P}_1 = \begin{pmatrix} x_{P_1} \\ y_{P_1} \\ 1 \end{pmatrix}$$

上式还可简写为

$$\boldsymbol{P}_j = \boldsymbol{D}_{1j}\boldsymbol{P}_1 \tag{5-26}$$

同一刚体上的任何点，如待求点 B、C 的坐标也满足上述公式

$$\boldsymbol{B}_j = \boldsymbol{D}_{1j}\boldsymbol{B}_1$$

$$\boldsymbol{C}_j = \boldsymbol{D}_{1j}\boldsymbol{C}_1$$

式中，$\boldsymbol{B}_j = \begin{pmatrix} x_{B_j} \\ y_{B_j} \\ 1 \end{pmatrix}$，$\boldsymbol{B}_1 = \begin{pmatrix} x_{B_1} \\ y_{B_1} \\ 1 \end{pmatrix}$，$\boldsymbol{C}_j = \begin{pmatrix} x_{C_j} \\ y_{C_j} \\ 1 \end{pmatrix}$，$\boldsymbol{C}_1 = \begin{pmatrix} x_{C_1} \\ y_{C_1} \\ 1 \end{pmatrix}$。

（4）定杆长约束方程　定杆长约束方程是描述两点之间保持等距离的表达式。图 5-39 中，设 A 点是 B_1B_j 轨迹曲线的圆心，则有$\overline{AB_1} = \overline{AB_j}$，写成方程形式则有

$$(x_{B_j} - x_A)^2 + (y_{B_j} - y_A)^2 = (x_{B_1} - x_A)^2 + (y_{B_1} - y_A)^2 \tag{5-27}$$

2. 按照连杆的一系列位置设计四杆机构

平面铰链四杆机构的连杆可引导一个刚体通过一系列给定位置，在设计中，需要根据连杆所通过的位置，确定出两连架杆的两个固定铰链 A、D 和两个活动铰链 B、C 的位置，如 B_1、C_1。图 5-40 所示为给定连杆平面的一系列位置 M_1P_1，θ_1；M_jP_j，θ_j。设计的基本问题是找出连杆平面上运动轨迹为圆的点，即找出图中所示的 B 点。然后再找出 B 点运动轨迹的圆心 A 点。按照同样方法，再找出连杆平面上的 C 点及 C 点轨迹的圆心 D 点，即可设计

出铰链四杆机构。

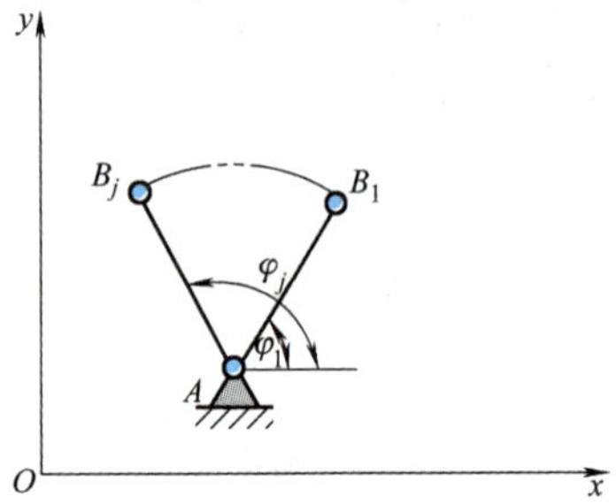

图 5-39　定杆长约束方程

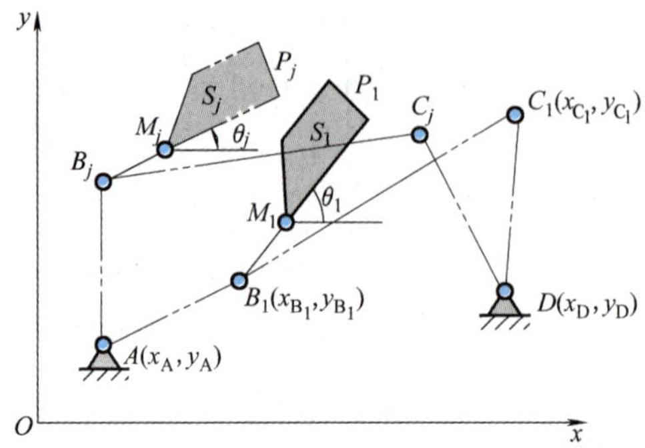

图 5-40　按照连杆的一系列位置设计四杆机构

利用刚体位移矩阵方程和定杆长约束方程进行联立求解，可解决此类设计问题。

把 B 点看作刚体上的一个点，写出其刚体位移矩阵方程

$$\begin{pmatrix} x_{B_j} \\ y_{B_j} \\ 1 \end{pmatrix} = \begin{pmatrix} \cos\theta_{1j} & -\sin\theta_{1j} & x_{M_j} - x_{M_1}\cos\theta_{1j} + y_{M_1}\sin\theta_{1j} \\ \sin\theta_{1j} & \cos\theta_{1j} & y_{M_j} - x_{M_1}\sin\theta_{1j} - y_{M_1}\cos\theta_{1j} \\ 0 & 0 & 1 \end{pmatrix} \begin{pmatrix} x_{B_1} \\ y_{B_1} \\ 1 \end{pmatrix} \tag{5-28}$$

写出刚体上 B 点对其转动中心 A 的定杆长约束方程

$$(x_{B_j} - x_A)^2 + (y_{B_j} - y_A)^2 = (x_{B_1} - x_A)^2 + (y_{B_1} - y_A)^2 \tag{5-29}$$

把刚体位移矩阵方程代入定杆长约束方程中，可求解 B_1 点与 A 点的坐标值。方程中的未知数有 x_A、y_A、x_{B_1}、y_{B_1} 四个。

$j=2$ 时，即给定两个连杆位置，有一个方程，此时可设定三个未知数为已知，有无穷多解。

$j=3$ 时，即给定三个连杆位置，有两个方程，此时可设定两个未知数为已知（一般设 x_A、y_A 为已知），求解另外两个未知数，有无穷多解。

$j=4$ 时，即给定四个连杆位置，有三个方程，此时可设定一个未知数为已知（如 x_A），可解出 y_A、x_{B_1}、y_{B_1}，每设定一个 x_A，都可解出一组 y_A、x_{B_1}、y_{B_1}。由一系列 A 点坐标连成的曲线称为圆心曲线，由一系列B点坐标连成的曲线为圆点曲线。在圆心曲线上任意找出 A、D圆心点，在圆点曲线上找出 B、C 点，再用机构特性来检验，故有无穷多解。

$j=5$ 时，即给定五个连杆位置，有四个方程，求解四个未知数。因四个二阶非线性方程求解很难，可按两个三位置求解（如 1，2，3；1，2，4），找出两圆心曲线和两圆点曲线的交点即可。无交点则无解。

同理，可把 C 点看作刚体上一点，列出其刚体位移矩阵方程；再列出 C 点的定杆长约束方程，可求解 C_1 点与 D 点的坐标值。

$$\begin{pmatrix} x_{C_j} \\ y_{C_j} \\ 1 \end{pmatrix} = \begin{pmatrix} \cos\theta_{1j} & -\sin\theta_{1j} & x_{M_j} - x_{M_1}\cos\theta_{1j} + y_{M_1}\sin\theta_{1j} \\ \sin\theta_{1j} & \cos\theta_{1j} & y_{M_j} - x_{M_1}\sin\theta_{1j} - y_{M_1}\cos\theta_{1j} \\ 0 & 0 & 1 \end{pmatrix} \begin{pmatrix} x_{C_1} \\ y_{C_1} \\ 1 \end{pmatrix} \tag{5-30}$$

$$(x_{C_j} - x_D)^2 + (y_{C_j} - y_D)^2 = (x_{C_1} - x_D)^2 + (y_{C_1} - y_D)^2 \tag{5-31}$$

求解方法同上。

例 如图5-41所示，给定了工作构件 S 的三个位置：

$$x_{M_1}=4 \quad y_{M_1}=7.4641 \quad \theta_1=0°$$

$$x_{M_2}=8 \quad y_{M_2}=7.4641 \quad \theta_2=-60°$$

$$x_{M_3}=10 \quad y_{M_3}=4 \quad \theta_3=-90°$$

要求设计一铰链四杆机构引导该工作构件 S 实现这三个位置（坐标单位为mm）。

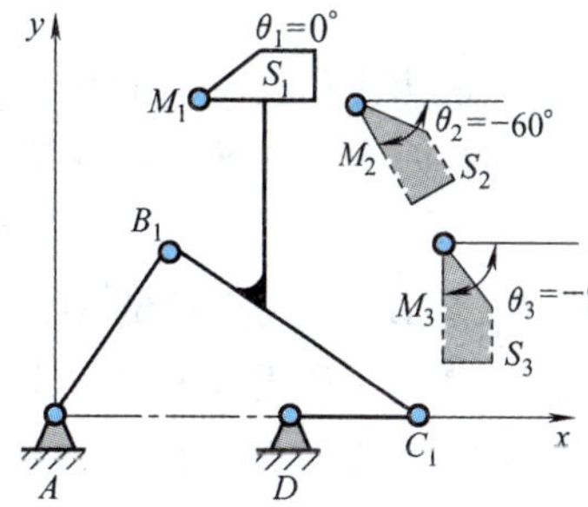

图5-41 实现连杆三个给定位置的解析法设计

解 位置数 $j=3$，设计方程数为 $j-1=2$。

选定 $x_A=0$，$y_A=0$ 及 $x_D=4$，$y_D=0$。

1）首先计算出连杆位移矩阵中各元素的值。当 $j=2$ 时，连杆平面由位置1到位置2的位移矩阵为

$$\boldsymbol{D}_{12}=\begin{pmatrix}\cos\theta_{12} & -\sin\theta_{12} & x_{M_2}-x_{M_1}\cos\theta_{12}+y_{M_1}\sin\theta_{12}\\ \sin\theta_{12} & \cos\theta_{12} & y_{M_2}-x_{M_1}\sin\theta_{12}-y_{M_1}\cos\theta_{12}\\ 0 & 0 & 1\end{pmatrix}$$

$$=\begin{pmatrix}\cos(-60°) & -\sin(-60°) & x_{M_2}-x_{M_1}\cos(-60°)+y_{M_1}\sin(-60°)\\ \sin(-60°) & \cos(-60°) & y_{M_2}-x_{M_1}\sin(-60°)-y_{M_1}\cos(-60°)\\ 0 & 0 & 1\end{pmatrix}$$

代入 x_{M_1}、y_{M_1}、x_{M_2}、y_{M_2} 的值后，可求解 $\boldsymbol{D}_{12}$ 为

$$\boldsymbol{D}_{12}=\begin{pmatrix}0.5 & 0.866 & -0.4639\\ -0.866 & 0.5 & 7.1961\\ 0 & 0 & 1\end{pmatrix}$$

当 $j=3$ 时，$\theta_{13}=\theta_3-\theta_1=-90°$，连杆平面由位置1到位置3的位移矩阵为

$$\boldsymbol{D}_{13}=\begin{pmatrix}\cos\theta_{13} & -\sin\theta_{13} & x_{M_3}-x_{M_1}\cos\theta_{13}+y_{M_1}\sin\theta_{13}\\ \sin\theta_{13} & \cos\theta_{13} & y_{M_3}-x_{M_1}\sin\theta_{13}-y_{M_1}\cos\theta_{13}\\ 0 & 0 & 1\end{pmatrix}$$

$$=\begin{pmatrix}\cos(-90°) & -\sin(-90°) & x_{M_3}-x_{M_1}\cos(-90°)+y_{M_1}\sin(-90°)\\ \sin(-90°) & \cos(-90°) & y_{M_3}-x_{M_1}\sin(-90°)-y_{M_1}\cos(-90°)\\ 0 & 0 & 1\end{pmatrix}$$

$$=\begin{pmatrix}0 & 1 & 2.5359\\ -1 & 0 & 8\\ 0 & 0 & 1\end{pmatrix}$$

2）把 $\boldsymbol{D}_{12}$ 及 $\boldsymbol{D}_{13}$ 矩阵中各元素的数值代入刚体位移矩阵方程式（5-28）之中，得到以 x_{B_1}、y_{B_1} 表达的 x_{B_2}、y_{B_2} 及 x_{B_3}、y_{B_3}。

$$x_{B_2}=0.5x_{B_1}+0.866y_{B_1}-0.4639$$

$$y_{B_2}=-0.866x_{B_1}+0.5y_{B_1}+7.1961$$

$$x_{B_3}=y_{B_1}+2.5359$$
$$y_{B_3}=-x_{B_1}+8$$

再把这些表达式和已选定的 x_A、y_A 与式（5-29）所示的定杆长约束方程联立求解。由于两个方程中有四个未知数，可求解 x_{B_1}、y_{B_1}的值。

$$x_{B_1}=5.0794 \qquad y_{B_1}=2.1372$$

3）将 $\boldsymbol{D}_{12}$及 $\boldsymbol{D}_{13}$代入式（5-30）中，得到以 C_1 点坐标表达的 C_2、C_3 两点的坐标关系式，再把这些表达式和式（5-31）联立求解，可得到 C_1 点的坐标（6.2395，0.01502）。

由此例可知，选定不同的 x_A、y_A 及 x_D、y_D 的值，就可得到不同的解。所以，当给定位置数 $j=3$ 时，有无穷多解。

3. 按照连架杆的一系列对应位置设计四杆机构

借用前述刚化反转法的基本原理，把按照给定连架杆的对应位置的设计问题转化为按照连杆的对应位置设计问题，也是解析法设计四杆机构的基本思想。

图 5-42 中，设两连架杆的对应转角分别为 φ_1、φ_j 和 ψ_1、ψ_j。设想将第 j 个位置的机构整体刚化，并绕轴心 D 转过 $\psi_{1j}=\psi_j-\psi_1$ 角，则 AB_jC_jD 到达 $A_{jr}B_{jr}C_1D$。这时可以把 DC_1 作为转化系统中的机架，AB_1、$A_{jr}B_{jr}$作为转化系统中连杆的两个位置。设计实质是求出 C_1 点的坐标。

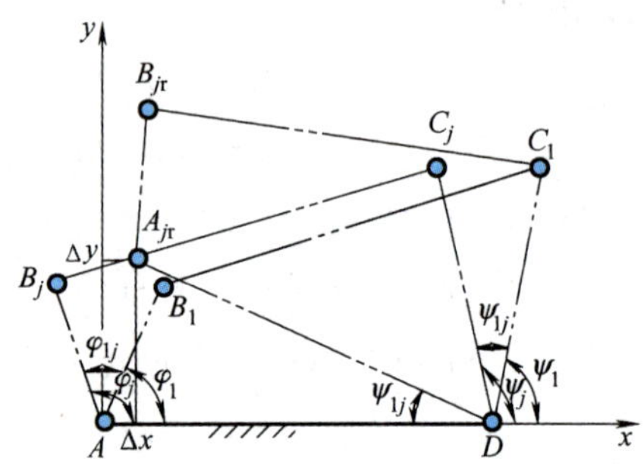

图 5-42　按照连架杆的一系列对应位置设计四杆机构

AB_1 绕 A 点逆时针转动 φ_{1j}到 AB_j 时，旋转矩阵为

$$[\boldsymbol{R}_{1j}]_{\varphi}=\begin{pmatrix}\cos\varphi_{1j} & -\sin\varphi_{1j} & 0\\ \sin\varphi_{1j} & \cos\varphi_{1j} & 0\\ 0 & 0 & 1\end{pmatrix}$$

AB_j 绕 D 点顺时针转动 ψ_{1j}到 $A_{jr}B_{jr}$时，旋转矩阵为

$$[\boldsymbol{D}_{1j}]_{-\psi}=\begin{pmatrix}\cos\psi_{1j} & \sin\psi_{1j} & \Delta x\\ -\sin\psi_{1j} & \cos\psi_{1j} & \Delta y\\ 0 & 0 & 1\end{pmatrix}=\begin{pmatrix}\cos\psi_{1j} & \sin\psi_{1j} & l_{AD}(1-\cos\psi_{1j})\\ -\sin\psi_{1j} & \cos\psi_{1j} & l_{AD}\sin\psi_{1j}\\ 0 & 0 & 1\end{pmatrix}$$

式中，Δx，Δy 为 A 点顺时针旋转 ψ_{1j}到达 A_{jr}点时，在坐标系 Axy 中两坐标轴上的位移分量。其值为 $\Delta x=l_{AD}(1-\cos\psi_{1j})$，$\Delta y=l_{AD}\sin\psi_{1j}$。

AB_1 运动到 $A_{jr}B_{jr}$的相对刚体位移矩阵为$[\boldsymbol{D}_{1j}]_r=[\boldsymbol{D}_{1j}]_{-\psi}[\boldsymbol{R}_{1j}]_{\varphi}$

$$[\boldsymbol{D}_{1j}]_r=\begin{pmatrix}\cos(\varphi_{1j}-\psi_{1j}) & -\sin(\varphi_{1j}-\psi_{1j}) & l_{AD}(1-\cos\psi_{1j})\\ \sin(\varphi_{1j}-\psi_{1j}) & \cos(\varphi_{1j}-\psi_{1j}) & l_{AD}\sin\psi_{1j}\\ 0 & 0 & 1\end{pmatrix}$$

（$\varphi_{1j}-\psi_{1j}$）为 AB_1 与 $A_{jr}B_{jr}$之间的夹角，设 $\theta_{1j}=\varphi_{1j}-\psi_{1j}$，则有

$$[\boldsymbol{D}_{1j}]_r=\begin{pmatrix}\cos\theta_{1j} & -\sin\theta_{1j} & l_{AD}(1-\cos\psi_{1j})\\ \sin\theta_{1j} & \cos\theta_{1j} & l_{AD}\sin\psi_{1j}\\ 0 & 0 & 1\end{pmatrix}$$

AB_1 到 $A_{jr}B_{jr}$的位移矩阵描述为

$$\begin{pmatrix} x_{B_{jr}} \\ y_{B_{jr}} \\ 1 \end{pmatrix} = \begin{pmatrix} \cos(\varphi_{1j}-\psi_{1j}) & -\sin(\varphi_{1j}-\psi_{1j}) & l_{AD}(1-\cos\psi_{1j}) \\ \sin(\varphi_{1j}-\psi_{1j}) & \cos(\varphi_{1j}-\psi_{1j}) & l_{AD}\sin\psi_{1j} \\ 0 & 0 & 1 \end{pmatrix} \begin{pmatrix} x_{B_1} \\ y_{B_1} \\ 1 \end{pmatrix}$$

B 点到 C 点的定杆长约束方程为

$$(x_{B_{jr}}-x_{C_1})^2+(y_{B_{jr}}-y_{C_1})^2=(x_{B_1}-x_{C_1})^2+(y_{B_1}-y_{C_1})^2$$

联立求解位移矩阵方程和定杆长约束方程，可解出 B_1 与 C_1 的坐标。

这时，C_1 在转化机构中为固定铰链点，在原机构中则为第一位置时的连杆上的铰链点。因方程只包含了四个待求参数 x_{B_1}、y_{B_1}、x_{C_1}、y_{C_1}，故一般给定的两连架杆的对应位置数 $j \leqslant 5$。

4. 按给定轨迹设计四杆机构

机构中的连杆作复杂的平面运动，连杆上的点能描绘出各种曲线，称之为连杆曲线。给定一曲线，要求设计一连杆机构，使该机构中连杆上某点的运动轨迹满足给定的曲线要求，是此类问题的基本点。

如图 5-43 所示，给定连杆曲线上若干点的坐标，要求找出连杆上两活动铰链点 B、C 及两固定铰链点 A、D 的坐标。B、C 两点的位置方程可从下式求出

$$\boldsymbol{B}_j=\boldsymbol{D}_{1j}\boldsymbol{B}_1$$

$$\boldsymbol{C}_j=\boldsymbol{D}_{1j}\boldsymbol{C}_1$$

$$(x_{B_j}-x_A)^2+(y_{B_j}-y_A)^2=(x_{B_1}-x_A)^2+(y_{B_1}-y_A)^2$$

$$(x_{C_j}-x_D)^2+(y_{C_j}-y_D)^2=(x_{C_1}-x_D)^2+(y_{C_1}-y_D)^2$$

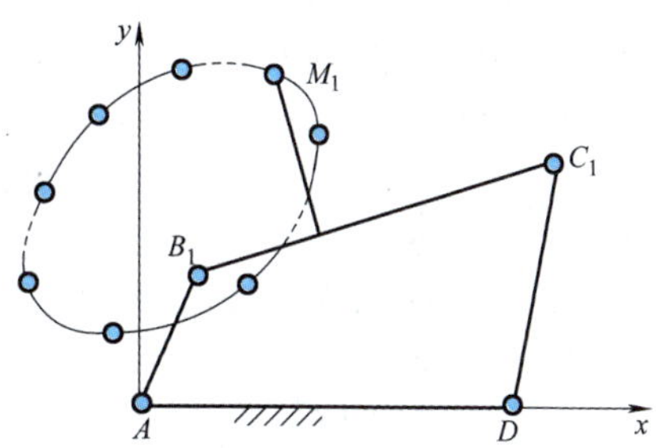

图 5-43　实现给定轨迹的四杆机构

此类机构设计时，位移矩阵 $\boldsymbol{D}_{1j}$ 中的连杆位置相对转角 θ_{1j} 为待求参数。上式中包含了 x_{B_1}、y_{B_1}、x_A、y_A、x_{C_1}、y_{C_1}、x_D、y_D 八个参数，还有 $(j-1)$ 个相对转角 θ_{1j}，共 $[8+(j-1)]$ 个待求的未知量。如果给定轨迹上 j 个点的坐标，则可建立 $2(j-1)$ 个方程。为得到确定解或使方程可解，方程数应等于或小于未知量数，因此 j 最多为 9。

在进行机构设计时，由于有 $\cos\theta_{1j}$、$\sin\theta_{1j}$ 等多个未知量，方程求解比较困难，θ_{1j} 的初值也难以给定。设计结果还常会出现所谓“通过顺序”问题，即设计出的机构连续运转时，连杆上的 M 点不能按预期顺序通过给定点。所以，在这类机构设计时，采用按轨迹点的位置与曲柄转角相对应的设计方法。

本章总结

1. 常见的平面四杆机构有：曲柄摇杆机构、双曲柄机构、双摇杆机构、曲柄滑块机构、转动导杆机构、摆动导杆机构、移动导杆机构、曲柄摇块机构等。
2. 转换机架法的理论依据是低副运动具有可逆性，即用运动副连接的两构件之间的相对运动关系与机架选择无关。
3. 含转动副的四杆机构可以演化为含移动副的四杆机构，转动副的销钉扩大后，可演化为偏心盘机构。
4. 当铰链四杆机构中的最短杆与最长杆长度之和小于或等于其他两杆长度之和时，该机构必存在整转副。

5. 当铰链四杆机构中的最短杆与最长杆长度之和大于其他两杆长度之和时，该机构是没有整转副的双摇杆机构。
6. 机构的急回特性可用回程平均速度与工作行程平均速度的比值来表示。
7. 四杆机构的压力角是指连杆给从动件的作用力方向与作用点处从动件速度方向之间所夹的锐角，从传力的角度看，压力角越小越好。
8. 四杆机构的传动角是指连杆与从动件所夹的锐角，从传力的角度看，传动角越大越好，四杆机构的压力角与传动角互为余角。
9. 行程速度变化系数 $K=1$，说明该机构没有急回特性。对于曲柄滑块机构，曲柄转动中心位于滑块导路方向线上；对于曲柄摇杆机构，曲柄转动中心位于摇杆两极限位置铰链点的连线上。
10. 曲柄摇杆机构的曲柄为主动件时，机构无死点位置，当将摇杆作为主动件时，且其运动到两个极限位置时，会发生传动角为零的现象，此时，机构处于死点位置。
11. 当曲柄滑块机构中的滑块为主动件或摆动导杆机构中的摆杆为主动件时，机构也存在死点位置。
12. 因处于死点位置而导致机构发生卡死不能运动的现象与机构的自锁现象有本质不同。
13. 按给定条件实现连杆一系列位置的机构综合问题，其实质是找出连杆上两端点的转动中心。
14. 实现连架杆一系列对应位置的机构综合问题，其实质是找出连杆与未知尺寸从动件上的铰接点。
15. 按给定行程速度变化系数等条件进行机构综合的问题，其实质是按照机构的极限位置条件去确定曲柄的转动中心。
16. 按连杆曲线去综合四杆机构的实质是确定铰链四杆机构中各铰链点的位置，因未知数较多，所以其设计难度较大。但可利用连杆曲线图谱直接查取所需机构。
17. 利用刚体位移矩阵和定杆长约束方程联合求解，是用解析法设计四杆机构的理论基础。
18. 刚体的旋转、平移和平面运动，都可以转化为数学问题，即可以用数学中的坐标变换来描述机械中的刚体运动。

习　题

1. 理解

1-1　如果连架杆能够作整周转动，则称之为（　　）。

a）曲柄　　b）摇杆　　c）机架

1-2　如果连架杆不能够作整周转动，则称之为（　　）。

a）曲柄　　b）摇杆　　c）机架

1-3　在曲柄摇杆机构中，一个连架杆能够作定轴整周转动，则该连架杆（　　）。

a）一定是最短杆　　b）一定是最长杆　　c）无法确定是最长杆还是最短杆

1-4　极位夹角是（　　）角。

a）锐　　b）钝　　c）直

1-5　极位夹角是指哪两个位置间的夹角？（　　）。

a）当摇杆位于两个极限位置时曲柄所对应的两个位置之间所夹的锐角
b）连杆的两个极限位置
c）连杆作用到从动摇杆上的力 F 与力作用点处的速度 v 之间所夹的锐角

1-6　压力角是（　　）角。
a）锐　　b）钝　　c）直

1-7　压力角是哪两个位置间的夹角？（　　）。
a）连杆与从动连架杆或其延长线
b）连杆的两个极限位置
c）连杆作用到从动摇杆上的力 F 与力作用点处的速度 v 之间所夹的锐角

1-8　行程速度变化系数 K 等于（　　）（极位夹角记为 θ）。
a）$\dfrac{180°+\theta}{180°-\theta}$　　b）$\dfrac{180°-\theta}{180°+\theta}$　　c）$\dfrac{90°+\theta}{90°-\theta}$　　d）$\dfrac{90°-\theta}{90°+\theta}$

1-9　下列机构中不具备急回特性的是（　　）。
a）曲柄摇杆机构　　b）双曲柄机构
c）导杆机构　　d）偏置式曲柄滑块机构
e）对心式曲柄滑块机构

1-10　传动角 γ 是哪两个位置间的夹角？（　　）。
a）连杆与从动连架杆或其延长线
b）当连杆位于两个极限位置时曲柄所对应的两个位置
c）从动摇杆所受力 F 与力作用点处的速度 v 之间所夹的锐角

1-11　对于曲柄为原动件的曲柄摇杆机构，当曲柄与机架间的夹角为（　　）时，传动角会出现最小值。
a）0°或 180°　　b）90°　　c）270°

1-12　对于曲柄为原动件的曲柄滑块机构，传动角的最小值发生在曲柄转角为（　　）的位置。
a）0°　　b）180°　　c）90°或 270°

1-13　当传动角为（　　）时，将导致机构的死点位置。
a）0°　　b）90°　　c）180°

1-14　机构的自锁与机构的死点位置都会导致机构不能运动，但两者的性质（　　）。
a）相同　　b）不相同

1-15　按行程速度变化系数综合四杆机构的要点是（　　）。
a）寻求曲柄的转动中心位置　　b）寻求连杆的转动中心位置

2. 分析与设计

2-1　如习题图 5-1 所示四杆机构中，已知 $\overline{BC}=50\text{mm}$，$\overline{CD}=35\text{mm}$，$\overline{AD}=30\text{mm}$，$AD$ 是机架。
1）若该机构为曲柄摇杆机构，且 AB 为曲柄，求 AB 的最大值。
2）若该机构为双摇杆机构，确定 AB 的取值范围。
3）若该机构为双曲柄机构，确定 AB 的取值范围。

2-2　习题图 5-2 所示为一偏置式曲柄滑块机构，已知 $\overline{AB}=20\text{mm}$，$e=10\text{mm}$，$\overline{BC}=70\text{mm}$。请用图解法求：

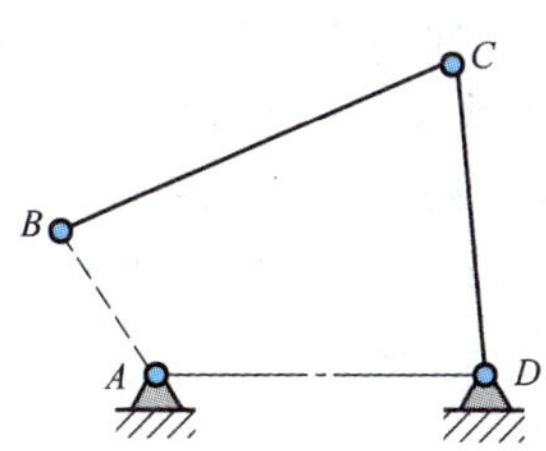

习题图 5-1　四杆机构

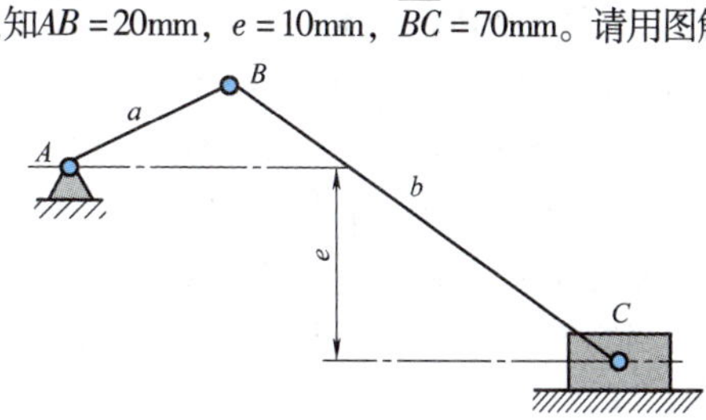

习题图 5-2　偏置式曲柄滑块机构

1）滑块的行程 H。

2）若曲柄为主动构件，找出该机构传动角的最小值。

3）若滑块为主动构件，找出该机构的死点位置。

2-3　把铰链四杆机构设计为夹紧机构，已知连杆 BC 长度为 40mm，连杆的两个位置如习题图 5-3 所示，要求 B_2C_2 为机构的死点位置，且摇杆 C_2D 垂直于 B_1C_1。求各杆件的长度。

2-4　习题图 5-4 所示为飞机起落架，实线表示飞机降落时的位置，细双点画线为飞机飞行时的位置。已知$\overline{AD}=520\text{mm}$，$\overline{CD}=340\text{mm}$，$\alpha=90°$，$\beta=60°$，$\theta=10°$。试求构件 AB 和 BC 的长度。

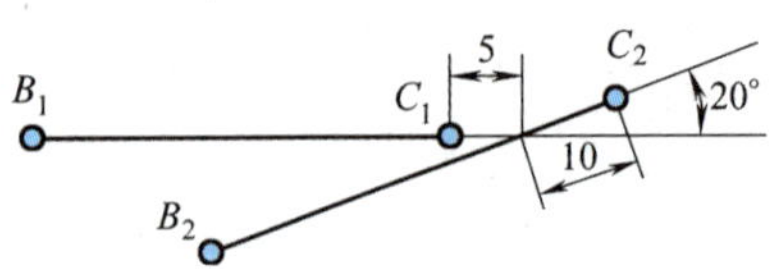

习题图 5-3　夹紧机构

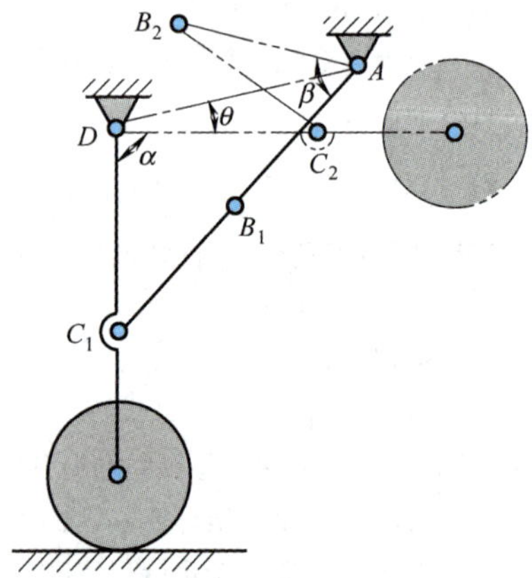

习题图 5-4　飞机起落架

2-5　如习题图 5-5 所示设计一铰链四杆机构，已知两连架杆的三组对应位置：$\varphi_1=120°$、$\psi_1=105°$；$\varphi_2=90°$、$\psi_2=85°$；$\varphi_3=60°$、$\psi_3=65°$；且$\overline{AB}=20\text{mm}$，$\overline{AD}=50\text{mm}$。试用图解法确定 BC 和 CD 的长度以及 C_1D 与 E_1D 间的夹角。

2-6　如习题图 5-6 所示设计一曲柄滑块机构，已知滑块和曲柄的三组对应关系：$\varphi_1=60°$、$s_1=36\text{mm}$；$\varphi_2=85°$、$s_2=28\text{mm}$；$\varphi_3=120°$、$s_3=19\text{mm}$；偏置距离 $e=10\text{mm}$，试用图解法求各构件的长度。

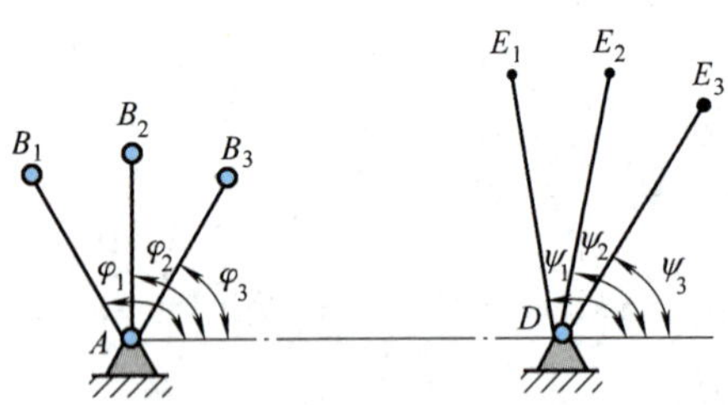

习题图 5-5　设计铰链四杆机构一

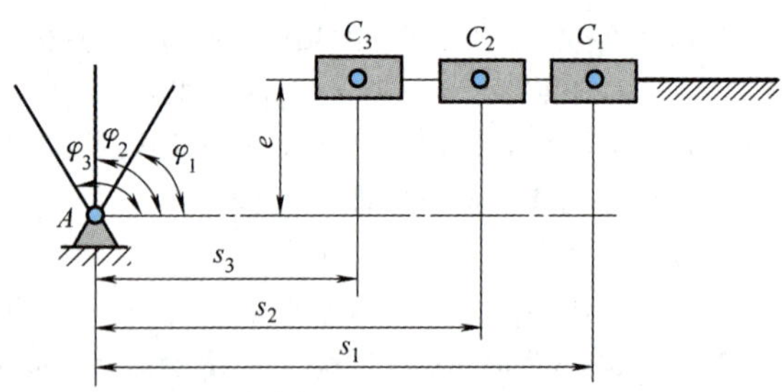

习题图 5-6　曲柄滑块机构

2-7　如习题图 5-7 所示设计一铰链四杆机构，已知$\overline{CD}=75\text{mm}$，机架$\overline{AD}=100\text{mm}$，行程速度变化系数 $K=1.5$，摇杆的一个极限位置与机架间的夹角 $\psi_3'=45°$。试求曲柄 AB 和连杆 BC 的长度。

2-8　如习题图 5-8 所示设计一铰链四杆机构，已知行程速度变化系数 $K=1$，摇杆$\overline{CD}=150\text{mm}$，摇杆的两个极限位置与机架间的夹角分别为 $\psi_1=90°$、$\psi_2=30°$。试求曲柄 AB、连杆 BC 及机架 AD 的长度。

2-9　如习题图 5-9 所示设计一铰链四杆机构，已知行程速度变化系数 $K=1$，机架$\overline{AD}=60\text{mm}$，曲柄$\overline{AB}=10\text{mm}$，当曲柄与连杆共线，摇杆位于最远位置时，曲柄与机架间的夹角为 45°。试确定摇杆 CD 及连杆 BC 的长度。

2-10　如习题图 5-10 所示设计一曲柄滑块机构，已知行程速度变化系数 $K=1.5$，滑块的行程 $H=$

50mm，偏置距离 $e=20$mm。试确定曲柄 AB 及连杆 BC 的长度。

习题图 5-7　设计铰链四杆机构二

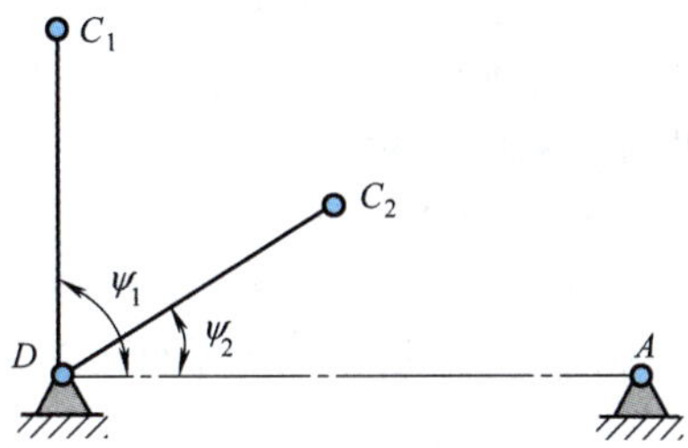

习题图 5-8　设计铰链四杆机构三

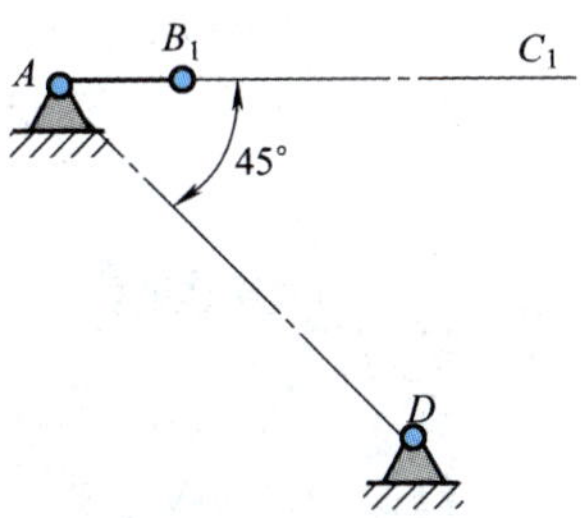

题图 5-9　设计铰链四杆机构四

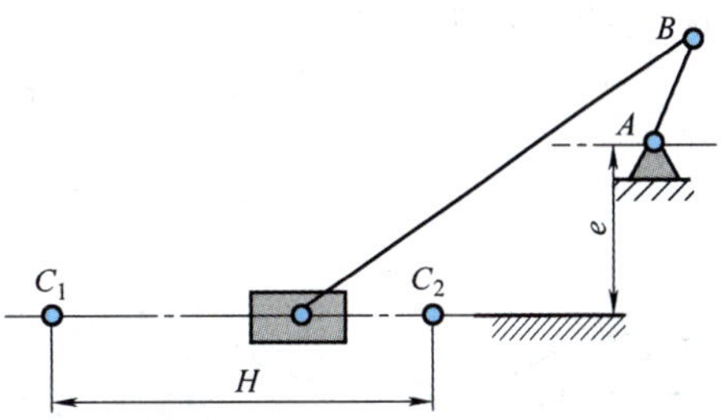

习题图 5-10　设计曲柄滑块机构

2-11　习题图 5-11 所示为牛头刨床的摆动导杆机构，已知机架 $\overline{AC}=300$mm，行程 $H=450$mm，行程速度变化系数 $K=1.55$，试利用图解法求曲柄 AB 及导杆 CD 的长度。

2-12　如习题图 5-12 所示设计一铰链四杆机构，已知与连杆固结的刚体的三个位置：$x_{M_1}=y_{M_1}=1$，$\theta_1=0°$；$x_{M_2}=2$，$y_{M_2}=0.5$，$\theta_2=30°$；$x_{M_3}=3$，$y_{M_3}=0$，$\theta_3=60°$。试用解析法设计该机构。

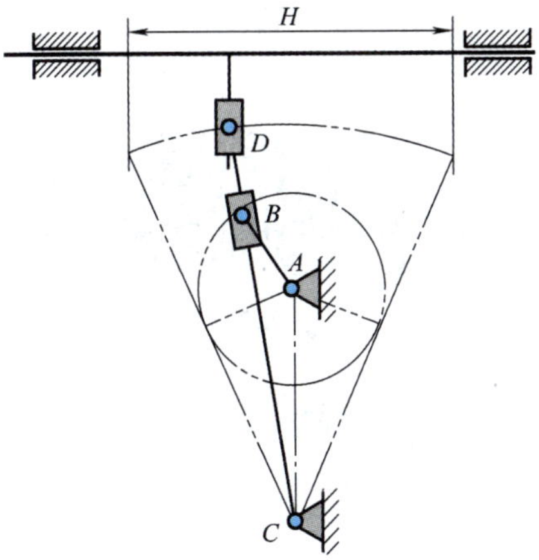

习题图 5-11　摆动导杆机构

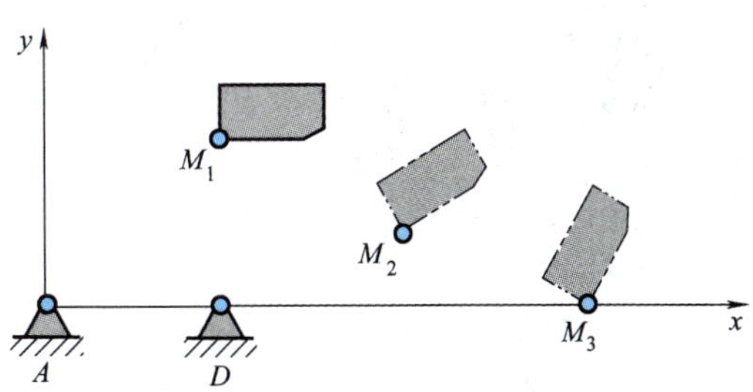

习题图 5-12　设计铰链四杆机构五

2-13　用解析法设计习题 2-3 中的机构。

2-14　用解析法设计习题 2-5 中机构。

2-15　用解析法设计习题 2-8 中机构。

3. 自测题

3-1　在一个四杆机构中，若最短杆与最长杆的杆长和小于其他两杆的杆长和，当（　　）时该铰链四杆机构为双曲柄机构。

a）最长杆做机架　　　　　　　　　b）最短杆做机架

c）与最短杆相连的构件做机架

3-2　在一个四杆机构中，若最短杆与最长杆的杆长和小于其他两杆的杆长和，当（　　）时该铰链四杆机构为曲柄摇杆机构。

a）与最短杆相对的构件做机架　　　　　　　　　b）最短杆做机架

c）与最短杆相连的构件做机架

3-3　在一个四杆机构中，若最短杆与最长杆的杆长和小于其他两杆的杆长和，当（　　）时该铰链四杆机构为双摇杆机构。

a）与最短杆相对的构件做机架　　　　　　　　　b）最长杆做机架

c）与最短杆相连的构件做机架

3-4　试分析确定习题图 5-13 所示雨伞中采用了什么机构？画出其中一个伞骨架的机构示意图。

3-5　习题图 5-14 所示为一公交车的车门，它采用了曲柄滑块机构，请认真观察并设计该机构。

习题图 5-13　雨伞

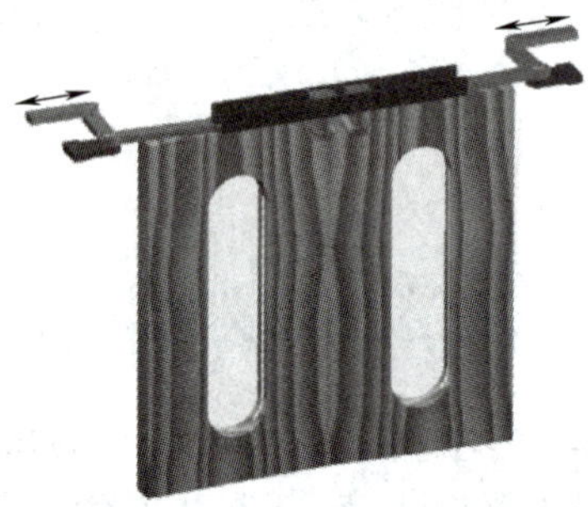

习题图 5-14　公交车车门的曲柄滑块机构

3-6　习题图 5-15 所示为一公交车的车门，它采用了双摇杆机构，请认真观察并设计该机构。

3-7　习题图 5-16 所示为一振动筛，它采用了六杆机构，请设计该机构，要求其行程速度变化系数为 1.6。

习题图 5-15　公交车车门的双摇杆机构

习题图 5-16　振动筛

3-8　在曲柄摇杆机构中，当曲柄与机架间夹角为（　　）时，传动角最小。

a）0° 或 180°　　　　b）90° 或 270°

3-9　无急回特性的曲柄摇杆机构的曲柄转动中心在（　　）。

a）摇杆位于两极限位置时，连杆与摇杆间运动副两位置的连线的延长线上

b）摇杆位于两极限位置时，连杆与摇杆间运动副两位置的连线的垂直平分线上

3-10　无急回特性的曲柄滑块机构的曲柄转动中心在（　　）。

a）滑块与连杆连接的铰链中心移动的方向线上

b）曲柄与连杆连接的铰链中心运动轨迹上

第六章

凸轮机构及其设计

介绍凸轮机构的名词术语和几种从动件的基本运动规律，说明凸轮廓线设计过程中的反转法的基本原理以及利用反转法基本原理设计凸轮廓线坐标值的解析法。最后论述了凸轮机构的基本尺寸与基本参数的选择方法。

第一节　凸轮机构概述

一、凸轮机构的组成及其特点

凸轮机构是一种由凸轮、从动件和机架组成的高副机构。其中，凸轮是具有曲线轮廓形状的构件，一般作定轴转动，从动件可作往复移动或往复摆动。

图 6-1 所示为两种最常用的盘形凸轮机构，图 6-1a 所示为直动从动件盘形凸轮机构，当凸轮 1 绕轴 O 旋转时，推动从动件 2 沿机架 3 作往复直线移动。图 6-1b 所示为摆动从动件盘形凸轮机构，当凸轮 1 转动时，摆杆 2 绕铰链 A 作往复摆动。通常，凸轮为机构的主动件。

凸轮机构之所以能够得到广泛应用，主要有以下优点：

1）从动件可以实现复杂运动规律。

2）结构简单、紧凑，从动件能准确实现预期运动，运动特性好。

3）性能稳定，故障少，维护保养方便。

4）设计简单。

主要缺点是凸轮与从动件为高副接触，易于磨损，另外由于凸轮的轮廓曲线通常都比较复杂，因而加工比较困难。

图 6-1　凸轮机构示意图

二、凸轮机构的分类

根据以下几种情况对凸轮机构进行分类。

1. 按凸轮的形状分类

（1）盘形凸轮　凸轮呈盘状，具有变化的向径，且作定轴转动。图 6-1 所示的凸轮都属于盘形凸轮。

（2）移动凸轮　凸轮作往复直线移动，称为移动凸轮。图 6-2a 所示为直动从动件移动凸轮机构，图 6-2b 所示为摆动从动件移动凸轮机构。

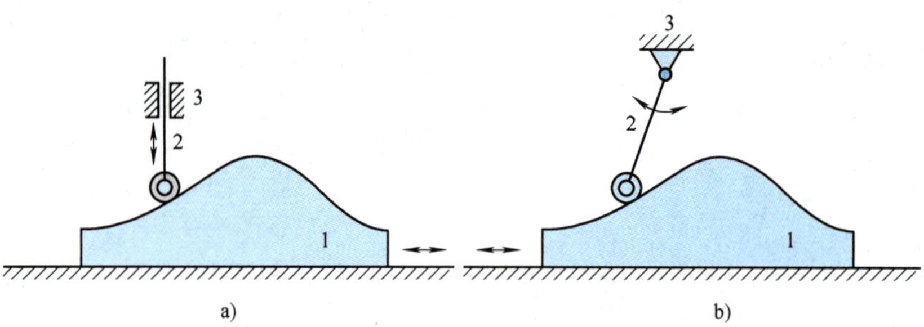

图 6-2　移动凸轮机构

（3）圆柱凸轮　凸轮的圆柱面上开有曲线凹槽，或者端面上做出曲线状轮廓，如图 6-3 所示。图 6-3a 所示为摆动从动件圆柱凸轮机构，图 6-3b 所示为端面具有曲线轮廓的直动从动件圆柱凸轮机构。由于圆柱凸轮与从动件的运动不在同一平面内，因此，它属于空间凸轮机构。

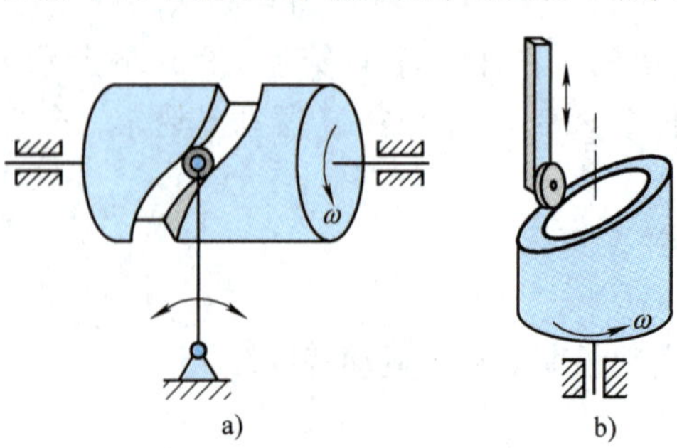

图 6-3　圆柱凸轮机构

2. 按从动件的形状分类

图 6-4 所示为常用的从动件。其中，图 6-4a ~ d所示为直动从动件，图 6-4e ~ h 所示为

摆动从动件。

（1）尖底从动件　如图 6-4a、e 所示，尖底从动件的结构非常简单，其尖底能与任意复杂形状的凸轮轮廓保持接触。但尖底容易磨损，一般适用于传力较小和速度较低的场合。

（2）滚子从动件　图 6-4b、f 所示为滚子从动件。滚子的存在使得凸轮与从动件之间的滑动摩擦转化为滚动摩擦，减少了凸轮机构的磨损，因而可以传递较大的动力，在工程中应用最为广泛。

（3）平底从动件　如图 6-4c、g 所示，平底从动件的优点是受力平稳，传动效率高。平底从动件常用于高速场合。其缺点是要求相应的凸轮轮廓曲线必须全部外凸。

（4）曲底从动件　如图 6-4d、h 所示，曲底从动件端部为一曲面，兼有尖底与平底从动件的优点，在生产实际中的应用也较多。

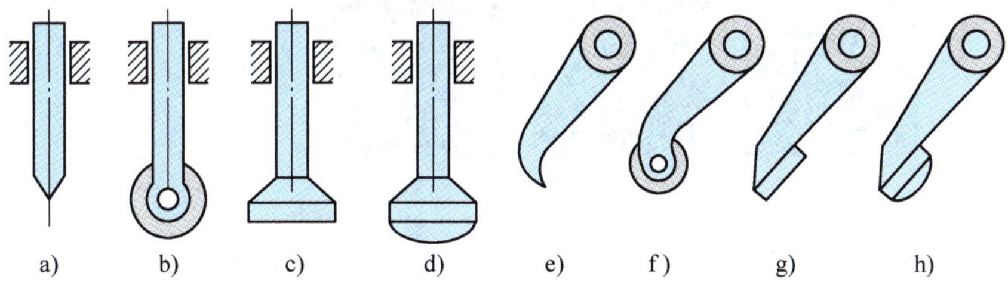

图 6-4　从动件的分类

3. 按从动件的运动形式分类

按从动件的运动形式可分为直动从动件和摆动从动件。对于直动从动件凸轮机构，当从动件的导路中心线通过凸轮的回转中心时，称为对心直动从动件凸轮机构，反之则称为偏置从动件凸轮机构，偏置的距离称为偏距，常用 e 表示。例如，图 6-5a 所示为对心直动尖底从动件盘形凸轮机构，而图 6-5b 所示为偏置直动尖底从动件盘形凸轮机构，偏距为 e。

4. 按凸轮与从动件维持高副接触的方式分类

凸轮与从动件必须永远保持高副接触。把凸轮与从动件间维持高副接触的方式称为封闭方式或锁合方式，工程中主要靠外力或特殊的几何形状来保证两者的接触。

（1）力封闭方式　利用弹簧力、从动件本身的重力或其他外力来保证凸轮与从动件始终保持高副接触。例如，图 6-6a 所示凸轮机构是利用弹簧的恢复力来保持高副接触，而图 6-6b 所示凸轮机构则是利用从动件的重力来保持高副接触的。

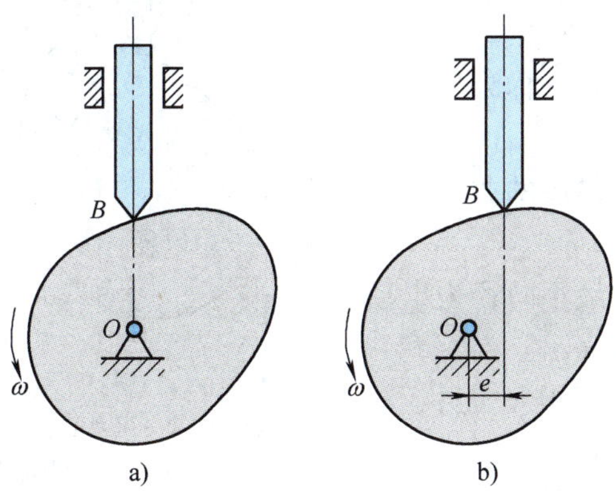

图 6-5　直动从动件盘形凸轮机构

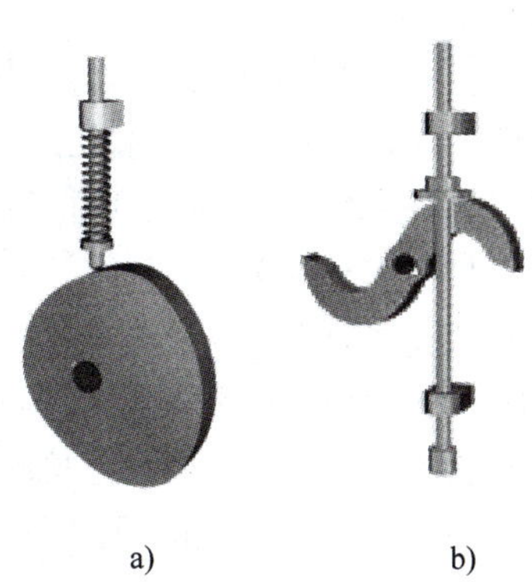

图 6-6　力封闭凸轮机构

（2）形封闭方式　依靠凸轮和从动件特殊的几何形状来维持凸轮机构的高副接触。图 6-7a所示的端面凸轮机构是利用凸轮端面上的沟槽和放于槽中的滚子使凸轮与从动件保持接触，这类凸轮又称为端面凸轮。图 6-7b 所示的凸轮机构中，凸轮与从动件的两个高副接触点之间的距离处处相等，且等于从动件方框的槽宽，凸轮和从动件始终保持接触，称之为等宽凸轮机构。图 6-7c 所示的凸轮机构中，两滚子中心距离与对应凸轮径向距离处处相等，保证从动件上的两个滚子同时与凸轮接触，这种凸轮机构称为等径凸轮机构。图 6-7d 所示的凸轮机构中，安装在同一轴上的两个凸轮与摆杆上的两个滚子同时保持接触，一个凸轮推动摆杆作正行程运动，而另一个凸轮推动摆杆作反行程运动。设计出其中一个凸轮的轮廓曲线后，另一个凸轮的轮廓曲线可根据共轭条件求出，故称之为共轭凸轮。

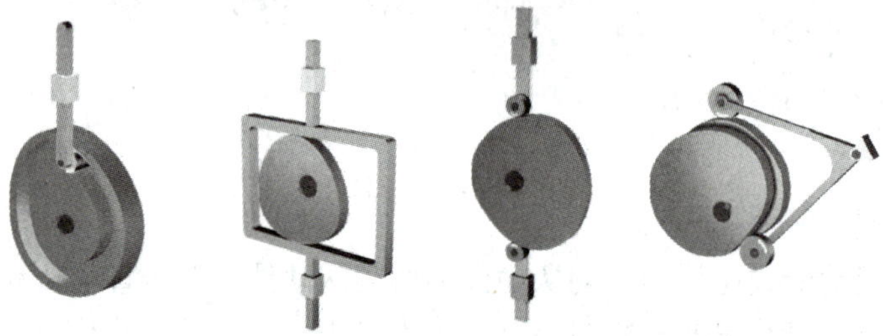

a)　　b)　　c)　　d)

图 6-7　几何封闭凸轮机构

形封闭式凸轮机构，需要有较高的加工精度才能满足准确的形封闭条件。

三、凸轮机构的名词术语

（1）凸轮实际廓线　图6-8 所示凸轮机构中，与从动件直接接触的凸轮廓线称为实际廓线。

（2）实际廓线基圆　以凸轮的回转中心为圆心，凸轮实际轮廓的最小向径为半径所作的圆，称为凸轮的基圆，基圆半径用 r_b 表示，如图 6-8 所示。

（3）基点　从动件上的尖点、滚子的圆心点称为从动件上的基点。其是廓线设计的基准点。

（4）理论廓线　由一系列基点的轨迹点形成的曲线，称为凸轮节曲线或理论廓线。

（5）理论廓线基圆　以凸轮理论轮廓的最小向径为半径所作的圆，称为理论廓线基圆，其半径用 r_0 表示。

（6）压力角　凸轮与从动件接触点的公法线与从动件运动方向所夹的锐角称为压力角。压力角是凸轮设计的重要参数。

（7）推程　从动件从距凸轮回转中心的最近点向最远点

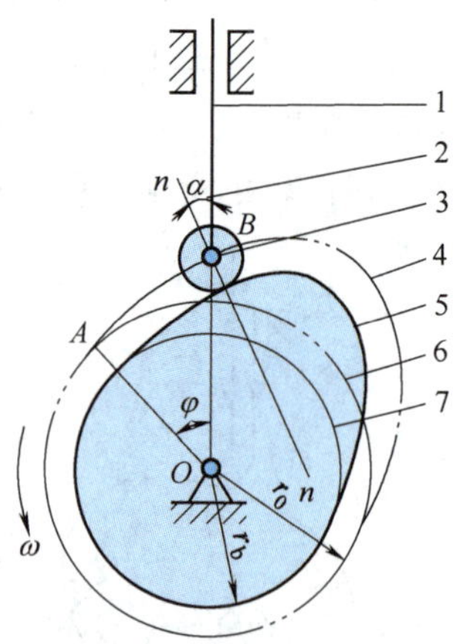

图 6-8　凸轮机构名词术语

1—从动件　2—压力角　3—基点

4—理论廓线　5—实际廓线

6—理论廓线基圆　7—实际廓线基圆

运动的过程。

（8）回程　从动件从距凸轮回转中心的最远点向最近点运动的过程。

（9）行程　从动件从距凸轮回转中心的最近点运动到最远点所通过的距离，或从最远点回到最近点所通过的距离。行程是指从动件的最大运动距离，常用 h 来表示。

（10）推程运动角　从动件从距凸轮回转中心的最近点运动到最远点时，对应凸轮所转过的角度称为推程运动角，用 Φ 表示。

（11）回程运动角　从动件从距凸轮回转中心的最远点运动到最近点时，对应凸轮所转过的角度称为回程运动角，用 Φ'表示。

（12）远休止角　从动件在距凸轮回转中心的最远点静止不动时，对应凸轮所转过的角度称为远休止角，用 Φ_s 表示。

（13）近休止角　从动件在距凸轮回转中心的最近点静止不动时，对应凸轮所转过的角度称为近休止角，用 Φ_s'表示。

（14）凸轮转角　凸轮绕自身轴线转过的角度，称为凸轮转角，用 φ 表示。一般情况下，凸轮转角从行程的起始点在基圆上开始度量，其值等于行程起点和从动件的导路中心线与基圆的交点所组成的圆弧对应的基圆圆心角。值得注意的是对于滚子从动件，基圆是指理论廓线上的基圆。

（15）从动件的位移　凸轮转过转角 φ 时，从动件所运动的距离称为从动件的位移。位移 s 从距凸轮回转中心的最近点开始度量。图 6-9a 所示为推程阶段的凸轮转角与对应的从动件位移，图 6-9c 所示为回程阶段的凸轮转角与对应的从动件位移，图 6-9b 所示为从动件位于推程终止点位置时凸轮转角示意图。

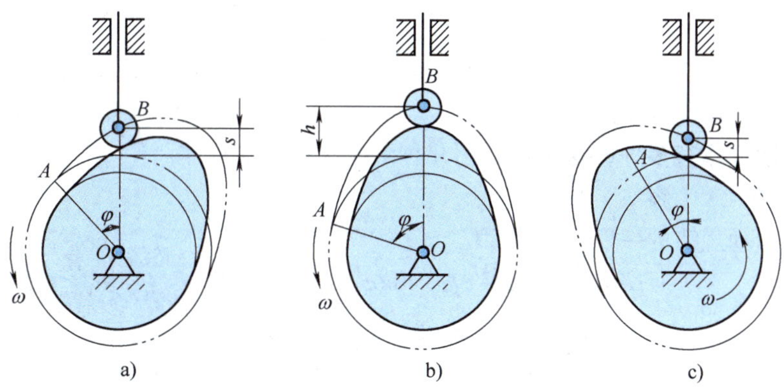

图 6-9　凸轮转角与从动件的位移

对于摆动从动件，其位移为角位移。

图 6-10 所示为该凸轮机构的运动循环图。显然，在一个运动循环中，推程运动角、远休止角、回程运动角和近休止角之间应该满足以下关系

$$\Phi + \Phi_s + \Phi' + \Phi_s' = 360°$$

在设计凸轮机构时，凸轮的 Φ、Φ'、Φ_s 和 Φ_s'应根据实际的工作要求进行选择，如果没有远休止和近休止过程，则其远休止角和近休止角均等于零。

通过该运动循环图也可以理解凸轮转角与从动件位移的度量原则。

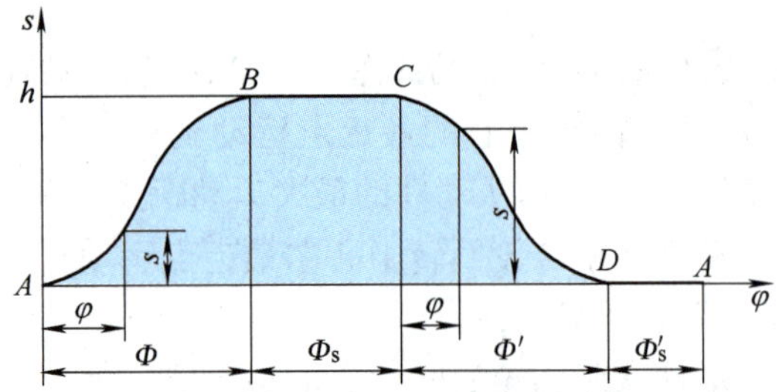

图 6-10　凸轮机构运动循环图

第二节　从动件的运动规律及其设计

从动件的运动规律是指从动件的位移 s、速度 v、加速度 a 与凸轮转角 φ 或时间 t 之间的函数关系，可以用方程表示，也可以用线图表示。

从动件运动规律的一般方程表达式为：$s=s(\varphi)$，$v=v(\varphi)$，$a=a(\varphi)$，对应的曲线分别称为从动件的位移曲线、速度曲线和加速度曲线，统称为从动件的运动规律线图。

凸轮一般为主动件，且作匀速回转运动。设凸轮的角速度为 ω，则从动件的位移、速度和加速度与凸轮转角之间的关系为

$$\begin{cases} s=s(\varphi) \\ v=\dfrac{\mathrm{d}s}{\mathrm{d}t}=\dfrac{\mathrm{d}s}{\mathrm{d}\varphi}\dfrac{\mathrm{d}\varphi}{\mathrm{d}t}=\omega\dfrac{\mathrm{d}s}{\mathrm{d}\varphi} \\ a=\dfrac{\mathrm{d}^2s}{\mathrm{d}t^2}=\dfrac{\mathrm{d}v}{\mathrm{d}t}=\dfrac{\mathrm{d}v}{\mathrm{d}\varphi}\dfrac{\mathrm{d}\varphi}{\mathrm{d}t}=\omega^2\dfrac{\mathrm{d}^2s}{\mathrm{d}\varphi^2} \end{cases} \tag{6-1}$$

一、从动件的基本运动规律

从动件运动规律有多种，这里仅介绍几种最基本的运动规律。

1. 多项式类运动规律

多项式类运动规律的一般形式为

$$\begin{cases} s=c_0+c_1\varphi+c_2\varphi^2+c_3\varphi^3+\cdots+c_n\varphi^n \\ v=\omega(c_1+2c_2\varphi+3c_3\varphi^2+\cdots+nc_n\varphi^{n-1}) \\ a=\omega^2(2c_2+6c_3\varphi+\cdots+n(n-1)c_n\varphi^{n-2}) \end{cases} \tag{6-2}$$

式中，c_0，c_1，c_2，…，c_n 为待定系数，可根据工作要求的边界条件确定。

本书介绍几种最简单的多项式运动规律。

（1）一次多项式运动规律　在多项式运动规律中，如果 $n=1$，则有

$$\begin{cases} s=c_0+c_1\varphi \\ v=c_1\omega \\ a=0 \end{cases} \tag{6-3}$$

推程阶段，$\varphi\in[0,\Phi]$，根据边界条件，$\varphi=0$，$s=0$；$\varphi=\Phi$，$s=h$，可解出待定常数，$c_0=0$，$c_1=h/\Phi$。将 c_0、c_1 代入式（6-3）中并整理，即可得到从动件在推程阶段的运动方程

$$\begin{cases} s=\dfrac{h}{\Phi}\varphi \\ v=\dfrac{h}{\Phi}\omega \\ a=0 \end{cases} \tag{6-4}$$

回程阶段，$\varphi\in[0,\Phi']$，根据边界条件，$\varphi=0$，$s=h$；$\varphi=\Phi'$，$s=0$，可解出待定常数，$c_0=h$，$c_1=-h/\Phi'$。将 c_0、c_1 代入式（6-3）中并整理，即可得到从动件在回程阶段的运动方程

$$\begin{cases} s=h-\dfrac{h}{\Phi'}\varphi \\ v=-\dfrac{h}{\Phi'}\omega \\ a=0 \end{cases} \tag{6-5}$$

$n=1$ 的多项式运动规律，从动件作等速运动，因此，一次多项式运动规律也称为等速运动规律。其位移为凸轮转角的一次函数，位移曲线为一条斜直线。位移、速度、加速度相对于凸轮转角的变化规律线图如图 6-11 所示。在行程的起点、中点和终点（O、A、B）处，由于速度发生突变，加速度在理论上趋于无穷大，从而导致在从动件上产生非常大的惯性力冲击，这种冲击称为刚性冲击。所以，等速运动规律常用于从动件具有等速运动要求、从动件的质量不大或低速场合。

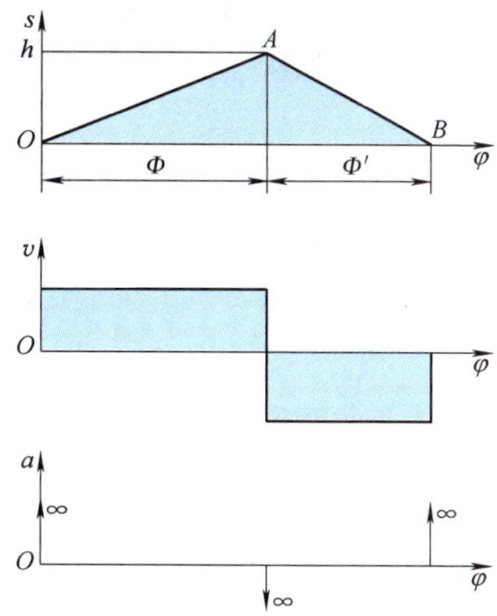

图 6-11　等速运动规律

（2）二次多项式运动规律　在多项式运动规律中，令 $n=2$，则有

$$\begin{cases} s=c_0+c_1\varphi+c_2\varphi^2 \\ v=\omega(c_1+2c_2\varphi) \\ a=2c_2\omega^2 \end{cases} \tag{6-6}$$

推程前半阶段，$\varphi\in[0,\Phi/2]$，根据边界条件，$\varphi=0$，$s=0$，$v=0$；$\varphi=\Phi/2$，$s=h/2$，代入式（6-6），即可解出待定常数，$c_0=0$，$c_1=0$，$c_2=2h/\Phi^2$。将 c_0、c_1、c_2 代入式（6-6）并整理，即可得到从动件在推程前半阶段的运动方程

$$\begin{cases} s=\dfrac{2h}{\Phi^2}\varphi^2 \\ v=\dfrac{4h\omega}{\Phi^2}\varphi \\ a=\dfrac{4h\omega^2}{\Phi^2} \end{cases} \tag{6-7}$$

在推程前半阶段中，从动件的加速度 $a=4h\omega^2/\Phi^2=$ 常数，因此，从动件作等加速运动。

推程后半阶段，$\varphi\in[\Phi/2,\Phi]$，根据边界条件，$\varphi=\Phi/2$，$s=h/2$，$v=2h\omega/\Phi$；$\varphi=\Phi$，$s=h$，$v=0$，代入式（6-6），即可解出待定常数，$c_0=-h$，$c_1=4h/\Phi$，$c_2=-2h/\Phi^2$。将 c_0、c_1、c_2 代入式（6-6）并整理，即可得到从动件在推程后半阶段的运动方程

$$\begin{cases} s = h - \dfrac{2h}{\Phi^2}(\Phi - \varphi)^2 \\ v = \dfrac{4h\omega}{\Phi^2}(\Phi - \varphi) \\ a = -\dfrac{4h\omega^2}{\Phi^2} \end{cases} \tag{6-8}$$

在该阶段，从动件加速度 $a = -4h\omega^2/\Phi^2$，为一负常数，因此，从动件作等减速运动。

根据从动件在回程阶段的边界条件，同理可求出从动件在回程阶段的运动方程，如式（6-9）和式（6-10）所示。

回程的等加速阶段

$$\begin{cases} s = h - \dfrac{2h}{\Phi'^2}\varphi^2 \\ v = -\dfrac{4h\omega}{\Phi'^2}\varphi \\ a = -\dfrac{4h\omega^2}{\Phi'^2} \end{cases} \tag{6-9}$$

回程的等减速阶段

$$\begin{cases} s = \dfrac{2h}{\Phi'^2}(\Phi' - \varphi)^2 \\ v = -\dfrac{4h\omega}{\Phi'^2}(\Phi' - \varphi) \\ a = \dfrac{4h\omega^2}{\Phi'^2} \end{cases} \tag{6-10}$$

当 $n=2$ 时，从动件按等加速、等减速运动规律运动，因此，二次多项式运动规律也称为等加速等减速运动规律。其位移为凸轮转角的二次函数，位移曲线为抛物线。从动件的运动线图如图 6-12 所示。

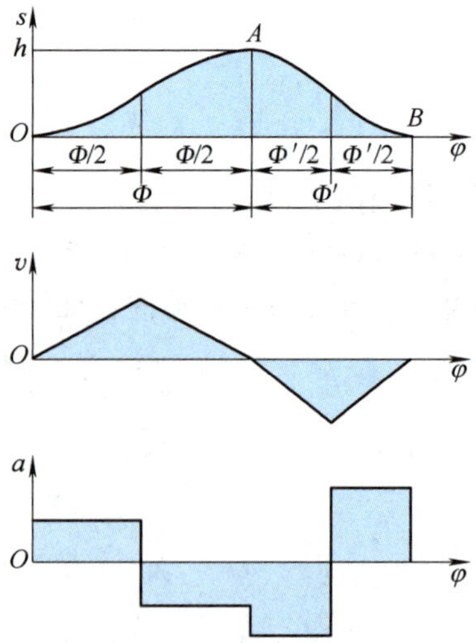

图 6-12 等加速等减速运动线图

由加速度线图可以看出，在推（回）程的起点、中点和终点处，其加速度发生突变，因而在从动件上产生的惯性力也发生突变，会引起凸轮机构的冲击。由于加速度的突变为一有限值，所引起的惯性力突变也是有限值，对凸轮机构的冲击也是有限的，因此，这种冲击称为柔性冲击。

（3）五次多项式运动规律　在多项式运动规律的一般形式中，令 $n=5$，此时从动件的运动规律为

$$\begin{cases} s = c_0 + c_1\varphi + c_2\varphi^2 + c_3\varphi^3 + c_4\varphi^4 + c_5\varphi^5 \\ v = \omega(c_1 + 2c_2\varphi + 3c_3\varphi^2 + 4c_4\varphi^3 + 5c_5\varphi^4) \\ a = \omega^2(2c_2 + 6c_3\varphi + 12c_4\varphi^2 + 20c_5\varphi^3) \end{cases} \tag{6-11}$$

推程阶段，$\varphi \in [0, \Phi]$，根据边界条件，$\varphi = 0$，$s=0$，$v=0$，$a=0$；$\varphi = \Phi$，$s=h$，$v=0$，$a=0$，代入式（6-11），即可解出待定常数，$c_0 = c_1 =$

$c_2=0$，$c_3=10h/\Phi^3$，$c_4=-15h/\Phi^4$，$c_5=6h/\Phi^5$。将 c_0、c_1、c_2、c_3、c_4、c_5 代入式（6-11）中并整理，即可得到从动件在推程阶段的运动方程

$$\begin{cases} s=h\left(\dfrac{10}{\Phi^3}\varphi^3-\dfrac{15}{\Phi^4}\varphi^4+\dfrac{6}{\Phi^5}\varphi^5\right) \\ v=h\omega\left(\dfrac{30}{\Phi^3}\varphi^2-\dfrac{60}{\Phi^4}\varphi^3+\dfrac{30}{\Phi^5}\varphi^4\right) \\ a=h\omega^2\left(\dfrac{60}{\Phi^3}\varphi-\dfrac{180}{\Phi^4}\varphi^2+\dfrac{120}{\Phi^5}\varphi^3\right) \end{cases} \tag{6-12}$$

同理可得从动件在回程阶段的运动方程

$$\begin{cases} s=h-h\left(\dfrac{10}{\Phi'^3}\varphi^3-\dfrac{15}{\Phi'^4}\varphi^4+\dfrac{6}{\Phi'^5}\varphi^5\right) \\ v=-h\omega\left(\dfrac{30}{\Phi'^3}\varphi^2-\dfrac{60}{\Phi'^4}\varphi^3+\dfrac{30}{\Phi'^5}\varphi^4\right) \\ a=-h\omega^2\left(\dfrac{60}{\Phi'^3}\varphi-\dfrac{180}{\Phi'^4}\varphi^2+\dfrac{120}{\Phi'^5}\varphi^3\right) \end{cases} \tag{6-13}$$

从动件按照五次多项式运动规律运动时的位移、速度和加速度对凸轮转角的变化规律线图如图 6-13 所示。五次多项式运动规律的加速度曲线是连续曲线，因此，既不存在刚性冲击，也不存在柔性冲击，运动平稳性好，适用于高速凸轮机构。

2. 三角函数类运动规律

三角函数类运动规律是指从动件的加速度按余弦规律或正弦规律变化，也称之为从动件位移按简谐运动和摆线运动变化。

（1）余弦加速度运动规律　如图 6-14 所示，当动点 M 从 O 点开始作顺时针圆周运动时，M 点在坐标轴 s 上投影的变化规律为简谐运动。取动点 M 在坐标轴 s 上投影的变化为从动件的运动规律，并设从动件的行程 h 等于圆周的直径 $2R$，则当点 M 由 O 点开始转过 180° 时，从动件到达推程的最高点，即 $h=2R$。设 M 点转过角 θ 时，从动件的位移为 s_1，凸轮转角为 φ_1，则点 M 转过的角度 θ 与凸轮转角 φ 之间的关系为

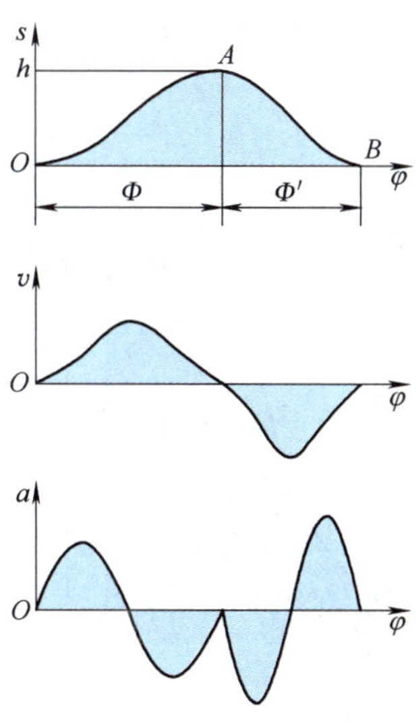

图 6-13　五次多项式运动规律

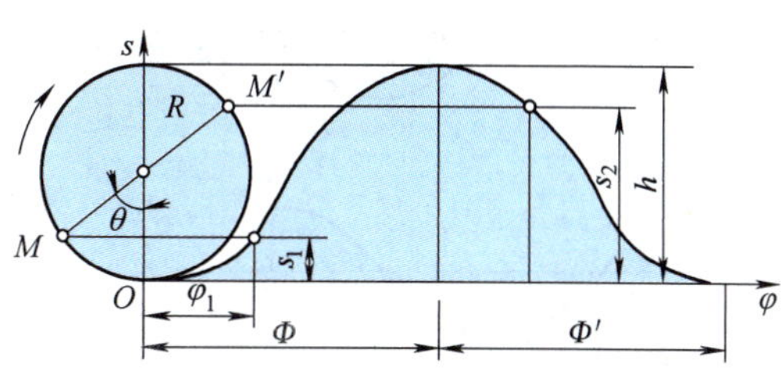

图 6-14　简谐运动

$$\theta = \frac{\pi}{\Phi}\varphi$$

根据图 6-14 中的几何关系，从动件在推程阶段的位移运动方程为

$$s = R - R\cos\theta = \frac{h}{2} - \frac{h}{2}\cos\left(\frac{\pi}{\Phi}\varphi\right) \tag{6-14a}$$

式（6-14a）分别对时间求一阶、二阶导数，并整理，即可得到从动件在推程阶段的速度和加速度运动方程

$$v = \frac{\pi h\omega}{2\Phi}\sin\left(\frac{\pi}{\Phi}\varphi\right) \tag{6-14b}$$

$$a = \frac{\pi^2 h\omega^2}{2\Phi^2}\cos\left(\frac{\pi}{\Phi}\varphi\right) \tag{6-14c}$$

同理可得，从动件在回程阶段的运动方程为

$$\begin{cases} s = \dfrac{h}{2} + \dfrac{h}{2}\cos\left(\dfrac{\pi}{\Phi'}\varphi\right) \\ v = -\dfrac{\pi h\omega}{2\Phi'}\sin\left(\dfrac{\pi}{\Phi'}\varphi\right) \\ a = -\dfrac{\pi^2 h\omega^2}{2\Phi'^2}\cos\left(\dfrac{\pi}{\Phi'}\varphi\right) \end{cases} \tag{6-15}$$

当 $\Phi = \Phi'$时，从动件的位移、速度与加速度相对于凸轮转角的变化规律线图如图 6-15 所示。简谐运动规律的特征是从动件的加速度按余弦规律变化，因此，简谐运动规律也称为余弦加速度运动规律。

由加速度线图还可以看出，当从动件以余弦加速度运动规律运动时，在行程的起点和终点处存在有限突变，故会产生柔性冲击。但是，在无休止角的升→降→升类型的凸轮机构中，加速度曲线变成连续曲线，避免了柔性冲击的产生。

（2）正弦加速度运动规律　如图 6-16 所示，当半径为 R 的圆沿坐标轴线 s 作纯滚动时，圆上一点 M 在 s 轴上投影的变化为摆线运动规律。取该圆滚动一周时 M 点沿 s 轴上升的距离为从动件的行程 h，则有 $h = 2\pi R$，此时凸轮转过了推程运动角 Φ。设滚圆转过 θ 角，对应从动件的位移为 s_1，凸轮转角为 φ，则滚圆转角 θ 与凸轮转角 φ 之间的关系为

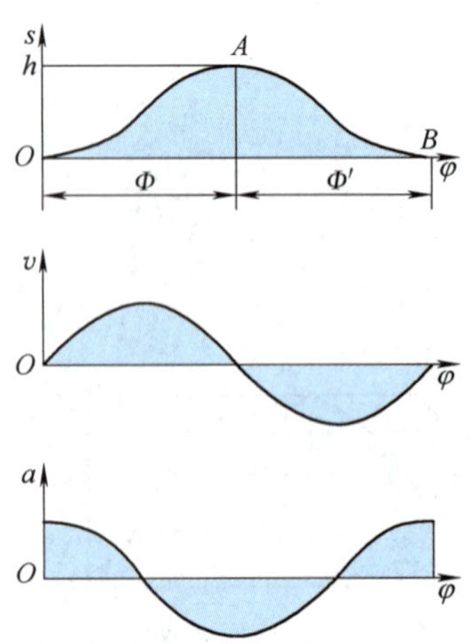

图 6-15　余弦加速度运动规律

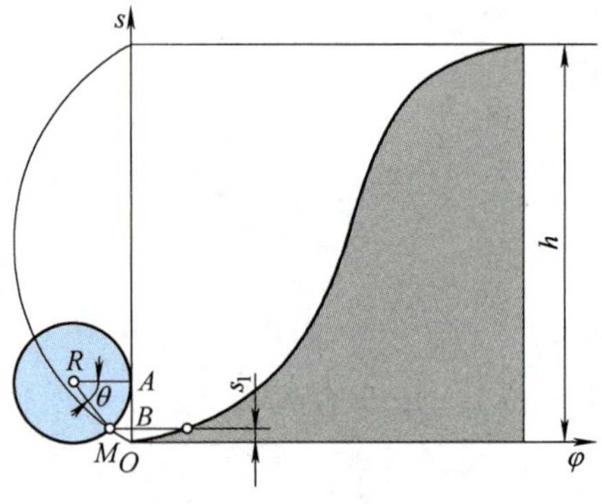

图 6-16　摆线运动

$$\theta=\frac{2\pi}{\Phi}\varphi$$

因此，根据图 6-16 中的几何关系，从动件在推程阶段的位移运动方程为

$$s=\overline{OA}-\overline{AB}=\widehat{MA}-\overline{AB}=R\theta-R\sin\theta=\frac{h}{\Phi}\varphi-\frac{h}{2\pi}\sin\left(\frac{2\pi}{\Phi}\varphi\right) \tag{6-16a}$$

对式（6-16a）分别求时间的一阶、二阶导数并整理，即可得到从动件在推程阶段的速度和加速度运动方程

$$v=\frac{h}{\Phi}\omega-\frac{h\omega}{\Phi}\cos\left(\frac{2\pi}{\Phi}\varphi\right) \tag{6-16b}$$

$$a=\frac{2\pi h\omega^2}{\Phi^2}\sin\left(\frac{2\pi}{\Phi}\varphi\right) \tag{6-16c}$$

同理可得，从动件在回程阶段的运动方程为

$$\begin{cases} s=h-\dfrac{h}{\Phi'}\varphi+\dfrac{h}{2\pi}\sin\left(\dfrac{2\pi}{\Phi'}\varphi\right) \\ v=-\left[\dfrac{h}{\Phi'}\omega-\dfrac{h\omega}{\Phi'}\cos\left(\dfrac{2\pi}{\Phi'}\varphi\right)\right] \\ a=-\dfrac{2\pi h\omega^2}{\Phi'^2}\sin\left(\dfrac{2\pi}{\Phi'}\varphi\right) \end{cases} \tag{6-17}$$

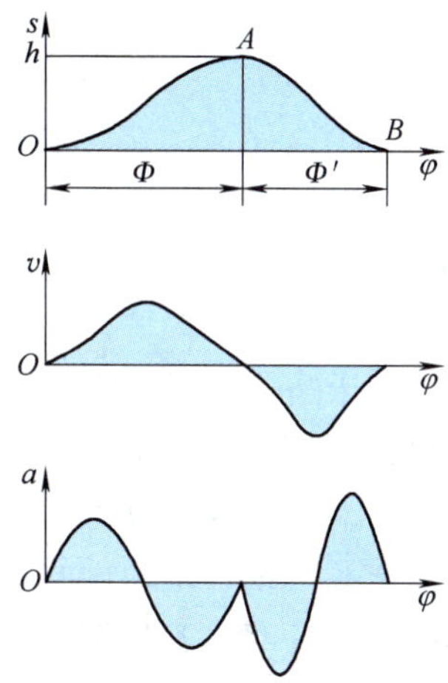

图 6-17 正弦加速度运动规律

从动件的运动线图如图 6-17 所示。摆线运动规律的特征是从动件的加速度按正弦规律变化，因此，摆线运动规律也称为正弦加速度运动规律。其速度和加速度均无突变，故在运动中不会产生冲击，适用于高速场合。

二、组合型运动规律

将几种不同的基本运动规律组合起来，形成新的组合型运动规律，可以改善凸轮机构的运动和动力特性。

1. 运动规律的组合原则

1）按工作要求选择一种基本运动规律作为主体运动规律，然后用其他运动规律与之组合。

2）组合时，要满足在行程的起点和终点处有较好的边界条件。

3）在运动规律的连接点处，应满足位移、速度、加速度甚至是更高一阶导数的连续条件，以减少或避免冲击。

4）各段运动规律要有较好的动力特性。

2. 组合型运动规律举例

若要求从动件作等速运动，且行程的起点和终点处避免任何形式的冲击。可以以等速运动规律为主体，在行程的起点和终点处可用正弦加速度运动规律或五次多项式运动规律与等速运动规律进行组合。图 6-18a所示为等速运动规律与正弦加速度运动规律的组合，对应凸轮转角 $\beta=\Phi/8\sim\Phi/6$。改进后，直线的斜率略有变化，其速度也发生一些变化，但对运动影响不大。

图 6-18b 所示为改进的等加速等减速运动规律示意图。OA、BC、CD、EF 段的加速度曲线按正弦加速度运动规律修正，均为 1/4 正弦波，修正段对应 $\Phi/8$ 的凸轮转角，正弦曲线的周期为 $\Phi/2$。这种运动规律也称为改进等腰梯形加速度运动规律，具有最大加速度小、

连续性和动力特性好的特点，适用于高速运转场合。

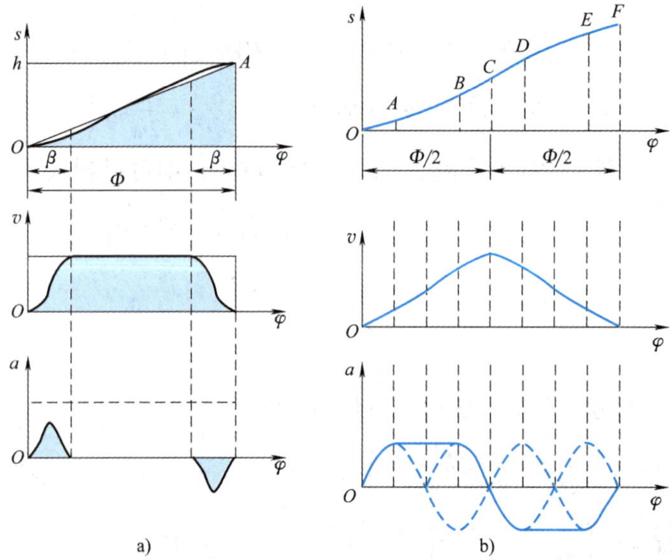

图 6-18　组合型运动规律

由于凸轮的制造技术发展很快，在现代机械设备中，经常使用组合型运动规律来设计凸轮机构。基本运动规律只应用在速度较低，要求不是很高的机械设备中。

三、从动件运动规律的选择与设计原则

选择与设计从动件的运动规律是凸轮机构设计的一项重要内容。在进行运动规律的选择与设计时，不但要考虑凸轮机构的工作要求，还要考虑凸轮机构的工作速度和载荷的大小、从动件系统的质量、动力特性以及加工制造等因素。具体地讲，主要需要注意以下几点：

1）从动件的最大速度 v_{max} 应尽量小。v_{max} 越大，则最大动量 mv_{max} 越大，过大的动量会导致凸轮机构引起极大的冲击力。

2）从动件的最大加速度 a_{max} 应尽量小，且无突变。a_{max} 越大，机构的惯性力就越大。特别是对于高速凸轮，应该限制最大加速度 a_{max}。

3）从动件的最大跃度 j_{max} 应尽量小。跃度是加速度的一阶导数，它反映了惯性力的变化率，直接影响着机构的振动和运动平稳性，因此跃度越小越好。

总之，在选择与设计从动件的运动规律时，一般都希望 v_{max}、a_{max} 和 j_{max} 的值尽可能小，但由于这些值之间是互相制约的，往往此抑彼长。一般需要根据实际的工作要求，分清主次来选择理想的运动规律。必要时，可对从动件运动规律的 v_{max}、a_{max} 和 j_{max} 进行优化设计。

第三节　凸轮轮廓曲线的设计

凸轮轮廓曲线设计方法有作图法和解析法，它们都以相对运动原理为基础。随着凸轮加工技术的进步，解析法的应用日渐广泛。本书在介绍反转法原理的基础上，重点介绍凸轮廓

线设计的解析法。

一、凸轮机构的相对运动原理

如图6-19a所示，在直动尖底从动件盘形凸轮机构中，当凸轮以等角速度ω作逆时针方向转动时，从动件作往复直线移动。设想给整个凸轮机构加上一个绕凸轮回转中心O的反向转动，使反转角速度等于凸轮的角速度，即反转角速度为$-\omega$。此时，可设想凸轮处于静止不动状态，而从动件一方面随导路绕凸轮转动中心O点以角速度$-\omega$转动，其尖点，也称为轨迹点分别在基圆上占据B_1'、B_2'，同时在凸轮廓线约束下又沿其导路方向作相对移动，分别占据B_1、B_2等位置。因此，尖底从动件的反转和从动件相对导路移动的复合运动轨迹，便形成了凸轮的轮廓曲线，这就是凸轮机构的相对运动原理，也称反转法原理。

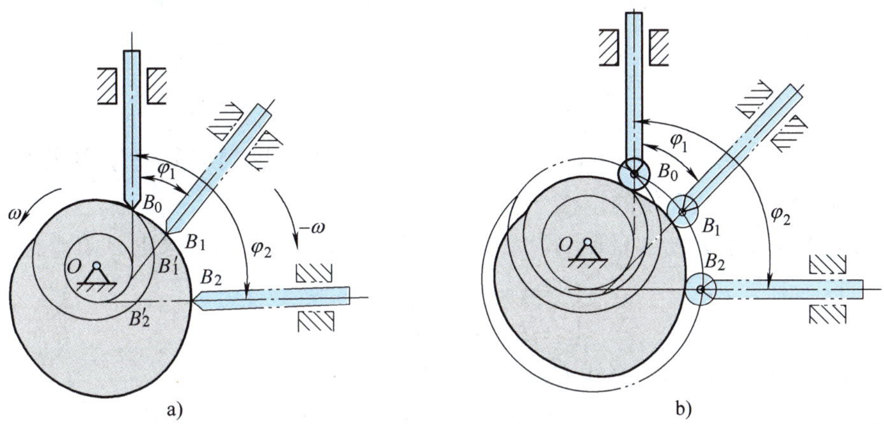

图6-19　凸轮机构的反转原理一

图6-19b所示为直动滚子从动件盘形凸轮机构的反转示意图，把滚子中心看作尖底从动件的尖点或轨迹点，仍按图6-19a的反转过程，此时轨迹点（尖点）所产生的凸轮廓线称为理论廓线，也称为节曲线。以理论廓线各点为圆心，以滚子半径画滚子圆，其包络线为凸轮的实际廓线。

设计直动平底从动件盘形凸轮机构时，把平底与导杆交点作为尖顶从动件的尖点或轨迹点，仍按上述方法反转，过各轨迹点（尖点）作平底线，其包络线为凸轮的实际廓线，图6-20a所示为反转过程。平底从动件的轨迹点（假想尖点）反转后产生的轨迹曲线不能称为理论廓线。

同理，对图6-20b所示的摆动滚子从动件盘形凸轮机构施加角速度$-\omega$的反转后，凸轮静止不动。从动件由初始位置A_0B_0反转φ_1角后到达A_1B_1'，再绕A_1点摆动ψ_1角到达A_1B_1。同样，可作出从动件由初始位置A_0B_0反转到其他位置。因此，将B_0，B_1，B_2，…点光滑连接，即可得到凸轮的理论轮廓曲线，以理论廓线上各点为圆心，以滚子半径画滚子圆，其包络线为实际廓线。

二、凸轮轮廓曲线的设计

用解析法进行凸轮廓线设计的主要任务是建立凸轮轮廓曲线方程。

1. 直动滚子从动件盘形凸轮廓线的设计

建立原点O位于凸轮转动中心的直角坐标系Oxy，如图6-21a所示。设初始位置时滚子中心B_0点为推程开始阶段凸轮廓线的起始点。凸轮机构反转φ角后，从动件上B点的运动

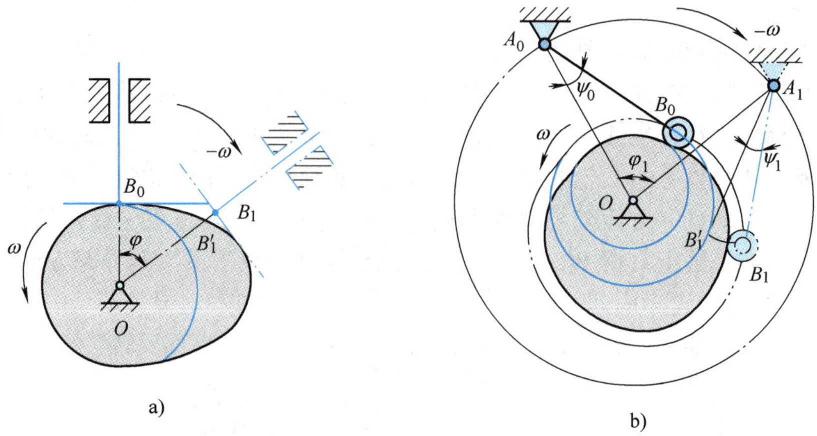

图 6-20　凸轮机构的反转原理二

可以看作是由 B_0 点先绕 O 点反转 φ 角到达凸轮基圆上的 B'点，然后，B'点再沿导路移动位移 s 到达 B 点。此时，从动件的位移 $s=\overline{B'B}$。

设凸轮机构的偏距为 e，基圆半径为 r_0。由图 6-21a 几何关系可求出 B 点坐标

$$\begin{cases}x=(s_0+s)\sin\varphi+e\cos\varphi\\y=(s_0+s)\cos\varphi-e\sin\varphi\end{cases}\tag{6-18}$$

式（6-18）为凸轮的理论廓线方程。

凸轮的实际廓线是圆心位于理论廓线上的一系列滚子圆族的包络线，如图 6-21b 所示，而且，滚子圆族的包络线应该有两条，分别对应于外凸轮和内凸轮的实际廓线。

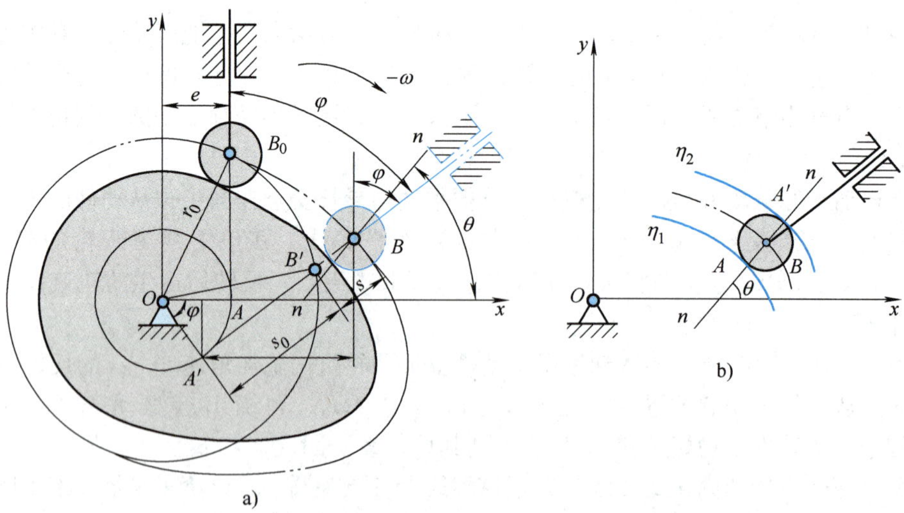

图 6-21　直动滚子从动件盘形凸轮的轮廓曲线设计

设过凸轮理论廓线上 B 点的公法线与滚子圆族的包络线交于 A、A'点，则 A、A'点也是凸轮实际廓线上的点。设 A 或 A'点的坐标为（x_a，y_a），则凸轮的实际廓线方程为

$$\begin{cases}x_a=x\mp r_r\cos\theta\\y_a=y\mp r_r\sin\theta\end{cases}\tag{6-19}$$

式中，r_r 为滚子半径；θ 为公法线与 x 轴的夹角；x、y 为滚子圆心位于理论廓线上的坐标；“$\mp$”上面一组符号用于求解外凸轮的实际廓线 η_1，下面一组符号用于计算内凸轮的实际廓线 η_2。

利用高等数学的知识，曲线上任意一点法线的斜率与该点切线斜率互为负倒数，所以有

$$\tan\theta=\frac{\sin\theta}{\cos\theta}=-\frac{\mathrm{d}x}{\mathrm{d}y}=\frac{\dfrac{\mathrm{d}x}{\mathrm{d}\varphi}}{-\dfrac{\mathrm{d}y}{\mathrm{d}\varphi}} \tag{6-20}$$

对式（6-18）求导可得

$$\begin{cases}\dfrac{\mathrm{d}x}{\mathrm{d}\varphi}=(s_0+s)\cos\varphi+\dfrac{\mathrm{d}s}{\mathrm{d}\varphi}\sin\varphi-e\sin\varphi\\[2ex]\dfrac{\mathrm{d}y}{\mathrm{d}\varphi}=-(s_0+s)\sin\varphi+\dfrac{\mathrm{d}s}{\mathrm{d}\varphi}\cos\varphi-e\cos\varphi\end{cases} \tag{6-21}$$

整理后可得

$$\begin{cases}\sin\theta=\dfrac{\dfrac{\mathrm{d}x}{\mathrm{d}\varphi}}{\sqrt{\left(\dfrac{\mathrm{d}x}{\mathrm{d}\varphi}\right)^2+\left(\dfrac{\mathrm{d}y}{\mathrm{d}\varphi}\right)^2}}\\[4ex]\cos\theta=\dfrac{-\dfrac{\mathrm{d}y}{\mathrm{d}\varphi}}{\sqrt{\left(\dfrac{\mathrm{d}x}{\mathrm{d}\varphi}\right)^2+\left(\dfrac{\mathrm{d}y}{\mathrm{d}\varphi}\right)^2}}\end{cases} \tag{6-22}$$

若设计对心直动滚子从动件盘形凸轮机构，上述公式中令 $e=0$ 即可。

2. 直动平底从动件盘形凸轮廓线的设计

建立原点 O 位于凸轮回转中心的直角坐标系 Oxy，如图 6-22 所示。当从动件在初始位置时，从动件的平底切于推程的起始点 B_0。当凸轮机构反转 φ 角后，从动件导路线与平底的交点到达 B_1 点，凸轮与从动件平底的切点从 B_0 到达 B 点。此时，从动件的位移 $s=\overline{B_1'B_1}$。

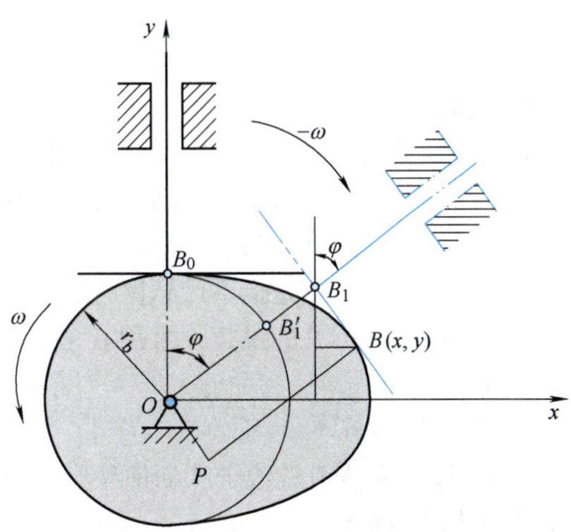

图 6-22　直动平底从动件盘形凸轮的廓线设计

从图 6-22 中可以看出，在 B 点接触时的瞬心为 P。

$$\overline{OP}=\overline{BB_1}=\frac{v}{\omega}=\frac{\mathrm{d}s}{\mathrm{d}\varphi}$$

B 的坐标为

$$\begin{cases}x=(r_b+s)\sin\varphi+\dfrac{\mathrm{d}s}{\mathrm{d}\varphi}\cos\varphi\\[2ex]y=(r_b+s)\cos\varphi-\dfrac{\mathrm{d}s}{\mathrm{d}\varphi}\sin\varphi\end{cases} \tag{6-23}$$

式（6-23）即为直动平底从动件盘形凸轮的实际廓线方程。

3. 摆动滚子从动件盘形凸轮廓线的设计

建立如图 6-23 所示的直角坐标系 Oxy，原点 O 位于凸轮的回转中心。当从动件在初始位置时，从动件位于行程的起始位置 A_0B_0。当凸轮机构反转 φ 角后，从动件 A_0B_0 运动到 AB 位置。此时，从动件的角位移 $\psi=\angle B'AB$。从动件 AB 的运动可以看作是 A_0B_0 先绕 O 点反转 φ 角到达 AB' 位置，然后，AB' 再绕 A 点摆动 ψ 角到达 AB 位置。设机架 OA 的长度为 a，摆杆 AB 的长度为 l，B 点的坐标为 (x, y)，由图 6-23 所示几何关系可求出 B 点的坐标

$$\begin{cases}x=a\sin\varphi-l\sin(\varphi+\psi_0+\psi)\\ y=a\cos\varphi-l\cos(\varphi+\psi_0+\psi)\end{cases} \tag{6-24}$$

式中，ψ_0 为摆杆的初始位置角，且 $\psi_0=\arccos\left[\dfrac{a^2+l^2-r_0^2}{(2al)}\right]$。

式（6-24）即为凸轮的理论廓线方程，实际廓线方程求法同前。

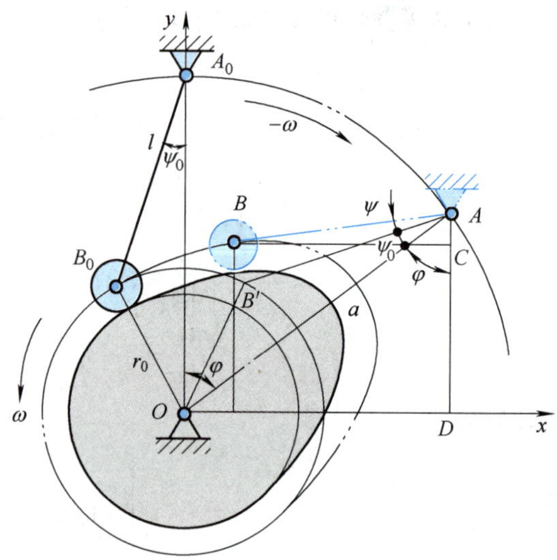

图 6-23 摆动滚子从动件盘形凸轮的廓线设计

平底摆动从动件盘形凸轮机构的廓线设计也可按上述方法求解。

第四节 凸轮机构基本尺寸的设计

设计凸轮的轮廓曲线时，不仅要求从动件能够实现预期的运动规律，还应该保证凸轮机构具有合理的结构尺寸和良好的运动、机械性能。因此，基圆半径、偏距和滚子半径、压力角等基本尺寸和参数的选择也是凸轮机构设计的重要内容。

一、凸轮机构的压力角

凸轮机构的压力角是指不计摩擦时，凸轮与从动件在某瞬时接触点处的公法线方向与从动件运动方向之间所夹的锐角，常用 α 表示。压力角是衡量凸轮机构受力情况好坏的一个重要参数。

1. 直动从动件凸轮机构的压力角

图 6-24a 所示为直动滚子从动件盘形凸轮机构，接触点 B 处的压力角如图所示。P 点为从动件与凸轮的瞬心。压力角 α 可从几何关系中找出

$$\tan\alpha=\frac{\overline{OP}\mp e}{s_0+s}=\frac{\dfrac{ds}{d\varphi}\mp e}{\sqrt{r_0^2-e^2}+s} \tag{6-25}$$

正确选择从动件的偏置方向有利于减小机构的压力角。此外，压力角还与凸轮的基圆半径和偏距等参数有关。

当偏距 $e=0$ 时，代入式（6-25），即可得到对心直动从动件盘形凸轮机构的压力角计算公式

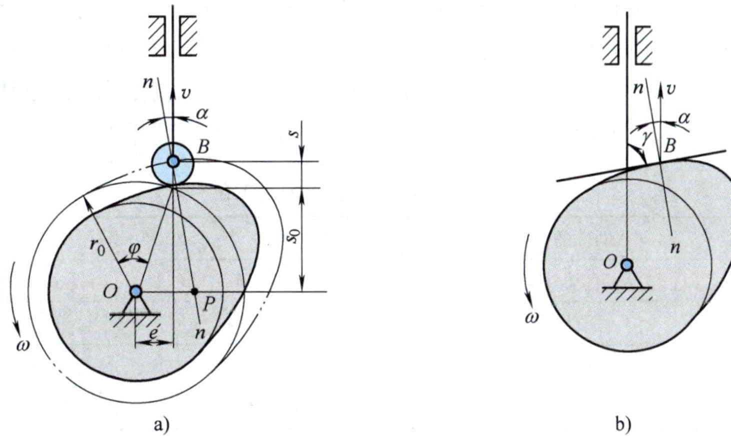

图 6-24　直动从动件盘形凸轮机构的压力角

$$\tan\alpha = \frac{\dfrac{ds}{d\varphi}}{r_0 + s} \tag{6-26}$$

对于图 6-24b 所示的直动平底从动件盘形凸轮机构，根据图中的几何关系，其压力角为

$$\alpha = 90° - \gamma$$

γ 为从动件的平底与导路中心线的夹角。显然，直动平底从动件盘形凸轮机构的压力角为常数，机构的受力方向不变，运转平稳性好。如果从动件的平底与导路中心线之间的夹角 $\gamma = 90°$，则压力角 $\alpha = 0°$。

2. 摆动从动件凸轮机构的压力角

图 6-25 所示为摆动从动件盘形凸轮机构的压力角。其中，图 6-25a 所示为滚子从动件的压力角示意图，摆杆 AB 在滚子中心 B 点的速度方向垂直 AB，与过接触点的公法线之间夹角为对应的压力角。摆杆 AB 的摆动弧与基圆交点和行程起始点在基圆上的圆心角为对应的凸轮转角。图 6-25b 所示为平底摆动从动件的压力角示意图。注意其中 B 点的速度方向的标注。

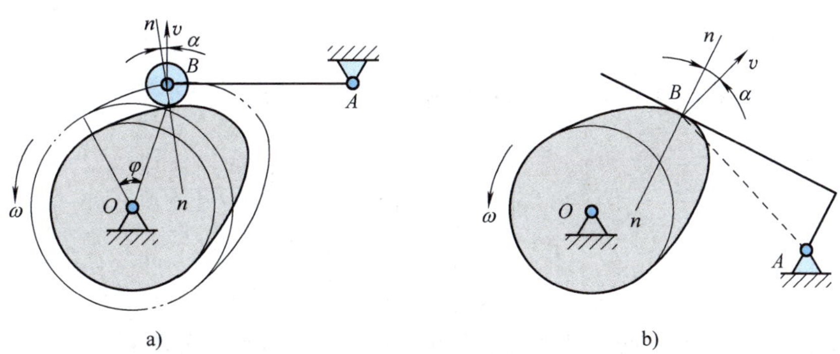

图 6-25　摆动从动件盘形凸轮机构的压力角

3. 凸轮机构的许用压力角

凸轮机构的压力角与基圆半径、偏距和滚子半径等基本尺寸有直接的关系。这些参数之

间往往互相制约。增大凸轮的基圆半径可以获得较小的压力角，但凸轮尺寸增大。反之，减小凸轮的基圆半径，可以获得较为紧凑的结构，但同时又使凸轮机构的压力角增大。压力角过大会降低机械的效率。因此，必须对凸轮机构的最大压力角加以限制，使其小于许用压力角，即 $\alpha_{max}<[\alpha]$。凸轮机构的许用压力角见表6-1，供设计人员参考。

表6-1　凸轮机构的许用压力角

封闭形式	从动件的运动方式	推　程	回　程
力封闭	直动从动件	$[\alpha]=25°\sim35°$	$[\alpha']=70°\sim80°$
	摆动从动件	$[\alpha]=35°\sim45°$	$[\alpha']=70°\sim80°$
形封闭	直动从动件	$[\alpha]=25°\sim35°$	$[\alpha']=[\alpha]$
	摆动从动件	$[\alpha]=35°\sim45°$	$[\alpha']=[\alpha]$

二、凸轮机构基本尺寸的设计

1. 基圆半径的设计

对于直动滚子从动件盘形凸轮机构，可根据式(6-25)求解出凸轮的基圆半径。即

$$r_0=\sqrt{\left(\frac{\frac{ds}{d\varphi}\mp e}{\tan\alpha}-s\right)^2+e^2} \tag{6-27}$$

显然，压力角 α 越大，基圆半径越小，机构尺寸越紧凑。在其他参数不变的情况下，当 $\alpha=[\alpha]$，可以使凸轮机构在满足压力角条件的同时，获得紧凑的结构尺寸。此时，最小基圆半径为

$$r_{0\min}=\sqrt{\left(\frac{\frac{ds}{d\varphi}-e}{\tan[\alpha]}-s\right)^2+e^2} \tag{6-28}$$

对于直动平底从动件盘形凸轮机构，凸轮廓线上各点的曲率半径 $\rho>0$。曲率半径的计算公式为

$$\rho=\frac{(1+y'^2)^{3/2}}{y''} \tag{6-29}$$

式中，$y'=\frac{dy}{dx}=\frac{\frac{dy}{d\varphi}}{\frac{dx}{d\varphi}}$，代入式（6-29）并整理得

$$\rho=\frac{\left[\left(\frac{dx}{d\varphi}\right)^2+\left(\frac{dy}{d\varphi}\right)^2\right]^{3/2}}{\frac{dx}{d\varphi}\frac{d^2y}{d\varphi^2}-\frac{dy}{d\varphi}\frac{d^2x}{d\varphi^2}} \tag{6-30}$$

令 $\rho>\rho_{min}$，代入直动平底从动件盘形凸轮机构的廓线方程，可得

$$r_b>\rho_{min}-s-\frac{d^2s}{d\varphi^2} \tag{6-31}$$

2. 滚子半径的设计

在设计滚子尺寸时，必须保证滚子同时满足运动特性要求和强度要求。

图 6-26a ~ c 所示为外凸廓线中的滚子圆族的包络情况。设理论廓线上某点的曲率半径为ρ，实际廓线在对应点的曲率半径为ρ_a，滚子半径为r_r，根据图中的几何关系有$\rho_a=\rho-r_r$。

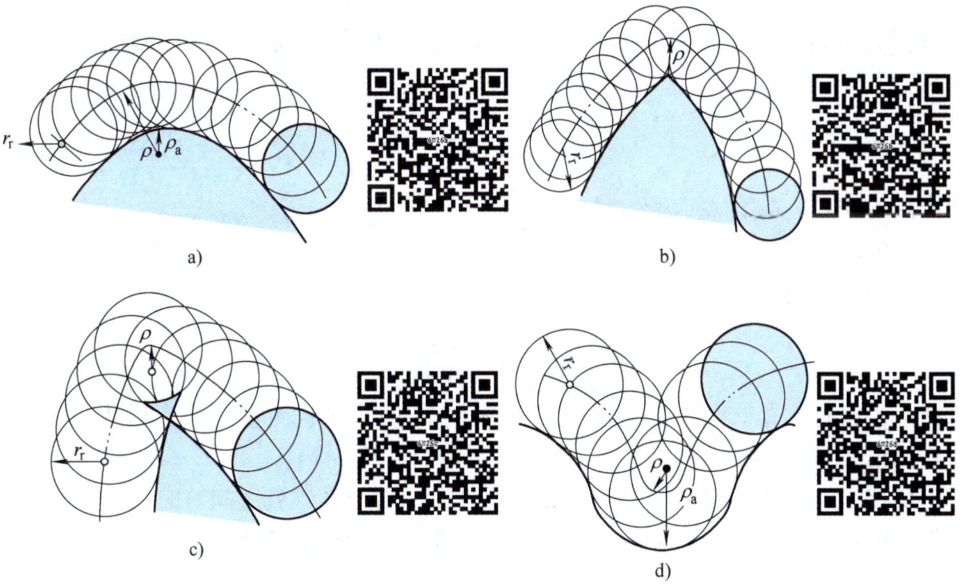

图 6-26　凸轮滚子尺寸与廓线的关系

图 6-26a 中，$\rho-r_r>0$；图 6-26b 中，$\rho-r_r=0$，实际廓线的最小曲率半径为零，表明在该位置出现尖点，运动过程中容易磨损；图 6-26c 中，$\rho-r_r<0$，实际廓线曲率半径为负值，说明在包络加工过程中，图中凸轮尖顶上部似三角形的部分将被切掉，从而导致机构的运动发生失真。因此，为了避免发生这种现象，要对滚子的半径加以限制。通常情况下，应保证

$$r_r \leqslant 0.8\rho_{min}$$

对于图 6-26d 所示的内凹廓线滚子圆族的包络情况，由于$\rho_a=\rho+r_r$，不会出现运动失真问题。

从强度要求考虑，滚子半径应满足以下条件

$$r_r \geqslant (0.1 \sim 0.5) r_0$$

3. 平底长度的设计

如图 6-27 所示，在平底从动件盘形凸轮机构运动过程中，应能保证从动件的平底在任意时刻均与凸轮接触，因此，平底的长度 l 应满足以下条件

$$l = 2\,\overline{OP}_{max} + \Delta l = 2\left(\frac{ds}{d\varphi}\right)_{max} + \Delta l$$

式中，Δl 为附加长度，由具体的结构而定，一般取 $\Delta l = 5 \sim 7$mm。

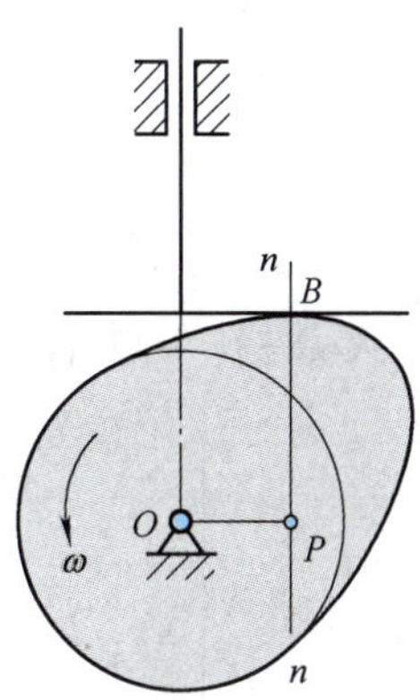

图 6-27　平底从动件的长度

4. 偏距的设计

从动件的偏置方向可直接影响凸轮机构压力角的大小，因此，在选择从动件的偏置方向时需要遵循的原则是：尽可能减小凸轮机构在推程阶段的压力角，其偏置的距离可按式(6-32)计算

$$\tan\alpha = \frac{\frac{ds}{d\varphi} - e}{\sqrt{r_0^2 - e^2} + s} = \frac{\frac{v}{\omega} - e}{s_0 + s} = \frac{v - e\omega}{(s_0 + s)\omega} \tag{6-32}$$

一般情况下，从动件运动速度的最大值发生在凸轮机构压力角最大的位置，则式（6-32）可改写为

$$\tan\alpha_{max} = \frac{v_{max} - e\omega}{(s_0 + s)\omega} \tag{6-33}$$

由于压力角为锐角，故有 $v_{max} - e\omega \geqslant 0$。

由式（6-33）可知，增大偏距，有利于减小凸轮机构的压力角，但偏距的增加也是有限度的，其最大值应满足

$$e_{max} \leqslant \frac{v_{max}}{\omega}$$

因此，当设计偏置式凸轮机构时，其从动件偏置方向的确定原则是：从动件应置于使该凸轮机构的压力角减小的方向。

综上所述，在进行凸轮机构基本尺寸的设计时，由于各参数之间有时是互相制约的，因此，在设计时应该综合考虑各种因素，使其综合性能指标满足设计要求。

第五节　凸轮廓线的计算机辅助设计

随着计算机技术和精密数控加工技术的发展，凸轮加工已经摆脱了图解设计法，解析法应用日渐广泛。图 6-28 所示框图为解析法的具体应用实例，也是凸轮机构计算机辅助设计的基本过程。

例　设计一偏置直动滚子从动件盘形凸轮机构。已知从动件的行程 $h = 28$mm，在推程阶段和回程阶段分别以摆线运动规律和简谐运动规律运动，且有 $\Phi = 135°$、$\Phi_s = 45°$、$\Phi' = 80°$、$\Phi'_s = 100°$；凸轮的角速度 $\omega = 12$rad/s，且以逆时针匀速转动，基圆半径 $r_0 = 65$mm；凸轮机构偏距 $e = 12$mm，滚子半径 $r_r = 12$mm。试用解析法设计此凸轮机构的凸轮廓线。

解　1）选择从动件的偏置方向。建立如图 6-29 所示的直角坐标系 Oxy，为减小压力角，从动件置于凸轮转动中心右侧。

2）求解凸轮的理论廓线。凸轮的理论廓线方程为

$$\begin{cases} x = (s_0 + s)\sin\varphi + e\cos\varphi \\ y = (s_0 + s)\cos\varphi - e\sin\varphi \end{cases}$$

式中，$s_0 = \sqrt{r_0^2 - e^2}$。

从动件在不同阶段的位移方程分别为

$$s = \begin{cases} \dfrac{h}{\Phi}\varphi - \dfrac{h}{2\pi}\sin\left(\dfrac{2\pi}{\Phi}\varphi\right) & \text{凸轮转角}[0°,135°] & \text{推程阶段} \\ 28 & \text{凸轮转角}(135°,180°) & \text{远休止阶段} \\ \dfrac{h}{2} + \dfrac{h}{2}\cos\left(\dfrac{\pi}{\Phi'}\varphi\right) & \text{凸轮转角}[180°,260°] & \text{回程阶段} \\ 0 & \text{凸轮转角}(260°,360°) & \text{近休止阶段} \end{cases}$$

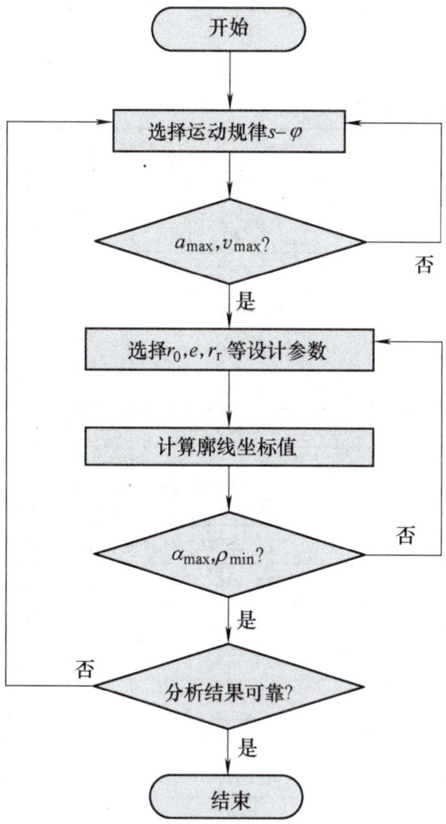

图 6-28　凸轮廓线计算机设计框图

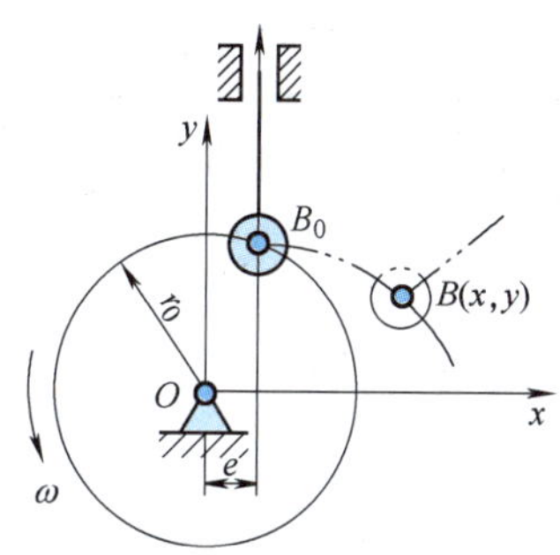

图 6-29　凸轮轮廓曲线的设计

3）求解凸轮的实际廓线。设该凸轮机构中的凸轮构件是外凸轮，凸轮的实际廓线方程为

$$\begin{cases} x_a = x - r_r\cos\theta \\ y_a = y - r_r\sin\theta \end{cases}$$

式中，

$$\sin\theta = \frac{\dfrac{dx}{d\varphi}}{\sqrt{\left(\dfrac{dx}{d\varphi}\right)^2 + \left(\dfrac{dy}{d\varphi}\right)^2}},\quad \cos\theta = \frac{-\dfrac{dy}{d\varphi}}{\sqrt{\left(\dfrac{dx}{d\varphi}\right)^2 + \left(\dfrac{dy}{d\varphi}\right)^2}}$$

而$\dfrac{dx}{d\varphi} = (s_0 + s)\cos\varphi + \dfrac{ds}{d\varphi}\sin\varphi - e\sin\varphi$，$\dfrac{dy}{d\varphi} = -(s_0 + s)\sin\varphi + \dfrac{ds}{d\varphi}\cos\varphi - e\cos\varphi$。

同样，由于位移 s 与从动件所处的运动阶段有关，所以有

$$\frac{ds}{d\varphi} = \begin{cases} \dfrac{h}{\Phi} - \dfrac{h}{\Phi}\cos\left(\dfrac{2\pi}{\Phi}\varphi\right) & \text{凸轮转角}[0°,135°] \quad \text{推程阶段} \\ 0 & \text{凸轮转角}(135°,180°) \quad \text{远休止阶段} \\ -\dfrac{h\pi}{2\Phi'}\sin\left(\dfrac{\pi}{\Phi'}\varphi\right) & \text{凸轮转角}[180°,260°] \quad \text{回程阶段} \\ 0 & \text{凸轮转角}(260°,360°) \quad \text{近休止阶段} \end{cases}$$

代入已知条件，并利用 Matlab 语言编程求解，得到凸轮理论廓线和实际廓线的坐标值，

见表 6-2，分别将凸轮理论廓线和实际廓线上的所有坐标点光滑连接，即可得到该凸轮的理论廓线和实际廓线，如图 6-30 所示。

表 6-2 例题的计算结果

凸轮转角 φ	理论廓线坐标		实际廓线坐标	
	x	y	x_a	y_a
0°	12.000	63.883	9.785	52.089
10°	22.924	60.901	18.912	49.592
20°	33.322	56.465	27.989	45.715
30°	43.250	50.912	36.909	40.724
40°	52.844	44.309	45.585	34.753
50°	62.112	36.453	53.845	27.754
60°	70.781	27.009	61.377	19.555
70°	78.263	15.715	67.710	10.004
80°	83.748	2.582	72.257	-0.876
90°	86.409	-12.000	74.436	-12.807
100°	85.635	-27.285	73.804	-25.277
110°	81.210	-42.328	70.167	-37.631
120°	73.359	-56.21	63.620	-49.200
130°	62.666	-68.248	54.519	-59.436
140°	49.869	-78.1	43.410	-67.986
150°	35.549	-85.573	30.945	-74.491
160°	20.149	-90.446	17.540	-78.733
170°	4.138	-92.571	3.602	-80.583
180°	-12.000	-91.883	-10.446	-79.984
190°	-27.588	-87.354	-22.548	-76.463
200°	-41.300	-78.384	-33.375	-69.373
210°	-52.012	-66.088	-42.031	-59.426
220°	-59.255	-51.948	-48.038	-47.684
230°	-63.271	-37.426	-51.470	-35.247
240°	-64.875	-23.599	-52.894	-22.920
250°	-65.136	-10.937	-53.136	-11.005
260°	-64.996	0.725	-52.997	0.591
270°	-63.883	12.000	-52.089	9.785
280°	-60.828	22.911	-49.599	18.681
290°	-55.926	33.125	-45.601	27.010
300°	-49.324	42.334	-40.218	34.518
310°	-41.224	50.256	-33.613	40.978
320°	-31.870	56.650	-25.987	46.192
330°	-21.549	61.324	-17.571	50.003
340°	-10.573	64.134	-8.621	52.294

（续）

凸轮转角 φ	理论廓线坐标		实际廓线坐标	
	x	y	x_a	y_a
350°	0.725	64.996	0.591	52.997
360°	12.000	63.883	9.785	52.089

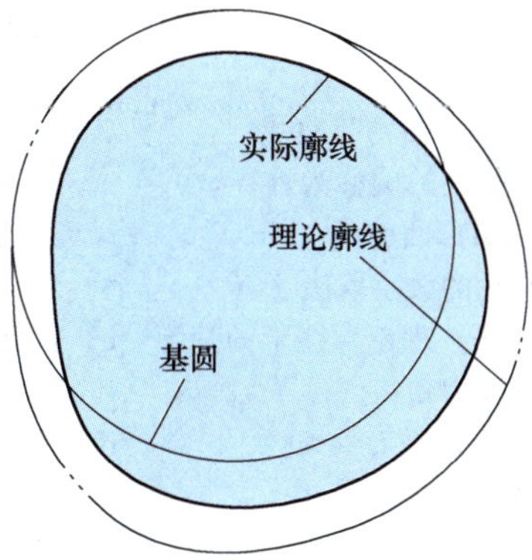

图 6-30　凸轮的理论廓线和实际廓线

实际加工时，在行程起始点附近的凸轮转角分度不超过 1°，其他位置的凸轮转角小于 3°。可将位移方程直接写入数控机床或输入廓线上各点坐标值。

本章总结

1. 凸轮机构是由凸轮、从动件和机架组成的三构件高副机构，一般凸轮为主动件，直接驱动从动件运动。
2. 除平底从动件外，凸轮有两个基圆。理论廓线上的基圆是凸轮设计的基准圆。尖底从动件的理论廓线与实际廓线重合。
3. 凸轮的转角在理论廓线的基圆上，从行程起始点到从动件导路与基圆交点度量。
4. 从动件的位移是从从动件的最低点开始度量的，位移最低点在导路与理论廓线基圆的交点处。
5. 凸轮机构的压力角是凸轮对从动件的作用力方向与从动件在该点的速度方向所夹之锐角。
6. 凸轮机构的基本运动规律主要有：等速运动规律、等加速等减速运动规律、余弦加速度运动规律，正弦加速度运动规律和五次多项式运动规律。
7. 等速运动规律虽然能实现从动件的等速运动，但在行程的起始点有刚性冲击。
8. 工程中，大多使用基本运动规律的组合。
9. 机构反转原理为凸轮廓线设计提供了方便，该原理中，假想凸轮静止不动，从动件反方向转动的同时按照其运动规律沿导路方向移动或摆动，在此过程中从动件所形成的轨迹，对尖底从动件而言，为凸轮实际廓线；对滚子从动件而言，则为凸轮理论廓线；对平底从动件而言，既不是理论廓线，也不是实际廓线。
10. 反转法的基本原理，是凸轮廓线设计的基本依据。
11. 凸轮基圆半径的选择与其尺寸大小和压力角大小有关；基圆半径越大，尺寸越大，但其压力角则越小。
12. 从动件上滚子尺寸的选择，除考虑强度条件外，也要考虑干涉条件。
13. 从动件偏置方向与偏距大小的选择也是凸轮机构设计的重要内容。

习　题

1. 理解

1-1　凸轮机构是一种由凸轮、从动件和机架组成的（　　）机构。

a）低副　　b）高副

1-2　绘出的凸轮理论廓线的参考点称为（　　）。

a）凸轮中心　　b）节点　　c）轨迹点　　d）基本点

1-3　（　　）是凸轮的实际工作表面。

a）凸轮实际廓线　　b）凸轮节曲线

1-4　以凸轮实际廓线上的最小半径画的圆称为（　　）。

a）理论廓线基圆　　b）凸轮圆　　c）节圆　　d）实际廓线基圆

1-5　当凸轮运动规律一定时，凸轮的大小取决于（　　）。

a）节圆　　b）理论廓线上的基圆　　c）实际廓线上的基圆　　d）理论廓线

1-6　当基圆半径增加时，凸轮的压力角将（　　）。

a）减小　　b）增大　　c）不变　　d）不一定

1-7　下列哪种运动规律可用于高速场合？（　　）。

a）等加速等减速运动规律　　b）等速运动规律　　c）简谐运动规律　　d）摆线运动规律

1-8　凸轮机构的压力角是指不计摩擦时，凸轮与从动件在某瞬时接触点处的（　　）方向与从动件运动方向之间所夹的锐角，常用 α 表示。

a）公法线　　b）公切线

1-9　（　　）是从动件的最大运动距离。

a）行程　　b）位移　　c）升程

1-10　当从动件从距凸轮回转中心的最近点运动到最远点时，对应凸轮所转过的角度称为（　　），用 Φ 表示。

a）推程运动角　　b）回程运动角

1-11　从动件在距凸轮回转中心的最远点静止不动时，对应凸轮所转过的角度称为（　　），用 Φ_s 表示。

a）远休止角　　b）近休止角

1-12　在习题图 6-1 中，哪个角为推程运动角？（　　）

a）$\angle BOA$　　b）$\angle BOB'$

1-13　在习题图 6-2 中，哪个角为回程运动角？（　　）

a）$\angle A'OA$　　b）$\angle BOA$

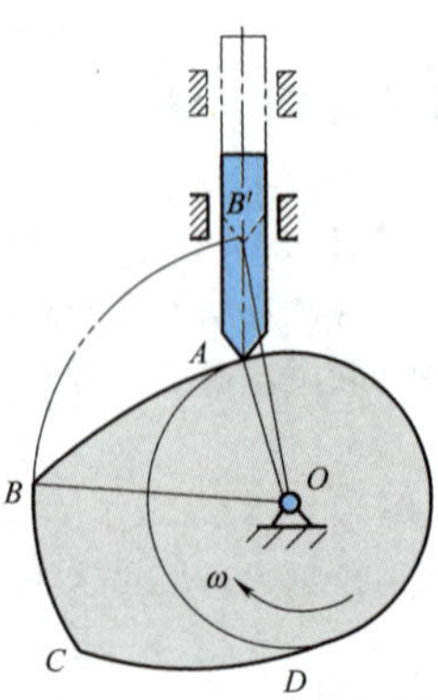

习题图 6-1　直动尖底从动件盘形凸轮机构一

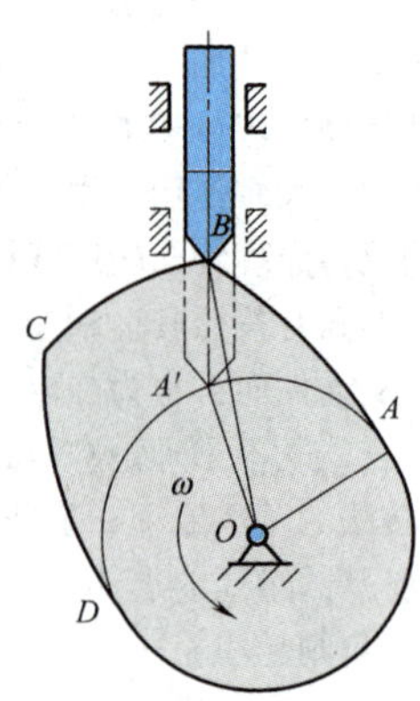

习题图 6-2　直动尖底从动件盘形凸轮机构二

2. 分析与设计

2-1　画出习题图 6-3 所示凸轮机构所对应的等效四杆机构。

2-2 在图上标出习题图 6-3 所示凸轮机构的压力角 α、凸轮转角 φ 与对应的角位移 ψ。

2-3 画出习题图 6-4 所示凸轮机构所对应的等效四杆机构。

2-4 在图上标出习题图 6-4 所示凸轮机构的压力角 α、凸轮转角 φ 与对应的位移 s。

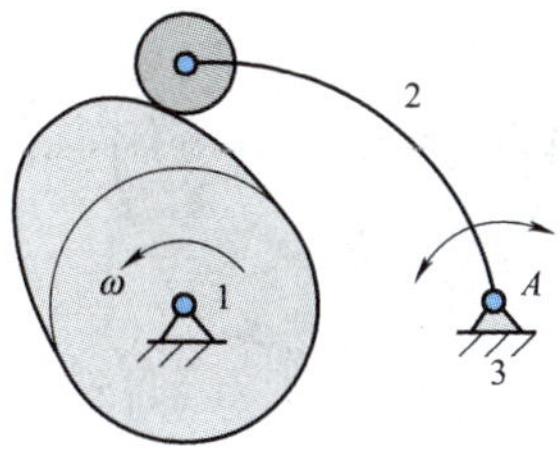

习题图 6-3 摆动滚子从动件盘形凸轮机构

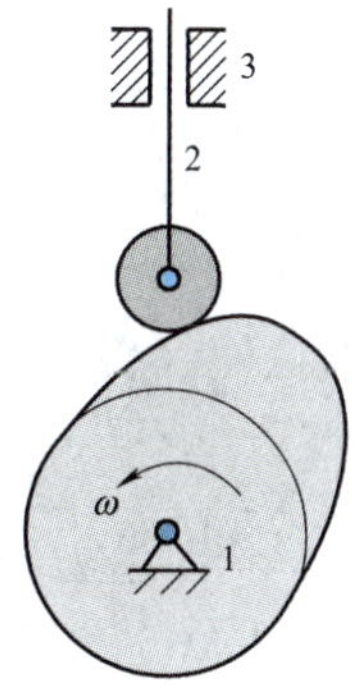

习题图 6-4 直动滚子从动件盘形凸轮机构

2-5 画出习题图 6-5 所示凸轮机构的实际廓线，实际廓线上的基圆及理论廓线上的基圆，标出对应的压力角、凸轮转角与对应的位移。

2-6 如习题图 6-6 所示三种凸轮机构，试：

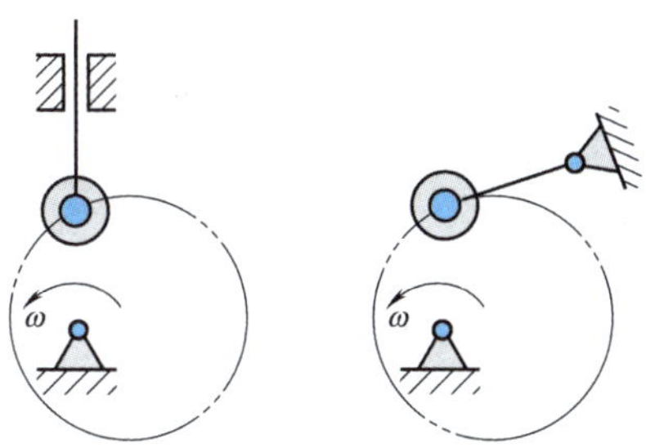

习题图 6-5 设计滚子从动件盘形凸轮机构

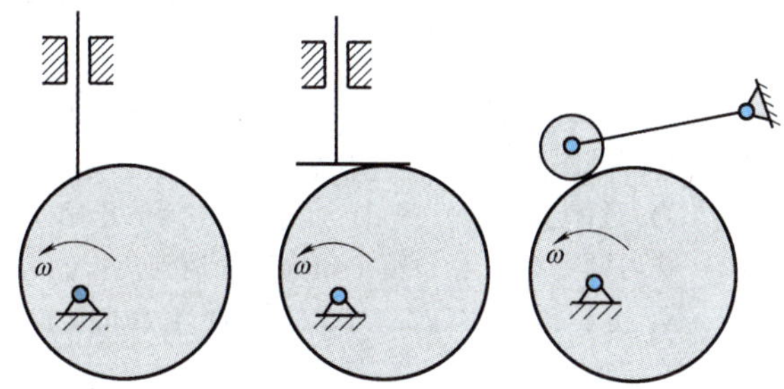

习题图 6-6 凸轮机构

1）在图上标出图示位置时凸轮机构的压力角和从动件的位移。

2）画出当凸轮从图示位置转过 45°时，凸轮机构的压力角和从动件的位移。

2-7 如习题图 6-7 所示，设计一偏置直动滚子从动件盘形凸轮机构，已知推程按摆线运动规律运动，推程运动角为 120°，行程 $h=30\text{mm}$，远休止角为 30°；回程按等速运动规律运动，回程运动角为 150°，近休止角为 60°。凸轮以角速度 $\omega=12\text{rad/s}$ 逆时针转动，基圆半径 $r_0=50\text{mm}$，偏置距离 $e=12\text{mm}$，滚子半径 $r_r=10\text{mm}$。

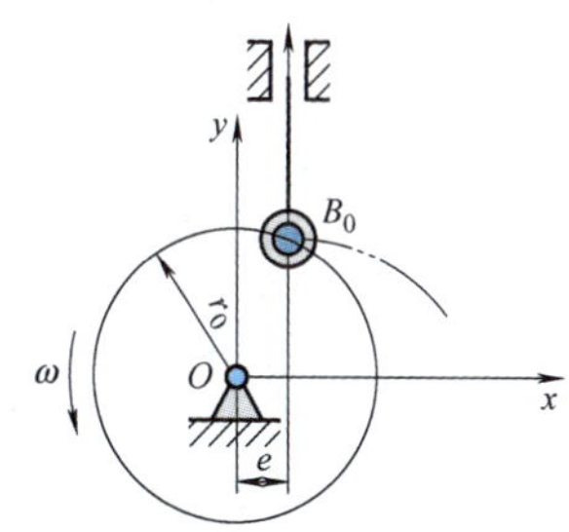

习题图 6-7 设计偏置直动滚子从动件盘形凸轮机构

2-8 设计凸轮机构。已知推程角为 60°，行程为 10mm，远休止角为 120°，回程运动角为 50°，近休止角为 130°。凸轮运转一周为 5s，选择合适的运动规律以使得推程与回程具有较小的加速度，画出从动件的运动规律线图。

2-9 如习题图 6-8 所示，设计一偏置直动平底从动件盘形凸轮机构，已知推程按摆线运动规律运动，推程运动角为 150°，行程 $h=30\text{mm}$，远休止角为 60°；回程按等速运动规律运动，回程运动角为 120°，近休止角为 30°。凸轮以角速度 $\omega=31.4\text{rad/s}$ 逆时针转动，实际廓线基圆半径 $r_b=50\text{mm}$，偏置距离 $e=8\text{mm}$。

2-10 如习题图 6-9 所示，设计摆动滚子从动件盘形凸轮机构，已知推程按正弦运动规律运动，推程运动角为 120°，最大摆角 $\psi_{max}=20°$，远休止角为 60°；回程按五次多项式运动规律运动，回程运动角为 150°，近休止角为 30°。凸轮以角速度 $\omega=60\text{rad/s}$ 逆时针转动，实际廓线基圆半径 $r_b=40\text{mm}$，$l_{OA}=$

100mm，$l_{AB}=70$mm，滚子半径 $r_r=12$mm。

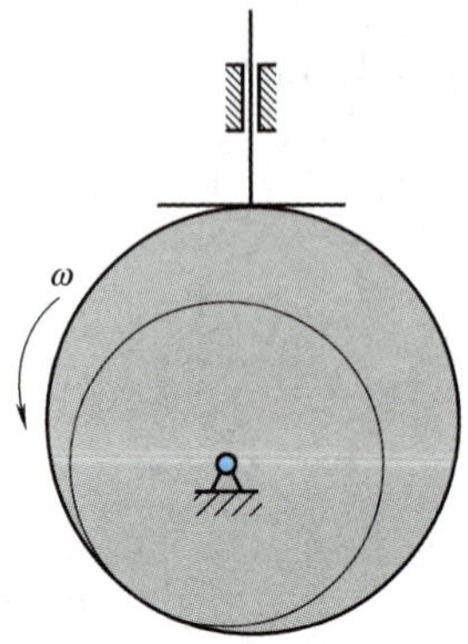

习题图 6-8　设计偏置直动平底从动件盘形凸轮机构

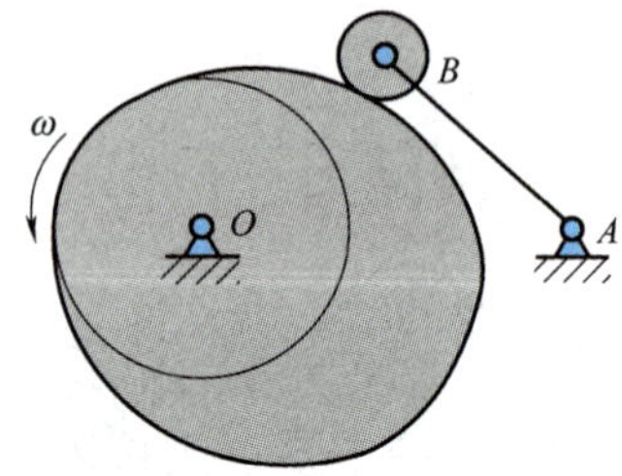

习题图 6-9　设计摆动滚子从动件盘形凸轮机构

3. 自测题

3-1　凸轮和从动件接触点处的法线方向与从动件的运动方向间的夹角称为（　　）。

a）基角　　b）压力角　　c）节角　　d）初始角

3-2　在圆柱凸轮机构中，从动件的运动方向为（　　）。

a）平行于凸轮轴线　　b）垂直于凸轮轴线　　c）沿着凸轮轴线

3-3　（　　）是轨迹点的集合。

a）凸轮的理论廓线　　b）凸轮的实际廓线　　c）基圆

3-4　在习题图 6-10 中，∠*COB* 是（　　）。

a）远休止角　　b）近休止角

3-5　在习题图 6-11 中，哪个角为回程运动角？（　　）。

a）∠*C′OC*　　b）∠*DOC*

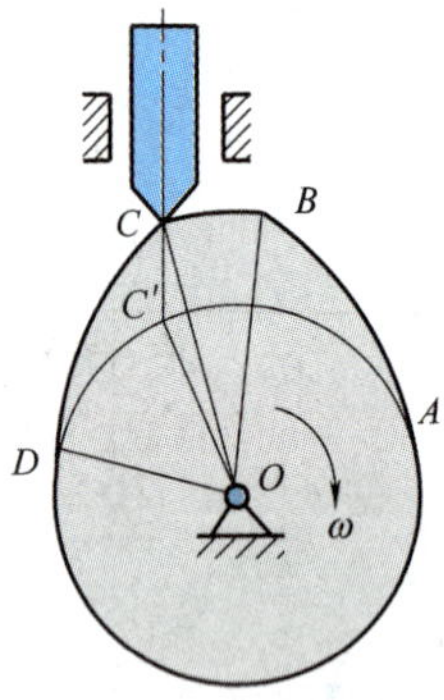

习题图 6-10　偏置直动尖底从动件盘形凸轮机构一

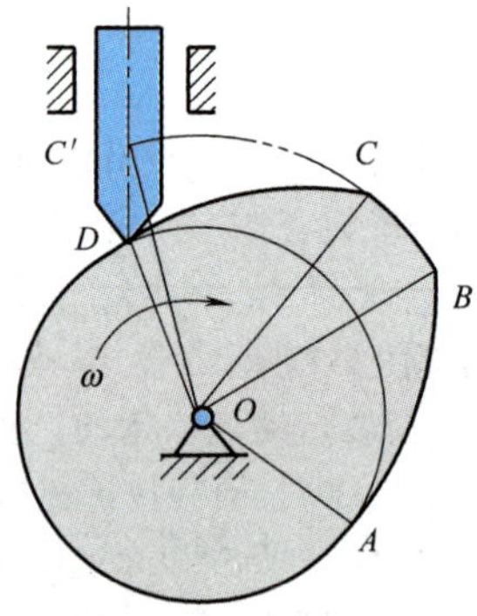

习题图 6-11　偏置直动尖底从动件盘形凸轮机构二

3-6　画出凸轮的廓线，已知：

1）推程运动角为 180°，采用摆线运动规律，行程为 30mm。

2）远休止角为 20°。

3）回程运动角为 160°，采用等速运动规律。

基圆直径为 28mm，滚子直径为 8mm，偏置距离为 6mm，且从动件左偏置。当凸轮以转速 1500r/min 逆时针转动时，求推程中的最大速度与最大加速度。

第七章

齿轮机构及其设计

本章以渐开线标准直齿圆柱齿轮为基础，介绍齿廓啮合基本定律、渐开线齿廓的啮合特点以及渐开线标准直齿圆柱齿轮的基本参数与几何尺寸；介绍渐开线标准直齿圆柱齿轮的啮合原理、加工与根切现象以及变位齿轮传动的基本知识；对斜齿圆柱齿轮机构、锥齿轮机构和蜗杆机构的啮合及几何尺寸设计进行简单介绍。

第一节　齿轮机构的分类

齿轮是重要的机械传动机构，应用非常广泛。可以用来传递空间两任意轴之间的运动和动力。根据齿轮轴线的布置情况，可将齿轮机构分为平面齿轮机构和空间齿轮机构。

一、平面齿轮机构

用于传递两平行轴间运动和动力的齿轮机构称为平面齿轮机构，其齿轮运动平面重合或平行。

1. 直齿圆柱齿轮机构

图 7-1 所示为直齿圆柱齿轮机构，各轮齿方向与齿轮的轴线平行。图 7-1a 为外啮合直齿圆柱齿轮机构；图 7-1b 为内啮合直齿圆柱齿轮机构；图 7-1c 为齿轮齿条机构，其中齿条可看成直径为无穷大的齿轮的一部分，齿轮作回转运动，而齿条作直线移动。

2. 斜齿圆柱齿轮机构

图 7-2 所示为斜齿圆柱齿轮机构，轮齿方向与其轴线方向有一倾斜角，该角称为斜齿圆柱齿轮的螺旋角。

3. 人字齿轮机构

图 7-3 所示为人字齿轮机构。人字齿轮的齿形如人字，可看成由两个螺旋方向相反的斜齿轮构成。

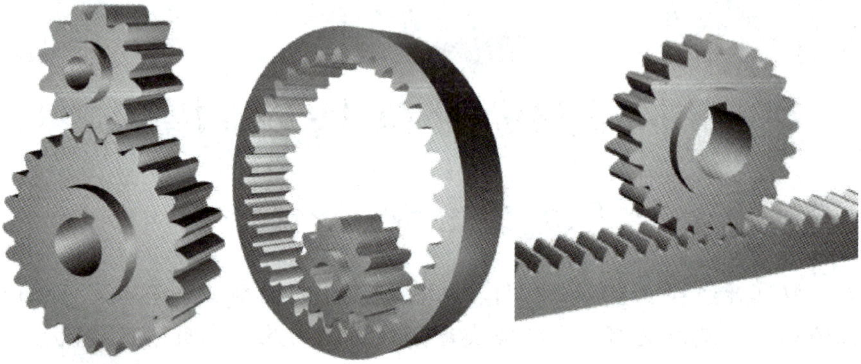

a)　　　　b)　　　　c)

图 7-1　直齿圆柱齿轮机构

图 7-2　斜齿圆柱齿轮机构

图 7-3　人字齿轮机构

二、空间齿轮机构

用于传递相交轴或交错轴间运动和动力的齿轮机构称为空间齿轮机构，其齿轮运动平面不再平行。

1. 锥齿轮机构

锥齿轮的轮齿分布在截圆锥体的表面上，两齿轮的轴线相交。图 7-4a 为直齿锥齿轮，图 7-4b 为斜齿锥齿轮，图 7-4c 为曲线齿锥齿轮。直齿锥齿轮制造较为简单，应用广泛；斜齿锥齿轮的轮齿倾斜于圆锥母线，制造困难，应用较少；曲线齿锥齿轮的轮齿为曲线形，传动平稳，适用于高速、重载传动，但制造成本较高。

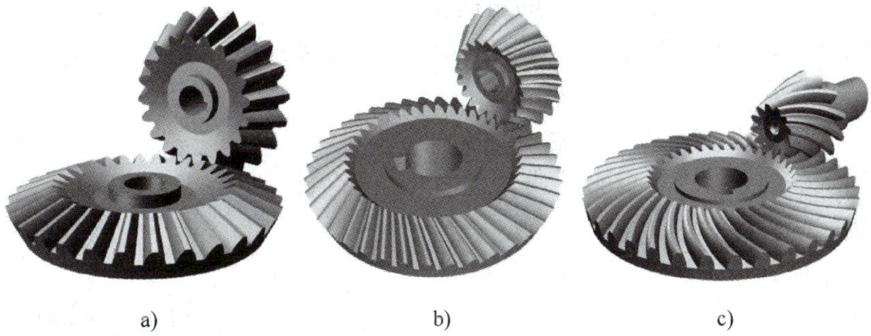

图 7-4　锥齿轮机构

2. 交错轴斜齿圆柱齿轮机构

图 7-5 所示为交错轴斜齿圆柱齿轮机构，其中的每一个齿轮都是斜齿圆柱齿轮。

图 7-5　交错轴斜齿圆柱齿轮机构

3. 蜗杆机构

蜗杆机构通常用于两垂直交错轴之间的传动，如图 7-6 所示。蜗杆传动可获得大传动比，应用广泛。

图 7-6　蜗杆机构

在众多类型的齿轮机构中，直齿圆柱齿轮机构是最简单、应用最广泛的一种，也是本课程重点学习的内容。

第二节　齿廓啮合

一、齿廓啮合的基本定律

齿轮传动是靠主动齿轮的齿廓推动从动齿轮的齿廓来实现的，图 7-7 所示齿轮机构中，O_1、O_2 分别为两齿轮的转动中心。主动轮 1 与从动轮 2 的瞬时角速度比值称为瞬时传动比，用i_{12}表示。即 $i_{12}=\omega_1/\omega_2$，ω_1 和 ω_2 分别为两轮的角速度。

瞬时传动比与齿廓的形状有关。齿廓啮合基本定律揭示了齿廓曲线与两轮传动比之间的关系。

主动齿轮 1 的齿廓 C_1 与从动齿轮 2 的齿廓 C_2 在 K 点接触，过 K 点作两齿廓的公法线 $n—n$，此公法线与连心线交于 P 点，P 点为两齿廓的速度瞬心。根据瞬心的概念

$$v_P=\omega_1\,\overline{O_1P}=\omega_2\,\overline{O_2P}$$

故两轮的瞬时传动比为

$$i_{12}=\frac{\omega_1}{\omega_2}=\frac{\overline{O_2P}}{\overline{O_1P}} \tag{7-1}$$

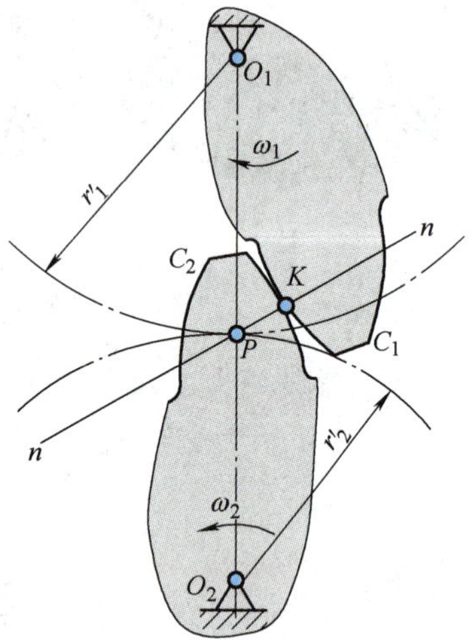

图 7-7　齿廓啮合的基本定律

一对齿轮的瞬时传动比等于两齿廓接触点处的公法线分连心线O_1O_2所成的两段线段长度的反比。这一结论称为齿廓啮合的基本定律。

由式（7-1）可知，两轮的瞬时传动比与瞬心 P 的位置有关，而瞬心 P 的位置与齿廓曲线的形状有关。在齿轮传动机构中，又把瞬心 P 称为节点。

若两齿轮的瞬时传动比为常数，则 P 必为定点，此时节点 P 随齿轮 1 的运动轨迹为以 O_1 为圆心，以O_1P为半径的圆。同理，节点 P 在齿轮 2 的运动平面上的轨迹为以 O_2 为圆心，以O_2P为半径的圆。这两个圆分别称为齿轮 1 和齿轮 2 的节圆，其半径分别用 r'_1和 r'_2表示，这种齿轮机构称为圆形齿轮机构。两轮在节点 P 处的相对速度等于零，说明瞬时传动比为定值时，一对齿轮的啮合传动相当于两轮的节圆间作纯滚动。

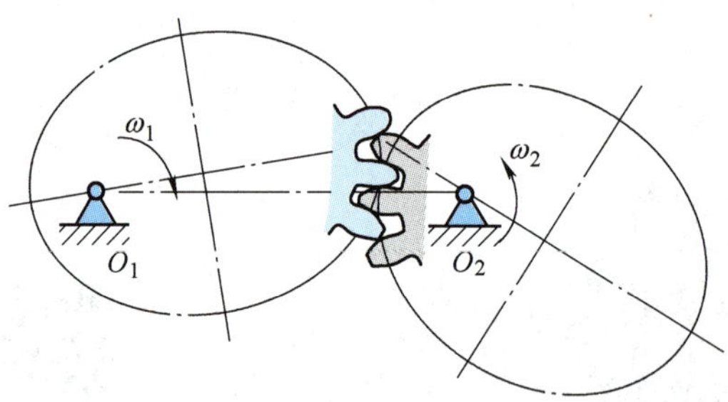

图 7-8　非圆齿轮机构

如果节点 P 的位置是变动的，则为变传动比齿轮机构。这时节点在两个齿轮的运动平面上的轨迹为非圆曲线，称为节线，这种齿轮机构称为非圆齿轮机构，图 7-8 所示的非圆齿轮机构即为变传动比齿轮机构的示例。

二、共轭齿廓及齿廓曲线的选择

1. 共轭齿廓

能满足齿廓啮合定律的一对齿廓称为共轭齿廓，共轭齿廓的齿廓曲线称为共轭曲线。一对共轭齿廓上相互啮合的点称为共轭点，共轭点的集合就是共轭曲线。

2. 齿廓曲线的选择

给出一个齿轮的齿廓曲线及传动比规律，可根据齿廓啮合的基本定律求出与之共轭的另

一个齿轮的齿廓曲线。因此，可以作为共轭齿廓的曲线是很多的。工程中选择齿廓曲线时除了满足给定传动比的要求外，还应考虑设计、制造、测量、安装、互换性和强度等方面的问题。渐开线齿廓能够较全面地满足上述几方面的要求，因此渐开线是定传动比齿轮传动中最常用的齿廓曲线，此外摆线和圆弧曲线也有应用。

第三节 渐开线齿廓及其啮合特点

一、渐开线的形成、特性及渐开线方程

1. 渐开线的形成

如图 7-9 所示，当一直线 L 沿半径为 r_b 的圆周作纯滚动时，直线 L 上任意一点 K 的轨迹 AK 称为该圆的渐开线，简称渐开线，这个圆称为渐开线的基圆，其半径用 r_b 表示；直线 L 称为渐开线的发生线；A 为渐开线在基圆上的起始点；角 θ_K（$\angle AOK$）称为渐开线 AK 段的展角。

2. 渐开线的特性

1）发生线沿基圆作纯滚动，因此发生线沿基圆滚过的长度$\overline{KN}$等于基圆被滚过的弧长$\widehat{AN}$。

$$\overline{KN}=\widehat{AN}$$

2）渐开线上任意一点的法线必是基圆的切线。如图 7-9 所示，当发生线 L 沿基圆纯滚动时，N 为速度瞬心，因此发生线在 K 点的速度方向与渐开线在该点的切线方向重合，故发生线 L 就是渐开线在 K 点的法线，也是基圆的切线。

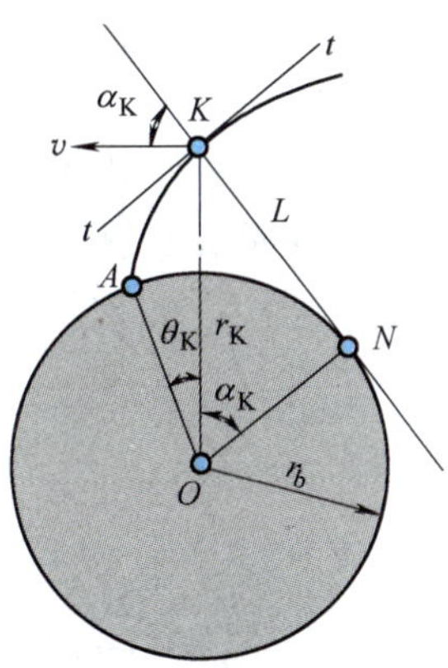

图 7-9 渐开线的形成及性质

3）发生线与基圆的切点 N 是渐开线在 K 点的曲率中心，线段$\overline{KN}$是渐开线在 K 点的曲率半径。显然，离基圆越远，曲率半径越大。渐开线在基圆上 A 点的曲率半径为零，基圆内没有渐开线，A 点称为渐开线的起始点。

4）渐开线的形状取决于基圆的大小。如图 7-10 所示，在展角相同的情况下，基圆半径越小，渐开线的曲率半径越小，渐开线越弯曲；基圆半径越大，渐开线的曲率半径越大，渐开线越平直，当基圆半径为无穷大时，渐开线将变成垂直于 N_3K 的一条直线，直线是特殊的渐开线。

3. 渐开线方程

在研究渐开线齿轮啮合传动和几何尺寸计算时，要用到渐开线方程式及渐开线函数。下

面就根据渐开线的形成原理来进行推导。

如图 7-9 所示，以 OA 为极坐标轴，渐开线上的任意一点 K 的位置可用向径 r_K 和展角 θ_K 来确定。K 点受力来自另外一个啮合齿廓，沿法线 NK 方向与该点速度方向（垂直于直线 OK）所夹的锐角称为渐开线在 K 点的压力角，用 α_K 表示。

由图 7-9 所示的几何关系可得渐开线上任意点 K 的向径 r_K、压力角 α_K、基圆半径 r_b 之间的关系为

$$r_K = \frac{r_b}{\cos\alpha_K}$$

又

$$\tan\alpha_K = \frac{\overline{NK}}{\overline{ON}} = \frac{\widehat{AN}}{r_b} = \frac{r_b(\alpha_K + \theta_K)}{r_b} = \alpha_K + \theta_k$$

故

$$\theta_K = \tan\alpha_K - \alpha_K$$

上式中，展角 θ_K 是压力角 α_K 的函数，工程上常用 $\mathrm{inv}\alpha_K$ 表示 θ_K，并称其为渐开线函数，即

$$\theta_K = \mathrm{inv}\alpha_K = \tan\alpha_K - \alpha_K$$

综上所述，渐开线的极坐标方程为

$$\begin{cases} r_K = \dfrac{r_b}{\cos\alpha_K} \\ \theta_K = \mathrm{inv}\alpha_K = \tan\alpha_K - \alpha_K \end{cases} \tag{7-2}$$

二、渐开线齿廓啮合传动的特点

一对渐开线齿廓进行啮合传动时，有如下特点。

1. 瞬时传动比恒定不变

图 7-11 所示为一对渐开线齿廓啮合示意图。过啮合点 K 作两齿廓的公法线，必与两齿轮的基圆相切且为其内公切线，N_1、N_2 为切点。同一个方向上的内公切线只有一条，因此

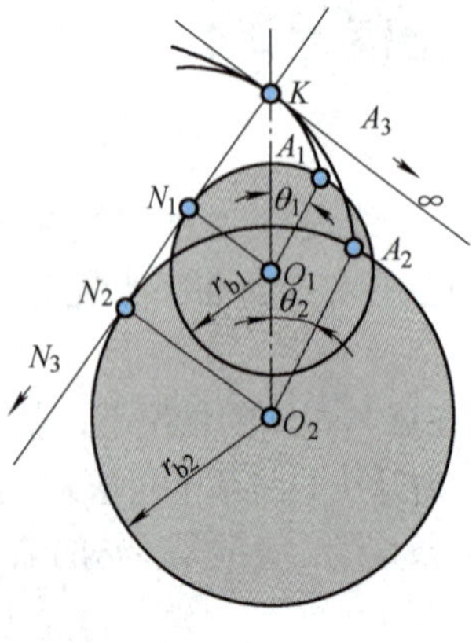

图 7-10　渐开线的形状与基圆半径

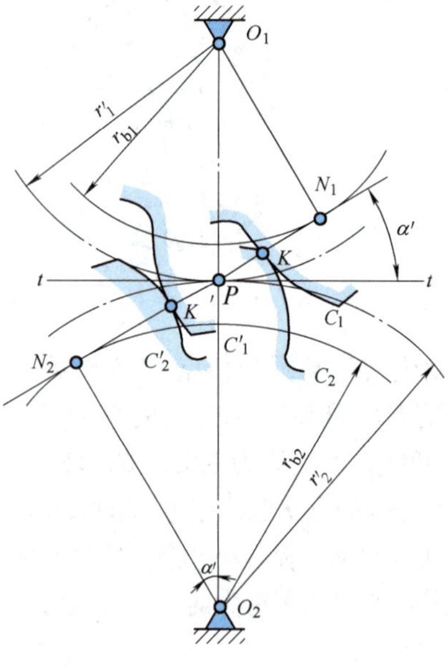

图 7-11　渐开线齿廓的啮合

它与连心线的交点只有一个，即节点 P 为定点，两轮的传动比 i_{12} 为常数，即

$$i_{12}=\frac{\omega_1}{\omega_2}=\frac{\overline{O_2P}}{\overline{O_1P}}=\frac{r_2'}{r_1'}=\frac{r_{b2}}{r_{b1}}=\text{常数} \tag{7-3}$$

2. 渐开线齿廓传动中心距的可分性

一对渐开线齿廓齿轮啮合，其传动比 i_{12} 恒等于两轮基圆半径的反比。齿轮加工完后，其基圆半径就已确定，如两轮的实际安装中心距 a' 发生变化，其传动比不变。这种中心距改变而传动比不变的性质称为渐开线齿轮传动中心距的可分性。

3. 轮齿受力方向不变

如图 7-11 所示，当不计齿廓间的摩擦力时，齿廓间的作用力始终沿啮合点的公法线方向，即作用力方向始终保持不变。这是渐开线齿廓的重要特性之一，对于齿轮传动的平稳性十分有利。

一对渐开线齿廓无论在何处啮合，其啮合点只能在 N_1N_2 线上，即 N_1N_2 为啮合点的轨迹，故 N_1N_2 又称为啮合线。啮合线 N_1N_2 与两轮节圆公切线 $t-t$ 所夹的锐角 α' 称为啮合角，它等于渐开线在节圆上的压力角。

第四节　渐开线标准直齿圆柱齿轮基本参数和几何尺寸

一、渐开线齿轮各部分的名称

两条反向渐开线组成一个轮齿，若干个轮齿均布于圆周上可组成一个齿轮。

图 7-12 所示为一渐开线直齿圆柱外齿轮的一部分，各部分名称如下：

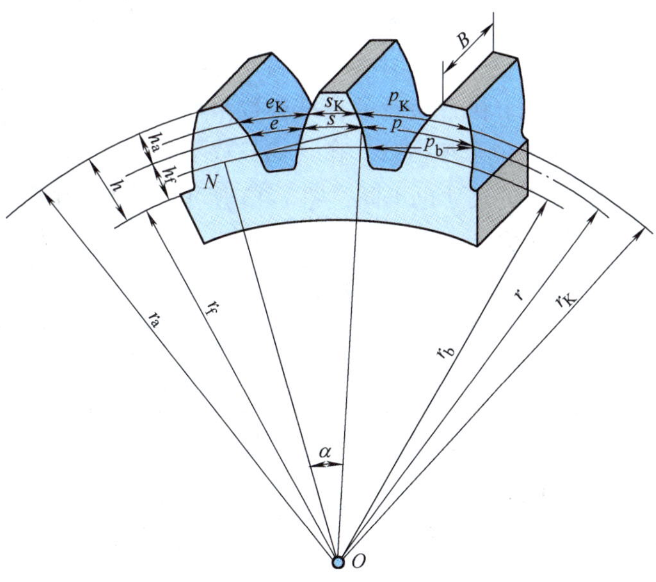

图 7-12　渐开线直齿圆柱外齿轮各部分名称

（1）齿顶圆　通过各轮齿顶部的圆，其半径和直径分别用 r_a 和 d_a 表示。

（2）齿根圆　通过各齿槽底部的圆，其半径和直径分别用 r_f 和 d_f 表示。

（3）分度圆　在齿顶圆和齿根圆之间规定的一个参考圆，此圆被作为计算齿轮各部分

几何尺寸的基准。其半径和直径分别用 r 和 d 表示。

(4) 基圆　生成轮齿渐开线齿廓的圆。其半径和直径分别用 r_b 和 d_b 表示。

(5) 齿厚、齿槽宽、齿距　在以 O 为圆心半径为 r_K 的任意圆周上，一个轮齿两侧齿廓间的弧长称为该圆上的齿厚，用 s_K 表示，分度圆上的齿厚用 s 表示；一个齿槽两侧齿廓间的弧长称为该圆上的齿槽宽，用 e_K 表示，分度圆上的齿槽宽用 e 表示；相邻两齿的同向齿廓之间的弧长称为该圆上的齿距，用 p_K 表示，分度圆上的齿距用 p 表示。显然，在同一圆周上，齿距等于齿厚与齿槽宽之和，即

$$p_K = s_K + e_K$$

(6)齿顶高、齿根高、全齿高　轮齿由分度圆至齿顶圆沿半径方向的高度称为齿顶高，用 h_a 表示；由分度圆至齿根圆沿半径方向的高度称为齿根高，用 h_f 表示；由齿根圆至齿顶圆沿半径方向的高度称为全齿高，用 h 表示。显然

$$h = h_a + h_f$$

(7) 法向齿距　相邻两齿同向齿廓沿公法线方向所量得的距离称为齿轮的法向齿距。根据渐开线的性质，法向齿距等于基圆齿距，都用 p_b 表示。

二、渐开线齿轮的基本参数

(1) 齿数 z　圆周上分布的轮齿数目，用 z 表示，z 为整数。

(2) 模数 m　设齿轮的分度圆周长等于 πd，也等于该圆上的齿距之和，因此有 $\pi d = pz$。分度圆直径为

$$d = \frac{p}{\pi} z$$

为了便于设计、计算、制造和检验，人为规定 $p/\pi = m$，且设定为标准值，称 m 为齿轮分度圆模数，简称模数，单位为 mm。模数 m 已经标准化，设计时必须按国家标准所规定的标准模数系列值选取。圆柱齿轮的标准模数系列见表 7-1。模数 m 是齿轮的一个基本参数。在其他参数不变的情况下，模数不同，齿轮的尺寸也不同，图 7-13 所示为齿数相同、模数不同的齿轮对比，可见，模数越大，轮齿越大。

图 7-13　齿数相同、模数不同的齿轮对比

表 7-1　圆柱齿轮的标准模数系列（GB/T 1357—2008）　（单位：mm）

第一系列	1　1.25　1.5　2　2.5　3　4　5　6　8　10　12　16　20　25　32　40　50
第二系列	1.125　1.375　1.75　2.25　2.75　3.5　4.5　5.5　(6.5)　7　9　11　14　18　22　28　36　45

注：设计时，优先选择第一系列，尽量不选用括号中的模数系列。

(3) 压力角 α　齿轮齿廓上各点的压力角不同，通常所说的压力角是指齿轮分度圆上的压力角。由图 7-12 可知，齿轮的分度圆压力角 α、基圆半径 r_b 和分度圆半径 r 之间的关系为

$$r_b = r\cos\alpha = \frac{mz}{2}\cos\alpha \tag{7-4}$$

模数已经标准化，齿数为整数。国家标准中规定分度圆压力角为标准值 $\alpha = 20°$。在某些情况下也可采用 $\alpha = 14.5°$、$15°$或 $22.5°$。此时可给分度圆作完整的定义：齿轮上具有标

准模数、标准压力角的圆称为分度圆。

(4) 齿顶高系数 h_a^*　齿轮的齿顶高 $h_a = h_a^* m$，h_a^* 称为齿顶高系数。国家标准规定：正常齿 $h_a^* = 1$，短齿 $h_a^* = 0.8$。

(5) 顶隙 c 与顶隙系数 c^*　相互啮合的一对齿轮中，一个齿轮的齿顶圆和另一个齿轮的齿根圆之间的径向距离，称为顶隙，用 c 表示，$c = c^* m$，c^* 称为顶隙系数。国家标准规定：正常齿 $c^* = 0.25$，短齿 $c^* = 0.3$。

三、渐开线标准直齿圆柱齿轮几何尺寸计算

具有标准模数 m，标准压力角 α，标准齿顶高系数 h_a^*，标准顶隙系数 c^*，并且分度圆上的齿厚 s 等于分度圆上的齿槽宽 e 的齿轮称为标准齿轮。已知齿轮的基本参数，由表 7-2 即可计算出渐开线标准直齿圆柱齿轮各部分的几何尺寸。

表 7-2　渐开线标准直齿圆柱齿轮传动几何尺寸计算公式

名　称	符　号	计　算　公　式
分度圆直径	d	$d_1 = mz_1$，$d_2 = mz_2$
基圆直径	d_b	$d_{b1} = d_1\cos\alpha$，$d_{b2} = d_2\cos\alpha$
齿顶高	h_a	$h_a = h_a^* m$
齿根高	h_f	$h_f = (h_a^* + c^*)m$
全齿高	h	$h = h_a + h_f = (2h_a^* + c^*)m$
齿顶圆直径	d_a	$d_{a1} = d_1 + 2h_a$，$d_{a2} = d_2 + 2h_a$
齿根圆直径	d_f	$d_{f1} = d_1 - 2h_f$，$d_{f2} = d_2 - 2h_f$
齿距	p	$p = \pi m$
齿厚	s	$s = \pi m/2$
齿槽宽	e	$e = \pi m/2$
基圆齿距	p_b	$p_b = p\cos\alpha$
顶隙	c	$c = c^* m$
中心距	a	$a = m(z_1 + z_2)/2$

四、任意圆弧齿厚

在设计、加工和检验齿轮时，有时需要知道某一圆周上的齿厚。如为确定齿轮啮合时的齿侧间隙，需确定节圆上的齿厚；为检测齿顶强度，需算出齿顶圆上的齿厚。因此，有必要推导出齿轮任意半径 r_K 的圆周上的齿厚 s_K 的计算公式。

图 7-14a 所示为外齿轮的一个齿，r、s、α 和 θ 分别为分度圆的半径、齿厚、压力角和展角。由于

$$\angle KOK' = \angle BOB' - 2\angle BOK = \frac{s}{r} - 2(\theta_K - \theta)$$

则任意半径 r_K 的圆周上的齿厚 s_K 为

$$s_K = r_K\frac{s}{r} - 2r_K(\theta_K - \theta) = s\frac{r_K}{r} - 2r_K(\mathrm{inv}\alpha_K - \mathrm{inv}\alpha) \tag{7-5}$$

式中，$\alpha_K = \arccos(r_b/r_K)$ 为在任意半径 r_K 上的渐开线齿廓压力角。

五、公法线长度计算

工程中，一般通过测量轮齿的公法线长度来检验齿轮的加工精度。如图 7-14b 所示，作

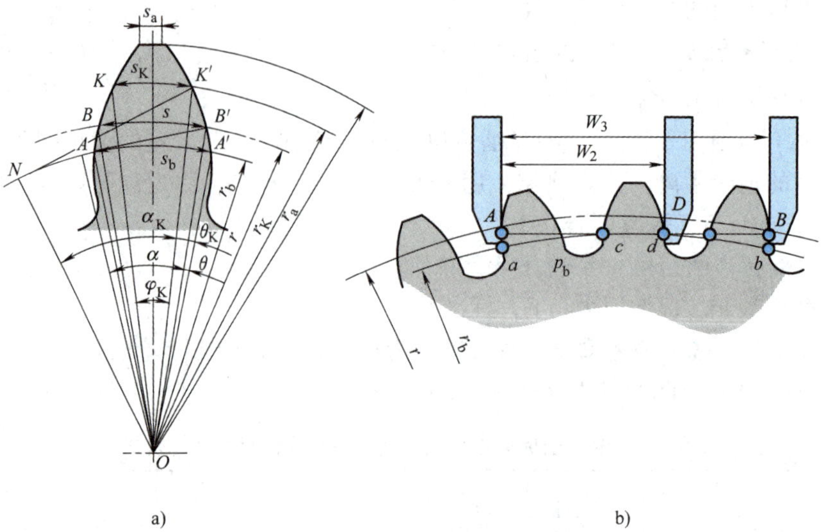

图 7-14　任意圆齿厚

齿轮基圆的切线，它与齿轮不同轮齿的两反向齿廓交于 A、B（或 D）两点，根据渐开线的性质，A 与 B 两点的连线为外侧两齿廓的公法线。测量时，卡尺的卡爪跨 k 个轮齿，卡爪的平行平面与渐开线齿廓的切点 A、B（或 D）间的距离 $\overline{AB}$（或 $\overline{AD}$）即为公法线长度，用 W_k 表示。

跨 2 个齿，即 $k=2$ 时，公法线长度为

$$W_2=(2-1)p_b+s_b$$

跨 3 个齿，即 $k=3$ 时，公法线长度为

$$W_3=(3-1)p_b+s_b$$

跨 k 个齿时，公法线长度为

$$W_k=(k-1)p_b+s_b$$

将基圆齿距 $p_b=\pi m\cos\alpha$ 及基圆齿厚 $s_b=s\cos\alpha+mz\cos\alpha\,\mathrm{inv}\alpha$ 代入上式得

$$W_k=m\cos\alpha[(k-1)\pi+z\,\mathrm{inv}\alpha]+s\cos\alpha \tag{7-6}$$

对于标准齿轮，其分度圆齿厚 $s=\pi m/2$，公法线长度为

$$W_k=m\cos\alpha[(k-0.5)\pi+z\,\mathrm{inv}\alpha] \tag{7-7}$$

在测量公法线长度时，跨齿数少，则切点偏向齿根，跨齿数过少，卡爪可能与齿根部的非渐开线齿廓接触；跨齿数多，则切点偏向齿顶，跨齿数过多，卡爪可能与齿顶尖点接触，这两种情况均不能准确测出公法线长度。因此，需要确定适当的跨齿数 k。

测量齿轮的公法线长度时，应使卡爪与齿廓中部的渐开线接触。对于标准齿轮，通常希望卡爪与齿廓切在分度圆附近，其跨齿数 k 的计算公式为

$$k=\frac{\alpha}{\pi}z+0.5 \tag{7-8}$$

六、内齿轮的特点

轮齿分布在圆柱体的内表面上，称为内齿轮，图 7-15 所示为一渐开线内齿圆柱齿轮的一部分。内齿轮的齿槽相当于外齿轮的轮齿，内齿轮的轮齿相当于外齿轮的齿槽。内齿轮的齿顶圆在内，齿根圆在外，即齿顶圆半径小于齿根圆半径。为保证内齿轮齿顶以外为渐开

线，内齿轮的齿顶圆大于基圆。

内齿轮的主要几何尺寸计算公式如下：

分度圆直径：$d=mz$，基圆直径：$d_b=d\cos\alpha$。

齿顶高：$h_a=h_a^* m$，齿根高：$h_f=(h_a^*+c^*)m$。

齿顶圆直径：$d_a=d-2h_a=(z-2h_a^*)m$。

齿根圆直径：$d_f=d+2h_f=(z+2h_a^*+2c^*)m$。

中心距：$a=m(z_2-z_1)/2$，z_1、z_2 分别为相啮合的外、内齿轮的齿数。

七、齿条的结构及其特点

当标准齿轮的齿数为无穷多时，其分度圆、齿顶圆、齿根圆分别演变为分度线、齿顶线、齿根线，且相互平行，此时基圆半径为无穷大，渐开线演变为一条直线，齿轮则演变为图 7-16 所示的作直线移动的齿条。

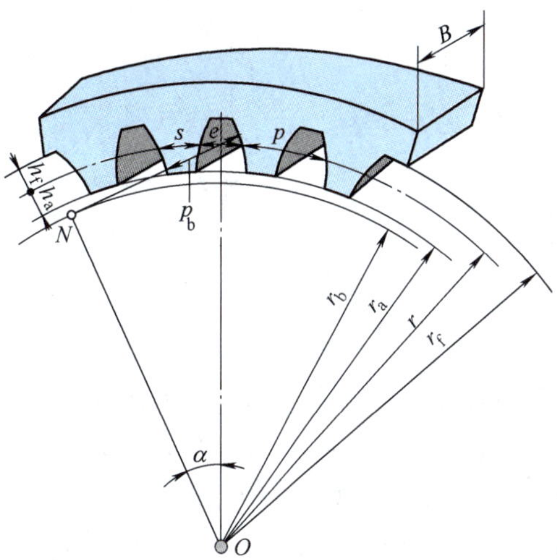

图 7-15　渐开线内齿圆柱齿轮

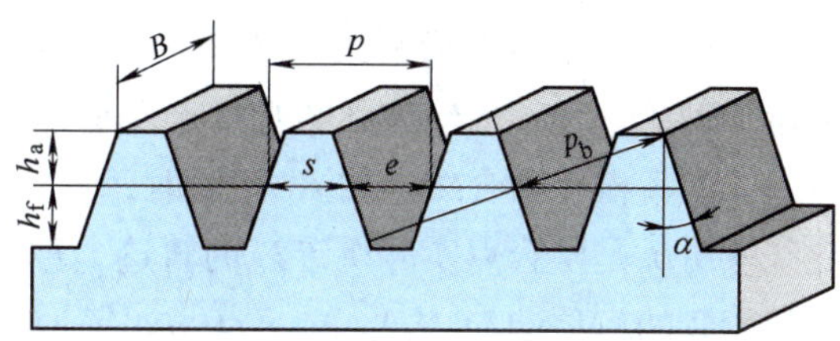

图 7-16　齿条

齿条有如下特点：

1）齿条齿廓为斜直线，齿廓上各点的压力角均为标准值，且等于齿条齿廓的齿形角。

2）在平行于齿条齿顶线的各条直线上，齿条的齿距均相等，其值为 $p=\pi m$，其基圆齿距 $p_b=\pi m\cos\alpha$；与齿顶线平行且齿厚等于齿槽宽的直线称为齿条分度线，它是计算齿条尺寸的基准线。

3）分度线至齿顶线的高度为齿顶高，$h_a=h_a^* m$，分度线至齿根线的高度为齿根高，$h_f=(h_a^*+c^*)m$。

第五节　渐开线直齿圆柱齿轮机构的啮合传动

一、渐开线齿轮的正确啮合条件

齿轮传动是靠主动轮齿依次拨动从动轮齿的啮合过程来实现的，如图 7-17 所示。要使啮合正确进行，应保证处于啮合线上的各对轮齿都处于啮合状态，即前一对轮齿在啮合线 N_1N_2 上的 K 点啮合，后一对轮齿应在啮合线 N_1N_2 上的 K' 点啮合。线段 KK' 是齿轮 1 和齿轮

2 的法向齿距。保证两齿轮正确啮合的条件是两轮的法向齿距相等。

根据渐开线的性质，齿轮的法向齿距等于基圆齿距，因此，正确啮合条件为

$$\overline{KK'}=p_{b1}=p_{b2}$$

因为 $p_{b1}=\pi m_1\cos\alpha_1$，$p_{b2}=\pi m_2\cos\alpha_2$，于是有

$$\pi m_1\cos\alpha_1=\pi m_2\cos\alpha_2$$

由于齿轮的模数和压力角都已经标准化了，满足上式的条件为

$$\begin{cases}m_1=m_2=m\\ \alpha_1=\alpha_2=\alpha\end{cases}$$

故一对渐开线直齿圆柱齿轮传动的正确啮合条件为两齿轮的模数和压力角分别相等，且均为标准值。

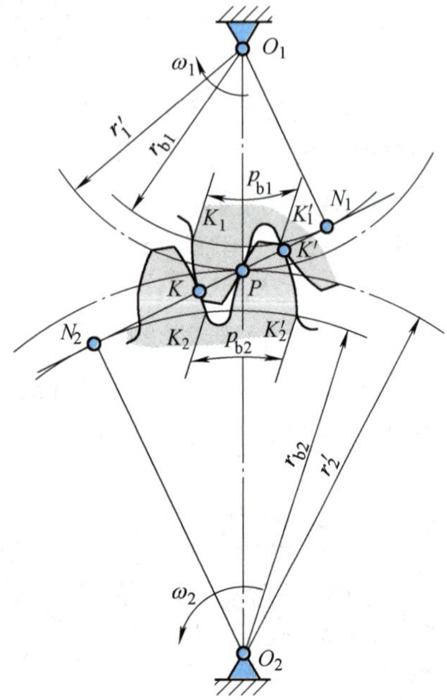

图 7-17 齿轮的啮合

二、渐开线齿轮的连续传动条件

1. 轮齿的啮合过程

图 7-18 所示的齿轮机构中，轮 1 为主动轮，以角速度 ω_1 顺时针方向转动。齿轮 2 为从动轮，以角速度 ω_2 逆时针方向转动。当主动齿轮 1 根部渐开线与从动齿轮 2 的顶部渐开线在啮合线 N_1N_2 上的 B_2 点接触时，这对轮齿开始进入啮合状态，称 B_2 点为啮合开始点。随着传动的进行，两轮齿廓的啮合点沿啮合线向左下方移动，直到主动齿轮 1 的齿顶与从动齿轮 2 的齿根在啮合线上的 B_1 接触时，这对轮齿即将脱离啮合，称 B_1 点为啮合终止点。因此线段$\overline{B_1B_2}$是啮合点实际所走过的轨迹，称之为实际啮合线。显然 B_1、B_2 点分别为齿轮 1 和齿轮 2 的齿顶圆与 N_1N_2 的交点。如果增大两轮的齿顶圆半径，B_1、B_2 将逐渐接近 N_2、N_1，但由于基圆内没有渐开线，因此它们永远也不会超过 N_2、N_1，线段$\overline{N_1N_2}$是理论上最长的啮合线，称为理论啮合线。

2. 连续传动条件

图 7-18 所示的轮齿啮合过程中，要使齿轮传动连续进行，应使前一对轮齿在 B_1 点退出啮合之前，后一对轮齿就已经从 B_2 点进入啮合。为此，要求实际啮合线段$\overline{B_1B_2}$的长度大于或等于轮齿的法向齿距$\overline{B_2K}$，$\overline{B_2K}=p_b$，即$\overline{B_1B_2}\geqslant p_b$。

将实际啮合线段$\overline{B_1B_2}$的长度与法向齿距 p_b 的比值称为齿轮传动的重合度，用 ε_a 表示。因此，齿轮连续传动的条件为

$$\varepsilon_a=\frac{\overline{B_1B_2}}{p_b}\geqslant 1$$

在实际应用中，$\varepsilon_a>1.2$。

3. 重合度的计算公式

（1）外啮合直齿圆柱齿轮传动的重合度　在图 7-19 所示的齿轮传动过程中，实际啮合线长度的计算过程如下

$$\overline{B_2B_1}=\overline{PB_1}+\overline{PB_2}$$

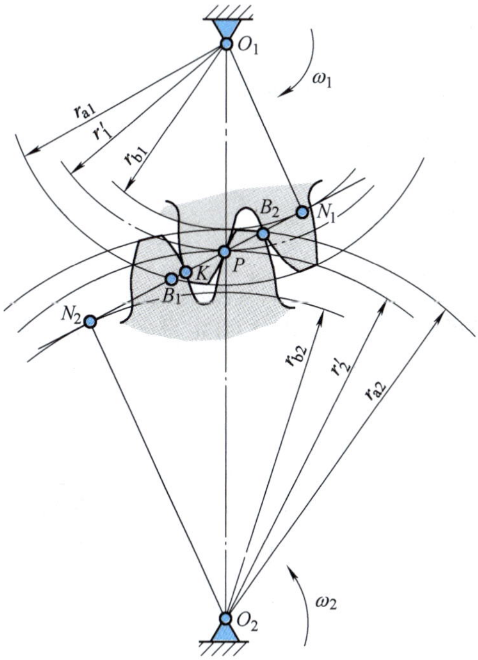

图 7-18　轮齿的啮合过程

$$\overline{PB_1}=\overline{N_1B_1}-\overline{N_1P}=r_{b1}(\tan\alpha_{a1}-\tan\alpha')=\frac{mz_1}{2}\cos\alpha(\tan\alpha_{a1}-\tan\alpha')$$

$$\overline{PB_2}=\overline{N_2B_2}-\overline{N_2P}=r_{b2}(\tan\alpha_{a2}-\tan\alpha')=\frac{mz_2}{2}\cos\alpha(\tan\alpha_{a2}-\tan\alpha')$$

$$\overline{B_2B_1}=\frac{mz_1}{2}\cos\alpha(\tan\alpha_{a1}-\tan\alpha')+\frac{mz_2}{2}\cos\alpha(\tan\alpha_{a2}-\tan\alpha')$$

$$p_b=p\cos\alpha=\pi m\cos\alpha$$

所以，一对外啮合直齿圆柱齿轮的重合度的计算公式为

$$\varepsilon_\alpha=\frac{\overline{B_2B_1}}{p_b}=\frac{1}{2\pi}[z_1(\tan\alpha_{a1}-\tan\alpha')+z_2(\tan\alpha_{a2}-\tan\alpha')]\tag{7-9}$$

式中，α'为啮合角，也就是节圆压力角；α_{a1}、α_{a2}分别为齿轮 1、2 的齿顶圆压力角，其值为 $\alpha_{a1}=\arccos\dfrac{r_{b1}}{r_{a1}}$，$\alpha_{a2}=\arccos\dfrac{r_{b2}}{r_{a2}}$。

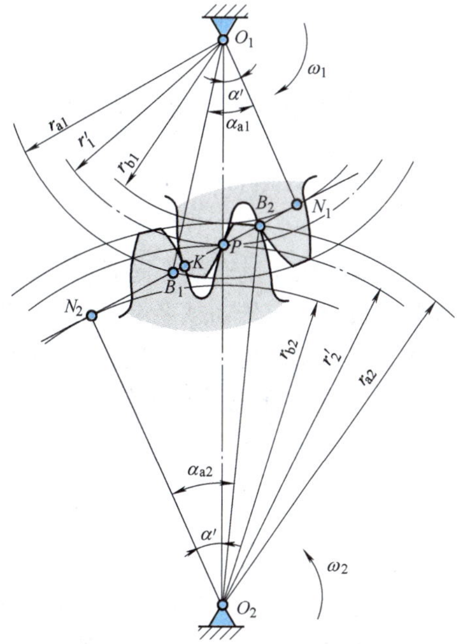

图 7-19　外啮合重合度计算

（2）内啮合直齿圆柱齿轮传动的重合度

图 7-20所示为一对内啮合直齿圆柱齿轮传动，其重合度计算公式可参考上述过程推导。

$$\overline{PB_1}=\overline{N_1B_1}-\overline{N_1P}=r_{b1}(\tan\alpha_{a1}-\tan\alpha')=$$

$$\frac{mz_1}{2}\cos\alpha(\tan\alpha_{a1}-\tan\alpha')$$

$$\overline{PB_2}=\overline{N_2P}-\overline{N_2B_2}=r_{b2}(\tan\alpha'-\tan\alpha_{a2})$$

$$=-\frac{mz_2}{2}\cos\alpha(\tan\alpha_{a2}-\tan\alpha')$$

因此，内啮合直齿圆柱齿轮传动重合度的计算公式为

$$\varepsilon_\alpha=\frac{\overline{B_2B_1}}{p_b}=\frac{1}{2\pi}[z_1(\tan\alpha_{a1}-\tan\alpha')-z_2(\tan\alpha_{a2}-\tan\alpha')] \tag{7-10}$$

（3）齿轮与齿条啮合传动的重合度　当齿轮 2 的齿数增大到无穷多时即为齿轮与齿条啮合，图 7-21 所示的实际啮合线长度为

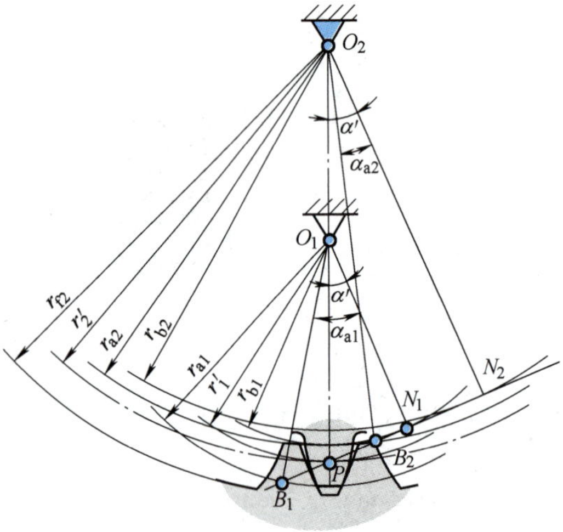

图 7-20　内啮合重合度计算

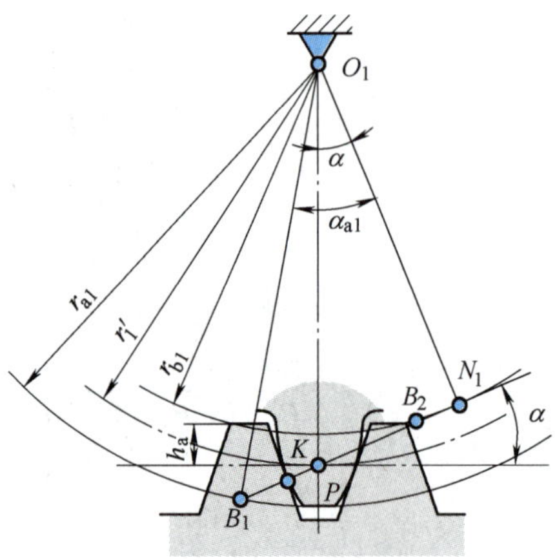

图 7-21　齿轮齿条啮合的重合度计算

$$\overline{B_2B_1}=\overline{PB_1}+\overline{PB_2}=(\overline{N_1B_1}-\overline{N_1P})+\frac{h_a}{\sin\alpha}=\frac{mz_1}{2}\cos\alpha(\tan\alpha_{a1}-\tan\alpha)+\frac{h_a^*m}{\sin\alpha}$$

重合度为

$$\varepsilon_\alpha=\frac{\overline{B_2B_1}}{p_b}=\frac{1}{2\pi}\left[z_1(\tan\alpha_{a1}-\tan\alpha)+\frac{4h_a^*}{\sin2\alpha}\right] \tag{7-11}$$

重合度反映了啮合线上同时参与啮合的轮齿对数的平均值，重合度越大，同时参与啮合的轮齿对数越多，传动越平稳。由式（7-9）、式（7-10）、式（7-11）可知，重合度与齿轮的模数无关，增加齿轮的齿数 z 及增大齿顶高系数 h_a^* 均可使实际啮合线$\overline{B_1B_2}$加长，从而使重合度 ε_α 增大。假想当两齿轮的齿数 z_1、z_2 都趋于无穷大时，重合度也趋于最大值 $\varepsilon_{\alpha\max}$，这时

$$\varepsilon_{\alpha\max}=\frac{2h_a^*m}{\pi m\sin\alpha\cos\alpha}=\frac{4h_a^*}{\pi\sin2\alpha}$$

当 $h_a^*=1$，$\alpha=20°$时，$\varepsilon_{\alpha\max}=1.981$。

如果 $\varepsilon_\alpha=1$，只有在 B_1 和 B_2 两点接触的瞬间，才有两对轮齿同时啮合，其余时间内只有一对轮齿啮合；如果 $\varepsilon_\alpha>1$，则一段时间内有两对轮齿同时啮合，另一段时间单对轮齿啮合。当 ε_α 不是整数时，如图 7-22 中 $\varepsilon_\alpha=1.2$，表明在啮合线上 B_2K' 和 B_1K（长度各为

0.2p_b）两段范围内，有两对轮齿同时啮合，称双齿啮合区；在节点 P 附近的 KK'（长度为 0.8p_b）段内，只有一对轮齿啮合，称单齿啮合区。

三、齿廓啮合的相对滑动

由图 7-22 可以看出，轮 1 齿根部 B_2 点到齿顶的齿廓和轮 2 齿根部 B_1 点到齿顶的齿廓是实际接触的齿廓，称为工作齿廓。节点 P 啮合时，两轮在啮合点处具有相等的速度；非节点啮合时，如图 7-22 所示的 K 点啮合，两轮在 K 点的速度不相等。这说明两齿廓在其公切线方向存在相对滑动速度。相对滑动速度越大，磨损越严重。采用运动分析方法可求解各啮合点的相对滑动速度。齿根部齿面磨损较大，小齿轮根部的磨损最大。

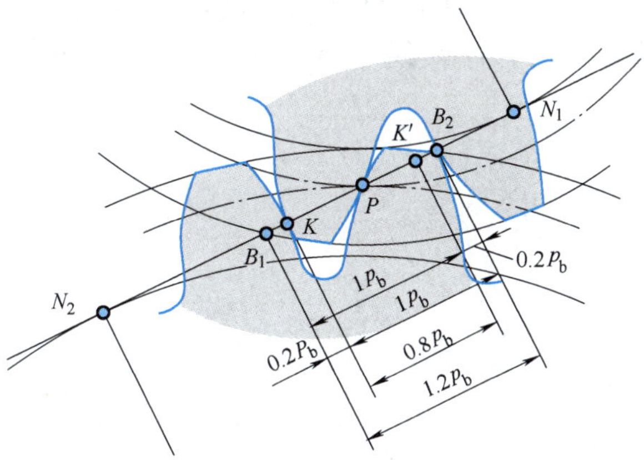

图 7-22　重合度的意义

四、齿轮传动的中心距及标准齿轮的安装

1. 齿轮传动的中心距

1）中心距。两齿轮转动中心之间的距离，称为齿轮传动的中心距。

2）安装中心距 a'。两齿轮实际安装后的中心距，也称为实际中心距。实际中心距 a' 恒等于两齿轮节圆半径之和，即 $a' = r'_1 + r'_2$。由图 7-11 可知，$r_{b1} = r'_1\cos\alpha'$，$r_{b2} = r'_2\cos\alpha'$，$r_{b1} + r_{b2} = (r'_1 + r'_2)\cos\alpha'$。

3）标准中心距 a。节圆与分度圆重合时的中心距，称为标准中心距，其值为 $a = r_1 + r_2$。而 $r_{b1} = r_1\cos\alpha$，$r_{b2} = r_2\cos\alpha$，则有 $r_{b1} + r_{b2} = (r_1 + r_2)\cos\alpha$。

联立求解两基圆半径之和的关系式，则有 $(r'_1 + r'_2)\cos\alpha' = (r_1 + r_2)\cos\alpha$，$a'\cos\alpha' = a\cos\alpha$。

实际中心距与标准中心距之间的关系式在齿轮机构设计中有重要应用。

2. 齿侧间隙

一齿轮节圆齿槽宽与另一齿轮节圆齿厚的差值，称为齿侧间隙。研究啮合原理时忽略齿侧间隙，认为齿轮是无侧隙啮合。而齿侧间隙靠设计公差保证。为保证无侧隙啮合，一个齿轮节圆上的齿厚 s'_1 应等于另一个齿轮节圆上的齿槽宽 e'_2，图 7-23 所示的无侧隙啮合中，$e'_{11'} = s'_{22'}$。

$$s'_1 = e'_2 \quad 或 \quad s'_2 = e'_1$$

3. 顶隙 c

一齿轮齿根圆和另一齿轮齿顶圆之间径向距离的差值，称为顶隙，如图 7-23 所示。为避免一齿轮的齿顶与另一齿轮的齿槽底相接触，并能有一定的空隙存储润滑油，顶隙 $c=c^*m$，c^* 为顶隙系数。

4. 齿轮的标准安装

一对标准齿轮按标准中心距安装，作无侧隙啮合，并且具有标准顶隙。

五、齿轮和齿条传动

齿轮与齿条啮合时，啮合线与齿轮的基圆相切且垂直于齿条的齿廓。

当齿轮与齿条标准安装时，齿轮的分度圆与节圆重合，齿条的分度线与节线重合，啮合角 α' 等于齿轮分度圆压力角 α。如将图 7-24 所示的齿条位置向远离齿轮圆心方向移动一段距离 xm，由于齿条同向齿廓上各点法向方向相同，因此啮合线不变，故节点 P 不变，齿轮的分度圆仍然与节圆重合，但齿条分度线与节线不再重合，而是相距一段距离 xm。

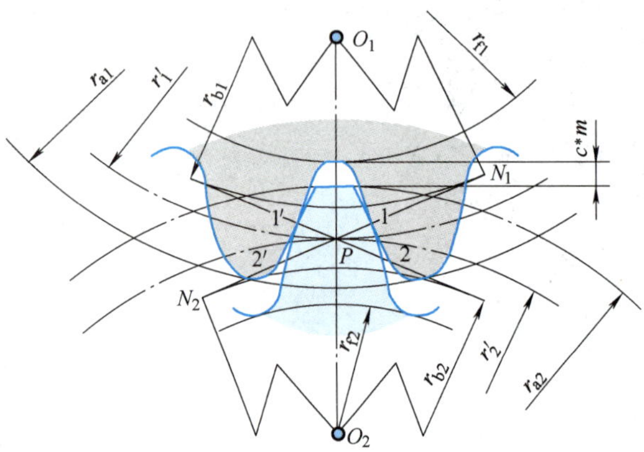

图 7-23　无侧隙啮合与顶隙

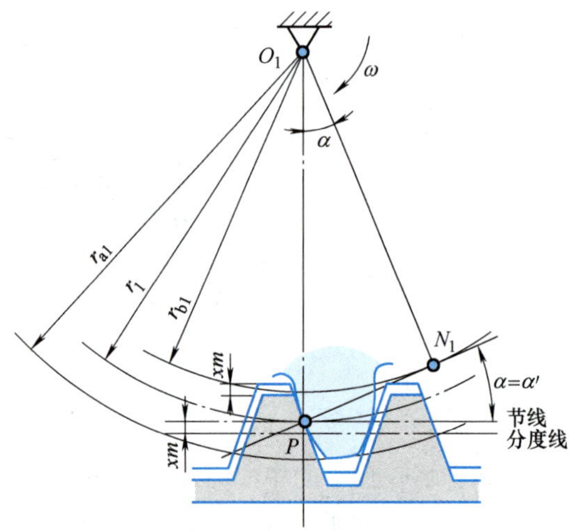

图 7-24　齿轮与齿条啮合

齿轮与齿条啮合传动时无论是标准安装，还是非标准安装，齿轮分度圆永远与节圆重合。但只有在标准安装时，齿条的分度线才与节线重合。

例　已知一对标准安装的外啮合直齿圆柱齿轮的参数分别为：$z_1=22$，$z_2=33$，$\alpha=20°$，$m=2.5\text{mm}$，$h_a^*=1$，$c^*=0.25$，求这对齿轮的主要尺寸和重合度。若两轮的中心距增大 1mm，重合度又为多少？

解

$$d_1=mz_1=2.5\times22\text{mm}=55\text{mm}$$

$$d_2=mz_2=2.5\times33\text{mm}=82.5\text{mm}$$

$$d_{a1}=d_1+2h_a^*m=55\text{mm}+2\times1\times2.5\text{mm}=60\text{mm}$$

$$d_{a2}=d_2+2h_a^*m=82.5\text{mm}+2\times1\times2.5\text{mm}=87.5\text{mm}$$

$$d_{f1}=d_1-2(h_a^*+c^*)m=55\text{mm}-2(1+0.25)\times2.5\text{mm}=48.75\text{mm}$$

$$d_{f2}=d_2-2(h_a^*+c^*)m=82.5\text{mm}-2(1+0.25)\times2.5\text{mm}=76.25\text{mm}$$

$$d_{b1}=d_1\cos\alpha=55\text{mm}\times\cos20°=51.68\text{mm}$$

$$d_{b2}=d_2\cos\alpha=82.5\text{mm}\times\cos20°=77.52\text{mm}$$

$$p=\pi m=\pi\times2.5\text{mm}=7.85\text{mm}$$

$$p_b=p\cos\alpha=\pi m\cos20°=\pi\times2.5\text{mm}\times\cos20°=7.38\text{mm}$$

$$\alpha_{a1}=\arccos\frac{d_{b1}}{d_{a1}}=\arccos\frac{51.68}{60}=30°32'$$

$$\alpha_{a2}=\arccos\frac{d_{b2}}{d_{a2}}=\arccos\frac{77.52}{87.5}=27°38'$$

$$\alpha'=\alpha=20°$$

$$\varepsilon_{\alpha}=\frac{1}{2\pi}[z_1(\tan\alpha_{a1}-\tan\alpha')+z_2(\tan\alpha_{a2}-\tan\alpha')]$$

$$=\frac{1}{2\pi}[22\times(\tan30°32'-\tan20°)+33\times(\tan27°38'-\tan20°)]=1.629$$

标准中心距为 $a=r_1+r_2=27.5\text{mm}+41.25\text{mm}=68.75\text{mm}$。

当中心距增大1mm时，实际中心距为 $a'=a+1=68.75\text{mm}+1\text{mm}=69.75\text{mm}$。

由 $a'\cos\alpha'=a\cos\alpha$，求得啮合角为

$$\alpha'=\arccos\left(\frac{a}{a'}\cos\alpha\right)=\arccos\left(\frac{68.75}{69.75}\times0.9397\right)=22°9'$$

由此可得

$$\varepsilon_{\alpha}=\frac{1}{2\pi}[z_1(\tan\alpha_{a1}-\tan\alpha')+z_2(\tan\alpha_{a2}-\tan\alpha')]$$

$$=\frac{1}{2\pi}[22\times(\tan30°32'-\tan22°9')+33\times(\tan27°38'-\tan22°9')]=1.252$$

第六节 渐开线圆柱齿轮的加工及其根切现象

一、渐开线齿轮轮齿的加工

齿轮的加工方法很多，有铸造法、热压法、冲压法、粉末冶金法和切削法。最常用的是切削法，从加工原理上可将切削法分为仿形法和展成法两大类。

1. 仿形法

仿形法利用刀具的轴面齿形与所切制的渐开线齿轮的齿槽形状相同的特点，在轮坯上直接加工出齿轮的轮齿。常用刀具有盘形齿轮铣刀和指形齿轮铣刀两种，图7-25a为盘形齿轮铣刀加工示意图，切齿时刀具绕自身轴线转动，同时轮坯沿自身轴线移动；每铣完一个齿槽后，轮坯退回原处，利用分度机构将齿轮轮坯旋转360°/z，之后再铣下一个齿槽，直至铣出全部轮齿。图7-25b为指形齿轮铣刀加工示意图。仿形法加工齿轮方法简单，在普通铣床上即可进行，但精度低，目前已经很少使用该方法加工齿轮。

2. 展成法

展成法是利用互相啮合的两个齿轮的齿廓曲线互为包络线的原理加工齿轮的。展成法切齿时，分为插齿法和滚齿法。插齿法所用刀具有齿轮插刀和齿条插刀，滚齿法所用刀具为齿轮滚刀。

（1）齿轮插刀切制齿轮　如图7-26所示，齿轮插刀是带有切削刃的外齿轮。其模数和压力角与被切制齿轮相同。插齿机床的传动系统使插齿刀和轮坯按传动比 $i_{12}=\omega_1/\omega_2=z_{被加工齿轮}/z_{刀具}$ 转动，此运动称为展成运动。为切出齿槽，刀具还需沿轮坯轴线方向作往复运动，称为切削运动。另外，为切出齿高，刀具还有沿轮坯径向的进给运动及插刀每次回程时

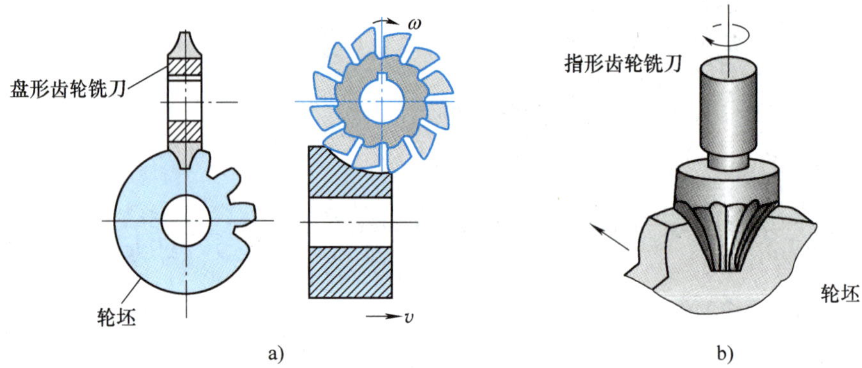

图 7-25　仿形加工

轮坯沿径向的让刀运动。

（2）齿条插刀切制齿轮　图 7-27 所示为齿条插刀插齿，齿条插刀是带有切削刃的齿条。加工时，机床的传动系统使齿条插刀的移动速度 $v_{刀}$ 与被加工齿轮的分度圆线速度相等，即 $v_{刀}=r\omega$。

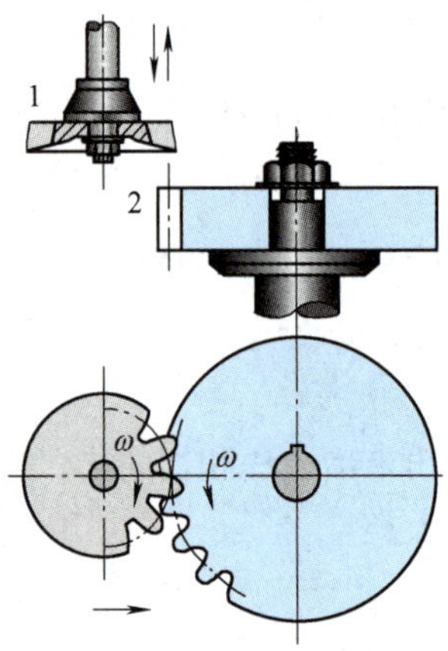

图 7-26　齿轮插刀插齿

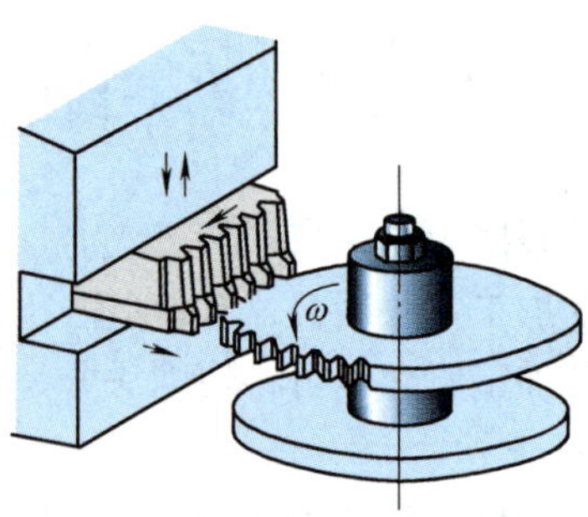

图 7-27　齿条插刀插齿

（3）滚齿加工　插齿加工存在切削不连续的缺点，为了克服这个缺点可以采用齿轮滚刀加工，如图 7-28 所示。滚刀的外形类似一个螺杆，它的轴向剖面齿形与齿条插刀的齿形类似。当滚刀转动时，相当于直线齿廓的齿条连续不断地移动，从而包络出待加工的齿廓。此外，为了切制出具有一定宽度的齿轮，滚刀在转动的同时，还需沿轮坯轴线方向作进给运动。

滚齿刀加工齿轮时，能连续切削，故生产率高，适用于大批量生产齿轮。

二、渐开线齿廓的根切

用展成法加工齿轮时，刀具顶部可能把被加工齿轮的齿根部渐开线齿廓切去一部分，这种现象称为根切现象，如图 7-29 所示。发生根切的齿轮会削弱轮齿的抗弯强度，使实际啮合线缩短，重合度降低，影响传动的平稳性。因此，在设计齿轮时应避免发生根切现象。

1. 根切原因

齿条刀具是在齿条的基础上，在刀具齿顶增加高度为 $c^{*}m$ 的圆角部分，图 7-30 为标准齿条刀具示意图。在展成加工标准齿轮过程中，利用齿条刀具齿侧直刃切制出齿廓的渐开线部分，齿顶圆角刃切出齿轮根部的介于渐开线与齿根圆弧间的过渡曲线。

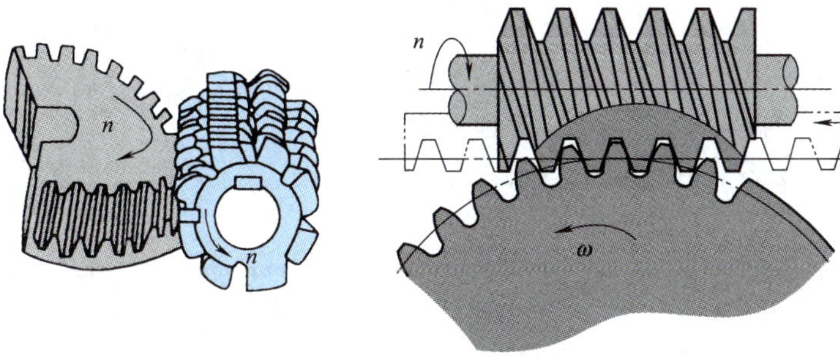

图 7-28　滚齿加工

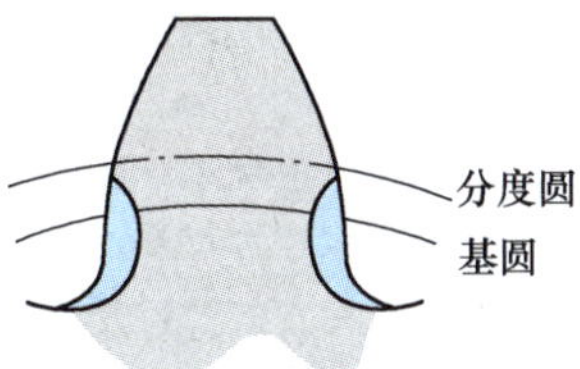

图 7-29　根切现象

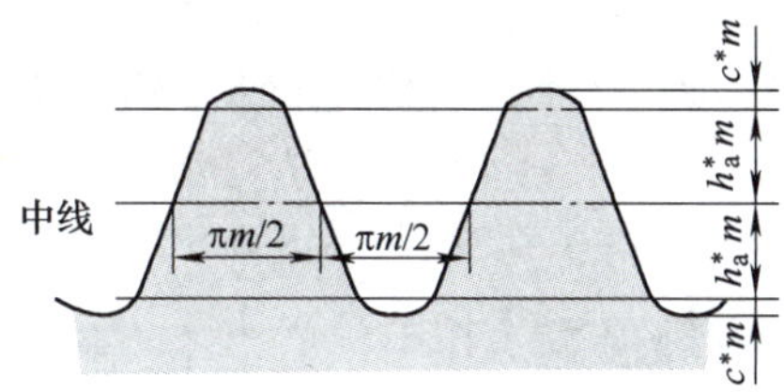

图 7-30　齿条插刀的齿廓形状

加工标准齿轮时，齿条刀具的中线与齿轮毛坯的分度圆相切，节点为 P，如图 7-31 所示。当刀具处于位置 1 时，右切削刃与被切制齿轮在 B_1 点啮合，开始加工轮坯上的渐开线齿廓，当切削刃处于位置 2 时，达到啮合极限点 N，加工出轮齿由基圆至齿顶圆间的渐开线齿廓。设刀具移动距离 $s_{23}=r\varphi$，到达位置 3，因刀具的中线与轮坯的分度圆作纯滚动，轮坯转过角度 φ，刀具法线移动距离为

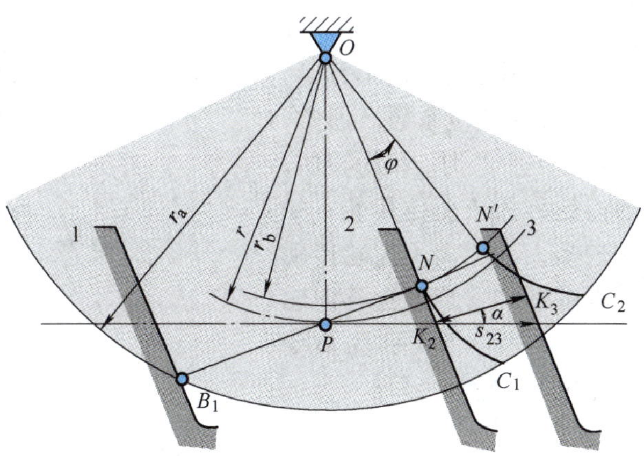

图 7-31　根切原因

$$\overline{K_2K_3}=r\varphi\cos\alpha=r_b\varphi$$

此时，轮坯上的点 N 转过的弧长 $\overset{\frown}{NN'}=r_b\varphi$，因此，$\overline{K_2K_3}=\overset{\frown}{NN'}$。

由于$\overline{K_2K_3}$是直线距离，而$\widehat{NN'}$为圆弧，故点N'必位于刀具齿廓的左侧。刀具的齿顶必定切入轮坯的齿根，基圆内的齿廓和基圆外靠近齿根的渐开线齿廓会被切去一部分，从而发生根切。

2. 避免根切的最少齿数

用展成法加工标准齿轮时，刀具的齿顶线如超过了啮合极限点N，就会出现根切。因此，要避免根切，必须使刀具的齿顶线不超过啮合极限点N，如图7-32所示，即刀具的齿顶线到中线的距离$h_a^* m$应小于或等于啮合极限点N到中线的距离$\overline{NQ}$，即

$$h_a^* m \leqslant \overline{NQ} = r\sin^2\alpha = \frac{mz}{2}\sin^2\alpha$$

$$z \geqslant \frac{2h_a^*}{\sin^2\alpha}$$

加工标准齿轮不出现根切的最小齿数为

$$z_{min} = \frac{2h_a^*}{\sin^2\alpha} \tag{7-12}$$

当$h_a^*=1$、$\alpha=20°$时，$z_{min}=17$。

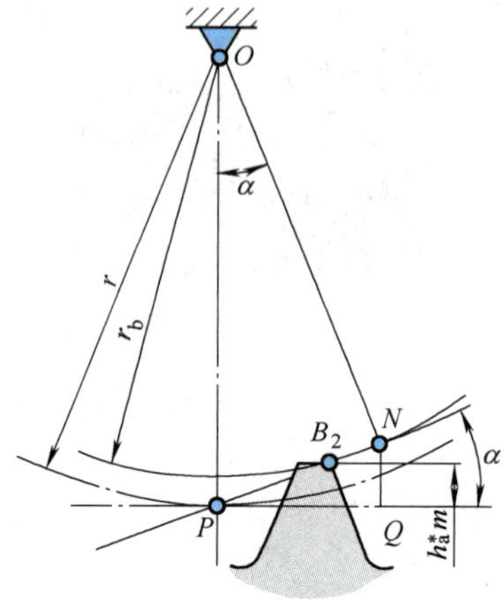

图7-32 避免根切的最少齿数

第七节 变位齿轮传动概述

一、变位齿轮的概念

如图7-33所示，加工标准齿轮时，当刀具齿顶线超过啮合极限点N时将发生根切。若刀具向远离轮坯中心方向移动一段距离xm，使刀具齿顶线落在N点之下，则可避免根切发生。由于这时刀具的节线与中线不再重合，而是分离了xm，故加工出的齿轮在分度圆上的齿厚与齿槽宽不相等，这种齿轮称为变位齿轮，x称为变位系数。通常，刀具由标准安装位置远离轮坯中心时，x为正值，称为正变位，加工出的齿轮称为正变位齿轮；如果被切制的齿轮齿数比较多，为了满足齿轮传动的某些要求，也可将刀具由标准安装位置移向轮坯中心一段距离xm。此时x为负值，称为负变位，加工出的齿轮称为负变位齿轮。

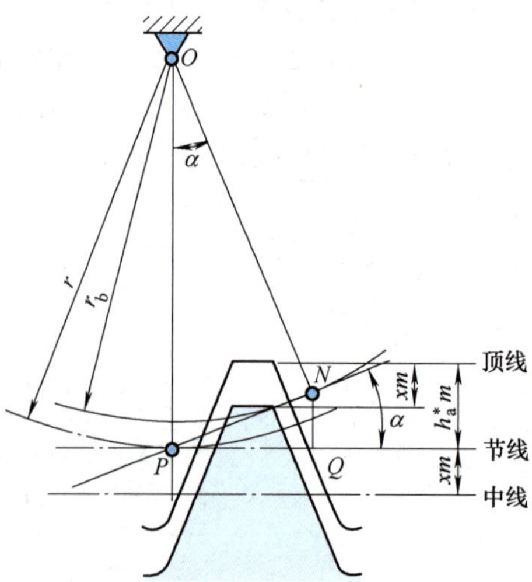

图7-33 最小变位系数

二、最小变位系数

当刀具的齿顶线刚好通过轮坯与刀具的啮合极限点N时，齿轮处于没有根切的临界位置。如图7-33所示，不发生根切的条件为

$$(h_a^* - x)m \leqslant \overline{NQ} = r\sin^2\alpha = \frac{mz}{2}\sin^2\alpha$$

$$h_a^* - x \leqslant \frac{z}{2}\sin^2\alpha$$

与式（7-12）联合求解得

$$x \geqslant h_a^* - \frac{z}{2}\sin^2\alpha = h_a^*\left(1 - \frac{z}{z_{min}}\right)$$

因此，用标准齿条刀具切制小于最少齿数的齿轮不发生根切的最小变位系数为

$$x_{min} = h_a^* - \frac{z}{2}\sin^2\alpha = h_a^*\left(1 - \frac{z}{z_{min}}\right) \tag{7-13}$$

当 $z<17$ 时，$x_{min}>0$，说明为了避免根切，刀具应由标准位置向远离轮坯轮心方向移动，移动最小距离为 $x_{min}m$；当 $z>17$ 时，$x_{min}<0$，这说明刀具向轮坯轮心方向移动一段距离也不会出现根切，移动最大距离为 $x_{min}m$。

三、变位齿轮与标准齿轮的异同点

变位齿轮与同参数的标准齿轮相比，它们的渐开线相同，只是使用同一条渐开线的不同部分。分度圆、基圆、齿距、基圆齿距不变，而齿顶圆、齿根圆、齿顶高、齿根高、分度圆齿厚和齿槽宽均发生了变化。

1. 齿厚与齿槽宽

如图 7-34 所示，对于正变位齿轮来说，刀具节线上的齿厚比中线上的齿厚减少了 $2\overline{JK}$，因此被切制齿轮分度圆上的齿槽宽将减少 $2\overline{JK}$。由图 7-34 中几何关系可知 $\overline{JK}=xm\tan\alpha$。故正变位齿轮齿槽宽的计算公式为

$$e = \frac{\pi m}{2} - 2xm\tan\alpha$$

齿厚的计算公式为

$$s = \frac{\pi m}{2} + 2xm\tan\alpha$$

2. 齿顶高及齿根高

正变位齿轮的齿根高变小，齿顶高变大；负变位齿轮则反之。对于负变位齿轮，以上公式同样适用，只需注意变位系数为负值即可。

同参数的标准齿轮与变位齿轮的齿形比较如图 7-35 所示。

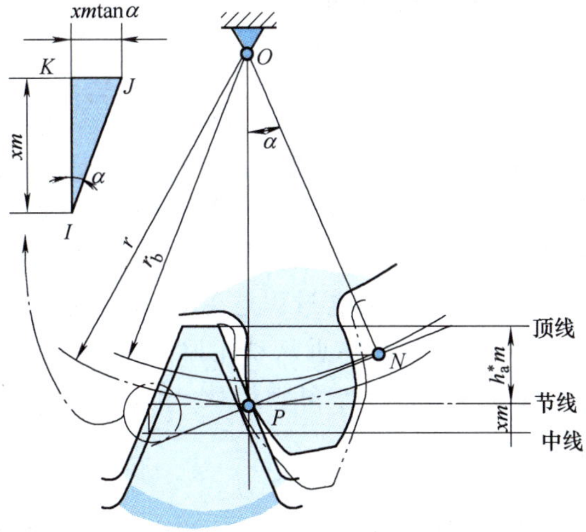

图 7-34　正变位齿轮齿厚变化

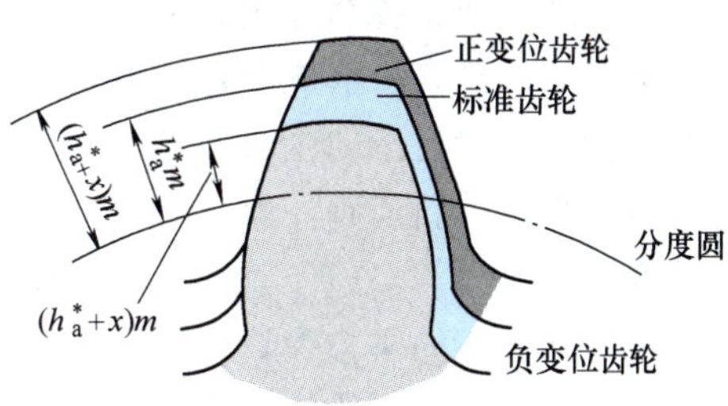

图 7-35　变位齿轮与标准齿轮的齿形

四、变位齿轮传动简介

设一对互相啮合的变位齿轮的变位系数分别为 x_1、x_2，根据变位系数的不同，可以分为以下传动类型。

1）$x_1+x_2=0$，且 $x_1=x_2=0$，此时为标准齿轮传动。

2）$x_1+x_2=0$，且 $x_1=-x_2\neq0$，此时为等距变位齿轮传动，也称高度变位传动。一般小齿轮采用正变位，大齿轮采用负变位。

3）$x_1+x_2\neq0$，此时为不等距变位齿轮传动。其中 $x_1+x_2>0$ 称为正传动；$x_1+x_2<0$ 称为负传动。变位齿轮的设计请参考相关文献。

第八节　平行轴斜齿圆柱齿轮机构

平行轴斜齿圆柱齿轮机构简称斜齿轮机构。

一、斜齿圆柱齿轮齿廓曲面的形成

直齿圆柱齿轮的轮齿与轴线平行，所以在垂直于齿轮轴线的任意平面上的齿廓形状及其啮合情况是完全一样的。

如图 7-36a 所示，将直齿圆柱齿轮的齿廓形成扩展到空间，基圆成为基圆柱，发生线成为发生面，渐开线成为渐开面。当发生面 S 在基圆柱上作纯滚动时，与基圆柱母线 NN' 平行的直线 KK' 的轨迹形成直齿圆柱齿轮的渐开线齿廓曲面。两齿廓啮合点成为齿向啮合线 KK'，各齿向啮合线均平行基圆柱母线，直齿圆柱齿轮啮合传动时，是沿全齿宽同时进入啮合与同时退出啮合的。

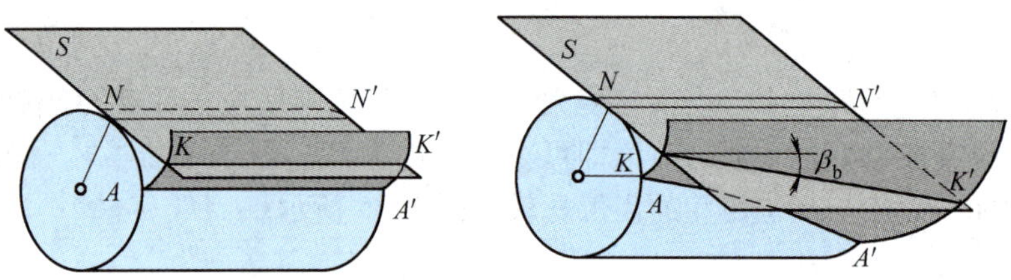

图 7-36　轮齿的齿面

斜齿圆柱齿轮齿廓曲面的形成与直齿圆柱齿轮类似，只不过直线 KK' 不平行于 NN'，而与它成一偏斜角 β_b，如图 7-36b 所示。当发生面 S 沿基圆柱作纯滚动时，直线 KK' 上各点的轨迹仍为渐开线，各渐开线的起始点将在基圆柱上集合形成一条螺旋线 AA'，具有不同起始点的渐开线的集合，形成渐开线螺旋曲面。两斜齿圆柱齿轮的啮合过程是在从动轮齿顶的一点开始接触，然后齿向啮合线由短变长，再由长变短，最后在靠近从动轮齿根的某一点分离。也就是说，斜齿圆柱齿轮的轮齿是在全齿宽方向逐渐进入啮合和退出啮合的，故传动平稳性好。

二、斜齿轮的基本参数

垂直斜齿圆柱齿轮轴线的平面称为端面，端面是形成渐开线的基圆面，也是几何尺寸设计的基准面。垂直斜齿圆柱齿轮螺旋线的方向称为法向，法向是斜齿圆柱齿轮传动的力作用方向，故斜齿圆柱齿轮有端面和法向两套参数，端面参数用下角标 t 表示，法向参数用下角标 n 表示。

1. 斜齿轮的螺旋角

将图 7-37a 所示的斜齿圆柱齿轮的分度圆柱延长为包含一个螺旋线的导程，其分度圆柱面展开成图 7-37b 所示的三角形，底边 πd 表示分度圆周长，阴影部分表示分度圆柱的展开图，B 为斜齿轮的轴向宽度，螺旋线与轴线的夹角即螺旋角，将螺旋线延长到完整的导程，可有

$$\tan\beta=\frac{\pi d}{p_z}$$

式中，p_z 为螺旋线的导程。

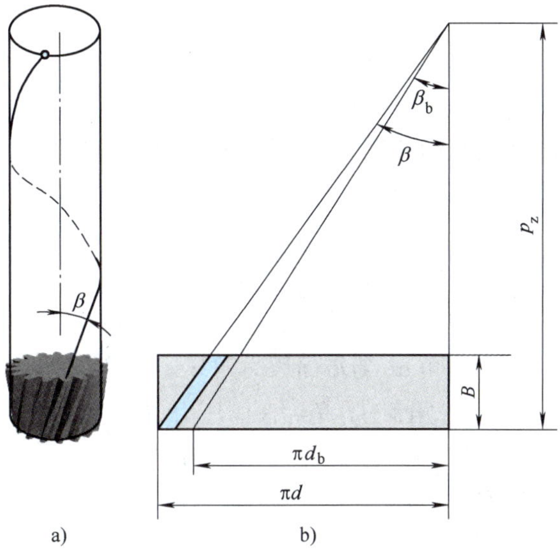

图 7-37　斜齿轮的螺旋角

由于斜齿轮各个圆柱面上的螺旋线的导程相同，所以基圆柱面上的螺旋角 β_b 应满足

$$\tan\beta_b=\frac{\pi d_b}{p_z}$$

由以上两式得

$$\tan\beta_b=\frac{d_b}{d}\tan\beta=\tan\beta\cos\alpha_t$$

根据螺旋线的走向，斜齿轮有左旋和右旋之分。以端面为基准，螺旋线从左向右升，为右旋齿轮，螺旋线从右向左升，为左旋齿轮，图 7-38a 为一对斜齿圆柱齿轮旋向示意图。

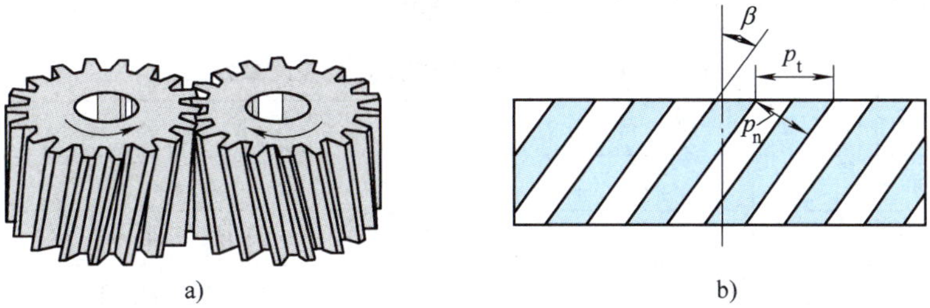

图 7-38　斜齿轮啮合及其端面齿距与法向齿距关系

2. 法向模数 m_n 与端面模数 m_t

图 7-38b 为斜齿圆柱齿轮分度圆柱面的展开图，有蓝色部分为轮齿，空白部分为齿槽。β 为分度圆柱的螺旋角，p_n 为法向齿距，p_t 为端面齿距，根据图中的几何关系可得

$$p_n = p_t \cos\beta$$

因为 $p_n = \pi m_n$，$p_t = \pi m_t$。所以，斜齿轮法向模数和端面模数的关系为

$$m_n = m_t \cos\beta$$

3. 齿顶高系数

斜齿轮的齿顶高和齿根高，不论从法向或端面上看都是相同的，但齿顶高系数不同。法向齿顶高系数 h_{an}^* 和端面齿顶高系数 h_{at}^* 的换算关系如下

$$h_a = h_{an}^* m_n = h_{at}^* m_t$$

$$h_{at}^* = h_{an}^* m_n / m_t = h_{an}^* \cos\beta$$

4. 顶隙系数

斜齿轮在法向和端面上的顶隙相同，但顶隙系数不同。法向顶隙系数 c_n^* 和端面顶隙系数 c_t^* 的关系如下

$$c = c_n^* m_n = c_t^* m_t$$

$$c_t^* = c_n^* m_n / m_t = c_n^* \cos\beta$$

5. 压力角

斜齿轮压力角分为法向压力角 α_n 与端面压力角 α_t。为简单起见，用斜齿条的端面压力角和法向压力角来定义斜齿轮的端面压力角和法向压力角。

如图 7-39 所示，$\triangle bac$ 所在的面为端面，此面内的压力角为斜齿轮的端面压力角 α_t，$\triangle b'a'c$ 所在的面为法面，此面内的压力角为斜齿轮的法向压力角 α_n。

在直角三角形 bac、$b'a'c$ 及 $aa'c$ 中，有

$$\tan\alpha_n = \frac{\overline{a'c}}{\overline{a'b'}},\quad \tan\alpha_t = \frac{\overline{ac}}{\overline{ab}}$$

因为 $\overline{a'c} = \overline{ac}\cos\beta$，$\overline{ab} = \overline{a'b'}$，所以

$$\tan\alpha_n = \cos\beta \tan\alpha_t$$

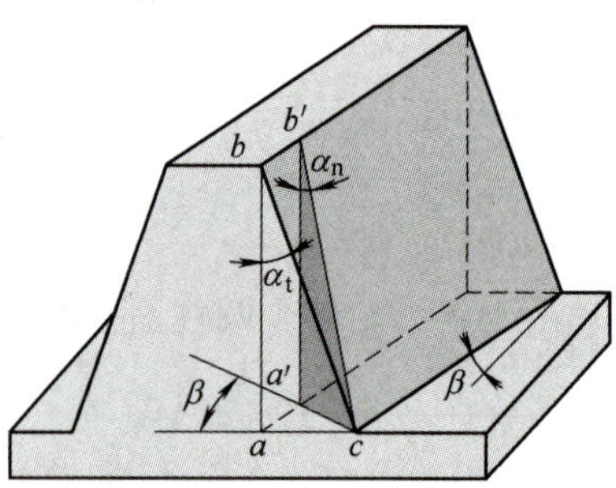

图 7-39　斜齿条压力角

三、斜齿圆柱齿轮的几何尺寸计算

斜齿轮的几何尺寸与同样端面参数的直齿轮完全相同，相关计算公式与直齿轮完全一样，不过要换成斜齿轮的端面参数。当法向参数为标准值时，还需进一步用法向参数表达斜齿轮几何尺寸的计算公式。

标准斜齿圆柱齿轮几何尺寸计算公式见表 7-3。

表 7-3　标准斜齿圆柱齿轮几何尺寸计算公式

名　称	符　号	计　算　公　式
螺旋角	β	$8° \sim 15°$
基圆柱螺旋角	β_b	$\tan\beta_b = \tan\beta\cos\alpha_t$
法向模数	m_n	按表 7-1 取标准值

（续）

名　称	符　号	计 算 公 式
端面模数	m_t	$m_t = m_n/\cos\beta$
法向压力角	α_n	$\alpha_n = 20°$
端面压力角	α_t	$\tan\alpha_t = \tan\alpha_n/\cos\beta$
法向齿距	p_n	$p_n = \pi m_n$
端面齿距	p_t	$p_t = \pi m_t = p_n/\cos\beta$
端面基圆齿距	p_{bt}	$p_{bt} = p_t\cos\alpha_t$
法向顶隙系数	c_n^*	$c_n^* = 0.25$
分度圆直径	d	$d = m_t z = m_n z/\cos\beta$
基圆直径	d_b	$d_b = d\cos\alpha_t$
齿顶高	h_a	$h_a = h_{an}^* m_n = h_{at}^* m_t$
齿根高	h_f	$h_f = (h_{an}^* + c_n^*)m_n = (h_{at}^* + c_t^*)m_t$
全齿高	h	$h = h_a + h_f = (2h_{an}^* + c_n^*)m_n = (2h_{at}^* + c_t^*)m_t$
齿顶圆直径	d_a	$d_a = d + 2h_a = (z + 2h_{at}^*)m_t$
齿根圆直径	d_f	$d_f = d - 2h_f = (z - 2h_{at}^* - 2c_t^*)m_t$
顶隙	c	$c = c_n^* m_n = c_t^* m_t$
中心距	a	$a = (d_1 + d_2)/2 = (z_1 + z_2)m_n/(2\cos\beta)$

四、斜齿轮传动的正确啮合条件

一对斜齿圆柱齿轮正确啮合时，除满足两个齿轮的模数和压力角应分别相等外，它们的螺旋角还应匹配。因此，一对斜齿圆柱齿轮的正确啮合条件为

$$m_{n1} = m_{n2} \quad 或 \quad m_{t1} = m_{t2}$$

$$\alpha_{n1} = \alpha_{n2} \quad 或 \quad \alpha_{t1} = \alpha_{t2}$$

$$\beta_1 = -\beta_2 \text{（“－”代表旋向相反）}$$

五、斜齿轮连续传动的条件

斜齿轮连续传动的条件仍由重合度的大小判断。斜齿圆柱齿轮的重合度由两部分组成，其一是端面重合度，其二是螺旋角引起的重合度增量。从端面看，斜齿轮啮合与直齿轮完全一样，因此用端面参数代入直齿轮重合度计算公式即可求得斜齿轮的端面重合度

$$\varepsilon_\alpha = \frac{\overline{B_1B_2}}{p_{bt}} = \frac{L}{p_{bt}} = \frac{1}{2\pi}[z_1(\tan\alpha_{at1} - \tan\alpha_t') + z_2(\tan\alpha_{at2} - \tan\alpha_t')]$$

式中，α_{at1}、α_{at2}分别为齿轮 1 及齿轮 2 的端面齿顶圆压力角；α_t'为端面啮合角。

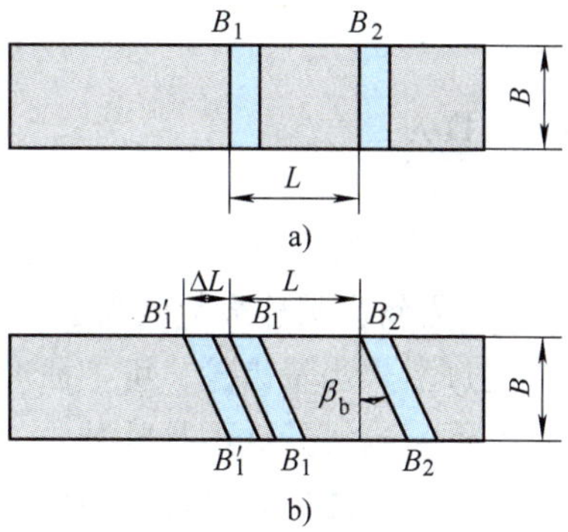

图 7-40　斜齿轮传动重合度

图 7-40a 为齿轮宽度为 B 的直齿轮基圆柱展开图，

B_1B_2 为啮合线长度。图 7-40b 为斜齿轮基圆柱展开图。若啮合开始点在 B_2 点，当斜齿轮的轮齿上端在 B_1 点脱离接触时，其下端仍在啮合，直到啮合到B_1'点才脱离接触，所以其啮合线要增大 ΔL。即

$$\Delta L = B\tan\beta_b$$

重合度增量 ε_β 为

$$\varepsilon_\beta = \frac{\Delta L}{p_{bt}} = \frac{B\tan\beta_b}{p_{bt}} = \frac{B\tan\beta_b}{\pi m_t\cos\alpha_t} = \frac{B\tan\beta\cos\alpha_t}{\pi m_t\cos\alpha_t} = \frac{B\sin\beta}{\pi m_n}$$

斜齿圆柱齿轮的总重合度为 $\varepsilon_\gamma = \varepsilon_\alpha + \varepsilon_\beta$。

六、当量齿轮与当量齿数

在图 7-41 所示斜齿轮中作分度圆柱螺旋线 P 点的法平面。该法平面与分度圆柱的交线为一椭圆，它的长轴为 $a = r/\cos\beta$，短轴为 $b = r$。椭圆上 P 点的齿形为斜齿轮的法面齿形。以椭圆在 P 点处的曲率半径 ρ 画圆，该圆与点 P 处椭圆弧段非常相近，可作为一个虚拟齿轮的分度圆，其模数、压力角均为斜齿轮的法向参数，称该虚拟齿轮为斜齿圆柱齿轮的当量齿轮。其齿数称为斜齿轮的当量齿数，用 z_v 表示。椭圆在 P 点的曲率半径为

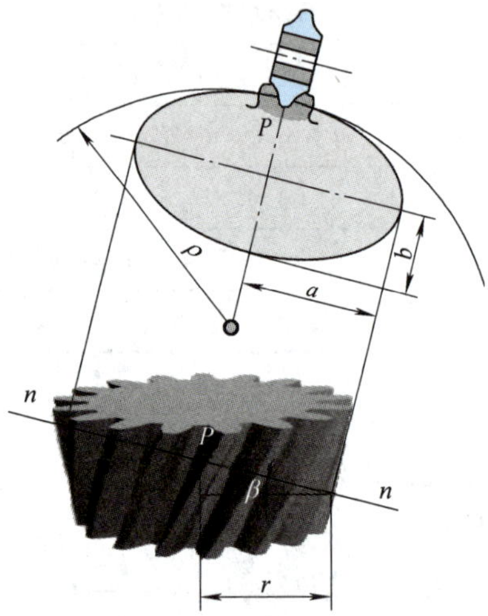

图 7-41　斜齿轮的当量齿轮

$$\rho = \frac{a^2}{b} = \left(\frac{r}{\cos\beta}\right)^2\frac{1}{r} = \frac{r}{\cos^2\beta}$$

当量齿数为

$$z_v = \frac{2\rho}{m_n} = \frac{2r}{m_n\cos^2\beta} = \frac{2}{m_n\cos^2\beta}\left(\frac{m_t z}{2}\right) = \frac{z}{\cos^3\beta}$$

式中，z 为斜齿圆柱齿轮的齿数。

通过引入当量齿轮，可把研究斜齿轮法面齿形的问题转化为研究当量直齿轮的问题。一般情况下，当量齿数不是整数。

七、斜齿圆柱齿轮传动的优、缺点

与直齿圆柱齿轮相比，斜齿圆柱齿轮传动的优点为：传动平稳，冲击、振动和噪声小，重合度大，承载能力强，结构紧凑，因而在大功率和高速齿轮传动中广泛应用。其主要缺点

为：因存在螺旋角β，传动时齿面间会产生轴向推力。为了发挥斜齿轮的优点，又消除传动中轴向推力对轴承的不利影响，可采用轮齿方向左、右完全对称的人字齿轮。所产生的轴向力可完全抵消，但人字齿轮制造比较困难。

斜齿轮的主要优缺点都与β角有关，β越大优点越显著，缺点也越突出。通常斜齿轮的螺旋角β在8°~15°之间选取，人字齿轮的螺旋角β可达25°~40°。

第九节　蜗杆传动

一、蜗杆传动及特点

图7-42所示的蜗杆传动机构用于传递垂直交错的两轴间的运动和动力。蜗杆通常作为减速传动的主动件，蜗杆传动的传动比大，结构紧凑，工作平稳、噪声小，广泛地应用于各类机械和仪器中。但蜗杆传动效率较低，故不适用于大功率长期连续工作。

图7-42　蜗杆传动

二、蜗杆传动的类型

蜗杆传动的类型通常根据蜗杆形状和加工方法分类。根据蜗杆的形状可以分为图7-43a所示的圆柱面蜗杆传动，图7-43b所示的环面蜗杆传动和图7-43c所示的锥面蜗杆传动。环面蜗杆传动的承载能力大而且效率高，但其制造和安装精度要求高，成本也高。本章只讨论阿基米德圆柱蜗杆传动机构，其他各种类型的蜗杆传动可以参考相关资料和设计手册。

a)　b)　c)

图7-43　蜗杆传动类型

三、蜗杆传动的主要参数和几何尺寸

1. 蜗杆传动的主要参数

图7-44所示为蜗轮与阿基米德圆柱蜗杆的啮合情况。通过蜗杆轴线并垂直于蜗轮轴线的平面称为主截面。通过蜗杆轴线的平面称为轴面，蜗杆的轴面齿形是齿条。在主截面内蜗杆与蜗轮的啮合相当于齿条与渐开线齿轮的啮合，主截面内的参数为标准值，蜗杆传动的设计计算都以主截面的参数和几何关系为准。

（1）模数　模数是蜗杆传动的主要参数，蜗杆的轴向模数和蜗轮的端面模数相等，且

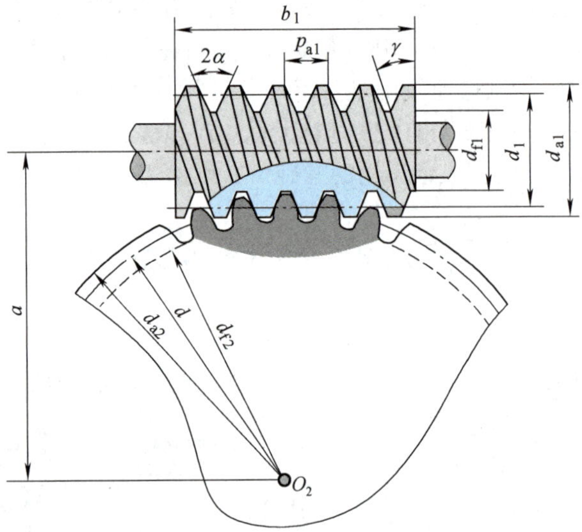

图 7-44　阿基米德圆柱蜗杆传动

应该取标准数值。蜗杆模数系列与齿轮模数系列有所不同，国家标准规定的蜗杆模数系列见表 7-4。

表 7-4　蜗杆传动模数 m，头数 z_1，分度圆直径 d_1 及直径系数 q

m/mm	1.25		1.6		2			
d_1/mm	20	22.4	20	28	(18)	22.4	(28)	35.5
q	16	17.92	12.5	17.5	9	11.2	14	17.75
z_1	1	1	1，2，4	1	1，2，4	1，2，4，6	1，2，4	1
m/mm	2.5				3.15			
d_1/mm	(22.4)	28	(35.5)	45	(28)	35.5	(45)	56
q	8.96	11.2	14.2	18	8.889	11.27	14.286	17.778
z_1	1，2，4	1，2，4，6	1，2，4	1	1，2，4	1，2，4，6	1，2，4	1
m/mm	4				5			
d_1/mm	(31.5)	40	(50)	71	(40)	50	(63)	90
q	7.875	10	12.5	17.75	8	10	12.6	18
z_1	1，2，4	1，2，4，6	1，2，4	1	1，2，4	1，2，4，6	1，2，4	1
m/mm	6.3				8			
d_1/mm	(50)	63	(80)	112	(63)	80	(100)	140
q	7.936	10	12.698	17.778	7.875	10	12.5	17.5
z_1	1，2，4	1，2，4，6	1，2，4	1	1，2，4	1，2，4，6	1，2，4	1

（续）

m/mm	10				12.5			
d_1/mm	(71)	90	(112)	160	(90)	112	(140)	200
q	7.1	9	11.2	16	7.2	8.96	11.2	16
z_1	1，2，4	1，2，4，6	1，2，4	1	1，2，4	1，2，4，	1，2，4	1
m/mm	16				20			
d_1/mm	(112)	140	(180)	250	(140)	160	(224)	315
q	7	8.75	11.25	15.625	7	8	11.2	15.75
z_1	1，2，4	1，2，4	1，2，4	1	1，2，4	1，2，4，	1，2，4	1

（2）压力角　阿基米德圆柱蜗杆传动的压力角的标准值为20°。

（3）齿数和传动比　由于蜗杆螺旋线的导程角较小，螺旋角较大，致使蜗杆的轮齿绕蜗杆轴线形成螺旋形轮齿。因此，蜗杆的齿数通常很少。蜗杆齿数也称蜗杆的头数，推荐取$z_1=1$、2、4、6。蜗杆传动的传动比随头数的增加而减小，传动效率则增加。但蜗杆头数太多，会带来加工的困难。

为了避免蜗轮轮齿发生根切，蜗轮齿数不应少于26。

设蜗杆头数为z_1，蜗轮齿数为z_2，则蜗杆为主动件时的传动比为

$$i=\frac{\omega_1}{\omega_2}=\frac{n_1}{n_2}=\frac{z_2}{z_1}$$

式中，ω_1、ω_2分别为蜗杆和蜗轮的角速度；n_1、n_2分别为蜗杆和蜗轮的转速。

（4）蜗杆的直径系数q　由蜗杆分度圆柱展开图7-45可知

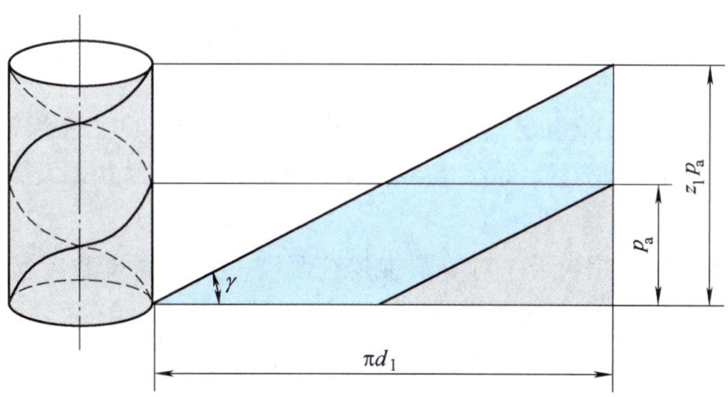

图7-45　蜗杆分度圆柱展开图

$$\tan\gamma=\frac{z_1p_a}{\pi d_1}=\frac{z_1\pi m}{\pi d_1}=\frac{z_1m}{d_1}$$

令$q=z_1/\tan\gamma$，则$d_1=qm$，称q为蜗杆的直径系数。

蜗杆的模数系列m与分度圆直径d_1及直径系数q的对应关系见表7-4。

（5）中心距a　蜗杆传动的标准中心距为

$$a=\frac{1}{2}(d_1+d_2)=\frac{m}{2}(q+z_2)$$

2. 正确啮合条件

蜗杆传动的正确啮合条件是：主截面内的模数和压力角分别相等且为标准值。蜗轮的螺旋角还应等于蜗杆的导程角。即

$$m_{a1}=m_{t2}=m,\ \alpha_{a1}=\alpha_{t2}=\alpha,\ \gamma=\beta\text{（旋向相同）}$$

式中，m_{a1}、m_{t2}分别为蜗杆的轴向模数和蜗轮的端面模数；α_{a1}、α_{t2}分别为蜗杆的轴向压力角和蜗轮的端面压力角；γ、β 分别为蜗杆的导程角和蜗轮的螺旋角。

3. 蜗杆传动的几何尺寸计算

阿基米德圆柱蜗杆传动的各部分几何尺寸计算可参考表 7-5 和图 7-44。

表 7-5　阿基米德圆柱蜗杆传动几何尺寸计算公式

名　称	符　号	计 算 公 式
蜗杆头数	z_1	$z_1=1, 2, 3, 4$
蜗轮齿数	z_2	$z_2=iz_1$
模数	m	见表 7-4
压力角	α	$\alpha=20°$
蜗杆分度圆直径	d_1	$d_1=mq$
蜗杆直径系数	q	$q=z_1/\tan\gamma$
蜗杆分度圆导程角	γ	$\tan\gamma=z_1m/d_1$
蜗轮分度圆直径	d_2	$d_2=mz_2$
蜗杆齿顶圆直径	d_{a1}	$d_{a1}=d_1+2h_a^*m$
蜗杆齿根圆直径	d_{f1}	$d_{f1}=d_1-2(h_a^*+c^*)m$
蜗轮齿顶圆直径	d_{a2}	$d_{a2}=d_2+2h_a^*m$
蜗轮齿根圆直径	d_{f2}	$d_{f2}=d_2-2(h_a^*+c^*)m$
标准中心距	a	$a=(d_1+d_2)/2$

第十节　锥齿轮机构

锥齿轮机构用于传递两相交轴之间的运动，一般取轴交角 $\Sigma=90°$。锥齿轮的轮齿由大端至小端逐渐变小，为了计算和测量方便，取大端参数为标准值，几何尺寸也以大端为基础计算。

一、传动比与分度圆锥角

一对锥齿轮的啮合传动相当于一对节圆锥作纯滚动，其分度圆锥与节圆锥重合。图 7-46 中，δ_1、δ_2 分别为两锥齿轮的分度圆锥母线与各自轴线的夹角，称为分度圆锥角，$\Sigma=\delta_1+\delta_2=90°$。$r_1$、$r_2$ 分别为两锥齿轮大端的分度圆半径；OC 为锥齿轮的锥距，用 R 表示。

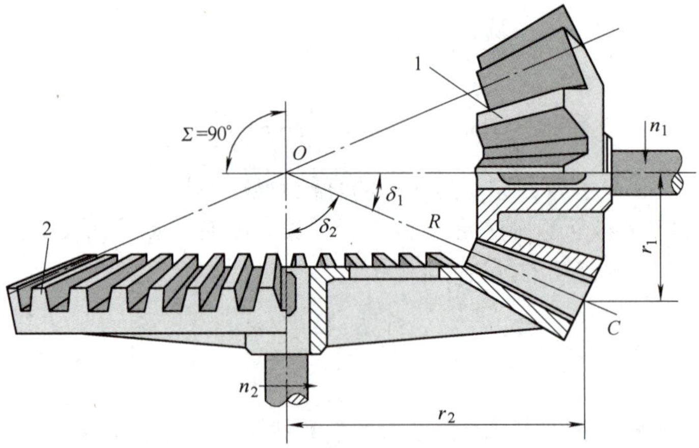

图 7-46　锥齿轮传动

锥齿轮传动的传动比为

$$i_{12}=\frac{\omega_1}{\omega_2}=\frac{z_2}{z_1}=\frac{r_2}{r_1}=\frac{R\sin\delta_2}{R\sin\delta_1}=\frac{\sin\delta_2}{\sin\delta_1}$$

$$\Sigma=90°, \ i_{12}=\tan\delta_2=\cot\delta_1$$

二、锥齿轮的背锥、当量齿轮和当量齿数

锥齿轮齿廓曲面的形成与圆柱齿轮类似。如图 7-47 所示，圆发生面 S 的圆心与锥顶 O 重合，且与基圆锥相切于 OP。当该发生面绕基圆锥作纯滚动时，发生面上任意点 K 的轨迹为球面渐开线，无数条半径不同的球面渐开线组成了球面渐开曲面。

锥齿轮的理论齿廓曲线为球面渐开线。由于无法将球面展成平面，通常用近似方法来研究锥齿轮的齿廓曲线。

图 7-48 所示锥齿轮的轴平面中，OAA' 为分度圆锥，过锥齿轮大端的 A 点作 OA 的垂线与锥齿轮的轴线交于点 O_1，以 O_1 为锥顶，O_1A 为母线，OO_1 为轴线作一圆锥与锥齿轮大端球面在分度圆相切，称之为背锥。将锥齿轮大端的球面渐开线齿形投影到背锥上，背锥上的齿形与锥齿轮大端上的齿形十分接近，因此可近似地用背锥上的齿形来代替锥齿轮大端的齿形。

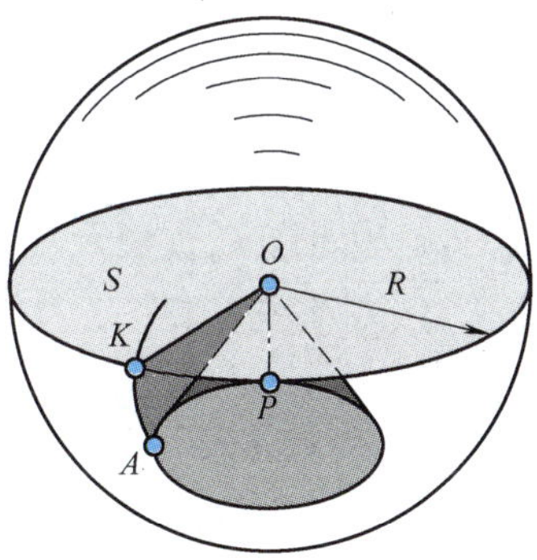

图 7-47 锥齿轮齿面形成

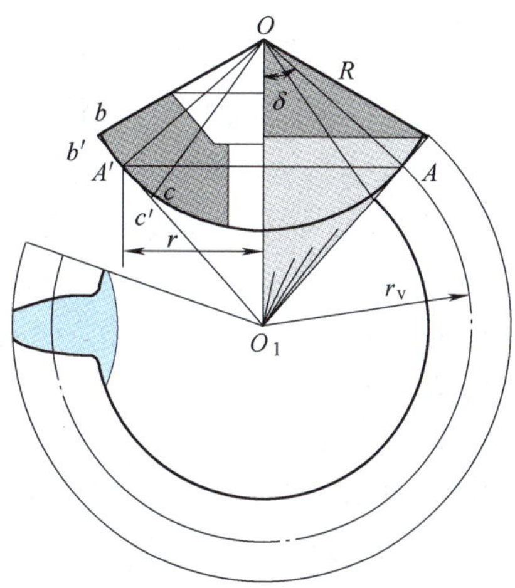

图 7-48 背锥与当量齿轮

背锥可展成平面，展开后得到一扇形齿轮，其轮齿参数与锥齿轮大端轮齿参数基本相同，齿数为锥齿轮的齿数。将扇形缺口补齐成一圆形齿轮，该圆形齿轮称为锥齿轮的当量齿轮，其齿数 z_v 为当量齿数。当量齿轮的半径为

$$r_v=\frac{r}{\cos\delta}=\frac{mz}{2\cos\delta}$$

故当量齿数 z_v 与实际齿数 z 的关系为

$$z_v=\frac{2r_v}{m}=\frac{mz}{m\cos\delta}=\frac{z}{\cos\delta}$$

三、锥齿轮的参数、几何尺寸计算及啮合特点

1. 锥齿轮的基本参数

锥齿轮的大端轮齿参数为标准值。锥齿轮标准模数系列见表7-6，GB/T 12369—1990 中规定锥齿轮大端的压力角 $\alpha=20°$，齿顶高系数 $h_a^*=1$，顶隙系数 $c^*=0.2$。

表7-6 锥齿轮标准模数系列（GB/T 12368—1990）（单位：mm）

…	1	1.125	1.25	1.375	1.5	1.75	2	2.5	2.75	3	3.25	3.5	3.75	4
4.5	5	5.5	6	6.5	7	8	9	10	…					

2. 锥齿轮正确啮合条件

锥齿轮正确啮合的条件为：大端模数与压力角分别相等，锥距相等。即

$$m_1=m_2,\ \alpha_1=\alpha_2=\alpha,\ R_1=R_2=R$$

式中，R 为分度圆锥锥顶至大端的距离，称为锥距。

3. 连续传动的条件

仍用重合度的大小表示能否连续传动。直齿锥齿轮啮合传动的重合度可按其当量圆柱齿轮的重合度计算，即

$$\varepsilon=\frac{1}{2\pi}[z_{v1}(\tan\alpha_{va1}-\tan\alpha_v')+z_{v2}(\tan\alpha_{va2}-\tan\alpha_v')]$$

式中，α_{va1}、α_{va2}分别为当量圆柱齿轮 z_{v1}、z_{v2}的齿顶圆的压力角。

4. 不发生根切的最小齿数

为了避免根切，锥齿轮不发生根切的最少齿数为

$$z_{min}=z_{vmin}\cos\delta$$

z_{vmin}为当量圆柱齿轮不出现根切的最少齿数，当 $h_a^*=1$，$\alpha=20°$时，$z_{vmin}=17$。故锥齿轮不出现根切的最小齿数小于17。

5. 几何尺寸计算

参照图7-49所示的一对直齿锥齿轮啮合简图，几何尺寸计算公式见表7-7。

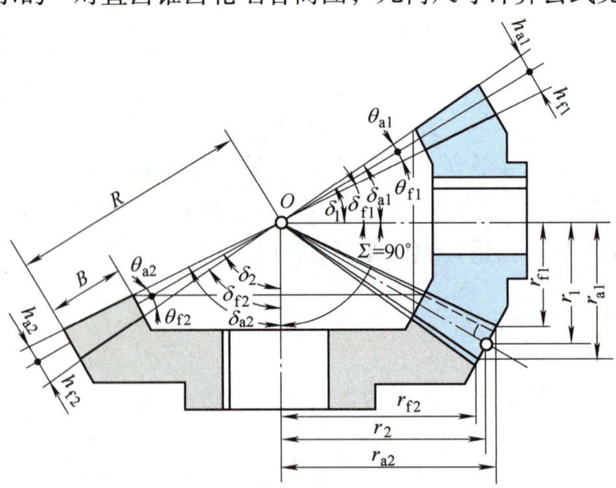

图7-49 锥齿轮的参数和几何尺寸

表 7-7　标准直齿锥齿轮传动几何尺寸计算公式

名　称	符　号	计　算　公　式
模数	m	见表 7-6
传动比	i	$i=z_2/z_1=\tan\delta_2=\cot\delta_1$
齿顶高	h_a	$h_a=h_a^*m$
齿根高	h_f	$h_f=(h_a^*+c^*)m$
全齿高	h	$h=h_a+h_f=(2h_a^*+c^*)m$
分度圆直径	d_1、d_2	$d_1=mz_1$，$d_2=mz_2$
齿顶圆直径	d_{a1}、d_{a2}	$d_{a1}=d_1+2h_a\cos\delta_1$，$d_{a2}=d_2+2h_a\cos\delta_2$
齿根圆直径	d_{f1}、d_{f2}	$d_{f1}=d_1-2h_f\cos\delta_1$，$d_{f2}=d_2-2h_f\cos\delta_2$
锥距	R	$R=\sqrt{r_1^2+r_2^2}=\frac{m}{2}\sqrt{z_1^2+z_2^2}=\frac{d_1}{2\sin\delta_1}=\frac{d_2}{2\sin\delta_2}$
齿宽	b	$b\leqslant\frac{R}{3}$
齿根角	θ_f	$\theta_f=\arctan(h_f/R)$
齿顶角	θ_a	$\theta_a=\arctan(h_a/R)$
根锥角	δ_{f1}、δ_{f2}	$\delta_{f1}=\delta_1-\theta_f$，$\delta_{f2}=\delta_2-\theta_f$
顶锥角	δ_{a1}、δ_{a2}	$\delta_{a1}=\delta_1+\theta_a$，$\delta_{a2}=\delta_2+\theta_a$

本章总结

1. 齿轮机构靠轮齿间的啮合传动来传递两任意轴之间的运动和动力。
2. 齿轮机构可分为平行轴齿轮机构、相交轴齿轮机构和交错轴齿轮机构。
3. 直齿圆柱齿轮机构和斜齿圆柱齿轮机构都是平行轴齿轮传动机构，但斜齿圆柱齿轮的轮齿与其轴线方向有一倾斜角，此角称为斜齿圆柱齿轮的螺旋角。
4. 直齿锥齿轮机构是典型的相交轴齿轮传动机构，其轮齿沿其圆锥母线方向；工程中一般使用直角相交的锥齿轮传动机构，锥齿轮机构是空间齿轮机构。
5. 蜗杆轴线与蜗轮轴线为 90°交错轴线，是一种空间齿轮机构；作为减速机构，蜗杆为主动件；只要蜗杆的螺旋角足够大，蜗杆传动机构也可以设计为增速传动机构。
6. 渐开线能作为齿轮的齿廓曲线，是因为渐开线齿廓容易加工、能满足定传动比传动，而且中心距略有变动时，其传动比仍然保持不变。
7. 齿轮齿数、模数、压力角是齿轮机构设计的重要参数，也是计算几何尺寸的基础。
8. 齿轮的分度圆是齿轮设计中的参考圆，是齿轮几何尺寸计算时的重要依据；节圆是指一对齿轮传动过程中，以两齿轮的圆心为圆心，通过节点所画的两个圆。节圆大小随节点位置而变化，而分度圆则不会变化，因此，将这个设计参考圆上的模数与压力角取为标准值，故分度圆的定义为具有标准模数和标准压力角的圆。
9. 标准齿轮是指具有标准模数、标准压力角、标准齿顶高系数、标准顶隙系数，并且分度圆齿厚等于分度圆齿槽宽的齿轮。
10. 齿轮的模数 m 是指相邻两轮齿同侧齿廓间的齿距 p 与圆周率 π 的比值，为消除无理数 π 带来的计算繁琐，人为地将 $m=p/\pi$ 标准化，简化了齿轮设计。模数以 mm 为单位。

11. 齿轮的压力角是指渐开线齿廓上任一点法向力和该点速度方向之间的夹角，渐开线齿廓上不同点的压力角是不同的，所以定义为分度圆上的压力角为标准值。我国规定的标准值为20°。
12. 一对直齿圆柱齿轮的正确啮合条件是两齿轮的模数与压力角分别相等。
13. 一对直齿圆柱齿轮的连续传动条件是重合度必须大于1。
14. 一对标准直齿圆柱齿轮的正确安装条件是：安装中心距等于标准中心距，无侧隙啮合且保证标准顶隙。
15. 当实际中心距不等于标准中心距时，分度圆与节圆不再重合，同时啮合角也发生变化。此时可按 $a\cos\alpha = a'\cos\alpha'$ 求解实际中心距与啮合角之间的关系。
16. 标准直齿圆柱齿轮的几何尺寸主要指：分度圆、基圆、齿顶圆、齿根圆的直径或半径，齿顶高、齿根高、全齿高，分度圆齿距（周节）、基圆齿距（基节）、分度圆齿厚与齿槽宽、中心距与啮合角。
17. 当用展成法加工齿数小于17的标准直齿圆柱齿轮时，会发生根切；根切产生的原因是齿条刀具的齿顶线超过啮合极限点；避免根切的办法是将刀具远离待加工齿轮中心一段距离 xm，但这样加工出来的齿轮已经不是标准齿轮。
18. 当刀具远离被加工齿轮中心时，称之为正变位齿轮，反之为负变位齿轮。
19. 当两个齿轮变位系数之和大于零时，称为正传动齿轮机构，反之为负传动齿轮机构。当两个齿轮变位系数之和等于零时，可能是等变位齿轮传动机构，也可能是标准齿轮传动机构。
20. 斜齿圆柱齿轮机构的齿向与其轴线倾斜一个螺旋角，所以斜齿轮具有法向与端面两套参数。几何尺寸计算在斜齿轮的端面上进行，受力分析则在法向进行。
21. 研究斜齿圆柱齿轮法向齿形时，引入当量齿轮的概念，可把研究斜齿圆柱齿轮法向齿形问题转化为研究直齿圆柱齿轮的问题。
22. 斜齿圆柱齿轮传动的平稳性比直齿圆柱齿轮机构好，除重合度大外，轮齿的逐渐进入啮合和逐渐退出啮合也是重要原因。因此，高速传动中经常使用斜齿圆柱齿轮传动机构。
23. 研究锥齿轮时，取其大端参数为标准值，几何尺寸计算也以大端为基准，这是因为其大端尺寸容易测量与检验。
24. 为研究锥齿轮大端齿形，引入背锥的概念，可把研究锥齿轮大端齿形问题转化为研究直齿圆柱齿轮的问题，避免了研究球面渐开线的困难。
25. 工程中，曲线齿锥齿轮的应用日益广泛，这是因为解决了曲线齿锥齿轮的加工问题。
26. 蜗杆传动的设计基准面为其主截面，即垂直蜗轮轴线、包括蜗杆轴线的平面。对阿基米德蜗杆而言，主截面上相当于齿条齿轮的啮合传动。因此，蜗杆传动也有两套参数，即蜗杆的轴向参数和蜗轮的端面参数。
27. 蜗杆传动的正确啮合条件为：蜗杆的轴向模数与压力角分别等于蜗轮的端面模数与压力角，且螺旋角等于导程角。
28. 由于蜗杆的导程角较小，螺旋角较大，所以蜗杆的轮齿经常绕其轴线多圈。因此，蜗杆的齿数不宜过多，一般小于6。
29. 当蜗杆的导程角小于其当量摩擦角时，该蜗杆传动机构具有自锁特性，但其效率较低。

习　　题

1. 理解

1-1　区别

a）直齿圆柱齿轮机构和斜齿圆柱齿轮机构

b）斜齿圆柱齿轮机构和人字齿轮机构

c）锥齿轮机构和交错轴斜齿轮机构

d）交错轴斜齿轮机构和蜗杆传动机构

e）渐开线的压力角和轮齿传动的啮合角

f）分度圆和节圆

1-2　用游标卡尺测量出习题图 7-1 所示渐开线圆柱齿轮的三个齿和两个齿之间的公法线长度 $W_3=61.84\text{mm}$，$W_2=37.56\text{mm}$，齿顶圆直径 $d_a=208\text{mm}$，齿根圆直径 $d_f=172\text{mm}$，其齿数 $z=24$。试求：

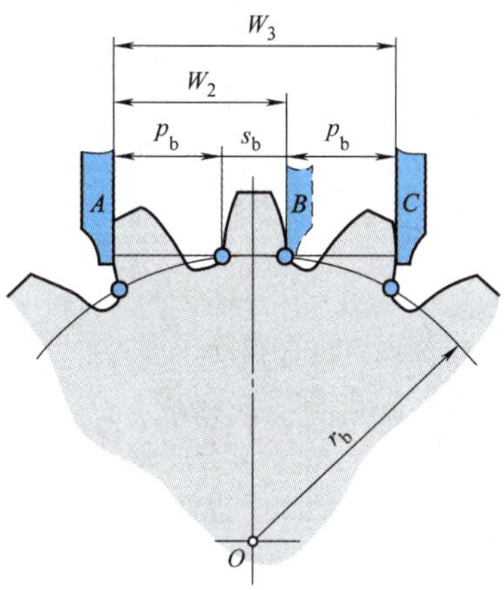

习题图 7-1　渐开线圆柱齿轮

1）该齿轮的模数 m、分度圆半径 r、分度圆压力角 α、齿顶高系数 h_a^*。

2）该齿轮的基圆齿距 p_b 和基圆齿厚 s_b。

1-3　如习题图 7-2 所示的齿轮，当 $a'>a$ 时，

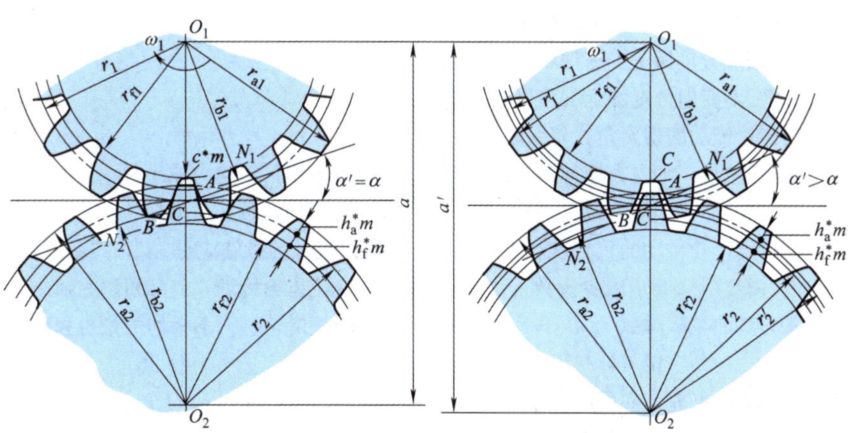

习题图 7-2　齿轮传动图

1）啮合角 α' 是如何变化的？

2）节圆半径 r_1'、r_2' 是如何变化的？

3）顶隙 c 是如何变化的？

4）对齿轮传动有何影响？

5）试证明 $a'\cos\alpha' = a\cos\alpha$ 成立。

1-4　渐开线齿廓形状取决于（　　）直径大小。

a）节圆　　b）分度圆　　c）基圆　　d）齿顶圆

1-5　渐开线在（　　）上的压力角为标准值。

a）根圆　　b）基圆　　c）分度圆　　d）齿顶圆

1-6　齿廓啮合时，啮合点处两轮的压力角（　　），而在节点啮合时则（　　）。

a）一定相等　　b）一定不相等　　c）一般不相等

1-7　一对齿轮啮合时，两齿轮的（　　）始终相切。

a）分度圆　　b）基圆　　c）节圆　　d）齿根圆

1-8　一对能正确啮合传动的渐开线直齿圆柱齿轮必须满足（　　）。

a）齿形相同

b）模数相等，齿厚等于齿槽宽

c）模数相等，压力角相等

1-9　一对渐开线齿轮啮合传动时，其中心距安装若有误差，（　　）。

a）仍能保证无侧隙连续传动

b）仍能保证瞬时传动比不变

c）瞬时传动比虽有变化，但平均转速比仍不变

1-10　定义齿轮的模数为 $m = p/\pi$，p 是哪个圆上的齿距（　　）。

a）顶圆　　b）基圆　　c）分度圆　　d）根圆

1-11　渐开线直齿圆柱齿轮中，齿距、法向齿距、基圆齿距三者之间的关系为（　　）。

a）$p_b = p_n < p$　　b）$p_b < p_n < p$　　c）$p_b > p_n > p$　　d）$p_b > p_n = p$

1-12　用标准齿条刀具加工正变位渐开线直齿圆柱外齿轮时，刀具的中线与齿轮的分度圆（　　）。

a）相切　　b）相割　　c）相离

1-13　用展成法切制渐开线齿轮时，齿轮根切的现象可能发生在（　　）的场合。

a）模数较大　　b）模数较小　　c）齿数较多　　d）齿数较少

1-14　渐开线齿轮变位后（　　）。

a）分度圆及分度圆上的齿厚仍不变

b）分度圆及分度圆上的齿厚都改变了

c）分度圆不变但分度圆上的齿厚改变了

1-15　增加斜齿轮传动的螺旋角，将引起（　　）。

a）重合度减小，轴向力增加　　b）重合度减小，轴向力减小

c）重合度增加，轴向力减小　　d）重合度增加，轴向力增加

1-16　若发现标准齿轮传动的重合度小于 1 的情况，修改设计的措施应是（　　）。

a）加大模数　　b）减少齿数　　c）改为变位齿轮传动　　d）改用短齿制

1-17　用齿条刀具加工 $\alpha_n = 20°$，$h_a^* = 1$，$\beta = 30°$ 的斜齿圆柱齿轮时，不根切的最少齿数是（　　）。

a）17　　b）14　　c）12　　d）26

1-18　在蜗杆传动中，轮齿间的啮合是（　　）。

a）点接触　　b）线接触　　c）面接触

1-19　蜗轮和蜗杆轮齿的螺旋方向（　　）。

a）一定相同　　b）一定相反　　　c）既可相同，也可相反

1-20　蜗杆蜗轮传动的标准中心距 $a=($　　$)$。

a）$m(z_1+z_2)/2$　b）$m(q+z_1)/2$　　c）$m(q+z_2)/2$

2. 分析与设计

2-1　如习题图 7-3 所示，推证渐开线齿轮法向齿距 p_n、基圆齿距 p_b 和分度圆齿距 p 之间的关系为 $p_n=p_b=p\cos\alpha=\pi m\cos\alpha$。

2-2　一对标准渐开线齿轮在标准中心距下传动，如习题图 7-4 所示，已知模数 $m=4\text{mm}$，齿数如图所示，压力角 $\alpha=20°$，求中心距 a，小齿轮分度圆直径 d_1，齿顶圆直径 d_{a1}，齿根圆直径 d_{f1}，基圆直径 d_{b1}，基圆齿厚 s_{b1}。

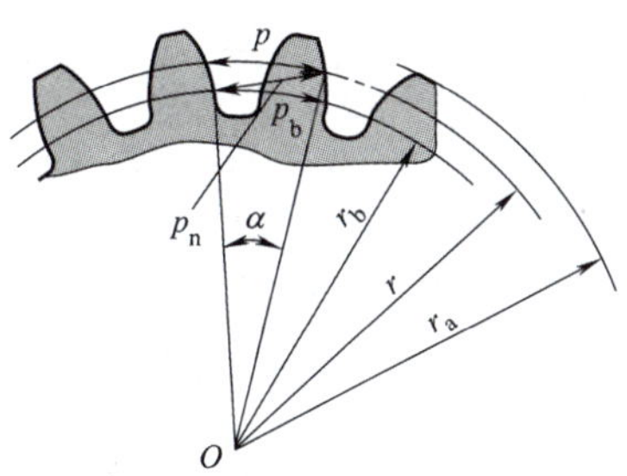

习题图 7-3　渐开线齿轮

习题图 7-4　渐开线标准齿轮传动

2-3　已知一标准渐开线直齿圆柱齿轮，其齿顶圆直径 $d_{a1}=77.5\text{mm}$，齿数 $z_1=29$。现要求设计一个大齿轮与其相啮合，传动的安装中心距 $a=145\text{mm}$，试计算这个大齿轮的主要尺寸（分度圆直径 d_2、齿顶圆直径 d_{a2}、齿根圆直径 d_{f2}、基圆直径 d_{b2}）。

2-4　一对渐开线直齿圆柱标准外齿轮传动，已知齿数 $z_1=25$，$z_2=55$，模数 $m=2\text{mm}$，压力角 $\alpha=20°$，$h_a^*=1$，$c^*=0.25$。试求：

1）齿轮 1 在分度圆上齿廓的曲率半径 ρ。

2）齿轮 2 在齿顶圆上的压力角 α_{a2}。

3）如果这对齿轮的实际中心距 $a'=81\text{mm}$，求啮合角 α' 和两齿轮的节圆半径 r_1'、r_2'。

2-5　习题图 7-5 所示为一对齿轮的齿顶圆和基圆，齿轮 1 为主动轮且实际中心距大于标准中心距，试在此图上画出齿轮的啮合线，并标出：极限啮合点 N_1、N_2，实际啮合的开始点和终止点 B_2、B_1，啮合角 α' 和节圆并说明两轮的节圆是否与各自的分度圆重合。

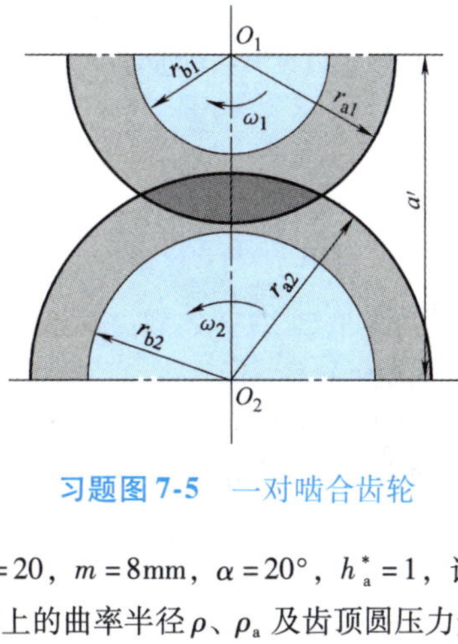

习题图 7-5　一对啮合齿轮

2-6　设有一渐开线标准齿轮 $z=20$，$m=8\text{mm}$，$\alpha=20°$，$h_a^*=1$，试求：

1）齿廓曲线在分度圆及齿顶圆上的曲率半径 ρ、ρ_a 及齿顶圆压力角 α_a。

2）齿顶圆齿厚 s_a 及基圆齿厚 s_b。

3）若齿顶变尖（$s_a=0$）时，齿顶圆半径 r'_a 又应是多少？并完成习题图 7-6 所示各尺寸的标注。

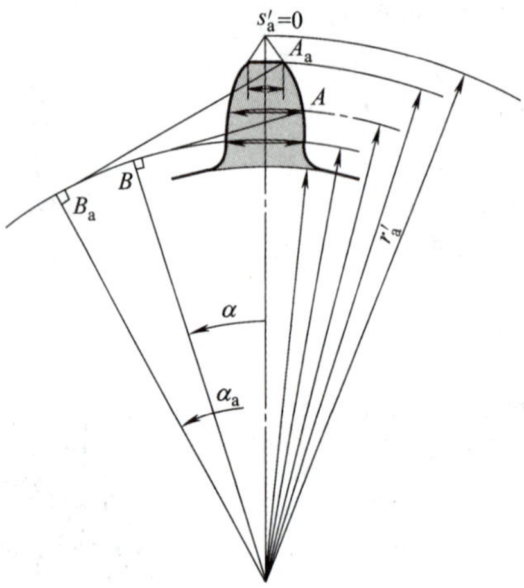

习题图 7-6　渐开线标准齿轮

2-7　用一个标准齿条形刀具加工齿轮。刀具的模数为 $m=4$mm，齿形角 $\alpha=20°$，齿轮的转动中心到刀具分度线之间的距离 $H=29$mm，并且被加工齿轮不发生根切现象。试确定被加工齿轮的最大齿数并计算基本参数。

2-8　在下列情况下确定外啮合直齿圆柱齿轮传动的类型：

1）$z_1=14$，$z_2=40$，$\alpha=15°$，$h_a^*=1$，$c^*=0.25$。

2）$z_1=33$，$z_2=47$，$m=6$mm，$\alpha=20°$，$h_a^*=1$，$a'=235$mm。

3）$z_1=12$，$z_2=28$，$m=5$mm，$\alpha=20°$，$h_a^*=1$，要求无根切现象。

4）$m=4$mm，$\alpha=20°$，$h_a^*=1$，$a'=138$mm，$i_{12}=5/3$，传动比误差不超过 ±1%。

2-9　现有一对外啮合直齿圆柱齿轮传动，已知齿轮的基本参数为 $z_1=36$，$z_2=33$，$\alpha=20°$，$m=2$mm，正常齿制，$x_1=-0.235$，$x_2=1.335$。

1）请计算这对齿轮传动的标准中心距 a 和实际安装中心距 a'。

2）计算齿轮 1 的 r_1、r_{b1}、r_{a1}、r_{f1}、p、s、e。

3）与采用标准齿轮传动相比较，这对齿轮传动有什么优点和缺点？

2-10　设计一对标准渐开线平行轴外啮合斜齿圆柱齿轮机构，其基本参数为 $z_1=20$，$z_2=50$，$m_n=4$mm，$\alpha_n=20°$，$h_{an}^*=1$，$c_n^*=0.25$，$\beta=10°$，齿宽 $B=30$mm。试求：

1）法向齿距 p_n 和端面齿距 p_t。

2）当量齿数 z_{v1} 和 z_{v2}。

3）中心距 a。

4）重合度 $\varepsilon_\gamma=\varepsilon_\alpha+\varepsilon_\beta$。

2-11　已知一对标准直齿锥齿轮传动，$z_1=20$，$z_2=40$，$m_n=5$mm，$\alpha=20°$，$h_a^*=1$，$c_n^*=0.2$，$\Sigma=90°$。试求两锥齿轮的几何尺寸及当量齿数 z_{v1} 和 z_{v2}。

2-12　已知一标准蜗杆传动的中心距 $a=75$mm，传动比 $i_{12}=40$，模数 $m=3$mm，齿顶高系数 $h_a^*=1$，顶隙系数 $c^*=0.2$。试计算蜗杆的直径系数 q，导程角 γ，蜗杆和蜗轮的分度圆直径（d_1、d_2），蜗杆和蜗轮的齿顶圆和齿根圆直径（d_{a1}、d_{a2}、d_{f1}、d_{f2}）。

3. 自测题

3-1　对于渐开线直齿圆柱齿轮，决定齿廓形状的基本参数是________，________，________。

3-2 渐开线直齿圆柱齿轮正确啮合的条件是____________________。

3-3 一对渐开线直齿圆柱齿轮啮合传动时，两轮的________圆总是相切并相互作纯滚动，而两轮的中心距不一定总等于两轮的________圆半径之和。

3-4 共轭齿廓是指一对________________的齿廓。

3-5 标准外啮合斜齿轮传动的正确啮合条件是：两齿轮的________和________都相等，且两齿轮的________角相等，旋向________。

3-6 一对直齿锥齿轮传动的正确啮合条件是____________________。

3-7 采用展成法加工标准齿轮时，不发生根切的最少齿数是________。

3-8 用齿条刀具加工标准齿轮时，齿轮分度圆与齿条中线________，加工变位齿轮时，中线与分度圆________。被加工的齿轮与齿条刀具相“啮合”时，齿轮节圆与分度圆________。

3-9 标准齿轮除模数和压力角为标准值外，还应当满足的条件是________________。

3-10 斜齿轮在________上具有标准模数和标准压力角。

判断正误

3-11 一对外啮合的标准直齿圆柱齿轮，小轮的齿根厚度比大轮的齿根厚度大。 ( )

3-12 一对渐开线直齿圆柱齿轮的正确啮合条件是 $p_{b1}=p_{b2}$。 ( )

3-13 一对能正确啮合传动的渐开线直齿圆柱齿轮，其啮合角一定为20°。 ( )

3-14 一对直齿圆柱齿轮啮合传动，模数越大，重合度也越大。 ( )

3-15 标准直齿圆柱齿轮传动的实际中心距恒等于标准中心距。 ( )

3-16 渐开线标准齿轮的齿根圆恒大于基圆。 ( )

3-17 对于单个齿轮来说，节圆半径就等于分度圆半径。 ( )

3-18 根据渐开线性质，基圆之内没有渐开线，所以渐开线齿轮的齿根圆必须设计比基圆大些。 ( )

3-19 用展成法切制渐开线直齿圆柱齿轮发生根切的原因是齿轮太小了，大的齿轮就不会根切。 ( )

3-20 只有相互啮合的渐开线齿轮的变位系数 x_1、x_2 都是正值时，这对齿轮传动才称为正传动。 ( )

3-21 一对渐开线直齿圆柱齿轮在无侧隙传动且中心距 $a=m(z_1+z_2)/2$ 时，必定是一对标准齿轮传动。 ( )

3-22 大齿轮的模数一定比小齿轮的模数大。 ( )

3-23 齿数多的齿轮一定比齿数少的齿轮大。 ( )

3-24 小齿轮的轮齿厚度不一定比大齿轮的轮齿厚度小。 ( )

3-25 若两齿轮的基圆半径相同，则分度圆、齿顶圆、齿根圆也一定相同。 ( )

3-26 习题图7-7所示为用展成法加工齿轮时，齿条刀具与轮坯的相对位置。作图比例 $\mu_l=2\frac{\text{mm}}{\text{mm}}$，被切齿轮的分度圆半径 $r=25\text{mm}$。已知刀具的参数 $\alpha=20°$，$h_a^*=1$，$c^*=0.25$，轮坯中心与刀具中线之间的距离为53mm，刀具移动的线速度 $v_刀=10\text{mm/s}$。

1）试用图解法判断被切齿轮是否会产生根切现象？

2）求轮坯转动的角速度 ω。

3）求被切齿轮的参数和几何尺寸。

3-27 习题图7-8所示的蜗杆传动中，蜗杆的螺旋线方向与转动方向如图所示，试画出蜗轮的转动方向。

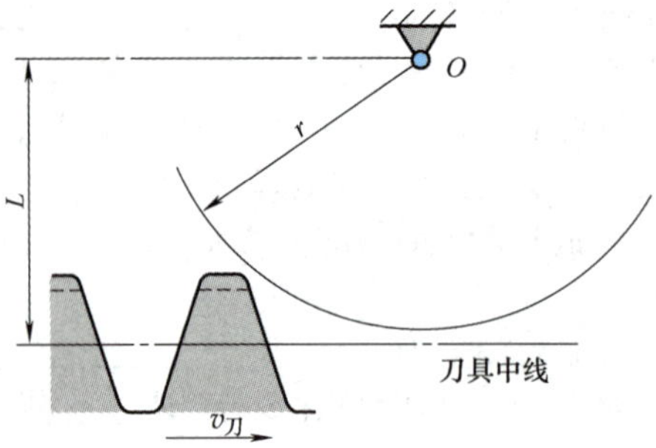

习题图 7-7　用展成法加工齿轮

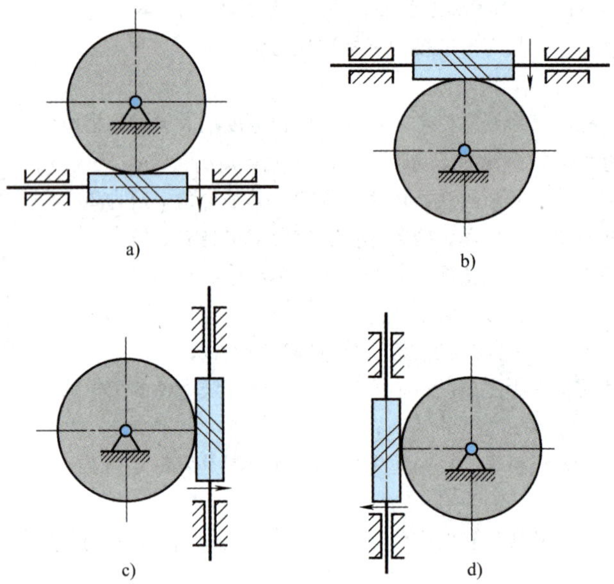

习题图 7-8　蜗杆传动

第八章

轮系及其设计

本章介绍轮系概念与分类；学习定轴轮系、周转轮系和混合轮系的传动比计算方法；对行星轮系设计中的齿数条件、装配条件、同心条件、邻接条件以及轮系效率进行简单介绍；最后介绍渐开线少齿差行星传动、摆线针轮行星传动、谐波传动以及平动齿轮传动机构的工作原理及特点。

第一节　轮系及其分类

一系列互相啮合的齿轮所构成的系统称为轮系。轮系是机械工程领域中应用最为广泛的传动机构。图 8-1a 为汽车中多级齿轮组成的变速器示意图；图 8-1b 所示的手表示意图中，各组齿轮按传动比设计，使时针、分针和秒针获得具有一定比例关系的输出。

一个轮系中可以同时包含圆柱齿轮、锥齿轮和蜗轮蜗杆等各种类型的齿轮机构。若轮系中齿轮轴线全部平行时称为平面轮系；若包含空间齿轮时称为空间轮系。根据轮系运转时各齿轮几何轴线在空间的相对位置关系是否变动，将轮系分为定轴轮系和周转轮系两种基本类型。

一、定轴轮系

轮系在运转过程中，每个齿轮的几何轴线位置相对于机架的位置均固定不动，则称该轮系为定轴轮系，图 8-1 所示轮系均为定轴轮系。

根据组成情况，定轴轮系可分为以下三种：

（1）单式轮系　每根轴上只安装一个齿轮所构成的简单轮系，图 8-2a 为单式轮系。

（2）复式轮系　有的轴上安装有两个以上齿轮的轮系，图 8-2b 所示的二级齿轮减速器即为复式轮系。复式轮系应用最为广泛。

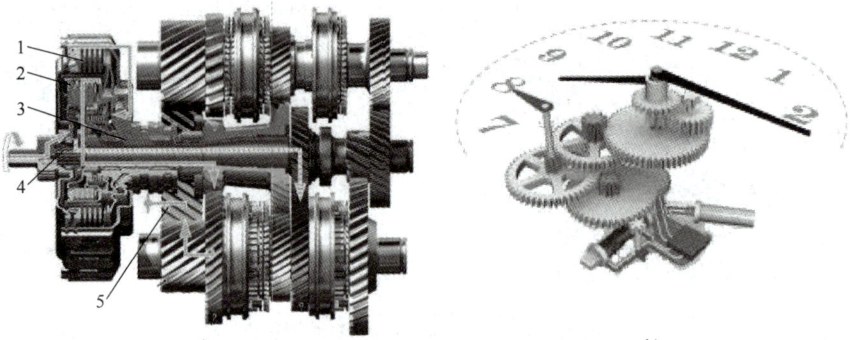

a) b)

图 8-1 轮系应用

1、2—离合器 3、4—输入轴 5—差速器

a) b) c)

图 8-2 定轴轮系分类

（3）回归轮系 输出齿轮和输入齿轮共轴线的轮系，图 8-2c 为典型的回归轮系。

二、周转轮系

轮系运转时，如果某齿轮的轴线位置相对于机架的位置是转动的，称该轮系为周转轮系。在图 8-3a 所示的轮系中，齿轮 2 一方面绕其自身轴线 O_2 自转，另一方面又随着构件 H 一起绕固定轴线 O 公转，这种既自转又公转的齿轮称为行星轮；支承并带动行星轮 2 作公转的构件 H 称为系杆或转臂；齿轮 1 与齿轮 3 的轴线相对机架的位置固定不动，称为太阳轮。轴线相对不动的太阳轮和系杆称为周转轮系的基本构件。

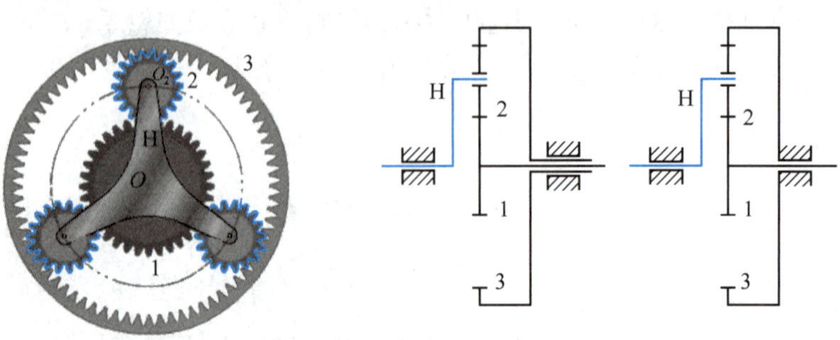

a) b) c)

图 8-3 周转轮系

根据周转轮系自由度的不同，周转轮系可进一步分为图 8-3b 所示的差动轮系和图 8-3c 所示的行星轮系。行星轮系的自由度为 1，差动轮系的自由度为 2。在周转轮系中，太阳轮常用 K 表示，系杆用 H 表示。

三、混合轮系

工程中的轮系有时既包含定轴轮系，又包含周转轮系，或直接由几个周转轮系组合而成。由定轴轮系和周转轮系或由两个以上的周转轮系构成的复杂轮系称为混合轮系或复合轮系，图 8-4a 为定轴轮系和行星轮系组成的混合轮系，图 8-4b 为周转轮系组成的混合轮系。

a)

b)

图 8-4　混合轮系

轮系作为机械系统中的常用传动机构，其功能可概括为：

1）实现大传动比传动。

2）实现相距较远两轴之间的传动。

3）实现变速与换向传动。

4）实现分路传动。

5）实现结构紧凑且质量较小的大功率传动。

6）实现运动的合成与分解。

7）实现复杂的轨迹运动和刚体导引。

第二节　定轴轮系传动比的计算

定轴轮系在机械中有广泛的应用，主要用于减速、增速、变速，实现运动和动力的传递与变换。

轮系中首、末两轮的转动速度之比，称为轮系的传动比，表示为

$$i_{io} = \frac{\omega_{in}}{\omega_{out}}$$

式中，ω_{in}为轮系中首轮角速度；ω_{out}为末轮角速度；由于角速度有方向性，因此轮系的传动比包括大小和方向两个问题。

一、传动比的计算

1. 传动比大小的计算

以图 8-5 所示的平面定轴轮系为例，讨论其传动比的计算方法。已知各轮齿数，且主动

齿轮 1 为首轮，从动齿轮 5 为末轮，则该轮系的总传动比为

$$i_{15} = \frac{\omega_1}{\omega_5}$$

从首轮到末轮之间的传动，是通过一系列相互啮合的齿轮组合实现的，各对互相啮合齿轮传动比的大小如下：

$$i_{12} = \frac{\omega_1}{\omega_2} = \frac{z_2}{z_1}$$

$$i_{23} = \frac{\omega_2}{\omega_3} = \frac{z_3}{z_2}$$

$$i_{3'4} = \frac{\omega_{3'}}{\omega_4} = \frac{z_4}{z_{3'}}$$

$$i_{4'5} = \frac{\omega_{4'}}{\omega_5} = \frac{z_5}{z_{4'}}$$

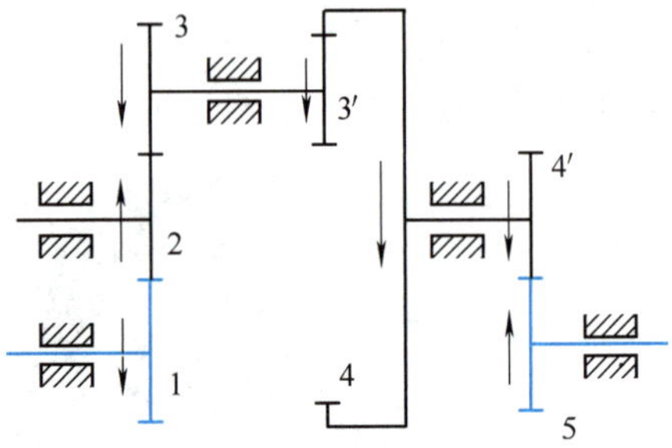

图 8-5　平面轮系传动比

由于齿轮 3 与 3′同轴，4 与 4′同轴，所以 $\omega_3 = \omega_{3'}$、$\omega_4 = \omega_{4'}$。

将上述各式两边分别连乘，得

$$i_{12}i_{23}i_{3'4}i_{4'5} = \frac{\omega_1}{\omega_2}\frac{\omega_2}{\omega_3}\frac{\omega_{3'}}{\omega_4}\frac{\omega_{4'}}{\omega_5} = \frac{\omega_1}{\omega_5}$$

即

$$i_{15} = \frac{\omega_1}{\omega_5} = i_{12}i_{23}i_{3'4}i_{4'5} = \frac{z_2z_3z_4z_5}{z_1z_2z_{3'}z_{4'}} = \frac{z_3z_4z_5}{z_1z_{3'}z_{4'}}$$

该轮系中，齿轮 2 既是前一对齿轮机构（齿轮 1 和 2）中的从动轮，同时又是后一对齿轮机构（齿轮 2 和 3）中的主动轮，齿轮 2 的作用仅仅是改变齿轮 3 的转向，并不影响传动比的大小，人们称该齿轮为介轮或惰轮，有时也称为过桥轮。

上式表明：定轴轮系的传动比等于组成该轮系的各对啮合齿轮传动比的连乘积，其大小等于轮系中所有从动轮齿数的连乘积与所有主动轮齿数的连乘积之比，其通式为

$$i_{1k} = \frac{\omega_1}{\omega_k} = \frac{n_1}{n_k} = \frac{z_2\cdots z_k}{z_1\cdots z_{k-1}} = \frac{\text{所有从动轮齿数的连乘积}}{\text{所有主动轮齿数的连乘积}} \tag{8-1}$$

式（8-1）为计算定轴轮系传动比大小的公式。

2. 首、末轮转向关系的确定

平面轮系与空间轮系中，传动比的大小计算方法相同，但首、末轮的转向判别不同。

（1）平面轮系　当定轴轮系各轮几何轴线互相平行时，首、末两轮的转向不是相同就是相反，因此可在传动比数值前加上“+”“-”号来表示两轮的转向关系。由于一对内啮合圆柱齿轮的转向相同，而一对外啮合圆柱齿轮的转向相反，因此每经过一次外啮合，末轮就改变一次方向，若用 m 表示轮系中外啮合齿轮对数，则可用 $(-1)^m$ 来确定轮系传动比的“+”“-”号。即

$$i_{1k} = \frac{\omega_1}{\omega_k} = (-1)^m \frac{z_2\cdots z_k}{z_1\cdots z_{k-1}} \tag{8-2}$$

式（8-2）为计算平面定轴轮系传动比的公式。

若计算结果为“+”，表明首、末两轮的转向相同；反之，则转向相反。

（2）空间轮系　空间轮系中，不能用外啮合的次数 $(-1)^m$ 判别首、末轮的转向，只能用标注箭头法确定。如图 8-6 所示的空间轮系中，在图上按传动顺序用箭头逐一标出各轮转向，最后判断末轮转向。

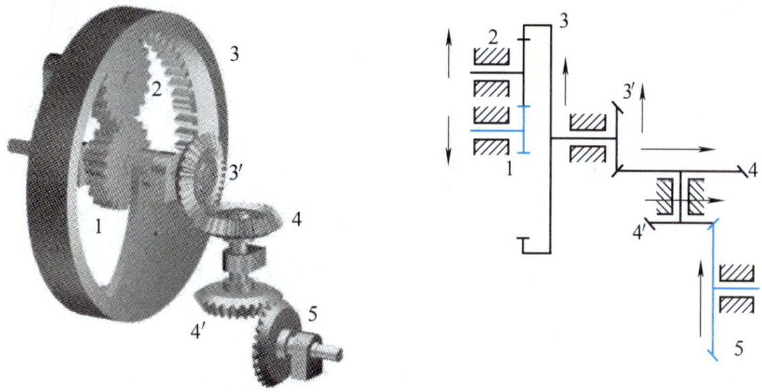

图 8-6　空间定轴轮系

利用画箭头的方法判别首、末轮的转向，不仅适合空间轮系，也适合平面轮系。用箭头标注齿轮转向时，要注意：一对外啮合齿轮传动转向相反，其箭头方向相向或相背；内啮合齿轮传动转向相同，其箭头方向相同；蜗杆传动可用速度分析的图解法判断蜗轮转向，再标注箭头。

图 8-6 所示的空间定轴轮系中，轮 1 为主动轮，其传动比的大小为

$$i_{15} = \frac{n_1}{n_5} = \frac{z_3 z_4 z_5}{z_1 z_{3'} z_{4'}}$$

通过画箭头可知，首末轮转动方向相反。

（3）结论

1）定轴轮系的传动比等于组成该轮系的所有从动轮齿数的连乘积除以所有主动轮齿数的连乘积。

2）定轴轮系的传动比还等于组成该轮系的各对齿轮传动比的连乘积。

3）轮系中的介轮不影响轮系传动比的大小，但影响末轮转向。

4）平面轮系可按外啮合的次数 $(-1)^m$ 判别末轮转向，也可用画箭头的方法判别末轮转向。空间轮系只能用画箭头的方法判别末轮转向。

例 8-1　图 8-7 所示的空间定轴轮系中，已知各轮齿数，蜗杆 1 为主动轮，右旋，求传动比 i_{15}。

解　蜗杆传动中，蜗轮转向可以用运动分析方法判别，也可把蜗杆看作螺杆，把蜗轮看作螺母，利用右手螺旋法则：拇指伸直，其余四指握拳，令四指弯曲方向与蜗杆转动方向一致，则拇指所指即为蜗杆受力方向。因此蜗轮反向受力，旋转。

该轮系传动比的大小为　$i_{15} = \dfrac{n_1}{n_5} = \dfrac{z_2 z_3 z_5}{z_1 z_{2'} z_{3'}}$

从主动蜗杆 1 起，依次在图中用箭头标出各轮转向，由此可知齿轮 5 逆时针转动。

如图 8-7b 所示，在判断蜗轮转向时，要注意蜗杆的旋向和转向；如果给出图 8-7b所示蜗轮的正面图形，要注意其左视图和右视图中蜗轮的转向的差别。

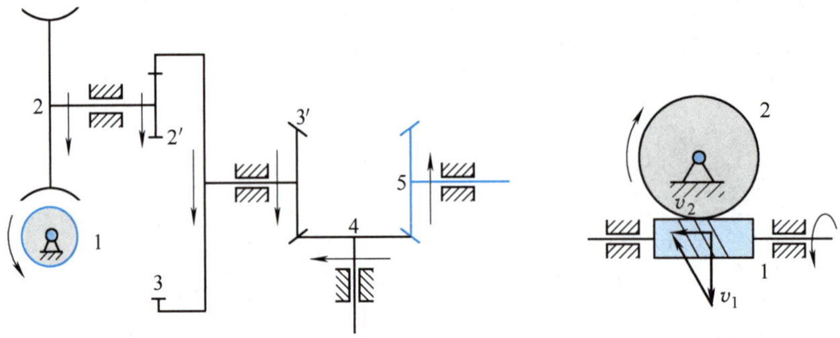

a)　　　　　　　　　　b)

图 8-7　空间定轴轮系的传动比

第三节　周转轮系传动比的计算

一、周转轮系的转化轮系

在周转轮系中，由于支承行星齿轮的系杆绕太阳轮轴线转动，行星轮既自转又公转，所以不能用计算定轴轮系传动比的方法来计算周转轮系的传动比。倘若将周转轮系中支承行星轮的系杆 H 固定，周转轮系便转化为定轴轮系，传动比的计算问题也就迎刃而解。如果给周转轮系施加一个反向转动，反向转动角速度等于系杆的角速度，则系杆静止不动，原周转轮系转化为一个假想的定轴轮系，该假想的定轴轮系是转动的轮系，其转动角速度大小与系杆相同，方向相反，称之为周转轮系的转化轮系。转化轮系是定轴轮系，可按定轴轮系的方法列出传动比公式。

图 8-8 所示的轮系中，设 ω_1、ω_2、ω_3、ω_H 分别为太阳轮 1、行星轮 2、太阳轮 3 和系杆 H 的绝对角速度。给整个周转轮系施加 $-\omega_H$ 的反转角速度后，系杆 H 相对固定不动，原周转轮系转化为假想的定轴轮系。这时转化轮系中各构件的角速度分别变为 ω_1^H、ω_2^H、ω_3^H、ω_H^H，它们与原周转轮系中各齿轮的角速度的关系见表 8-1。

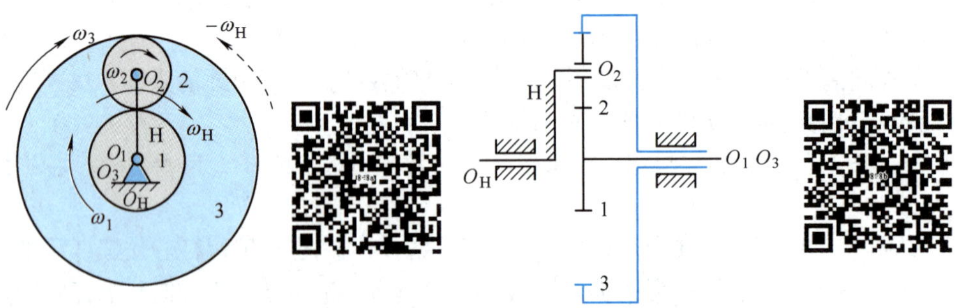

a)　　　　　　　　　　b)

图 8-8　周转轮系转传动比

根据定轴轮系传动比的计算公式，可写出转化轮系传动比 i_{13}^H

$$i_{13}^H=\frac{\omega_1^H}{\omega_3^H}=\frac{\omega_1-\omega_H}{\omega_3-\omega_H}=-\frac{z_2z_3}{z_1z_2}=-\frac{z_3}{z_1}$$

式中，“-”号表示在转化机构中 ω_1^H 和 ω_3^H 转向相反。

在转化轮系的传动比表达式中，包含着原周转轮系中的各轮的绝对角速度，所以可利用转化轮系求解周转轮系的传动比。

表 8-1　周转轮系与转化轮系中各构件的角速度

构件代号	原周转轮系各构件的角速度	转化轮系中各构件的角速度
1	ω_1	$\omega_1^H=\omega_1-\omega_H$
2	ω_2	$\omega_2^H=\omega_2-\omega_H$
3	ω_3	$\omega_3^H=\omega_3-\omega_H$
H	ω_H	$\omega_H^H=\omega_H-\omega_H=0$

对于周转轮系中任意两轴线平行的齿轮 1 和齿轮 k，它们在转化轮系中的传动比为

$$i_{1k}^H=\frac{\omega_1^H}{\omega_k^H}=\frac{\omega_1-\omega_H}{\omega_k-\omega_H}=\pm\frac{\text{从动轮齿数连乘积}}{\text{主动轮齿数连乘积}} \tag{8-3}$$

式（8-3）为计算周转轮系传动比的公式。

在已知各轮齿数的情况下，只要给定 ω_1、ω_k、ω_H 中任意两项，即可求得第三项或对应传动比。

计算周转轮系传动比时应注意以下问题：

1）转化轮系的传动比表达式中，含有原周转轮系中的各轮绝对角速度，可从中找出待求值。

2）齿数比前的“+”“-”号按转化轮系的传动关系用一般判别方法确定。

3）$i_{1k}^H\neq i_{1k}$，因 $i_{1k}^H=\omega_1^H/\omega_k^H$，$\omega_1^H$、$\omega_k^H$ 是轮 1 和轮 k 相对于系杆的角速度；其大小和转向按定轴轮系传动比的方法确定；ω_1、ω_k是轮 1 和轮 k 在周转轮系中的绝对角速度，而 $i_{1k}=\omega_1/\omega_k$，其大小和转向由计算结果确定。

4）上述公式仅适用于主、从动轴平行的情况。对于图 8-9 所示的空间周转轮系，其转化轮系传动比可写为

$$i_{13}^H=\frac{\omega_1-\omega_H}{\omega_3-\omega_H}=-\frac{z_3}{z_1}$$

由于齿轮 1 和齿轮 2 的轴线不平行，故

$$i_{12}^H\neq\frac{\omega_1-\omega_H}{\omega_2-\omega_H}$$

二、算例

例 8-2　图 8-10 所示的双排外啮合行星轮系中，已知 $z_1=100$，$z_2=101$，$z_{2'}=100$，$z_3=99$。求传动比 i_{H1}。

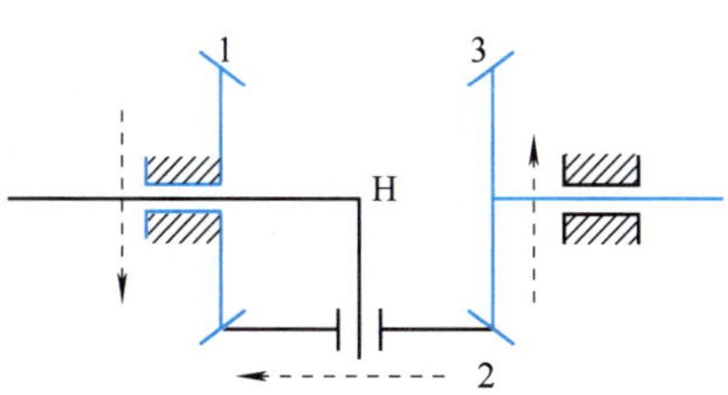

图 8-9　锥齿轮行星轮系

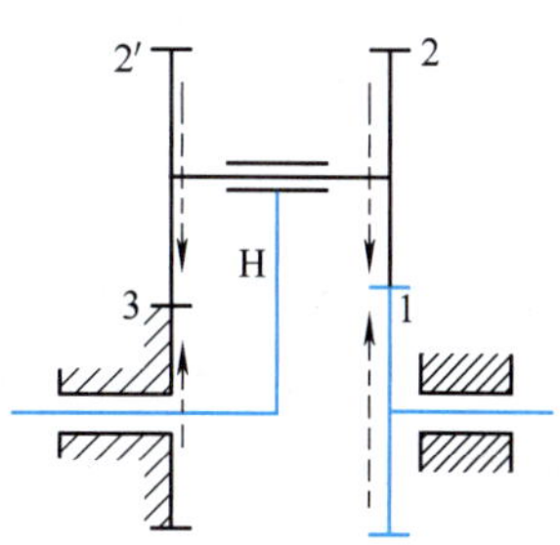

图 8-10　双排外啮合行星轮系

解 施加 $-\omega_H$ 反转后，假想系杆 H 静止不动，则 z_1、z_2、$z_{2'}$、z_3 成为假想的定轴轮系，即转化轮系，其假定转向用虚线箭头标出。该转化轮系的传动比为

$$i_{13}^H=\frac{\omega_1^H}{\omega_3^H}=\frac{\omega_1-\omega_H}{\omega_3-\omega_H}=+\frac{z_2z_3}{z_1z_{2'}}=+\frac{101\times99}{100\times100}$$

将 $\omega_3=0$ 代入上式得

$$i_{13}^H=\frac{\omega_1-\omega_H}{0-\omega_H}=1-\frac{\omega_1}{\omega_H}=1-i_{1H}=+\frac{101\times99}{100\times100}$$

$$i_{1H}=1-\frac{101\times99}{100\times100}=\frac{1}{10000},\quad i_{H1}=\frac{\omega_H}{\omega_1}=\frac{1}{i_{1H}}=+10000$$

i_{H1} 为“+”，说明齿轮 1 与系杆 H 转向相同。

此例表明：周转轮系中，仅用少数齿轮就能获得相当大的传动比。若将齿轮 2′减去一个齿，则 $i_{H1}=-100$。这说明同一结构类型的行星轮系，齿数仅作微小变动，对传动比的影响很大，输出构件的转向也随之改变，这是行星轮系与定轴轮系的显著区别。

例 8-3 图 8-11 所示空间轮系中，已知 $z_1=35$，$z_2=48$，$z_{2'}=55$，$z_3=70$，$n_1=250\text{r/min}$，$n_3=100\text{r/min}$，转向如图所示。试求系杆 H 的转速 n_H 的大小和转向。

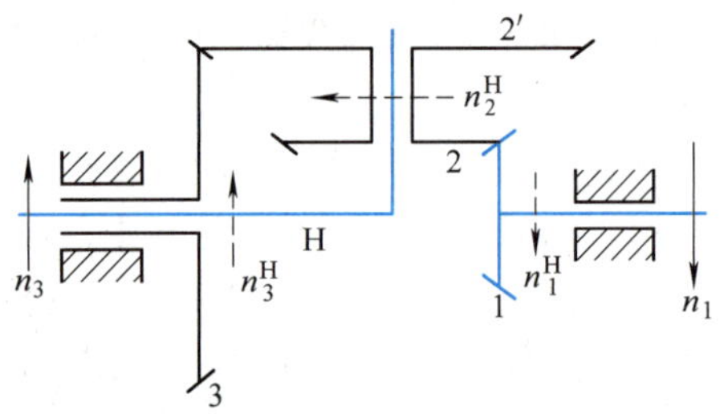

图 8-11 锥齿轮差动轮系

解 这是一个差动轮系，首先要计算其转化轮系的传动比，即

$$i_{13}^H=\frac{n_1^H}{n_3^H}=\frac{n_1-n_H}{n_3-n_H}=-\frac{z_2z_3}{z_1z_{2'}}=-\frac{48\times70}{35\times55}=-1.75$$

由上式导出

$$n_H=\frac{n_3i_{13}^H-n_1}{i_{13}^H-1}=\frac{-1.75n_3-n_1}{-1.75-1}=\frac{1.75n_3+n_1}{2.75}$$

由于 n_1、n_3 转向相反，若令 n_1 为正值，则 n_3 应以负值代入，于是有

$$n_H=\frac{1.75\times(-100)+250}{2.75}\text{r/min}=27.27\text{r/min}$$

计算结果为“+”，说明 n_H 与 n_1 转向相同。

此例表明：计算周转轮系传动比时，应将各轮转速与其“+”“-”号同时代入公式中进行计算，而图 8-11 中虚线所标出的箭头方向只表示转化轮系的齿轮转向，并不是周转轮系各齿轮的真实转向。

第四节 混合轮系传动比的计算

混合轮系可以是定轴轮系与周转轮系的组合，也可以是周转轮系的组合。在计算混合轮系的传动比时，不能将其作为一个整体用反转法求解。应按以下原则求解：

1）分析混合轮系组成，分别找出其中的基本轮系，如定轴轮系、行星轮系或差动轮系。

2）弄清楚各基本轮系之间的连接关系。

3）分别列出各基本轮系的传动比表达式，然后联立求解。

在分析轮系组成时，凡是轴线位置固定不动的一系列互相啮合的齿轮，组成定轴轮系。

判别周转轮系时，要先找出轴线转动的行星轮及支承行星轮的系杆，与行星轮相啮合且轴线固定的齿轮为太阳轮，这些行星轮、太阳轮、系杆就构成周转轮系。最后再判别各轮系的连接方法，一般情况下，各轮系之间可用串联、封闭连接和叠加连接组成混合轮系。

一、串联组合的混合轮系

前一个单自由度轮系的输出构件与后一个单自由度轮系的输入构件连接，组成串联型混合轮系。其结构特点是前面轮系的输出转速等于后一个轮系的输入转速。因此，整个混合轮系传动比等于所串联的基本轮系传动比的连乘积，分别列出各基本轮系的传动比关系式，可求出混合轮系的传动比。

例 8-4　图 8-12 所示轮系中，已知各轮齿数为 $z_1=20$，$z_2=40$，$z_{2'}=20$，$z_3=30$，$z_4=80$，$n_1=300\text{r/min}$，试求系杆 H 的转速 n_H。

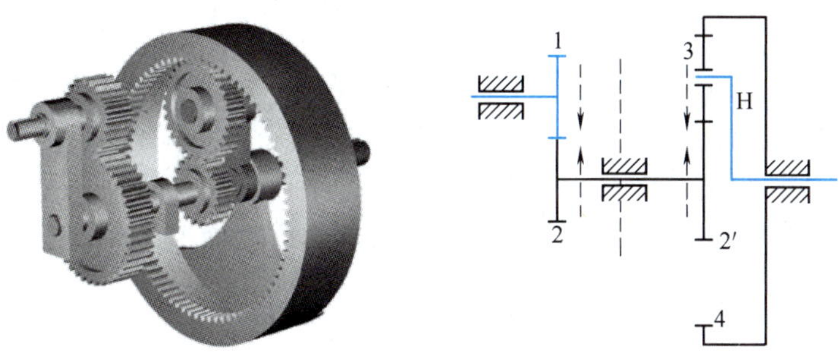

图 8-12　串联型混合轮系

解　该轮系中齿轮 1、2、2′、3 的几何轴线相对机架固定，但齿轮 1、2 相啮合，故齿轮 1、2 构成定轴轮系。齿轮 2′、3、4 啮合，但齿轮 3 既有自转，又有绕齿轮 2′轴线的公转，所以是行星轮。齿轮 2′、4 与行星轮 3 啮合，支承齿轮 3 的构件 H 为系杆。因此，齿轮 2′、3、4 和系杆 H 组成行星轮系。

在行星轮系中，其传动比为

$$i_{2'4}^{H}=\frac{n_{2'}-n_H}{n_4-n_H}=-\frac{z_4}{z_{2'}}=-\frac{80}{20}=-4$$

在定轴轮系中，其传动比为

$$i_{12}=\frac{n_1}{n_2}=-\frac{z_2}{z_1}=-\frac{40}{20}=-2$$

$n_2=n_{2'}$，$n_4=0$，两式联立求解得

$$n_H=-30\text{r/min}$$

式中，“ - ”号说明 n_H 与 n_1 转向相反。

二、封闭组合式混合轮系

差动轮系的两个构件被自由度为 1 的轮系封闭连接，形成一个自由度为 1 的混合轮系，称之为封闭型混合轮系。其解法是分别列出差动轮系的传动比表达式和定轴轮系的传动比表达式，然后联立求解即可得到预期结果。

例 8-5 图 8-13 所示为一电动卷扬机减速器的运动简图。已知各轮齿数为 $z_1=24$，$z_2=52$，$z_{2'}=21$，$z_3=78$，$z_{3'}=18$，$z_4=30$，$z_5=78$。试求传动比 i_{15}。

解 该轮系中，双联齿轮 2－2′ 的几何轴线绕内齿轮 5（卷筒）的轴线转动，是行星轮；卷筒与内齿轮 5 联成一体，就是系杆 H。与行星轮相啮合的齿轮 1 和 3 是太阳轮。因此，齿轮 1、2－2′、3 和系杆 H 组成一个差动轮系。其余齿轮 3′、4、5 构成定轴轮系。差动轮系的两个输出构件，齿轮 3 与系杆（卷筒）被齿轮 3′、4、5 组成的定轴轮系封闭连接，组成封闭型混合轮系。分别写出差动轮系和定轴轮系的传动比表达式：

在差动轮系中，传动比表达式为

$$i_{13}^{H}=i_{13}^{5}=\frac{n_1-n_5}{n_3-n_5}=\frac{\dfrac{n_1}{n_5}-1}{\dfrac{n_3}{n_5}-1}=-\frac{z_2z_3}{z_1z_{2'}}=-\frac{52\times78}{24\times21}=-8.05$$

在定轴轮系中，传动比表达式为

$$i_{3'5}=\frac{n_{3'}}{n_5}=-\frac{z_5}{z_{3'}}=-\frac{78}{18}$$

$n_3=n_{3'}$，联立求解两式得

$$i_{13}^{H}=\frac{\dfrac{n_1}{n_5}-1}{\dfrac{n_3}{n_5}-1}=\frac{\dfrac{n_1}{n_5}-1}{-\dfrac{78}{18}-1}=-8.05\text{，}i_{15}=\frac{n_1}{n_5}=+43.9$$

式中，“＋”号说明 n_5 与 n_1 转向相同。

三、叠加轮系的传动比计算

一个轮系安装在另一个轮系的活动构件上，一般安在系杆上，这种轮系称为叠加轮系或多重轮系。

例 8-6 如图 8-14 所示叠加轮系中，各轮齿数已知，求该轮系的传动比。

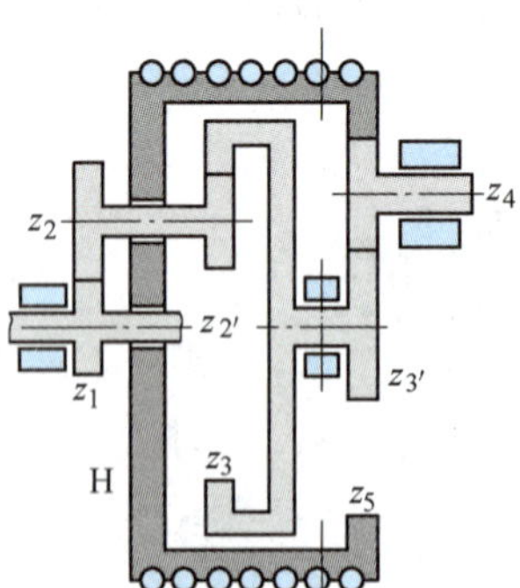

图 8-13　电动卷扬机减速器

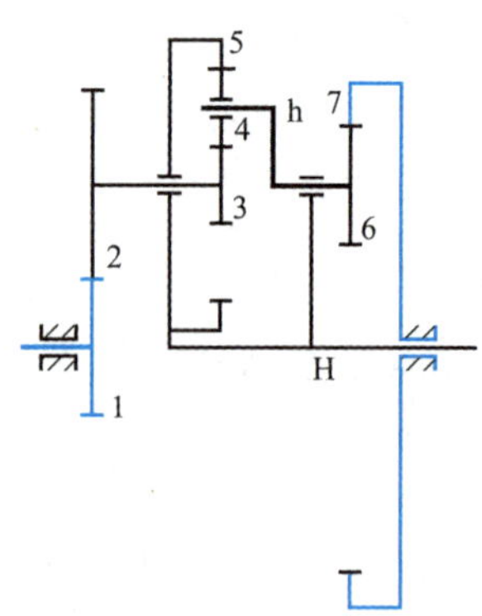

图 8-14　叠加轮系

解 该轮系中，由齿轮 3、4、5 和系杆 h 组成一个周转轮系，安装在前一轮系的系杆 H 上；齿轮 1、2 和系杆 H 组成一个差动轮系；6、7 和系杆 H 组成一个行星轮系。该复合轮系中包含三个基本轮系，可分别列出三个基本轮系的传动比表达式。

在 1、2 及系杆 H 组成的轮系中

$$i_{12}^{H} = \frac{n_1 - n_H}{n_2 - n_H} = -\frac{z_2}{z_1}$$

整理后有
$$i_{1H} = 1 - \frac{z_2}{z_1}\left(\frac{n_2}{n_H} - 1\right) \tag{8-4}$$

在6、7及系杆H组成的轮系中

$$i_{67}^{H} = \frac{n_6 - n_H}{n_7 - n_H} = \frac{z_7}{z_6} = \frac{n_6 - n_H}{0 - n_H}$$

整理后有
$$n_7 = 0\ ,\ n_6 = \left(1 - \frac{z_7}{z_6}\right)n_H \tag{8-5}$$

在3、4、5及系杆h组成的差动轮系中

$$i_{35}^{h} = \frac{n_3 - n_h}{n_5 - n_h} = \frac{n_3 - n_6}{n_H - n_6} = -\frac{z_5}{z_3} \tag{8-6}$$

将式（8-5）代入式（8-6）得

$$\frac{n_2}{n_H} = \frac{n_3}{n_H} = \left(1 - \frac{z_7}{z_6}\right) - \frac{z_5 z_7}{z_3 z_6} \tag{8-7}$$

将式（8-7）代入式（8-4），整理得

$$i_{1H} = 1 + \frac{z_2 z_7}{z_1 z_6}\left(1 + \frac{z_5}{z_3}\right)$$

本题中，行星轮4同时绕三个轴线转动（O_H、O_h 及 O_4），组成双重周转轮系。这种混合轮系在基本轮系的系杆H上还有一个包含系杆h的周转轮系，被称为双重系杆型混合轮系。在求解传动比时，可分别写出各轮系的传动比，然后联立求解即可。

第五节　行星轮系设计中的若干问题

传动比计算是行星轮系设计中的重要内容。除此之外，轮系中的各齿轮的齿数选择、行星齿轮个数的选择以及安装条件、行星轮系的效率与传动比关系等，都是行星轮系设计中的最基本问题。

一、行星轮系设计的基本问题

设计行星轮系时，为了平衡行星轮的惯性力，一般在系杆上均匀分布多个行星轮。因此，行星轮的个数以及各轮齿数的选配必须满足下述条件。（本书仅讨论如图8-15所示的单排2K-H型行星轮系）

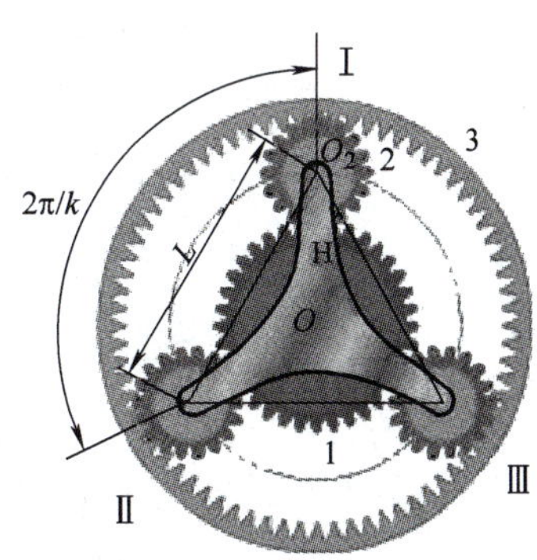

图8-15　2K-H型行星轮系
1、3—太阳轮　2—行星轮

1. 传动比条件

行星轮系必须能实现所要求的传动比 i_{1H}，或者实际传动比在其允许误差的范围内。

由 $i_{13}^{H} = \frac{\omega_1 - \omega_H}{\omega_3 - \omega_H} = -\frac{z_3}{z_1} = \frac{\omega_1 - \omega_H}{0 - \omega_H} = 1 - i_{1H}$，得 $i_{1H} = 1 - i_{13}^{H} = 1 + \frac{z_3}{z_1}$，即$\frac{z_3}{z_1} = i_{1H} - 1$。因此太阳轮的齿数关系应满足$z_3 = (i_{1H} - 1)z_1$，此即为行星轮系设

计时的传动比条件。

2. 同心条件

行星轮系中各基本构件的回转轴线应重合。因此，各轮的节圆半径之间必须符合一定的关系，即 $r_3' = r_1' + 2r_2'$。如果行星轮和太阳轮均为标准齿轮或为等变位传动，则 $r_3 = r_1 + 2r_2$。

$z_3 = z_1 + 2z_2$，考虑到传动比条件，可有

$$z_2 = \frac{z_3 - z_1}{2} = \frac{z_1(i_{1H} - 2)}{2}$$

上式表明两个太阳轮的齿数应同时为奇数或偶数，此即为行星轮系设计时的同心条件。

3. 装配条件

当轮系中有两个以上的行星轮时，每一个行星轮应均匀地装入两个太阳轮之间。因此，应使行星轮的数目和各齿轮的齿数之间满足一定的条件——装配条件。

如图 8-15 所示，设 k 为行星轮个数，相邻两行星轮所夹的中心角为 $2\pi/k$。先将第一个行星轮在位置Ⅰ装入，这时太阳轮 1 和 3 的相对位置便已确定。为了能在位置Ⅱ和位置Ⅲ顺利地装入行星轮，使系杆逆时针方向转动 $\varphi_H = 2\pi/k$ 到达位置Ⅱ。这时的太阳轮 1 将按传动比 i_{1H}关系转过 φ_1 角度。

由于

$$i_{1H} = \frac{\omega_1}{\omega_H} = \frac{\varphi_1}{\varphi_H} = \frac{\varphi_1}{2\pi/k}$$

则

$$\varphi_1 = i_{1H}\frac{2\pi}{k}$$

如果在位置Ⅰ再安装第二个行星轮，角 φ_1 必须是太阳轮 1 的 n 个轮齿所对的中心角，刚好包含 n 个齿距，故 $\varphi_1 = 2\pi n/z_1$。

联立求解

$$\varphi_1 = i_{1H}\frac{2\pi}{k} = \left(1 + \frac{z_3}{z_1}\right)\frac{2\pi}{k} = \frac{2\pi}{z_1}n$$

整理后得

$$n = \frac{z_1 + z_3}{k}$$

上式表明欲将 k 个行星轮均布安装的装配条件是：行星轮系中两个太阳轮的齿数之和应为行星轮个数的整数倍。

将前面公式中的 z_2、z_3 用 z_1 来表示，得到 2K-H 型行星轮系设计的配齿公式

$$z_1 : z_2 : z_3 : n = z_1 : \frac{(i_{1H} - 2)}{2}z_1 : (i_{1H} - 1)z_1 : \frac{i_{1H}}{k}z_1$$

4. 邻接条件

相邻两行星轮顶部不发生碰撞的条件即为邻接条件。行星轮的个数不能过多，否则会造成相邻两轮的齿顶发生碰撞，为避免发生这种现象，需使两行星轮中心距 L 大于其齿顶圆半径之和。对于标准齿轮传动，根据图 8-15，可有

$$L = 2(r_1 + r_2)\sin\left(\frac{\pi}{k}\right) > 2(r_2 + h_a^* m)$$

即 $(z_1 + z_2)\sin\frac{\pi}{k} > z_2 + 2h_a^*$。

设计时先用配齿公式初步确定各轮齿数，再验算是否满足邻接条件，若不满足，则应通过增减行星轮数或齿轮齿数等方法重新进行设计。

二、轮系的机械效率

轮系的传动效率与轮齿啮合效率、轴承效率、搅油损失效率有关。本节仅讨论轮齿间的啮合效率。

1. 定轴轮系的传动效率

对于任何机械来说，输入功率 P_d 等于输出功率 P_r 和摩擦损失功率 P_f 之和，即 $P_d = P_r + P_f$。则机械效率 η 为

$$\eta = \frac{P_d - P_f}{P_d} = 1 - \frac{P_f}{P_d} \tag{8-8}$$

损失功率为

$$P_f = (1-\eta)P_d \tag{8-9}$$

当已知机械中的输入功率 P_d 或输出功率 P_r 时，只要能求出摩擦损失功率 P_f，就可根据以上公式计算出机械的传动效率 η。

轮系的传动效率与轮系中齿轮机构组合形式有关，其中串联组合的定轴轮系应用最为广泛。

图 8-16 是 k 对齿轮传动组成的串联定轴轮系，设轮系输入功率为 P_d，输出功率为 P_k，则其总效率为

$$\eta = \frac{P_k}{P_d}$$

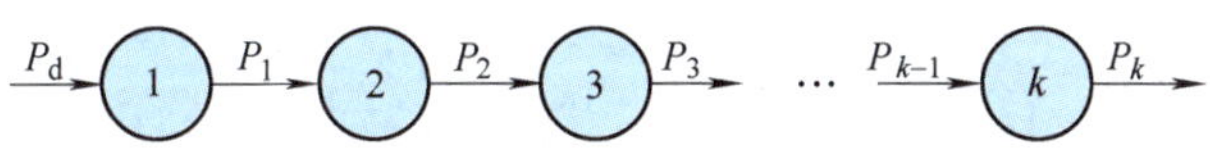

图 8-16　串联定轴轮系效率

设各对齿轮的啮合效率分别为 η_1，η_2，…，η_k，则

$$\eta_1 = \frac{P_1}{P_d}, \eta_2 = \frac{P_2}{P_1}, \eta_3 = \frac{P_3}{P_2}, \cdots, \eta_k = \frac{P_k}{P_{k-1}}$$

各式两边分别相乘，得

$$\eta = \frac{P_k}{P_d} = \eta_1\eta_2\eta_3\cdots\eta_k \tag{8-10}$$

式（8-10）为计算串联定轴轮系传动效率的公式。

串联轮系的效率等于各级齿轮传动效率的乘积。由于 η_1，η_2，…，η_k 均小于 1，故啮合对数越多，传动的总效率越低。

2. 行星轮系的传动效率

行星轮系中具有既自转又公转的行星轮，不能直接用定轴轮系效率公式进行计算，但可利用“转化轮系法”来找出行星轮系和定轴轮系效率之间的内在联系，从而得到行星轮系传动效率的计算公式。

利用“转化轮系法”将行星轮系转化为定轴轮系以后，各构件之间的相对运动关系没有发生变化，轮系中各运动副间的作用力以及摩擦系数也没有发生变化。所以在不考虑各构件离心惯性力的影响时，可以假设行星轮系中的摩擦损失功率 P_f 与其转化轮系中的摩擦损失功率 P_f^H 近似相等，即 $P_f = P_f^H$。这样就把行星轮系的效率与其转化轮系的效率联系起来，为计算行星轮系的传动效率提供了理论依据。

图 8-17 所示的 2K-H 型行星轮系中，齿轮 1 的角速度为 ω_1，转矩为 M_1，则齿轮 1 所传

递的功率为

$$P_1 = M_1\omega_1$$

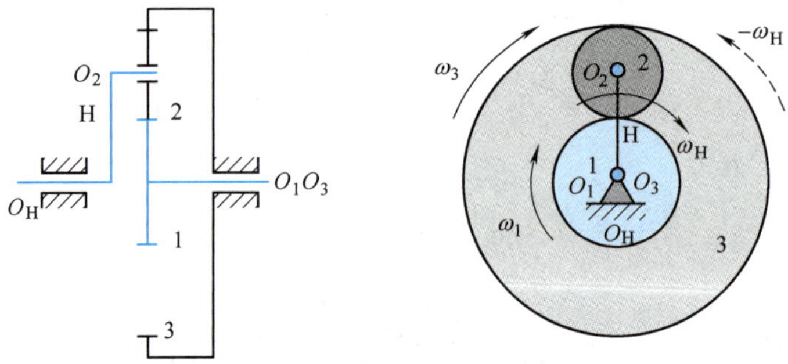

图 8-17 2K-H 型行星轮系的效率

1、3—太阳轮 2—行星轮

在转化轮系中，齿轮 1 的角速度为 $\omega_1^H = \omega_1 - \omega_H$，故在 M_1 保持不变的情况下，转化轮系中齿轮 1 传递的功率为

$$P_1^H = M_1(\omega_1 - \omega_H)$$

两者关系为

$$\frac{P_1^H}{P_1} = \frac{M_1(\omega_1 - \omega_H)}{M_1\omega_1} = 1 - \frac{1}{i_{1H}}$$

当 $1 - \frac{1}{i_{1H}} > 0$ 时，P_1^H 与 P_1 符号相同，说明齿轮 1 在行星轮系和其转化轮系中的作用不变，同为主动轮或同为从动轮。此时，转化轮系的摩擦损失功率为

$$P_f^H = P_1^H(1 - \eta^H) = M_1(\omega_1 - \omega_H)(1 - \eta^H) \tag{8-11}$$

式中，η^H 为转化轮系的效率。

当 $1 - \frac{1}{i_{1H}} < 0$ 时，P_1^H 与 P_1 符号相反，说明齿轮 1 由原机构中的主动轮变成转化轮系中的从动轮。

此时，转化轮系的摩擦损失功率为

$$P_f^H = \frac{P_1^H(1 - \eta^H)}{\eta^H} = \frac{M_1(\omega_1 - \omega_H)(1 - \eta^H)}{\eta^H} \tag{8-12}$$

式（8-11）与式（8-12）的计算结果相差较小，所以在计算 2K-H 型行星轮系效率时，不再考虑齿轮 1 在转化轮系中是主动轮还是从动轮，均按主动轮状态进行计算，并取其功率的绝对值。此时，齿轮 1 输入，系杆 H 输出的转化轮系机械效率 η_{1H} 计算过程如下：

转化轮系的输入功率　$P_1^H = M_1(\omega_1 - \omega_H)$。

转化轮系的摩擦损失功率　$P_f^H = P_1^H(1 - \eta^H) = M_1(\omega_1 - \omega_H)(1 - \eta^H)$。

由于转化轮系是一个定轴轮系，效率 η^H 按定轴轮系效率公式进行计算。在外力矩 M_1 相同的情况下，$P_f = P_f^H$，则推出行星轮系的效率 η_{1H} 计算公式为

$$\eta_{1H} = 1 - \frac{P_f}{M_1\omega_1} = 1 - \frac{M_1(\omega_1 - \omega_H)(1 - \eta^H)}{M_1\omega_1} = 1 - (1 - \frac{1}{i_{1H}})(1 - \eta^H) \tag{8-13}$$

由于“转化轮系法”计算效率时作了一些假设，其计算结果不能真实反映其效率实际状况，所以常用于轮系效率的定性分析。工程设计时，还必须要用实验的方法进行效率测定。

第六节　其他类型的行星轮系简介

除上述轮系之外，工程中还经常应用一些特殊的行星轮系。

一、渐开线少齿差行星轮系

渐开线少齿差行星轮系如图 8-18 所示，通常太阳轮 1 固定，系杆 H 为输入轴，V 为输出轴。输出轴 V 与行星轮 2 通过等角速比机构 3 相连接，所以输出轴 V 的转速始终与行星轮 2 的绝对转速相同。由于太阳轮 1 和行星轮 2 都是渐开线齿轮，齿数差很少，故称为渐开线少齿差行星轮系。其传动比为

$$i_{21}^{\mathrm{H}}=\frac{n_2-n_{\mathrm{H}}}{n_1-n_{\mathrm{H}}}=+\frac{z_1}{z_2},\ n_1=0,\ 则有\ 1-\frac{n_2}{n_{\mathrm{H}}}=\frac{z_1}{z_2}$$

$$i_{2\mathrm{H}}=\frac{n_2}{n_{\mathrm{H}}}=1-\frac{z_1}{z_2}=-\frac{z_1-z_2}{z_2},\ i_{\mathrm{H}2}=-\frac{z_2}{z_1-z_2}$$

$$i_{\mathrm{HV}}=i_{\mathrm{H}2}=-\frac{z_2}{z_1-z_2}$$

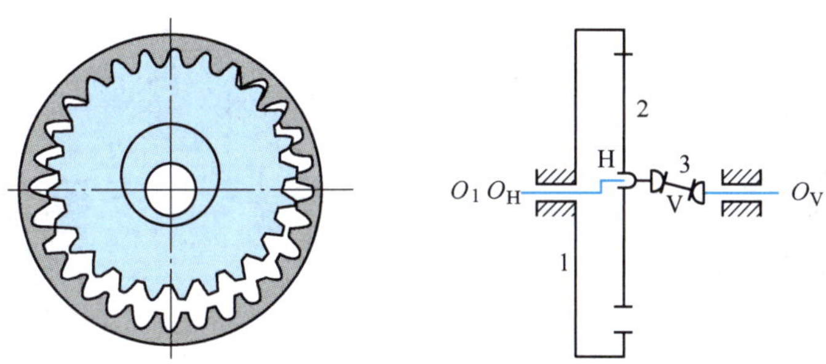

图 8-18　渐开线少齿差行星轮系

1—太阳轮　2—行星轮　3—等角速比机构

齿数差越小，传动比越大。齿数差 $z_1-z_2=1$ 时，称为一齿差行星轮系，此时传动比达到最大值。

少齿差行星轮系运动的输出方式，通常采用销孔输出机构作为等角速比机构。图 8-19 所示行星轮 2 上，沿半径为 ρ 的圆周均布开孔，孔半径为 r_w。在输出轴 3 的圆盘上，沿半径为 ρ 的圆周上安装相同数目的圆柱销，并将其分别插入行星轮 2 的圆孔中，使行星轮和输出轴连接起来。销孔与销轴间距等于行星轮轴线与输出轴轴线间的距离，$e=r_w-r_p$。

O_2 至圆孔中心 O_2' 和 O_V 至销轴中心 O_V' 等距且平行，$O_VO_2O_2'O_V'$ 总是保持平行四边形机构。O_2O_2' 代表行星轮 2 的运动，O_VO_V' 代表输出构件运动，两者永远相等，保证输出轴 V 的转速始终与行星轮的绝对转速相同。

渐开线少齿差行星传动的特点是传动比大、结构简单紧凑、齿轮易加工、装配方便，在机械工程领域有广泛应用。当齿数差过小时，容易发生齿廓重叠干涉，必须按变位齿轮进行

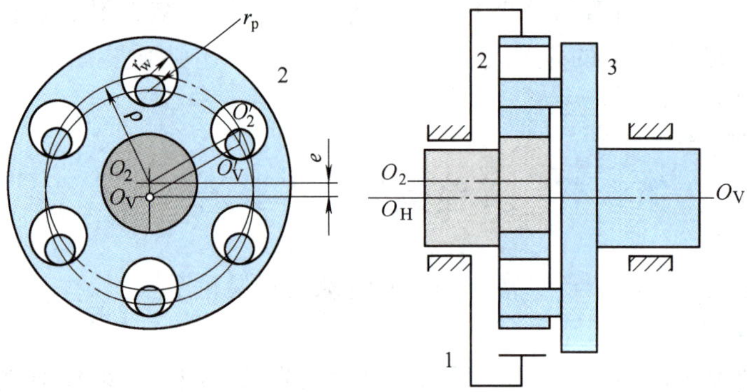

图 8-19　等角速比输出机构

1—太阳轮　2—行星轮　3—输出轴 V

设计，甚至在加工中还要大幅修齿才能避免干涉。

二、摆线针轮行星轮系

摆线针轮行星轮系的原理和结构与渐开线少齿差行星轮系基本相同，但行星轮采用外摆线齿廓，太阳轮轮齿为圆柱形，故称之为摆线针轮行星传动，如图 8-20 所示。

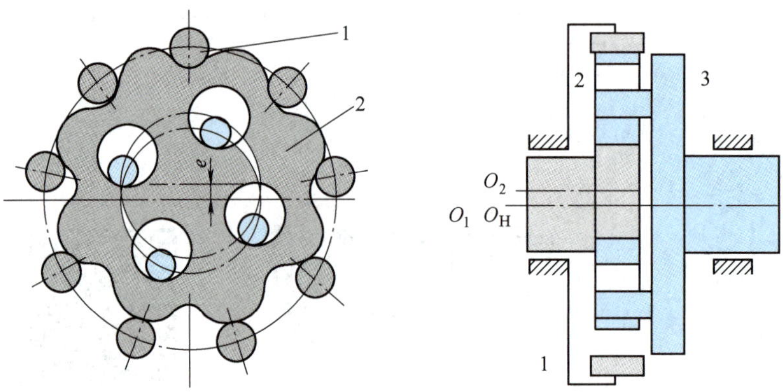

图 8-20　摆线针轮行星轮系

1—针轮　2—摆线轮　3—输出轴 V

这种传动与渐开线少齿差行星传动差别之处在于齿廓曲线不同。其优点是齿廓间为滚动摩擦，因此承载力大、传动平稳、轮齿磨损小、使用寿命长，但加工较复杂，精度要求高，必须用专用机床和刀具来加工摆线齿轮。摆线针轮行星传动广泛应用于各种机械设备上。

三、谐波齿轮行星轮系

图 8-21 所示谐波齿轮行星轮系是由波发生器 H、刚轮 1 和柔轮 2 组成。其中柔轮为一薄壁构件，外壁有齿，内壁孔径略小于波发生器的尺寸。在相当于系杆的波发生器 H 作用下，相当于行星轮的柔轮产生弹性变形而呈椭圆形状。其椭圆长轴两端的轮齿插进刚轮的齿槽中，而短轴两端的轮齿则与刚轮脱开。

一般刚轮固定不动，当波发生器 H 回转时，柔轮与刚轮的啮合区跟着发生转动。由于在传动过程中柔轮产生的弹性波形近似于谐波，故称为谐波齿轮行星轮系，也称谐波传动。

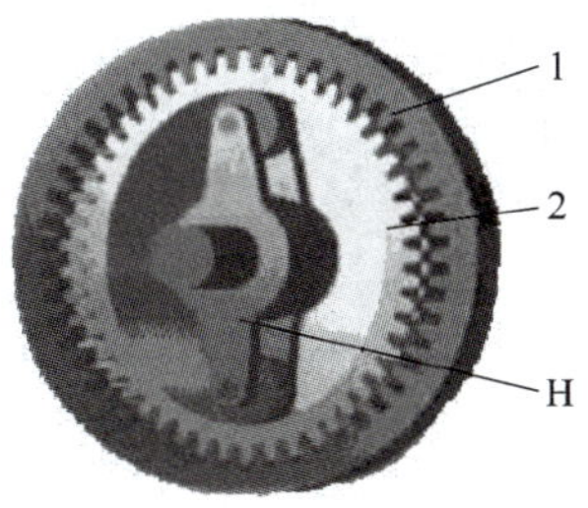

a)

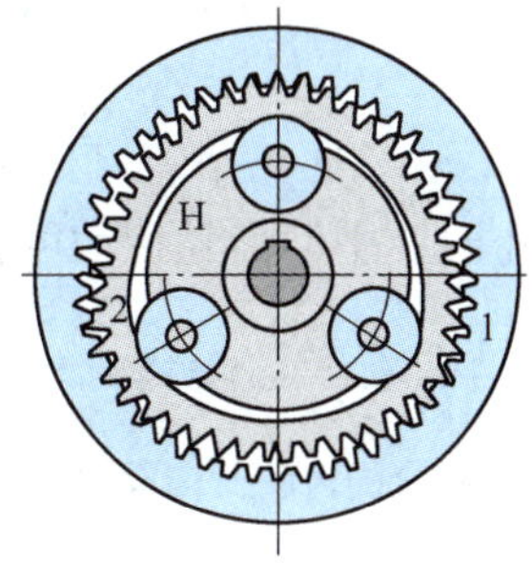

b)

图 8-21　谐波齿轮行星轮系

1—刚轮　2—柔轮　H—波发生器

由于柔轮比刚轮少（z_1-z_2）个齿，所以 H 转一周，柔轮相对刚轮沿相反方向转过（z_1-z_2）个齿的角度，其传动比为

$$i_{H2}=\frac{n_H}{n_2}=-\frac{z_2}{z_1-z_2}$$

按照波发生器 H 上安装滚轮数不同，可分为图 8-21a 所示的双波传动和图 8-21b 所示的三波传动等，最常用的是双波传动。谐波齿轮传动的齿数差应等于波数或波数的整数倍。为了加工方便，谐波齿轮的齿形多采用渐开线齿廓。

谐波传动装置不需要等角速比机构，因此结构简单；传动比大、体积小、重量轻、效率高；啮合齿数多，承载力大，传动平稳；它的齿侧间隙小，适用于反向传动。但柔轮周期性发生变形，容易发热，需用抗疲劳强度很高的材料，且对加工、热处理要求都很高。

四、平动齿轮传动

平动齿轮传动如图 8-22a 所示，平行四边形 $ABCD$ 的连杆 BC 与齿轮 z_1 固接在一起，齿轮中心 O_1 位于连杆轴线上，随同连杆 BC 作无自转的平动。两齿轮的中心距 $\overline{O_1O_2}=\overline{AB}=\overline{CD}$，且与 AB、CD 平行。

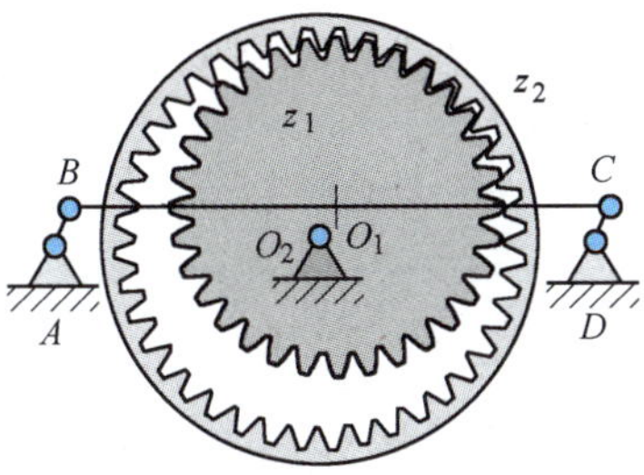

a)

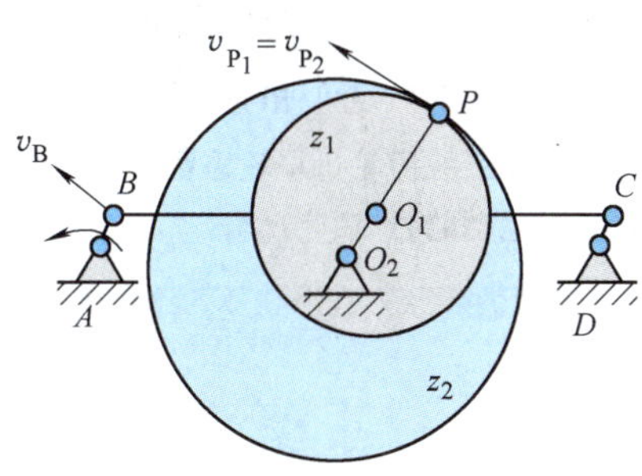

b)

图 8-22　平动齿轮传动

平动齿轮传动的机构简图如图 8-22b 所示，设齿轮 1、2 的分度圆半径分别为 r_1、r_2，利用两齿轮的瞬心 P 为速度重合点的概念，可推导出其传动比。即

$$v_{P_1}=v_{P_2},v_{P_1}=v_B=\omega_1 l_{AB}=\omega_1 l_{O_1O_2}=\omega_1(r_2-r_1)$$

$$v_{P_2}=\omega_2 r_2$$

$$\omega_1(r_2-r_1)=\omega_2 r_2$$

$$i_{12}=\frac{\omega_1}{\omega_2}=\frac{r_2}{r_2-r_1}=\frac{z_2}{z_2-z_1}$$

当齿数差很小时，平动齿轮传动可获得较大传动比。

本章总结

1. 一系列互相啮合的齿轮所构成的齿轮传动系统称为轮系；轮系可分为定轴轮系、周转轮系和混合轮系。
2. 如果轮系中的所有齿轮的几何轴线位置相对于机架的位置固定不动，则称该轮系为定轴轮系。根据组成情况，定轴轮系可分为单式轮系、复式轮系和回归轮系。
3. 定轴轮系还可分为平面定轴轮系和空间定轴轮系。
4. 轮系中首、末两轮的转动速度之比，称为轮系的传动比。传动比可以描述为：定轴轮系的传动比等于组成该轮系的所有从动轮齿数的连乘积除以所有主动轮齿数的连乘积。定轴轮系的传动比还等于组成该轮系的各对齿轮传动比的连乘积。
5. 轮系中的介轮不影响传动比的大小，但影响末轮转向。
6. 平面轮系可按外啮合的次数 $(-1)^m$ 判别末轮转向，也可用画箭头的方法判别末轮转向。空间轮系只能用画箭头的方法判别末轮转向。
7. 计算原周转轮系传动比时，可把整个周转轮系施加一个反向转动，其转动角速度大小与系杆相同，但方向相反，得到一个假想的定轴轮系，称之为周转轮系的转化轮系。转化轮系是定轴轮系，可按定轴轮系列出传动比公式。
8. 计算混合轮系传动比时，首先分析该轮系的组成，然后按照各个轮系分别列出传动比表达式，最后联立求解即可。
9. 常把自由度为 1 的周转轮系称为行星轮系，自由度为 2 的周转轮系称为差动轮系。
10. 设计行星轮系时，必须满足传动比条件、同心条件、邻接条件和安装条件。
11. 同心条件是指行星轮系中各基本构件的回转轴线重合。因此，各轮的节圆半径之间必须符合一定的关系，即 $r_3'=r_1'+2r_2'$。
12. 装配条件是指行星轮的数目和各轮的齿数之间满足装配关系的条件。
13. 利用“转化轮系法”计算行星轮系的效率时，假设行星轮系中的摩擦损失功率 P_f 与其转化轮系中的摩擦损失功率 P_f^H 近似相等，所以书中行星轮系的效率计算公式是存在误差的。
14. 摆线针轮行星轮系和谐波齿轮行星轮系都是少齿差行星轮系的变种。
15. 差动轮系可以实现运动的合成和分解。

习　题

1. 理解

1-1　区别

1）定轴轮系和周转轮系

2）行星轮系和差动轮系

3）摆线针轮行星轮系和渐开线少齿差行星轮系

1-2　如何分析混合轮系的组成？如何区分组成混合轮系的周转轮系部分和定轴轮系部分？

1-3　在习题图 8-1 所示的定轴轮系中，齿轮 1 为输入构件，转向如图所示。试求与蜗轮 8 固连的齿轮 9 的转动方向及齿条 10 的移动速度方向。

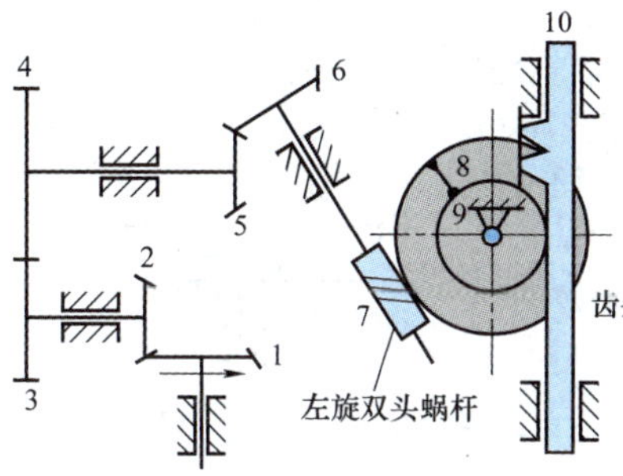

习题图 8-1　定轴轮系

1-4　差动轮系的自由度为（　　）。

a）1　　b）2　　c）3　　d）4

1-5　行星轮系的自由度为（　　）。

a）1　　b）2　　c）3　　d）4

1-6　在定轴轮系中，设轮 1 为起始主动轮，轮 k 为最末从动轮，则定轴轮系始末两轮传动比数值计算的一般公式是 i_{1k} =（　　）。

a）轮 1 至轮 k 间所有从动轮齿数的乘积/轮 1 至轮 k 间所有主动轮齿数的乘积

b）轮 1 至轮 k 间所有主动轮齿数的乘积/轮 1 至轮 k 间所有从动轮齿数的乘积

1-7　计算周转轮系的转化轮系的传动比公式 $i_{AB}^{H}=\dfrac{\omega_A-\omega_H}{\omega_B-\omega_H}$中，要求（　　）。

a）A、B 两齿轮回转轴线平行　　b）A、B 两齿轮回转轴线可以不平行

c）轮系中所有齿轮回转轴线必须平行　　d）A、B、H 的回转轴线平行

1-8　若计算周转轮系的转化轮系的传动比 i_{AB}^{H} 为负值，则表示（　　）。

a）转化轮系中齿轮 A、B 转向相反，周转轮系中齿轮 A、B 转向也相反

b）转化轮系中齿轮 A、B 转向相反，周转轮系中齿轮 A、B 转向相同

c）转化轮系中齿轮 A、B 转向相反，周转轮系中齿轮 A、B 转向不能确定

d）正负号只是代表转化轮系角速度的比值，没有特殊含义

1-9　在运用转化轮系法解决周转轮系传动比的计算问题时，下列公式中（　　）是正确的。

a）$i_{mn}^{H}=(n_m-n_n)/(n_n-n_H)$　　b）$i_{mn}^{H}=(n_n-n_H)/(n_m-n_H)$

c）$i_{mn}^{H}=(n_H-n_n)/(n_m-n_n)$　　d）$i_{mn}^{H}=(n_m-n_H)/(n_n-n_H)$

1-10　基本周转轮系是由（　　）构成的。

a）行星轮、太阳轮和机架　　b）行星轮、介轮、太阳轮和机架

c）行星轮、行星架、太阳轮和机架　　d）行星轮、介轮、行星架和机架

1-11　下列四项功能中，哪几项（　　）可以通过轮系的运用得以实现。

① 两轴的较远距离传动　　② 变速传动

③ 获得大的传动比　　④ 实现合成和分解运动

a）①②　　b）①②③　　c）②③④　　d）①②③④

2. 分析与设计

2-1　如习题图 8-2 所示轮系中，已知蜗杆为单头且右旋，转速 $n_1=1440\text{r/min}$，转动方向如图所示，其余各轮齿数为 $z_2=40$，$z_{2'}=20$，$z_3=30$，$z_{3'}=18$，$z_4=54$，试：

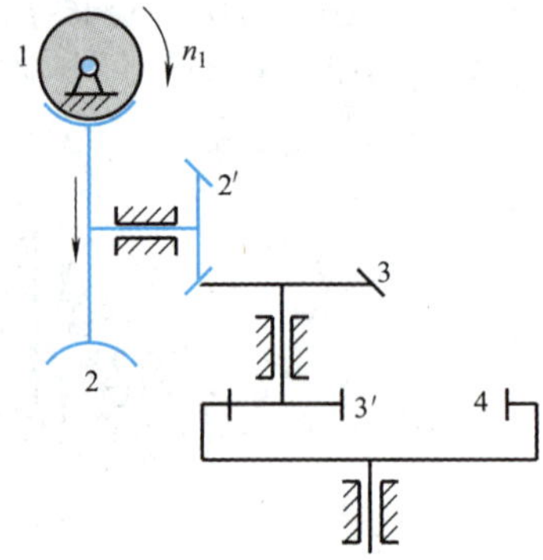

习题图 8-2　轮系传动图

1）说明轮系属于何种类型。

2）计算齿轮 4 的转速 n_4。

3）在习题图 8-2 中标出齿轮 4 的转动方向。

2-2　习题图 8-3 所示为一手摇提升装置，其中各轮齿数均已知，试求传动比 i_{15}，并指出当提升重物时手柄的转向。（在图中用箭头画出）

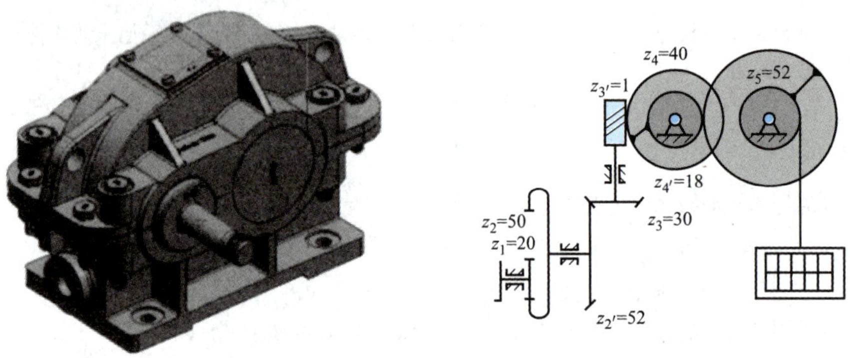

a)　　b)

习题图 8-3　手摇提升装置

2-3　习题图 8-4 所示为一千分表机构示意图。已知各轮齿数如图所示，模数 $m=0.11$mm（为非标准模数）。若要求测量杆每移动 0.001mm 时，指针尖端刚好移动一个刻度（$s=1.5$mm），问指针的长度 R 为多少？（图中齿轮 5 和游丝的作用是使各工作齿轮始终保持单侧接触，以消除齿侧间隙对测量精度的影响）

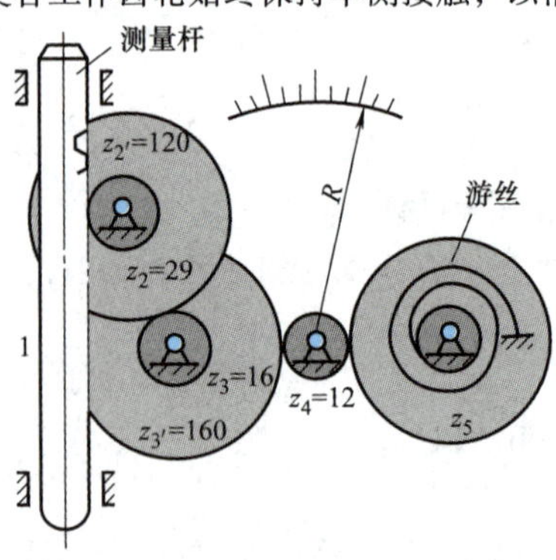

习题图 8-4　千分表机构示意图

2-4 习题图 8-5 所示为一滚齿机工作台传动机构，工作台与蜗轮 5 相固连，已知 $z_1 = z_{1'} = 20$, $z_2 = 35$, $z_{4'} = 2$(右旋), $z_5 = 40$，滚刀 $z_6 = 2$（左旋）, $z_7 = 28$。若要加工一个 $z_{5'} = 64$ 的齿轮，试确定各交换齿轮的齿数 $z_{2'}$ 和 z_4。

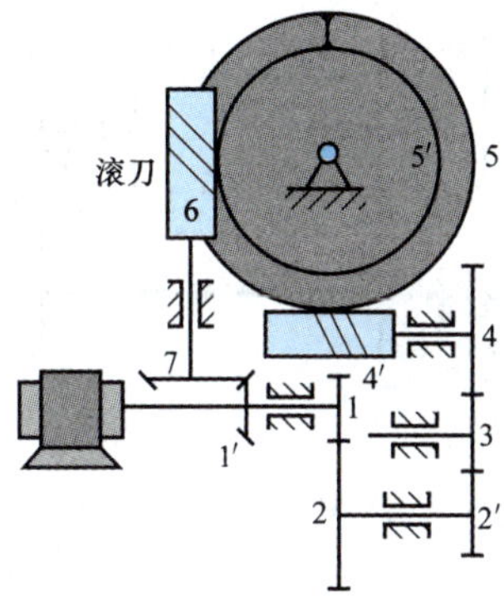

习题图 8-5 滚齿机工作台传动机构

2-5 习题图 8-6 所示输送带的行星减速器中，已知 $z_1 = 10$, $z_2 = 32$, $z_3 = 74$, $z_4 = 72$, $z_{2'} = 30$ 及电动机的转速为 1450r/min，求输出轴的转速 n_4。

2-6 在习题图 8-7 所示的复合轮系中，已知 $n_1 = 3549$r/min, $z_1 = 36$、$z_2 = 60$、$z_3 = 23$、$z_4 = 49$、$z_5 = 31$、$z_6 = 131$、$z_7 = 94$、$z_8 = 36$、$z_9 = 167$，求 n_H 等于多少？

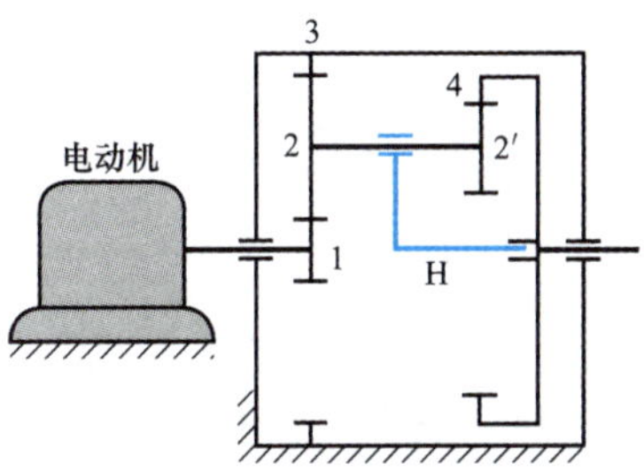

习题图 8-6 输送带的行星减速器

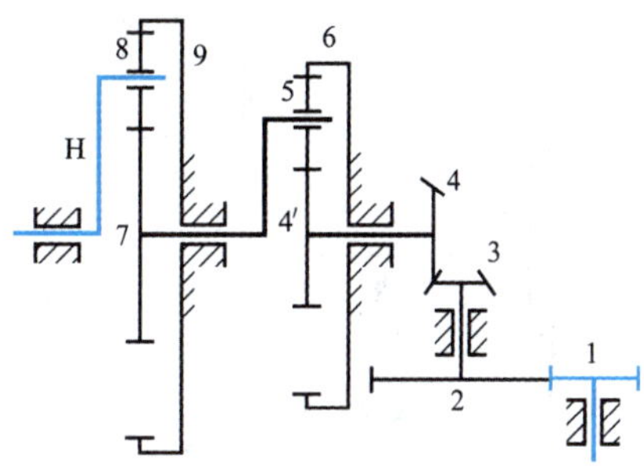

习题图 8-7 复合轮系

2-7 习题图 8-8 所示的两种轮系中，$\omega_H = \omega_1$, $z_1 = z_{1'}$, $z_2 = z_{2'}$，各轮均为标准齿轮。习题图 8-8a 所示轮系中 z_2 轮绕定轴 O_2 转动，z_1 轮固连于平行四边形机构 $ABCD$ 的连杆 BD 上，且轮心 O_1 在 BD 连线上，故 AB、CD、O_1O_2 相互平行且相等。习题图 8-8a 所示时刻，z_1、z_2 齿轮的节圆在 P 点接触，试求：

1）齿轮 1 在 P 点的速度 v_P 及 ω_2 为多少？

2）习题图 8-8b 所示行星轮系的输出角速度 ω_V 与 ω_2 是否相等？转向是否相同？

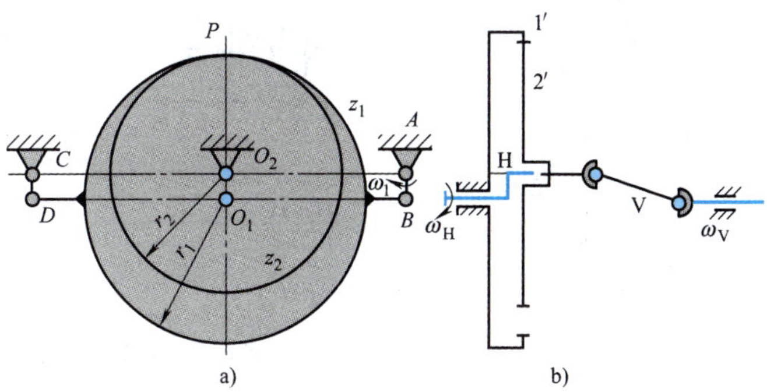

习题图 8-8 行星轮系

2-8 习题图 8-9 所示轮系中，蜗杆 $z_1=1$（左旋），蜗轮 $z_2=40$，齿轮 $z_{2'}=20$，$z_{2''}=20$，$z_3=15$，$z_{3'}=30$，$z_4=40$，$z_{4'}=40$，$z_5=40$，$z_{5'}=20$。试确定传动比 i_{AB} 及轴 B 的转向。

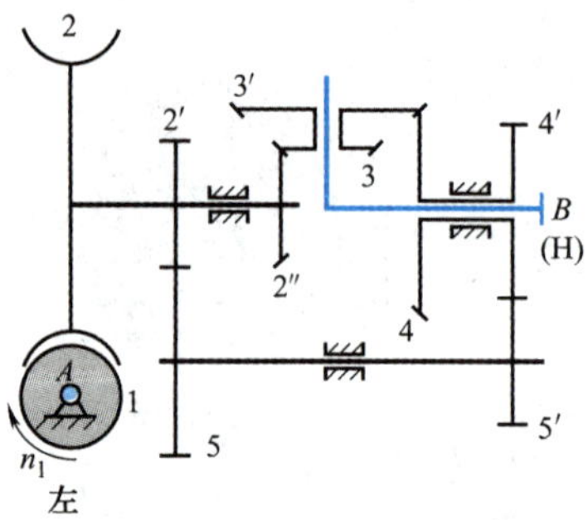

习题图 8-9 轮系一

2-9 习题图 8-10 所示轮系中，已知各轮齿数为 $z_1=100$，$z_2=20$，$z_3=20$，$z_5=150$，$z_6=40$，$z_7=100$，$z_8=20$，$z_9=40$，$z_{10}=20$，$z_{11}=40$，各轮模数均为 $m=2$mm，各轮都是标准直齿圆柱齿轮。试求轴Ⅰ和轴Ⅱ间的传动比 $i_{\text{Ⅰ,Ⅱ}}$。

2-10 习题图 8-11 所示轮系中，已知各轮齿数为 $z_1=22$，$z_3=88$，$z_4=z_6$，试求传动比 i_{16}。

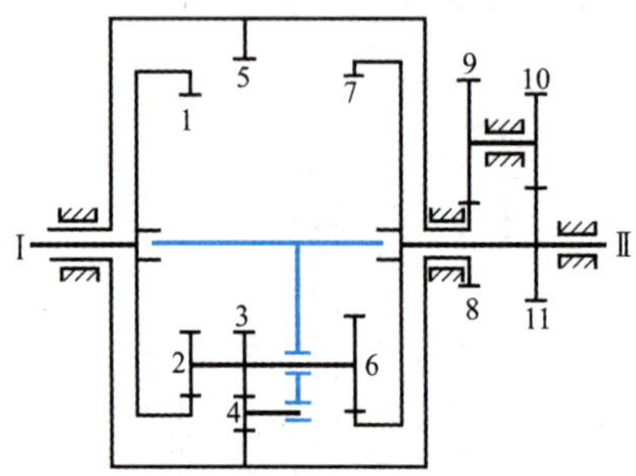

习题图 8-10 轮系二

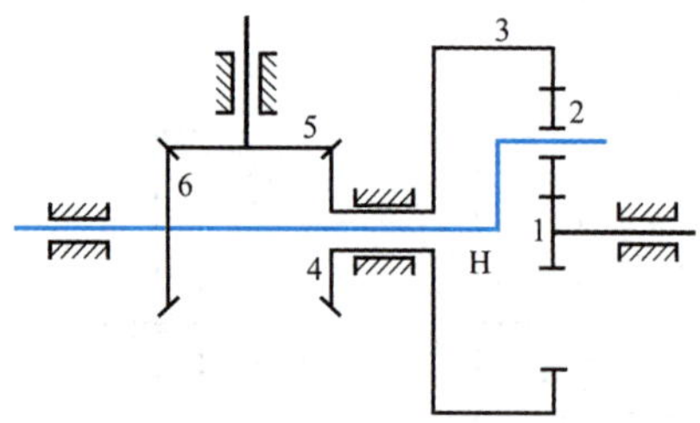

习题图 8-11 轮系三

2-11 习题图 8-12 所示轮系中，已知各轮齿数为 $z_1=30$，$z_2=20$，$z_3=30$，$z_{3'}=10$，$z_4=40$，$z_5=50$，$z_{5'}=30$，$z_6=70$，试求传动比 i_{1H}。

2-12 习题图 8-13 所示双重轮系中，电动机安装在齿轮 3 的侧面，直接驱动齿轮 1，转速为 $n_1^3=1440$r/min。已知各轮齿数为 $z_1=20$，$z_2=20$，$z_3=60$，$z_4=90$，$z_5=210$，试求系杆 H 的转速。

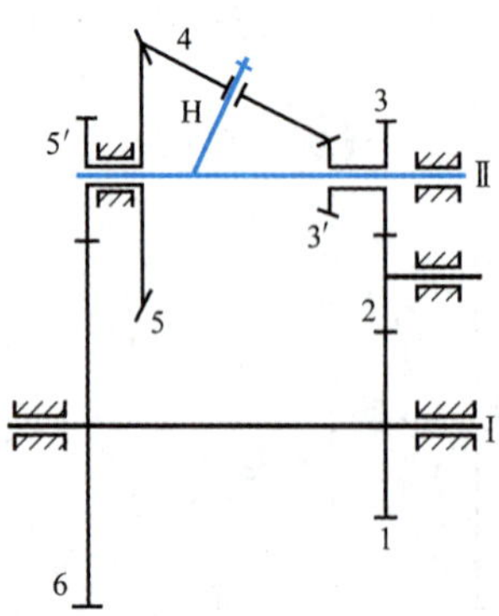

习题图 8-12 轮系四

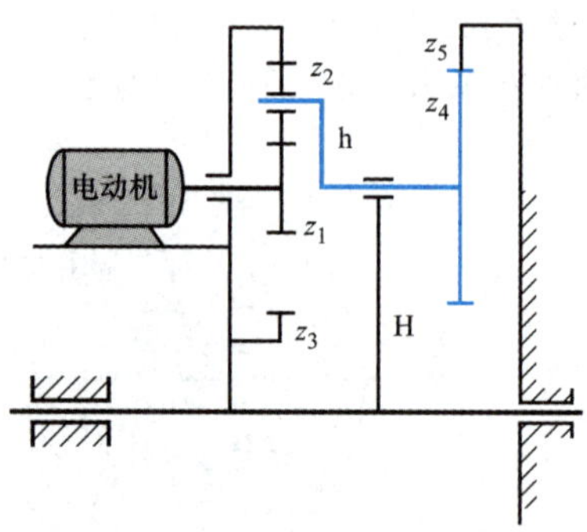

习题图 8-13 轮系五

3. 自测题

3-1　由若干对互相啮合的齿轮组成的齿轮机构称为________。

3-2　根据轮系中齿轮的几何轴线是否固定，可将轮系分为________轮系、________轮系和________轮系三种。

3-3　对定轴轮系，始末两齿轮轴线平行时，其转向关系可在传动比前用________符号来表示。

3-4　行星轮系由________、________和________三种基本构件组成。

3-5　在定轴轮系中，每一个齿轮的回转轴线都是________的。

3-6　介轮对________并无影响，但却能改变从动轮的________方向。

3-7　在齿轮传动中，其中有一个齿轮和它的________绕另一个________旋转，则这种轮系称为周转轮系。

3-8　平面定轴轮系传动比的大小等于____________；从动轮的回转方向可用____________方法来确定。

3-9　在复合轮系传动比计算中，应正确区分各个轮系，其关键在于________。

3-10　在周转轮系中，凡具有________几何轴线的齿轮，称为太阳轮，凡具有________几何轴线的齿轮，称为行星轮，支持行星轮并和它一起绕固定几何轴线旋转的构件，称为________。

3-11　轮系可获得________的传动比，并可作________距离的传动。

3-12　转系可以实现________要求和________要求。

判断正误

3-13　行星轮系中若系杆为原动件可驱动太阳轮，反之不论什么情况，以太阳轮为原动件时也一定可驱动系杆。（　）

3-14　在行星轮系中，可以有两个以上的太阳轮。（　）

3-15　在蜗杆传动中，蜗轮的转向不仅与蜗杆的转向有关，而且与其螺旋线方向有关。（　）

3-16　在周转轮系中，行星架与太阳轮的几何轴线必须重合，否则便不能转动。（　）

3-17　当两轴之间需要很大的传动比时，必须通过多级齿轮组成的定轴轮系来实现。（　）

3-18　在轮系中，合成运动和分解运动都可以通过差动轮系来实现。（　）

3-19　在齿轮传动计算中，整个复合轮系能转化成一个定轴轮系，所以用一个公式即可求解。（　）

3-20　在习题图 8-14 所示的电动螺栓拧紧轮系中，已知 $z_1 = z_4 = 9$, $z_3 = z_6 = 42$。若太阳轮 1 的转速 $n_1 = 3000\text{r/min}$，试求系杆 H_2 的转速。

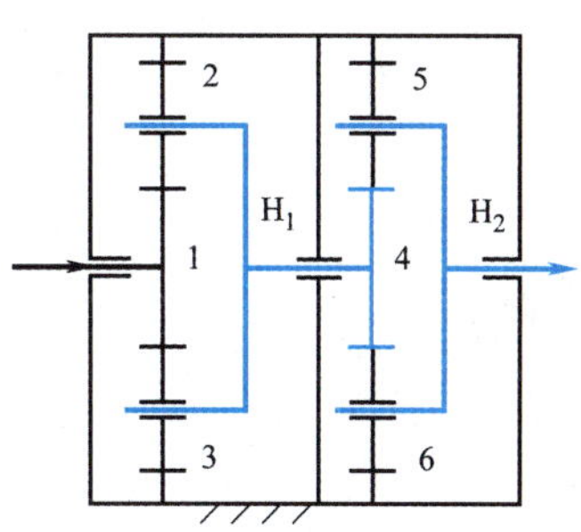

习题图 8-14　电动螺栓拧紧轮系

3-21　在习题图 8-15 所示的输送带减速轮系中，要求输送带的起动加速度不能过大，为此，采用了制动器 B_1 与离合器 B_2 联合驱动滚筒 B_3。已知 $z_1 = 30$，$z_2 = 66$，$z_{2'} = 32$，$z_3 = 30$。试求当制动器 B_1 制动，离合器 B_2 结合上时，传动比 i_{1H}。

3-22　习题图 8-16 所示为织机中的差动轮系，已知 $z_1 = 26$，$z_2 = 30$，$z_{2'} = 22$，$z_3 = 24$，$z_{3'} = 18$，$z_4 = 120$，$n_1 = 50 \sim 200\text{r/min}$，$n_H = 300\text{r/min}$，试求内齿轮 4 的转速 n_4 的变化范围。

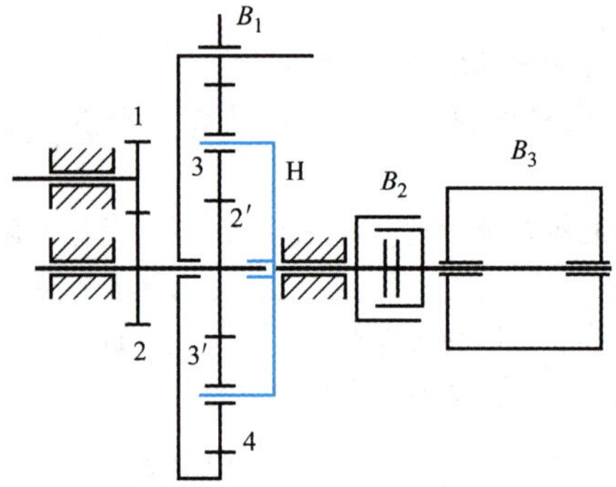

习题图 8-15　输送带减速轮系

3-23　习题图 8-17 所示为建筑绞车中的行星轮系，已知 $z_1=z_{2'}=18$，$z_2=z_3=42$，$z_{3'}=22$，$z_5=150$，齿轮 1 的转速 $n_1=1460\text{r/min}$。试求当制动器 B_2 制动，制动器 B_1 不制动时，滚筒的转速 n_H 的大小。

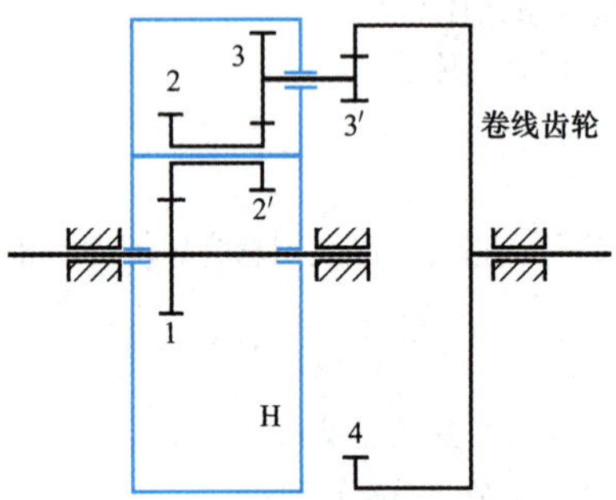

习题图 8-16　织机中的差动轮系

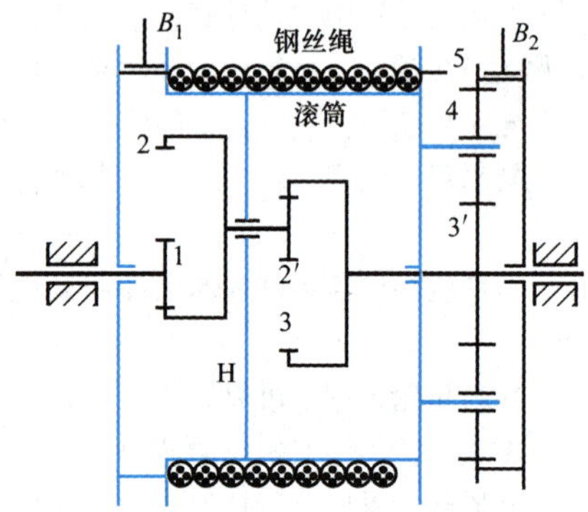

习题图 8-17　建筑绞车中的行星轮系

第九章

螺旋机构、万向机构以及间歇运动机构简介

齿轮机构、凸轮机构、连杆机构是应用最为广泛的机构。此外，还有一些机构，如螺旋机构、万向机构以及间歇运动机构在机械中也有其特殊功能和很多应用。本章将对这些机构作简单介绍。

第一节 螺旋机构

螺旋机构是把转动变换为移动的常用机构，有广泛应用。如图 9-1 所示，螺旋机构由螺杆 1、螺母 2 和机架 3 组成，它是利用螺旋副来传递运动和动力的机构。

图 9-1a 中，A 为螺旋副，其导程为 l；B 为转动副，C 为移动副。当螺杆 1 转动 φ 角时，螺母 2 的位移 s 为

$$s=l\frac{\varphi}{2\pi} \tag{9-1}$$

如果将图 9-1a 中的转动副 B 也换成螺旋副，便得到图 9-1b 所示的螺旋机构。现假设 A、D 两段螺旋的导程分别为 l_A、l_D，当螺杆 1 转动 φ 角时，螺母 2 的位移 s 为

$$s=(l_A \pm l_D)\frac{\varphi}{2\pi} \tag{9-2}$$

式中，“-”号用于两螺旋旋向相同时，而“+”号用于两螺旋旋向相反时。

由式（9-2）可知，当两螺旋旋向相同时，若 l_A 与 l_D 相差很小，则螺母 2 的位移可以很小，这种螺旋机构称为差动螺旋机构或微动螺旋机构；当两螺旋旋向相反时，螺母 2 可以

产生快速移动，这种螺旋机构称为复式螺旋机构。

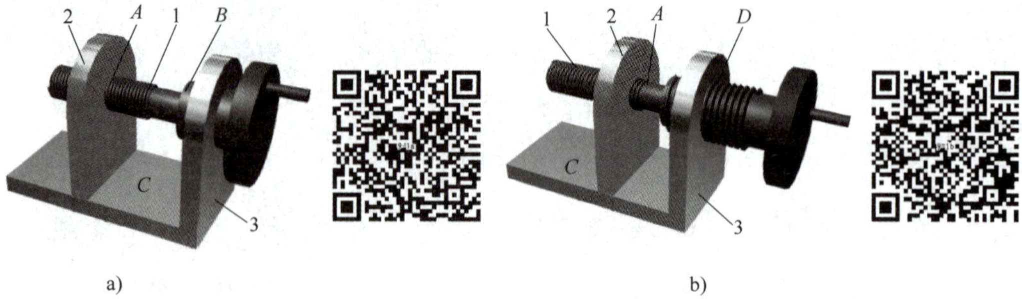

图 9-1　螺旋机构

1—螺杆　2—螺母　3—机架

A、D—螺旋副　B—转动副　C—移动副

根据螺杆与螺母之间摩擦状态的不同，螺旋机构可分为滑动螺旋机构和滚动螺旋机构。滑动螺旋传动中，螺杆与螺母的螺旋面直接接触，其摩擦状态为滑动摩擦。滚动螺旋传动中，螺杆与螺母的螺纹滚道间有滚动体，称之为滚珠螺旋传动机构。图 9-2 所示滚珠螺旋传动机构中，滚珠沿螺旋槽滚动，借助于导向装置可使滚珠进入返回滚道，然后再进入工作滚道，如此循环往复，使滚珠形成一个闭合的循环回路。滚珠螺旋传动机构具有传动效率高、起动力矩小、传动灵敏平稳、工作寿命长等优点。

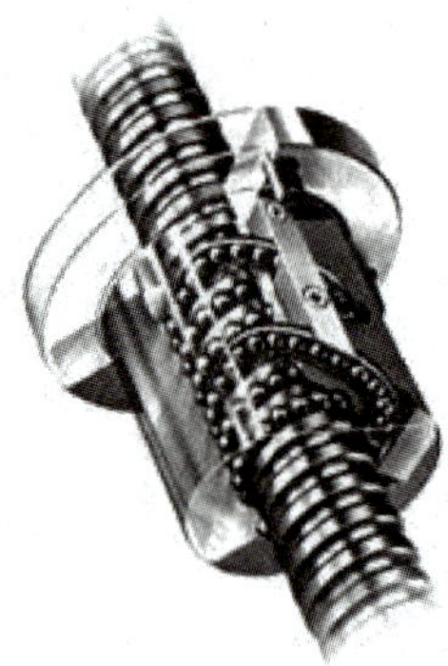

图 9-2　滚珠螺旋传动机构

螺旋机构的优点是结构简单，制造方便，工作平稳，无噪声，可以传递很大的轴向力；能将回转运动变换为直线运动，运动准确性高，并且有很大的降速比。如果选择合适的螺纹升角可以满足自锁要求。

螺旋机构在仪器仪表、测量工具及工装夹具等方面有着广泛地应用，如台虎钳、千分尺、螺旋压力机、千斤顶和金属切削机床的走刀机构等中均用到了螺旋机构。图 9-3a 为采用复式螺旋机构的台虎钳定心夹紧装置，由平面卡爪 1 和 V 形卡爪 2 组成定心机构，螺杆 3 的 A 端是右旋螺纹，导程为 l_A；B 端是左旋螺纹，导程为 l_B，它们是导程不同的复式螺旋。当转动螺杆 3 时，卡爪 1 与 2 快速夹紧工件 5，图中 4 为机架。

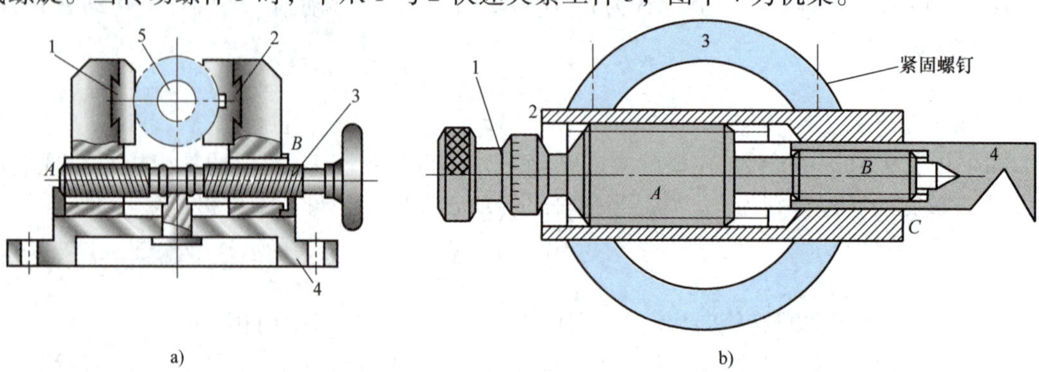

图 9-3　螺旋的应用

图 9-3b 为采用差动螺旋机构的镗床镗刀微调装置。螺母 2 固定于镗杆 3，螺杆 1 与螺母 2 组成螺旋副 A，导程为 l_A；与螺母 4 组成螺旋副 B，导程为 l_B。螺母 4 的末端装有镗刀，它与螺母 2 组成移动副 C。螺旋副 A 与 B 旋向相同而导程不同，组成了差动螺旋机构。当转动螺杆 1 时，镗刀相对镗杆作微量的移动，以调整镗孔的进给量。

第二节　万向机构

万向机构是用于传递两相交轴或平行轴之间运动和动力的机构，又称万向联轴器，在传动过程中，两轴之间的夹角可以变动。万向联轴器包括单万向联轴器和双万向联轴器两种形式。

一、单万向联轴器

单万向联轴器由两个固连于轴Ⅰ和轴Ⅱ端部的叉形接头、一个十字形构件和机架组成，如图 9-4a 所示。十字形构件的中心 O 与两轴轴线的交点重合，轴Ⅰ和轴Ⅱ所夹的锐角 α 称为万向联轴器的轴角。主动轴Ⅰ每转一周，从动轴Ⅱ也随之转动一周，但是两轴的瞬时传动比却因位置的不同而随时变动。

图 9-4b 是两个叉面球面运动示意图。轴Ⅰ的叉面由 OD 转动 φ_1，到达 OA。轴Ⅱ的叉面转过 φ_2 到达 OB。轴Ⅰ及轴Ⅱ的角速度分别为 ω_1 和 ω_2。

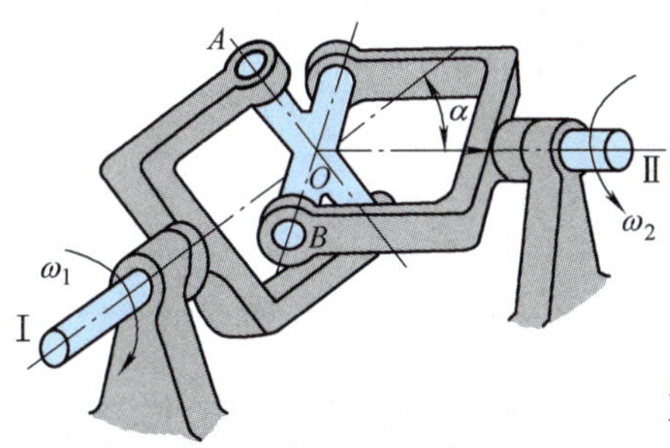

a)

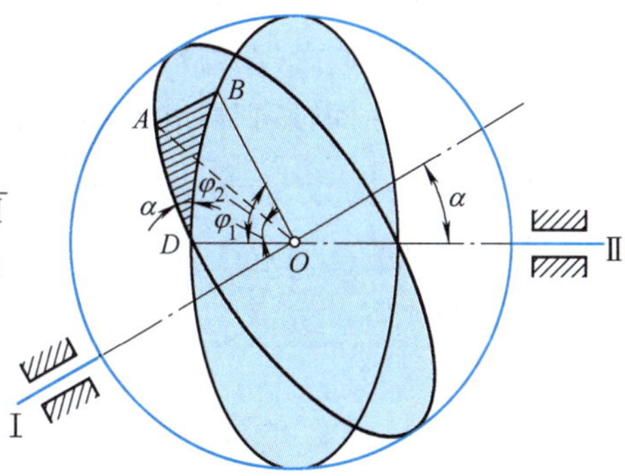

b)

图 9-4　单万向联轴器

在球面直角三角形 ABD 中，$\angle ADB=\alpha$，轴Ⅰ转过微小角度 φ_1，则轴Ⅱ转过微小角度 φ_2。则有

$$\tan\varphi_1=\tan\varphi_2\cos\alpha$$

两边对时间 t 求导数，有

$$\sec^2\varphi_1\omega_1=\sec^2\varphi_2\omega_2\cos\alpha$$

$$\frac{\omega_2}{\omega_1}=\frac{\sec^2\varphi_1}{\sec^2\varphi_2\cos\alpha}=\frac{1}{\cos^2\varphi_1(1+\tan^2\varphi_2)\cos\alpha}$$

将 $\tan\varphi_2=\dfrac{\tan\varphi_1}{\cos\alpha}$代入上式，整理后得

$$\frac{\omega_2}{\omega_1}=\frac{\cos\alpha}{1-\sin^2\alpha\cos^2\varphi_1}$$

$$\omega_2 = \frac{\cos\alpha}{1 - \sin^2\alpha\cos^2\varphi_1}\omega_1$$

当 $\varphi_1 = 0°$，$\omega_2 = \omega_1/\cos\alpha$；当 $\varphi_1 = 90°$，$\omega_2 = \omega_1\cos\alpha$。

因此从动轴的角速度变化范围为

$$\omega_1\cos\alpha \leqslant \omega_2 \leqslant \frac{\omega_1}{\cos\alpha}$$

从动轴Ⅱ的角速度 ω_2 变化的幅度与两轴间夹角 α 的大小有关。因此应用单万向联轴器时，一般要求 $\alpha \leqslant 45°$。

二、双万向联轴器

单万向联轴器传动时，从动轴角速度有波动，将产生周期性的附加动载荷。为避免这一缺点，工程中常将单万向联轴器成对使用，构成双万向联轴器，即用中间轴Ⅲ把两个单万向联轴器连接起来，如图 9-5 所示。

在双万向联轴器中，为使主、从动轴的角速度始终保持相等，应满足如下条件：

1）主、从动轴Ⅰ、Ⅱ与中间轴Ⅲ应位于同一平面内。

2）中间轴两端的叉面应位于同一平面内。

3）主动轴与中间轴的夹角应等于从动轴与中间轴的夹角。

双万向联轴器能连接两轴交角较大的相交轴或偏距较大的平行轴，且在运转时轴交角或偏距可以不断改变，因此在机械中得到广泛应用，特别是在汽车后轮驱动系统中的应用更为普遍。图 9-6 所示为万向联轴器在汽车中的应用。发动机和变速器的位置高于汽车后桥的位置，且距离较远，使用中间轴可伸缩的双万向联轴器是非常合理的设计。

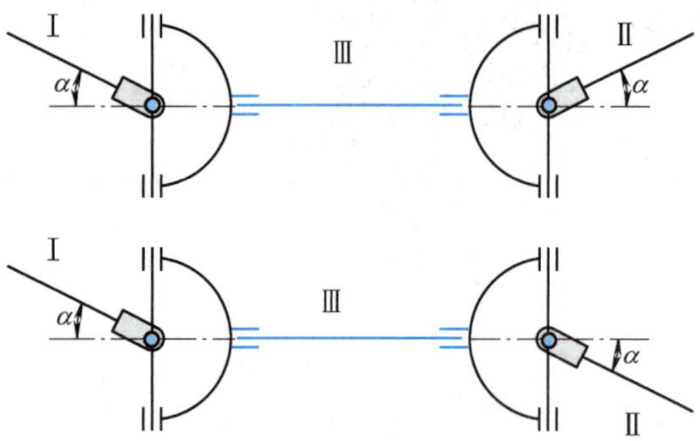

图 9-5　双万向联轴器

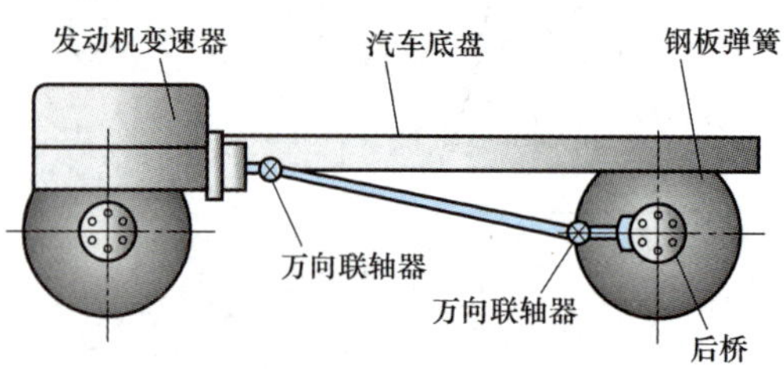

图 9-6　万向联轴器在汽车中的应用

第三节　棘轮机构

棘轮机构是使从动轴实现间歇运动的常用机构之一。

图 9-7 所示的棘轮机构由主动摇杆 1、棘爪 2、棘轮 3、止回棘爪 4、弹簧 5 和机架几个部分组成。弹簧 5 用来使止回棘爪 4 和棘轮 3 保持接触。主动摇杆 1 空套在与棘轮 3 固连的从动轴 O 上，并与棘爪 2 用转动副相连。当主动摇杆 1 逆时针方向摆动时，棘爪 2 便插入棘轮 3 的齿槽内，推动棘轮转动一定的角度，此时止回棘爪 4 在棘轮的齿背上滑过。当主动摇杆 1 顺时针方向摆动时，止回棘爪 4 阻止棘轮 3 顺时针方向转动，棘爪 2 在棘轮 3 的齿背上

滑过，棘轮3保持静止不动。这样，当主动摇杆1作连续的往复摆动时，棘轮就作单向的间歇转动。

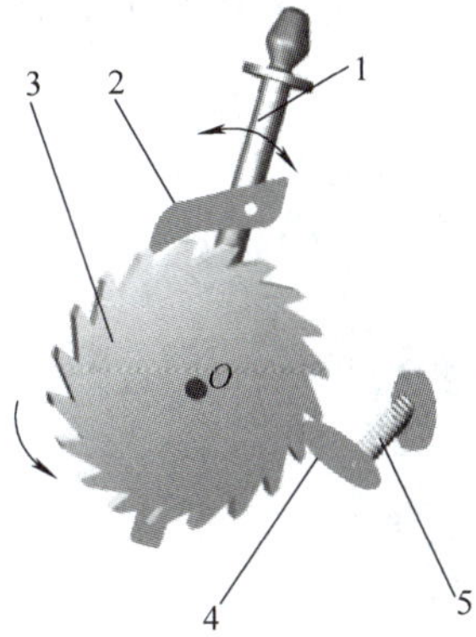

图 9-7　棘轮机构

1—主动摇杆　2—棘爪　3—棘轮　4—止回棘爪　5—弹簧

一、棘轮机构的类型及其应用

根据结构特点，将棘轮机构分为齿式棘轮机构和摩擦式棘轮机构两类。

1. 齿式棘轮机构

齿式棘轮的轮齿一般采用三角形齿、梯形齿或矩形齿，且分为外齿棘轮和内齿棘轮。当外齿棘轮直径为无穷大时，棘轮就变为棘条。图9-8a所示为外齿棘轮机构，图9-8b所示为棘条机构，图9-8c所示为内齿棘轮机构。根据驱动爪的数目，还可分为单动式棘轮机构和双动式棘轮机构。

a)　　b)　　c)

图 9-8　齿式棘轮机构

图9-8所示机构均为单动式棘轮机构。当主动摇杆向一个方向摆动时，棘轮沿同一方向转过一定角度；而当主动摇杆反向摆动时，棘轮静止不动。

图9-9a所示为双动式棘轮机构。主动摇杆不是绕棘轮转动中心 O_1 摆动，而是绕 O_2 轴摆动，摇杆上分别装有两个棘爪。当主动摇杆往复摆动一次时，两个棘爪分别推动棘轮沿同一方向间歇转动两次。当载荷较大，齿数较少，摇杆摆角小于齿距角时，需采用双动式棘轮机构。与图9-9a所示棘轮机构不同之处，图9-9b所示双动式棘轮机构中，棘爪是拉动棘轮实现间歇运动的。单向运动棘轮一般采用三角形齿或不对称梯形齿。

双向棘轮机构是指棘轮能作正反两个方向的间歇运动。图9-10a、b所示的机构为摆动棘爪双向棘轮机构。棘爪安放在图9-10a位置时，将推动棘轮沿逆时针方向作单向间歇转动；棘爪安放在图 9-10b 位置时，将推动棘轮沿顺时针方向作单向间歇转动。图 9-10c、d 所示的机构为直动棘爪双向棘轮机构。棘爪安放在图 9-10c 位置时，将推动棘轮沿逆时针方向作单向间歇转动。棘爪向上提起，转过 180°，如图 9-10d 所示位置，将推动棘轮沿顺时针方向作单向间歇转动。

图 9-9　双动式棘轮机构

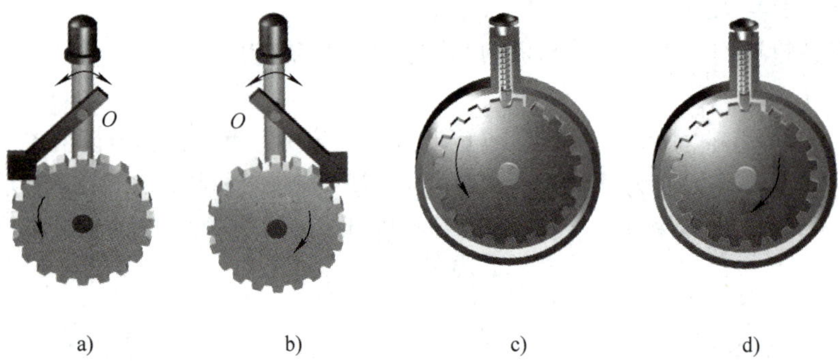

图 9-10　双向运动棘轮机构

双向棘轮机构一般采用矩形齿或对称梯形齿。

图 9-11 所示牛头刨床工作台的横向进给机构中，即采用了图 9-10c、d 所示的双向式棘轮机构以及曲柄摇杆机构和齿轮机构的组合，从而实现了工作台的双向进给运动。

图 9-11　牛头刨床工作台横向进给机构

2. 摩擦式棘轮机构

摩擦式棘轮机构是依靠棘爪和棘轮之间的摩擦力实现间歇运动的。

图 9-12a 所示的摩擦式棘轮机构中，依靠棘爪 2 和棘轮 3 之间的摩擦力，将主动摇杆 1 的往复摆动转换成棘轮 3 的单向间歇转动。它克服了齿式棘轮机构中棘爪在棘轮齿面滑行时引起的噪声大、传动平稳性差以及棘轮每次转过角度的大小不能无级调节等缺点，但其运动准确性较差。

图 9-12b、c 为内摩擦式棘轮机构，其中图 9-12c 所示机构中的棘爪 2 为滚柱形。当主

图 9-12　摩擦式棘轮机构

动星轮 1 逆时针方向转动时，由于摩擦力的作用，使棘爪 2 楔紧在主动星轮 1 和套筒 3 之间的空隙小端，从而带动套筒 3 随星轮 1 以相同的转速回转。当主动星轮 1 顺时针方向转动时，同样由于摩擦力的作用，使棘爪 2 滚向主动星轮 1 和套筒 3 之间的空隙大端，此时套筒 3 静止不动，故该机构常用作单向离合器。此外，当主动星轮 1 逆时针方向转动时，如果套筒 3 的逆时针转速超过主动星轮 1 的转速时，主动星轮 1 和套筒 3 脱开，并以各自的速度转动，此时该机构用作超越离合器。

二、棘轮机构的设计要点

以齿式棘轮机构为例，介绍棘轮机构的设计要点。

1. 模数、齿数的选择

同齿轮一样，棘轮有关尺寸也是以模数为基本参数来确定的，模数的标准值可在机械设计手册中查取。棘轮的齿数一般根据所要求的棘轮最小转角 θ_{min} 来确定，即

$$z \geqslant \frac{2\pi}{\theta_{min}}$$

2. 棘轮齿面偏斜角和棘爪轴心位置角的确定

如图 9-13 所示，棘轮工作齿面 AB 与径向线 O_2A 的夹角 α 称为齿面偏斜角，棘爪轴心 O_1 与棘齿顶点 A 的连线 O_1A 和过 A 点的齿面法线 $n-n$ 的夹角 δ 称为棘爪轴心位置角。

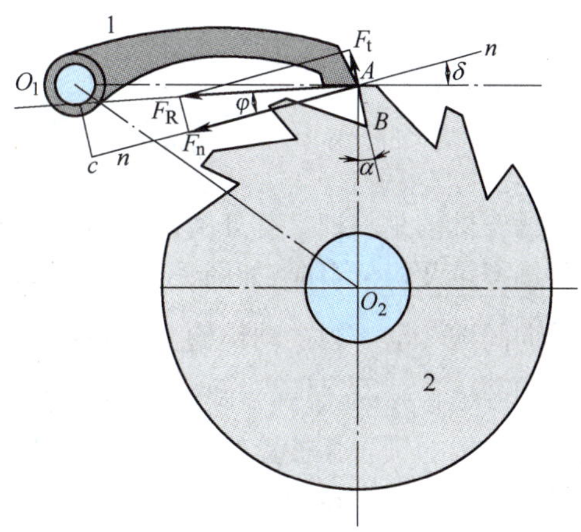

图 9-13　棘轮机构设计

设 $O_1A = l$，棘齿对棘爪的法向反作用力为 F_n，棘齿作用于棘爪的摩擦力为 F_t，它与棘爪滑入棘轮根部的趋势方向相反。为保证棘轮机构正常的工作，应使棘爪能顺利地滑入棘轮的齿根部并自动啮紧。法向反作用力 F_n 对 O_1 所产生的力矩必须大于摩擦力 F_t 对 O_1 所产生的力矩，即

$$F_n l\sin\delta > F_t l\cos\delta$$

则
$$\tan\delta > F_t/F_n$$

因为
$$F_t/F_n = f = \tan\varphi$$

故 $$\delta > \varphi$$

式中，f 和 φ 分别为棘爪与棘轮齿面间的摩擦系数和摩擦角。

由以上分析可知：棘爪能顺利地滑入棘轮齿根部并自动啮紧的条件是，棘爪轴心位置角 δ 应大于棘爪与棘轮齿面间的摩擦角 φ，即在接触点处棘齿对棘爪的总反力 F_R 的作用线与轴心连线 O_1O_2 的交点必须在 O_1、O_2 之间。为了使棘爪受力尽可能小，通常将棘爪轴心 O_1 选取在棘轮齿顶 A 的径向线 O_2A 的垂线上，则有

$$\alpha = \delta$$

当摩擦系数 f 为 0.15 ~ 0.2 时，齿面偏斜角 α 通常取 10° ~ 15°，所以棘轮常采用锐角齿形。

图 9-14a 所示为自行车后轮中棘轮机构示意图，前进时棘爪 4 卡入内棘轮 1 的齿槽中，小链轮轴 3 与转盘 2 连为一体，驱动后轮转动。反转自行车脚蹬板时，棘爪 4 在内棘轮 1 背上滑动，后轮则无驱动力矩。

图 9-14b 所示为拉紧绳索装置，由齿轮 1、2 和鼓轮 3、棘轮 4、止动棘爪 5 所组成。当按图示方向转动齿轮 1 时，则带动鼓轮 3 逆时针方向转动，从而拉紧绳索 6。当取消齿轮 1 的驱动力时，绳索在张力 F 作用下也不会使鼓轮反转，因为止动棘爪 5 使棘轮不能顺时针方向转动。

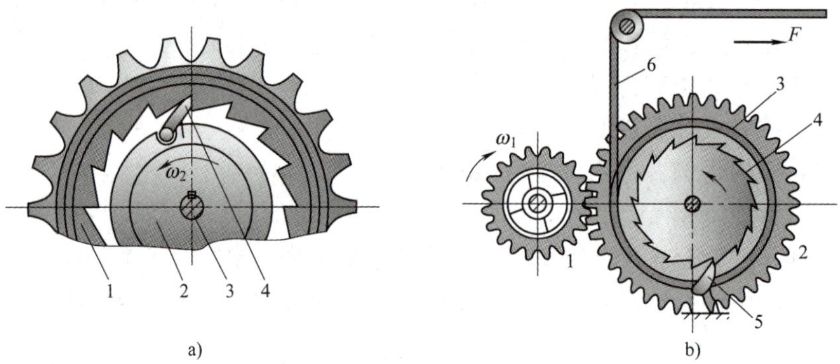

图 9-14　棘轮机构应用

第四节　槽轮机构

槽轮机构是一种具有分度性质的间歇运动机构，由具有圆销的主动销轮、具有若干径向槽的从动槽轮及机架组成，如图 9-15a 所示。主动销轮以等角速度 ω_1 连续转动时，从动槽轮便作单向间歇转动。当主动销轮上的圆销 G 进入槽轮的径向槽时，销轮外凸的锁止弧 $\widehat{nn}$ 和槽轮内凹的锁止弧 $\widehat{mm}$ 脱开，圆销 G 拨动槽轮沿顺时针方向转动；当圆销 G 与槽轮脱开时，槽轮因其内凹的锁止弧被销轮外凸的锁止弧锁住而静止。这样，就把销轮的连续回转运动转换为槽轮的单向间歇转动。

一、槽轮机构的类型

按照主、从动槽轮轴线的相对位置不同，可将槽轮分为平面槽轮机构和空间槽轮机构两大类。平面槽轮机构用来传递平行轴运动，它又分为两种形式：一种是外槽轮机构，如图 9-15a 所示，其主动销轮与从动槽轮转向相反；一种是内槽轮机构，如图 9-15b 所示，其主动销轮与从动槽轮转向相同。与外槽轮机构相比，内槽轮机构传动较平稳、机构也较为紧凑。

图 9-15　槽轮机构一

空间槽轮机构用来传递相交轴的间歇运动。图 9-16a 为垂直相交轴间的球面槽轮机构，槽轮呈半球形，主动销轮、球面槽轮以及圆销的轴线都通过球心 O，当主动销轮连续转动时，球面槽轮作单向间歇转动。图 9-16b 为移动型槽轮机构，可实现圆弧齿条的间歇移动。

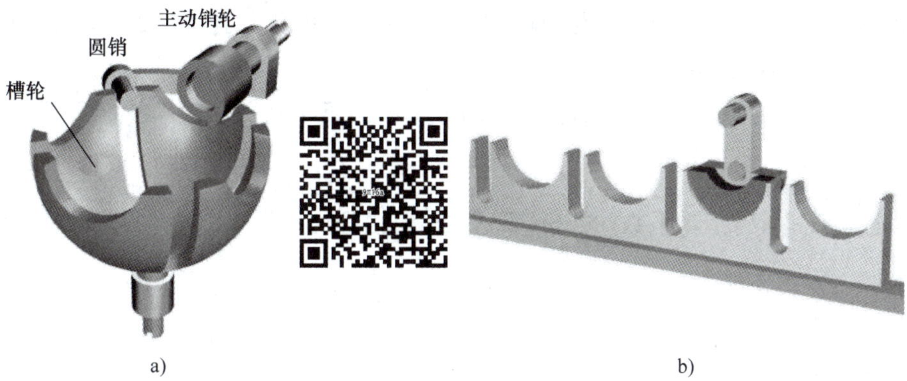

图 9-16　槽轮机构二

槽轮机构的特点是结构简单、工作可靠，在圆销进入啮合和退出啮合时，传动较平稳，能准确控制转动角度。但由于槽轮在起动和停止时加速度变化大，有冲击，且随槽数的减少和转速的增高而加剧，因此不适用于高速的场合。

当要求销轮在转一周的时间内，槽轮多次停歇时间互不相等时，可以将圆销不均匀地分布在主动销轮的圆周上，如图 9-17a 所示。为提高分度过程中的平稳性，也可采用图 9-17b 所示的曲线槽轮机构。

二、槽轮机构的设计要点

槽轮机构设计的内容主要包括确定槽轮的槽数、柱销的数目以及计算槽轮机构的基本尺寸。

1. 槽轮机构的运动系数

如图 9-18 所示，从动槽轮 2 作周期性的间歇运动。设从动槽轮 2 每运动一次所需要的时间为 t_2，主动销轮 1 转动一周的时间为 t_1。两者之比称为槽轮机构的运动系数，用τ表示。即

$$\tau = \frac{t_2}{t_1}$$

时间 t_2、t_1 对应的主动销轮 1 的转角为 $2\Phi_1$ 与 2π，故运动系数可表示为

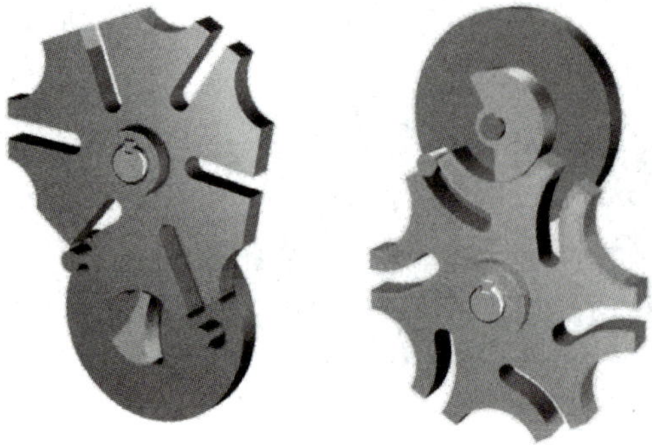

a)　　b)

图 9-17　有特殊要求的槽轮机构

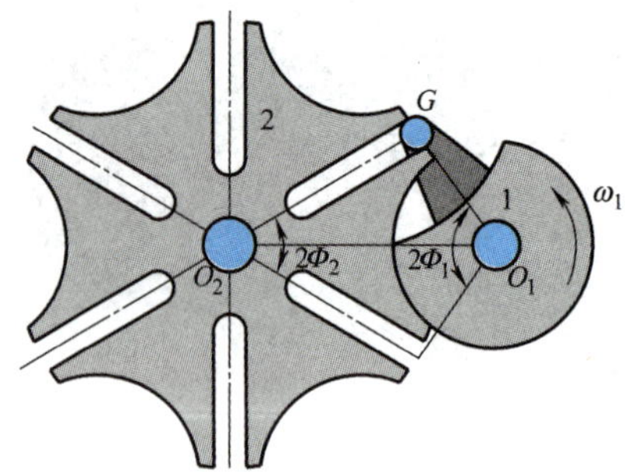

图 9-18　槽轮机构设计

$$\tau=\frac{t_2}{t_1}=\frac{2\Phi_1}{2\pi}$$

为了避免槽轮在开始转动和停止转动时产生碰撞和冲击，圆销 G 在进入或退出径向槽时，圆销中心的线速度方向应沿着径向槽的中心线方向。因此，当槽轮 2 每转过 $2\Phi_2=2\pi/z$ 角度时，销轮 1 所对应的转角为

$$2\Phi_1=\pi-2\Phi_2=\pi-\frac{2\pi}{z}$$

式中，z 为槽轮的槽数。

将以上关系式代入运动系数τ的定义表达式，可以得到

$$\tau=\frac{t_2}{t_1}=\frac{\pi-\dfrac{2\pi}{z}}{2\pi}=\frac{z-2}{2z}$$

2. 槽轮机构的槽数

为保证销轮能驱动槽轮，运动系数τ应大于零，槽轮径向槽的数目应大于或等于 3，并且τ总小于 0.5。说明在此种槽轮机构中，槽轮的运动时间总小于其停歇时间。

3. 尺寸设计

槽轮机构的尺寸设计可参阅相关设计手册。图 9-19a 为槽轮机构在电影放映机中的应用，图 9-19b 为槽轮机构在蜂窝煤加工机中的应用，它们都是利用槽轮机构的分度特性与间歇运动特性。

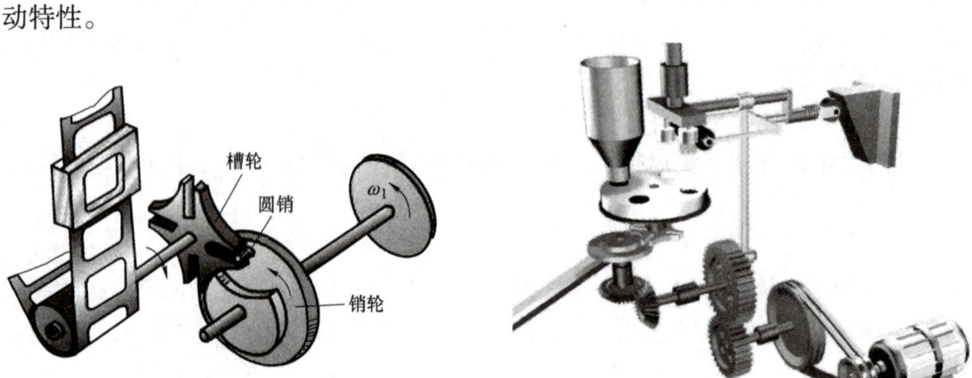

a)　　b)

图 9-19　槽轮机构的应用

第五节　凸轮式间歇运动机构

凸轮式间歇运动机构一般由主动凸轮、从动转盘和机架组成。凸轮式间歇运动机构一般有以下两种形式。

一、圆柱凸轮间歇运动机构

如图 9-20 所示，圆柱凸轮间歇运动机构的主动轮 1 是带有曲线沟槽或凸脊的圆柱凸轮，从动轮 2 为带有柱销的圆盘。当圆柱凸轮转动时，通过其曲线沟槽或凸脊拨动柱销，使从动圆盘作间歇运动。这种机构多用于两交错轴间的分度运动。

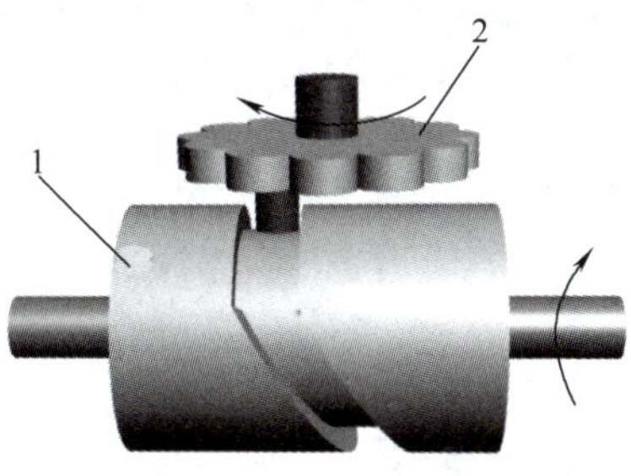

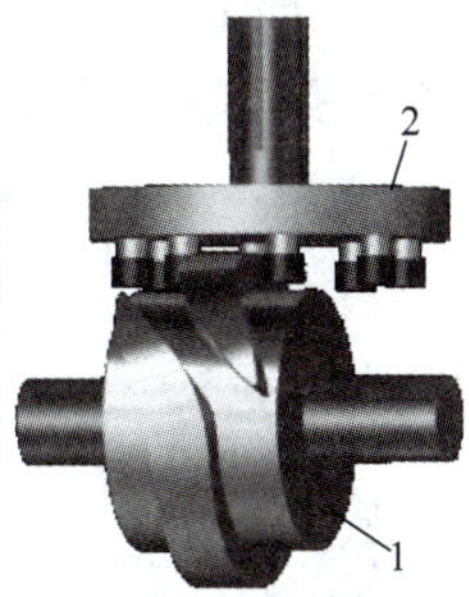

图 9-20　圆柱凸轮分度机构

二、蜗杆形凸轮间歇运动机构

如图 9-21 所示，蜗杆形凸轮间歇运动机构的主动轮 1 为蜗杆形的凸轮，其上有一条凸脊，就像一个变螺旋角的蜗杆，从动轮 2 为带有径向均布柱销的圆盘，作用类似蜗轮。当蜗杆形凸轮转动时，通过其上的凸脊推动转盘上的柱销，从而使从动圆盘作间歇运动。同圆柱凸轮间歇运动机构类似，蜗杆形凸轮间歇运动机构也多用于两交错轴间的分度运动。这种机构具有良好的动力学性能，适用于高速精密传动，但加工制造较为困难。

图 9-21　蜗杆形凸轮分度机构

圆柱凸轮分度机构中，在圆柱面上，无论是曲线沟槽还是凸脊都没有节距，或节距为零。而蜗杆形凸轮分度机构中，蜗杆上的螺旋线曲面节距不为零。

它们之间的另一个差别是分度盘上柱销的分布不同。圆柱凸轮分度机构中的分度盘上的柱销分布在其端面的圆周上；蜗杆形凸轮分度机构中的分度盘上的柱销是沿径向分布的。

第六节　不完全齿轮机构

不完全齿轮机构也是一种间歇运动机构。与一般齿轮机构的主要区别是：不完全齿轮机构主动轮上的轮齿不是布满在整个圆周上，主动轮 1 上只有一个或几个齿，其余部分为锁止弧。根据运动时间与停歇时间的要求，在从动轮 2 上加工有与主动齿轮相啮合的轮齿。

在不完全齿轮机构中，主动轮 1 连续转动，当轮齿进入啮合时，从动轮 2 开始转动；当轮齿退出啮合时，由于主动轮 1 和从动轮 2 上锁止弧的密合定位作用，使得从动轮 2 处于停歇位置，从而实现了从动轮 2 的间歇转动。图 9-22 所示为外啮合不完全齿轮机构。

在图 9-22a 所示的不完全齿轮机构中，从动轮 2 上分布有 6 段锁止弧和 6 段轮齿，每段轮齿有 3 个齿槽与主动轮 1 上的 3 个轮齿相啮合。主动轮每转一周，从动轮只转六分之一周。

a)　　b)

图 9-22　外啮合不完全齿轮机构

在图 9-22b 所示的不完全齿轮机构中，从动轮 2 上分布有 4 段锁止弧和 4 段轮齿，每段轮齿有 4 个齿槽与主动轮 1 上的 4 个轮齿相啮合。主动轮每转一周，从动轮只转四分之一周。

不完全齿轮机构有外啮合、内啮合及齿轮齿条三种形式，图 9-23a 为内啮合不完全齿轮机构，图 9-23b 为齿条型不完全齿轮机构，图 9-23c 为锥齿轮组成的不完全齿轮机构。

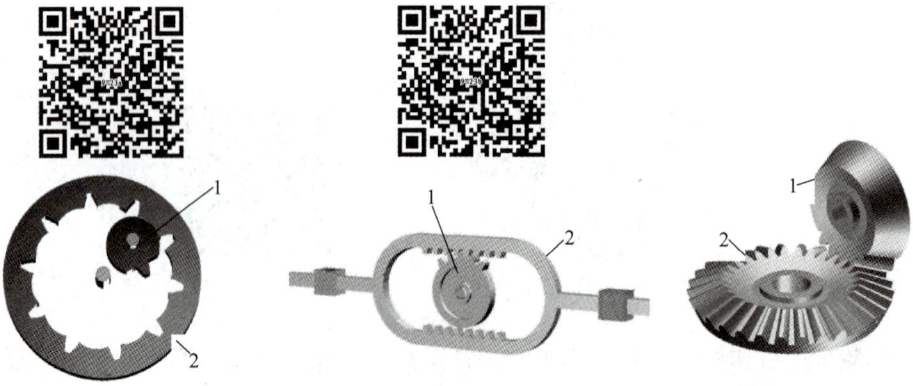

a)　　b)　　c)

图 9-23　其他不完全齿轮机构

与其他间歇运动机构相比，不完全齿轮机构具有结构简单、设计灵活等特点。主动轮每转一周，从动轮运动角的幅度、停歇的次数及每次停歇的时间，都比棘轮机构和槽轮机构有更宽的选择范围。但不完全齿轮机构中的从动轮在转动开始和终止时，角速度有突变，会引起刚性冲击，因此一般只适用于低速轻载的工作场合。

不完全齿轮机构与一般的齿轮机构不仅在轮齿分布上不同，而且在啮合过程中，当首齿进入啮合及末齿退出啮合的过程中，其轮齿不在基圆的内公切线上接触传动，所以在此期间不能保持定传动比传动。

本章总结

1. 螺旋机构将回转运动变换为低速直线运动，螺杆转动与螺母移动的关系为：$s=l\frac{\varphi}{2\pi}$。
2. 差动螺旋中，当两螺旋的旋向相同，且 l_A 与 l_D 相差很小时，螺母 2 的位移可以很小，这种螺旋机构称为微动螺旋机构；当两螺旋的旋向相反时，螺母 2 可以产生快速移动，这种螺旋机构称为复式螺旋机构。
3. 在单万向联轴器中，当主动轴Ⅰ转速为 ω_1 时，从动轴Ⅱ转速 ω_2 的变化范围为 $\omega_1\cos\alpha \leqslant \omega_2 \leqslant \omega_1/\cos\alpha$，为限制输出轴的速度波动，应限制轴角 α 的最大值。
4. 在双万向联轴器中，为保证输入与输出的等速度，必须使主、从动轴与中间轴位于同一平面内，且中间轴两端的叉面位于同一平面内，主动轴与中间轴的夹角应等于从动轴与中间轴的夹角。
5. 棘轮机构是使从动轴实现间歇运动的机构。可分为齿式棘轮机构和摩擦式棘轮机构。
6. 像齿轮一样，棘轮的尺寸由模数确定，而齿数则由其最小转角确定。
7. 槽轮机构是由具有圆销的主动销轮和具有若干径向槽的从动槽轮及机架组成的机构。
8. 蜗杆形凸轮间歇运动机构具有良好的动力学性能，适用于高速精密传动。
9. 圆柱凸轮分度机构和蜗杆形凸轮分度机构的最大差别是：圆柱分度凸轮的曲线节距为零。
10. 不完全齿轮机构中的从动轮在转动开始和终止时，角速度有突变，引起刚性冲击和振动，因此一般只适用于低速轻载的工作场合。

习　题

1. 理解

1-1　了解差动螺旋传动机构的工作原理及应用场合。

1-2　举例说明棘轮机构的应用场合。

1-3　说明你所见过的槽轮机构的应用场合。

1-4　凸轮式分度机构和间歇运动机构有何异同点？

1-5　摩擦棘轮在工作状态时，棘爪的转动副是否处于自锁状态？

1-6　习题图 9-1 所示螺旋机构中，已知螺旋副 A 为右旋，导程 $l_A=3.5\text{mm}$；螺旋副 D 为左旋，导程 $L_D=3.75\text{mm}$，C 为移动副。求：螺杆 1 转多少转时才能使螺母 2 相对机件 3 移动 13.25mm。

1-7　说明单作用棘轮与双作用棘轮的工作差别。

1-8　习题图 9-2 所示单万向联轴器中，叉面 A—A、B—B 的运动平面为球面，在推导角速度 ω_1、ω_2 的

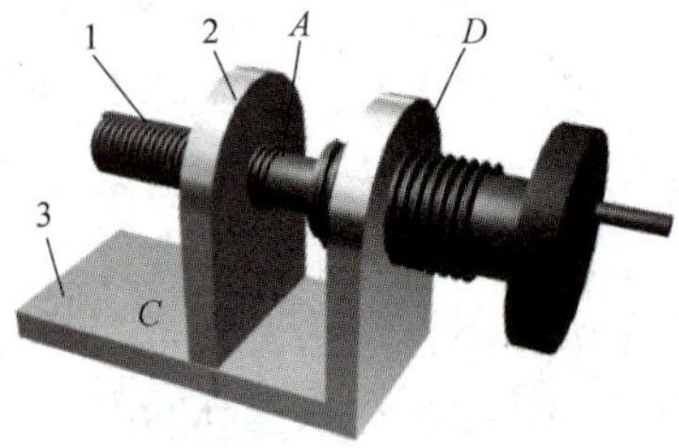

习题图 9-1　螺旋机构

1—螺杆　2—螺母　3—机件

A、D—螺旋副　C—移动副

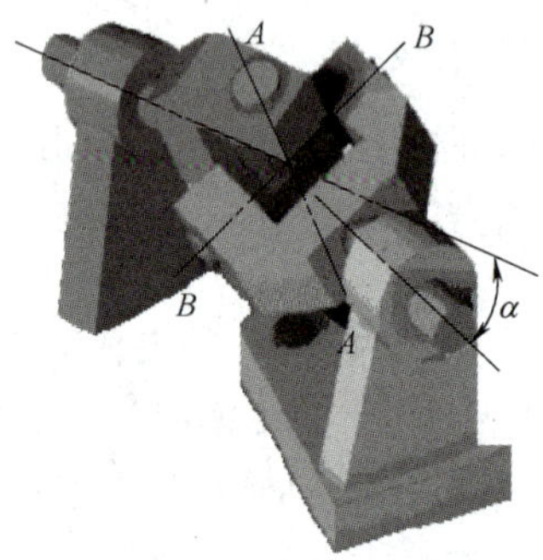

习题图 9-2　单万向联轴器

关系时，会有两个公式，解释其原因。

1-9　不完全齿轮在进入啮合和退出啮合时，为什么会出现冲击现象?

1-10　圆柱凸轮分度机构与蜗杆形凸轮分度机构的差别是什么?

1-11　自行车后轴内的棘轮机构中，有几个棘爪？如何保持棘轮齿与棘爪的啮合?

1-12　槽轮的槽数如何选择?

2. 分析与设计

2-1　商用汽车传动轴距离较长，一般使用双万向联轴器传递动力。如习题图 9-3 所示，当前传动轴输入转速为 1000r/min 时，计算并绘出前传动轴旋转一周后驱动桥的输入速度和输入加速度。

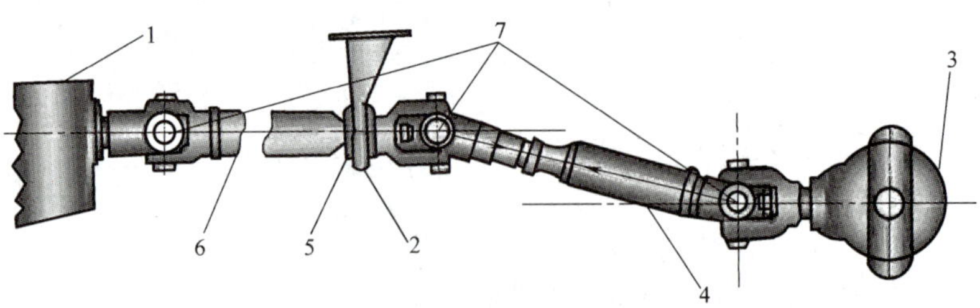

习题图 9-3　双万向联轴器应用

1—变速器　2—支承架　3—后驱动桥　4—后传动轴

5—轴承　6—前传动轴　7—万向联轴器

2-2　计算习题图 9-4a 所示棘轮机构的自由度，说明棘轮工作行程和返回行程自由度的差别。图 9-4b 所示棘轮机构中，在机架 5 处安装了一个棘爪 4，请说明原因。

3. 自测题

3-1　单万向联轴器主动轴转过一周时，从动轴也转过一周，而从动轴的角速度波动为一次。(　　)

a）对　　　　　　　　b）错

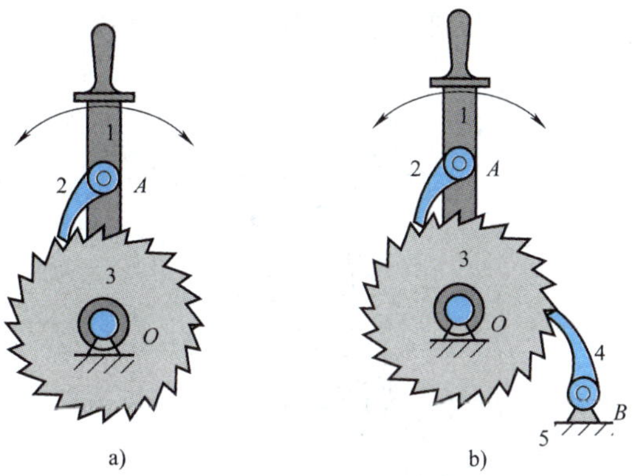

习题图 9-4　棘轮机构

3-2　双万向联轴器中间轴的两叉面不在同一平面上时，则其主、从动轴间就不能保持恒速比传动。(　　)

a) 对　　　　　　b)　错

3-3　棘爪能顺利地滑入棘轮齿根部并自动啮紧的条件是：棘爪轴心位置角 δ 应大于棘爪与棘轮齿面间的摩擦角 φ。(　　)

a) 对　　　　　　b)　错

3-4　槽轮机构的运动系数随着槽数的增加而减小。(　　)

a) 对　　　　　　b)　错

3-5　外槽轮机构的槽数应不小于 2。(　　)

a) 对　　　　　　b)　错

3-6　(　　) 具有高的定位精度，结构紧凑，是当前被公认的一种较理想的高速、高精度分度机构。

a) 凸轮式间歇运动机构　　b) 槽轮机构　　c) 棘轮机构　　d) 不完全齿轮机构

3-7　习题图 9-5 所示为四槽槽轮机构，试计算：在时间 t 内，曲柄转一周时槽轮停歇几次，每次停歇多长时间？

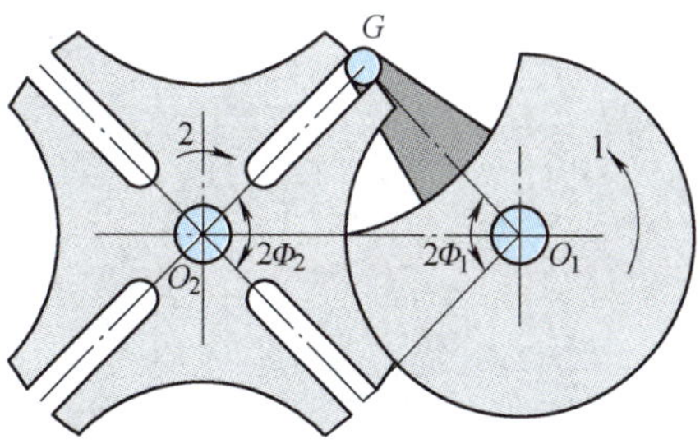

习题图 9-5　四槽槽轮机构

3-8　如习题图 9-6 所示槽轮机构的应用实例，试说明四槽槽轮机构的应用过程。

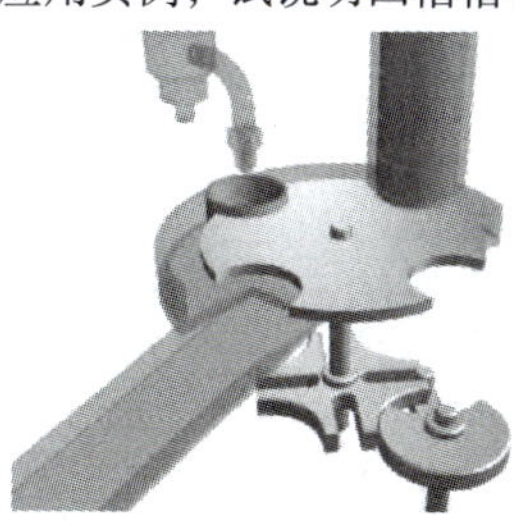

习题图 9-6　槽轮机构的应用实例

3-9 比较习题图 9-7 所示的凸轮分度机构与习题图 9-5 所示的槽轮机构，说明它们的优缺点。

习题图 9-7 凸轮分度机构

第十章

空间连杆机构及机器人机构

介绍空间运动副的种类、空间运动副的约束与自由度；讲述空间开链机构与空间闭链机构自由度的计算；介绍机器人机构的特点及其应用。

第一节　空间连杆机构概述

空间连杆机构结构简单、紧凑，不但有独特应用，也是机器人机构的设计基础。

一、空间连杆机构中的运动副

空间运动副有两种分类方法。其一是按照运动副提供的约束分类，其二是按照运动副的自由度分类。分类方法不同，导致计算空间机构自由度的计算公式不同。本书按照运动副的约束对其进行分类。

在三维空间中，每个自由构件有 6 个自由度。连接两构件的运动副最多提供 5 个约束，最少提供 1 个约束。因此可按运动副提供的约束对运动副进行分类。提供 1 个约束的运动副称为Ⅰ类副，提供 2 个约束的运动副称为Ⅱ类副，提供 3 个约束的运动副称为Ⅲ类副，提供 4 个约束的运动副称为Ⅳ类副，提供 5 个约束的运动副称为Ⅴ类副，提供 6 个约束，两构件之间不能产生相对运动，相当于两构件固接，则不存在运动副。所以只有五种运动副。

（1） Ⅰ类副　图 10-1a 所示的球放在平面上，形成点接触的高副，仅提供沿两者公法线 $n—n$ 方向的 1 个约束，球与平面有 5 个自由度。Ⅰ类副用 SE 表示，工程中很少应用。

（2） Ⅱ类副　具有 2 个约束和 4 个自由度的运动副。图 10-1b 所示的圆柱平面副中，提

供沿 z 轴移动和绕 x 轴转动的 2 个约束，用 CE 表示圆柱平面副。图 10-1c 所示的球槽副中，提供沿 z 轴移动和沿 x 轴移动的 2 个约束，用 SG 表示球槽副，它们是典型的Ⅱ类副。Ⅱ类副也很少应用。

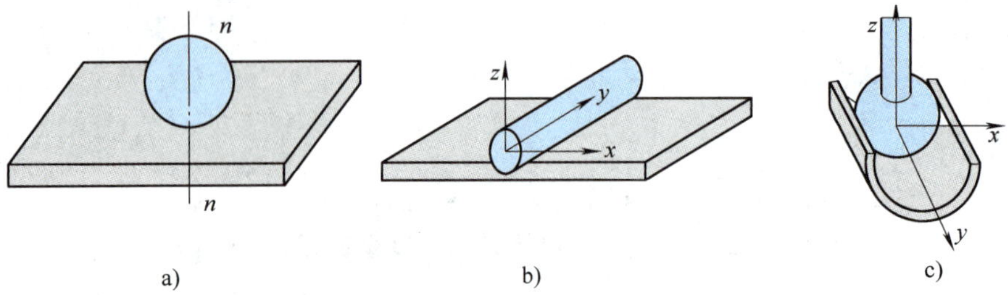

图 10-1　空间运动副一

（3）Ⅲ类副　具有 3 个约束和 3 个自由度的运动副。图 10-2a 所示的球置于球面槽中，形成典型的球面副，用 S 表示球面副。球面副限制了沿 x、y、z 轴的移动，保留绕 3 个轴转动的自由度。球面副在空间机构中应用广泛。图 10-2b 所示为球面副的代表符号。图 10-2c 为两平面接触形成的平面副，用 E 表示，提供了沿 z 轴移动、绕 x、y 轴转动的 3 个约束，应用很少。

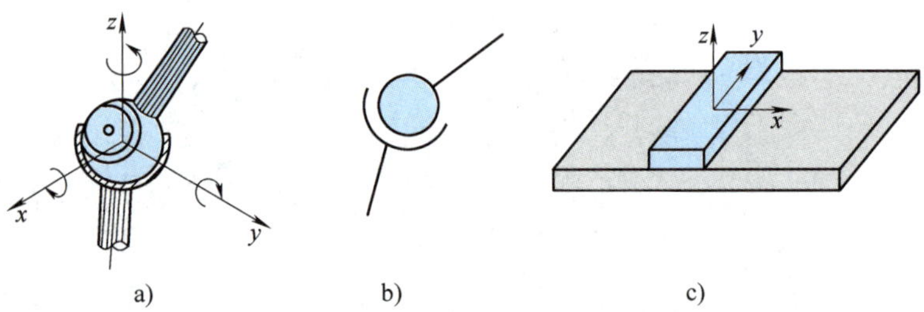

图 10-2　空间运动副二

（4）Ⅳ类副　具有 4 个约束和 2 个自由度的运动副。图 10-3a 所示的球销副中，由于球销的约束，仅保留 2 个转动自由度。运动副符号如图 10-3b 所示，用 S′表示。图 10-3c 所示的圆柱副中，仅保留沿轴线的移动和绕轴线的转动自由度，运动副符号如图 10-3d 所示，用 C 表示。Ⅳ类副在空间机构中应用较广泛。

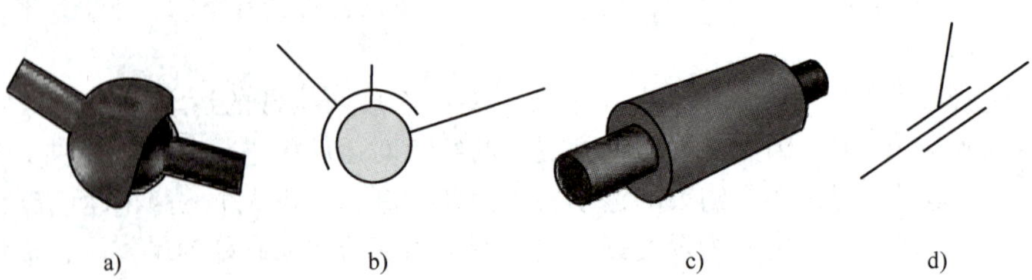

图 10-3　空间运动副三

（5）Ⅴ类副　具有 5 个约束和 1 个自由度的运动副。图 10-4a 所示的转动副中，仅有 1 个绕轴线的转动自由度，运动副符号如图 10-4b 所示，用 R 表示。图 10-4c 所示的移动副中，仅有 1 个沿导路方向的移动自由度，运动副符号如图 10-4d 所示，用 P 表示。图 10-4e

所示的螺旋副中，沿轴线的移动和绕轴线的转动线性相关，所以只有 1 个移动自由度，代表符号如图 10-4f 所示，用 H 表示。

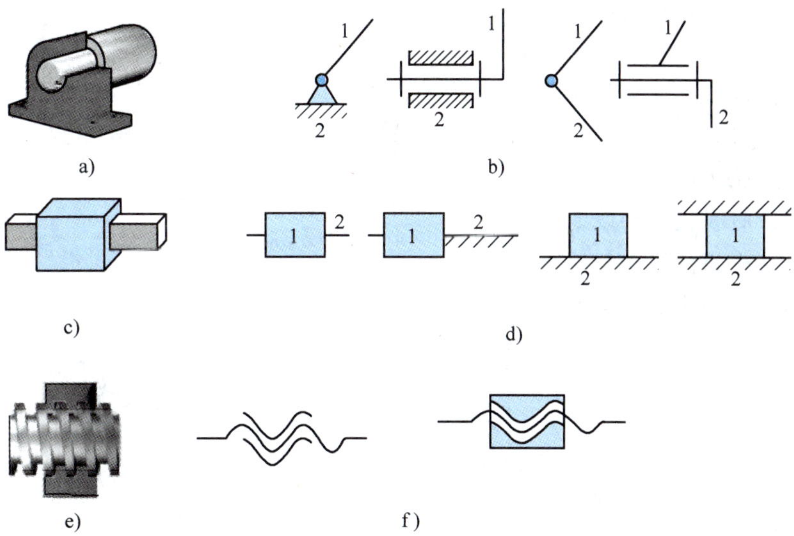

图 10-4　空间运动副四

V 类副在平面机构结构分析中已经有详细介绍，也是应用非常广泛的运动副。

二、空间连杆机构的自由度

三维空间中的每个自由构件有 6 个自由度，n 个构件则有 $6n$ 个自由度。这些构件用运动副连接组成机构后，构件的运动就会受到运动副的约束。n 个构件的自由度总数 $6n$ 减去各运动副的约束总数，就是机构的自由度数。

设机构中 I 类副的数目为 P_1，则其提供的约束为 $1P_1$；Ⅱ类副的数目为 P_2，则其提供的约束为 $2P_2$ 个；Ⅲ类副的数目为 P_3，则其提供的约束为 $3P_3$；Ⅳ类副的数目为 P_4，则其提供的约束为 $4P_4$；V 类副的数目为 P_5，则其提供的约束为 $5P_5$。

机构自由度为

$$F = 6n - (P_1 + 2P_2 + 3P_3 + 4P_4 + 5P_5) = 6n - \sum iP_i$$

式中，i 表示第 i 类运动副提供的约束数目；P_i 表示第 i 类运动副的数目。

上式表明，空间机构的自由度等于各活动构件自由度之和减去各运动副约束之和。

三、空间连杆机构分类

1. 空间连杆机构表示方法

平面连杆机构的名称是按其运动特性确定的，如曲柄摇杆机构、曲柄滑块机构、双曲柄机构等。空间机构的名称则用运动副名称表示。第一个字母一般是原动件与机架连接的运动副的名称，然后按顺序依次排列。图 10-5a 所示的飞机起落架机构可称为 SPSR 空间连杆机构，其机构简图如图 10-5b 所示。

2. 空间连杆机构分类

按组成空间连杆机构的运动链是否封闭，空间连杆机构可分为空间闭链连杆机构和空间开链连杆机构。图 10-6a 所示 RSSR 机构中，构件 1、2、3、4 通过转动副和球面副连接，形成一个由封闭运动链组成的空间四杆机构，构件 4 为机架。图 10-6b 所示 4RS 机构中，构件1、2、3、4、5通过转动副连接，形成一个不封闭的运动链，构件1为机架，则组成4R型空间开链机构。该机构是典型的机器人机构。开链机构在机器人领域应用广泛。在研究开链机器人机构时，往往不计末端执行器处的铰链（腕部铰链）和抓取手指部分。

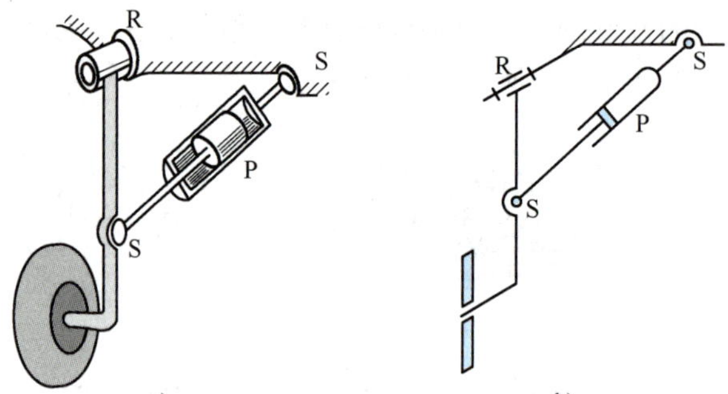

a) b)

图10-5 飞机起落架

四、空间连杆机构自由度的计算

空间连杆机构自由度的计算比较复杂，这里仅对一些简单的空间连杆机构进行自由度计算。

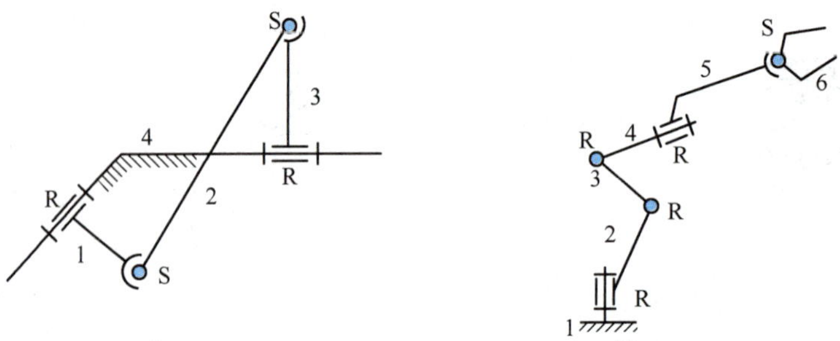

a) b)

图10-6 空间机构分类

例10-1 计算图10-7a所示R3C机构的自由度。

解 该机构中，活动构件 $n=3$，转动副（Ⅴ类副）有1个，圆柱副（Ⅳ类副）有3个，则

$$F=6n-\sum iP_i=6\times3-(5\times1+4\times3)=1$$

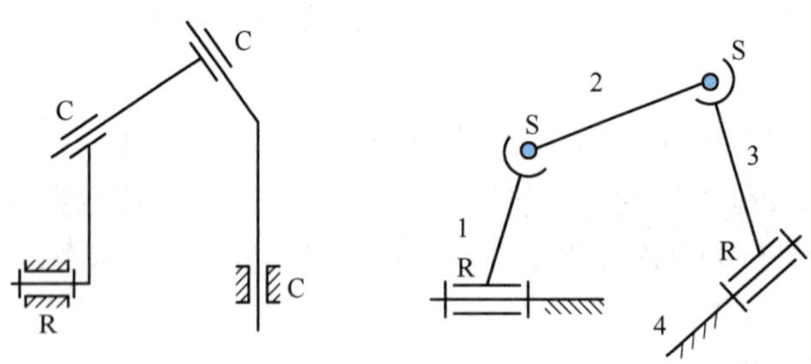

a) b)

图10-7 空间机构自由度

该机构仅有一个自由度，即绕R副轴线的转动自由度。

例10-2 计算图10-7b所示RSSR机构的自由度。

解 该机构中，活动构件 $n=3$，转动副有2个，即2个Ⅴ类副，球面副有2个，即2个Ⅲ类副，则

$$F=6n-\sum iP_i=6\times3-(5\times2+3\times2)=2$$

实际上该机构只有 1 个自由度，出现自由度为 2 的情况是因为构件 2 绕自身轴线转动的自由度对机构运动没有影响，应视为局部自由度或冗余自由度除去。此时有

$$F=6\times3-(5\times2+3\times2)-1=1$$

空间连杆机构出现局部自由度的情况很多，在计算其自由度时应加以注意。图 10-5 所示的飞机起落架机构中，就存在一个局部自由度。局部自由度或冗余自由度经常出现在两个球面副或圆柱副之间的构件上。

例 10-3　计算图 10-8 所示开链机器人机构的自由度。

解　该机构中，活动构件 $n=5$，转动副有 5 个，即 5 个 V 类副，则机构自由度为

$$F=6n-\sum iP_i=6\times5-5\times5=5$$

自由度为 5，说明该机构需要 5 个独立运动。因此，该机器人的 5 个关节处都需要安装驱动电动机。

计算空间连杆机构自由度时，还有许多注意事项，可参阅相关著作。

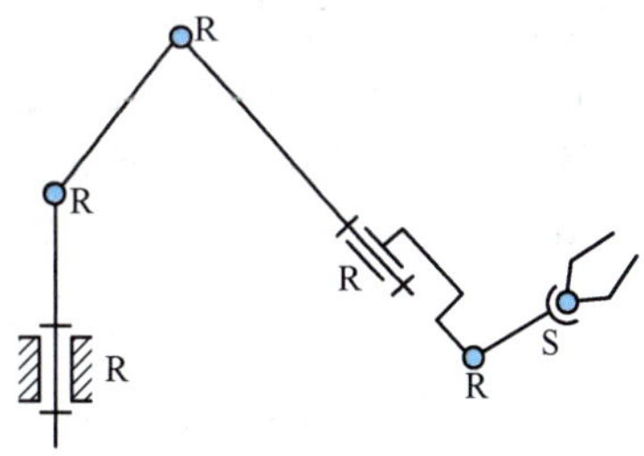

图 10-8　开链机器人

第二节　机器人机构概述

常用机器人可分为串联机器人和并联机器人两大类。

一、串联机器人机构

串联机器人中，各构件都是串联的，即后一个构件的运动是由前一个构件传递而来的。串联机器人大都采用开链机构，图 10-9a 所示机器人是由 3 个转动副、3 个构件组成的串联机器人，简称 3R 串联机器人。串联机器人机构可以是平面开链机构，也可以是空间开链机构。串联机器人一般由底座、腰部、大臂、小臂和腕部组成，分别对应腰关节、肩关节、肘关节和腕关节。图 10-9b 所示为其机构简图。从串联机器人的结构特点可以看出，其构件刚度较小，累积运动误差较大，但运动空间很大。

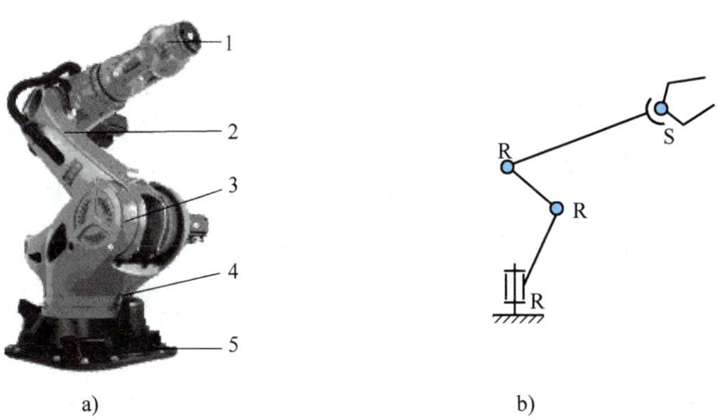

图 10-9　串联机器人机构

1—腕关节　2—肘关节　3—肩关节　4—腰关节　5—底座

一般情况下常把串联机器人腕部作为机器人的末端操作器，研究末端操作器的位姿变

化、速度与加速度变化是机器人运动学的主要任务，而研究构件的受力、弹性变形、刚度等则是动力学的主要任务。

在研究机器人末端操作器的位姿、速度、加速度以及作用力时，常遇到正解与逆解的问题。机器人的机构学的正解是指已知某一时刻机器人各主动件的运动位置、速度、加速度或作用力时，求解机构末端操作器位姿、速度、加速度或作用力的过程。机器人的逆解是指已知某一时刻机器人末端操作器的位姿、速度、加速度或作用力时，反求机器人各输入构件的位置、速度、加速度或作用力的过程。虽然机器人的正解与逆解过程都是复杂的矩阵变换过程，但是，对于串联机器人，正解比较容易，逆解十分困难。

串联机器人机构自由度计算方法与空间机构相同。如图 10-9b 所示的串联机器人机构中，其自由度为

$$F = 6n - \sum iP_i = 3\times 6 - 5\times 3 = 3$$

说明该机器人需要 3 个驱动关节。

二、并联机器人机构

并联机器人中，各构件形成多个封闭的构件系统，由多个输入构件共同驱动一个输出构件运动。并联机器人分为平面并联机器人和空间并联机器人。图 10-10a 所示为 3 自由度平面并联机器人，3 个连架杆为驱动件，共同驱动平台 1 运动。该机器人简称为平面 3RRR 并联机器人，在微动机构中有广泛应用。图 10-10b 所示为 3 自由度空间并联机器人。按照每个支链的运动副结构，又称为 3RPS 空间并联机器人。这种机器人相对串联机器人而言，理论上具有刚度大的优点，因而承载能力大，但其运动空间较小，在空间运动模拟器中有广泛应用。

一般情况下，常把并联机器人的动平台形心处作末端操作器。与串联机器人相反，并联机器人的正解十分困难，但逆解比较容易。并联机器人中，由于动平台可以实现复杂的空间运动，已经广泛应用在各种高科技的机电设备中。

图 10-10a 所示 3RRR 平面并联机器人机构中，活动构件 $n=7$，转动副有 9 个，没有高副。可按平面机构自由度计算公式进行计算，得

$$F = 3n - 2P_l - P_h = 3\times 7 - 2\times 9 = 3$$

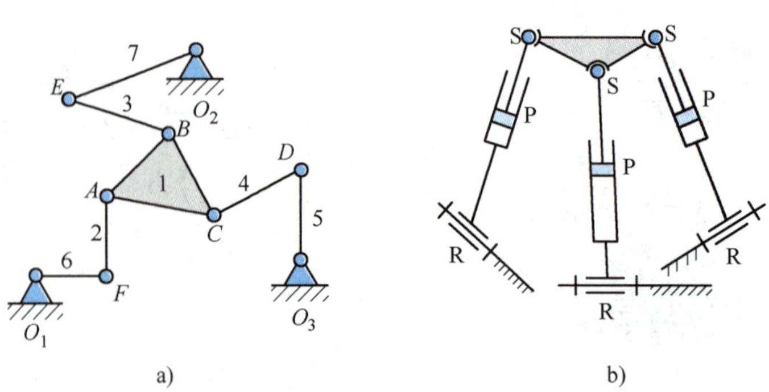

图 10-10　并联机器人机构

图 10-10b 所示 3RPS 空间并联机器人机构中，活动构件 $n=7$，6 个Ⅴ类副，其中 3 个移动副，3 个转动副，3 个Ⅲ类副（球面副）。则

$$F = 6n - \sum iP_i = 6 \times 7 - (3 \times 5 + 3 \times 5 + 3 \times 3) = 3$$

一般情况下，3 个移动副采用 3 个液压缸驱动，实现动平台的空间复杂运动。

三、机器人机构的应用

机器人是典型的机电一体化产品，应用非常广泛。按用途可分工业机器人、医用机器人、服务机器人、军用机器人和玩具机器人等。工业机器人广泛应用在自动化生产领域；医用机器人也应用在人体的手术中；服务机器人正在走向家庭；军用机器人在作战、排雷和后勤保证中也得到广泛应用；玩具机器人已经普及。未来的机器人将会促进人类社会的快速发展。图 10-11、图 10-12 所示为一些机器人的应用实例。图 10-11a 所示为常见的关节型串联工业机器人，图 10-11b 所示为并联医用机器人，图 10-11c 所示为四足步行军用机器人，图 10-11d所示为六足步行仿螃蟹机器人。

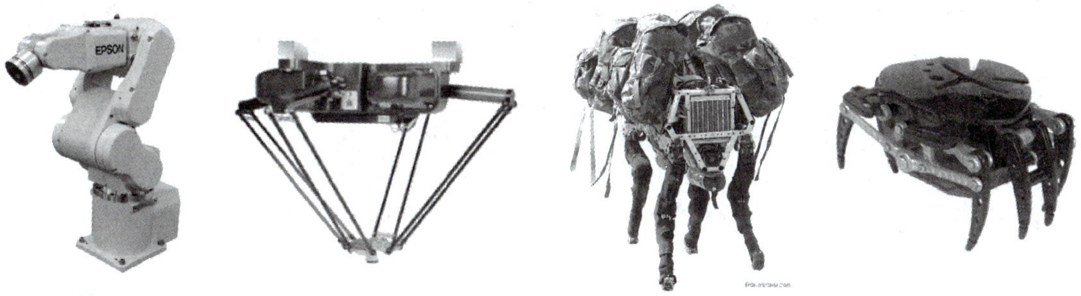

a)　　b)　　c)　　d)

图 10-11　机器人应用实例一

图 10-12a 所示为常见的三坐标工业机器人，图 10-12b 所示为具有人类情感的服务机器人，图 10-12c 所示为水下操作机器人，图 10-12d 所示为仿苍蝇机器人。

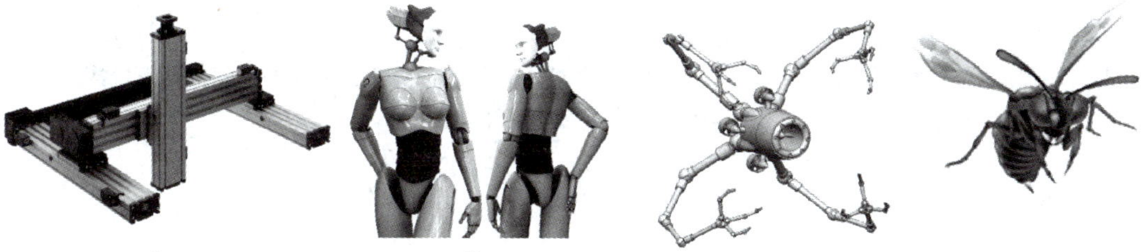

a)　　b)　　c)　　d)

图 10-12　机器人应用实例二

机器人种类众多，应用日渐广泛。从地上、地下、水面、水下、天空到太空，机器人无处不在。随着机器人技术的发展，机器人机构学的研究也将日益深入与发展。

本章总结

1. 空间机构与平面机构的最大不同点是：空间机构中，至少有一个构件的运动平面同其他构件运动平面不再平行。
2. 空间机构与平面机构相比，更能实现运动的多样性。但其分析与设计要比平面机构复杂。
3. 空间运动副有两种分类方法。其一是按照运动副提供的约束分类，其二是按照运动副的自由度分类。分类方法不同，导致计算空间机构自由度的计算公式不同。
4. 按照运动副提供的约束分类时，提供 1 个约束的运动副称为Ⅰ类副，提供 2 个约束的运动副称为Ⅱ类副，提供 3 个约束的运动副称为Ⅲ类副，提供 4 个约束的运动副称为Ⅳ类副，提供 5 个约束的运动副称为Ⅴ类副。
5. 按照运动副的自由度分类时，提供 1 个自由度的运动副称为Ⅰ类副，提供 2 个自由度的运动副称为Ⅱ类副，提供 3 个自由度的运动副称为Ⅲ类副，提供 4 个自由度的运动副称为Ⅳ类副，提供 5 个自由度的运动副称为Ⅴ类副。
6. 按照运动副提供的约束分类时，其自由度计算公式为 $F = 6n - \sum iP_i$。式中，n 表示构件数；i 表示第 i 类运动副提供的约束数目；P_i 表示第 i 类运动副的数目。
7. 按照运动副的自由度分类时，其自由度计算公式为 $F = 6(n - P) + \sum f_i$。式中，n 表示构件数；P 表示机构中各类运动副数目之和；$\sum f_i$ 为机构中各类运动副自由度的总和。
8. 计算空间机构自由度时，也有一些注意事项，如冗余约束（虚约束）、冗余自由度（局部自由度）等。
9. 空间机构的名称一般采用所含运动副名称的排序来表示。
10. 串联机器人机构一般采用开链机构，并联机器人机构一般采用闭链机构。
11. 串联机器人机构的运动空间要比并联机器人机构的运动空间大，但其刚度较小，累积运动误差也大。

习　题

1. 理解

1-1　机械手和机器人的差别是什么？

1-2　利用 3 个转动副组成一个 3 自由度的平面机器人机构和一个 3 自由度的空间机器人机构。

1-3　平面机械手至少具有（　　）个自由度以完成任意指定的姿态。

a）3　　b）4　　c）5　　d）6

1-4　空间机械手至少具有（　　）个自由度以完成任意指定的姿态。

a）3　　b）4　　c）5　　d）6

1-5　空间开链机构和空间闭链机构的应用差别在什么地方？

1-6　空间机构自由度计算公式为 $F = 6n - (P_1 + 2P_2 + 3P_3 + 4P_4 + 5P_5) = 6n - \sum iP_i$，请解释 $\sum iP_i$ 的含义。

1-7　习题图 10-1 所示的空间机构自由度为（　　）

a）6　　b）7　　c）8　　d）9

1-8　空间运动副有两种分类方法，其一是按其提供的约束分类，其二是按其自由度分类，说明两者的优缺点。

1-9　画出由类似人体腰、肩、肘、腕部组成的机器人的机构简图，并计算其自由度。

1-10　在计算空间机构自由度的过程中，也存在冗余自由度（局部自由度）和冗余约束（虚约束），试举例说明。

2. 分析与设计

2-1　如习题图 10-2 所示，构件 1 为固定构件，求该 4R 空间机构的自由度。

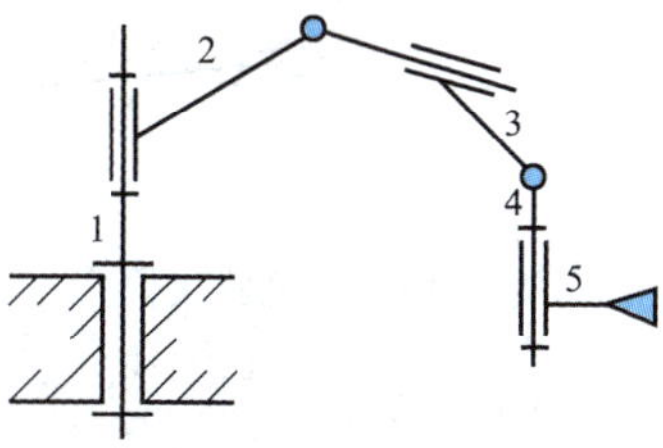

习题图 10-1　空间机构

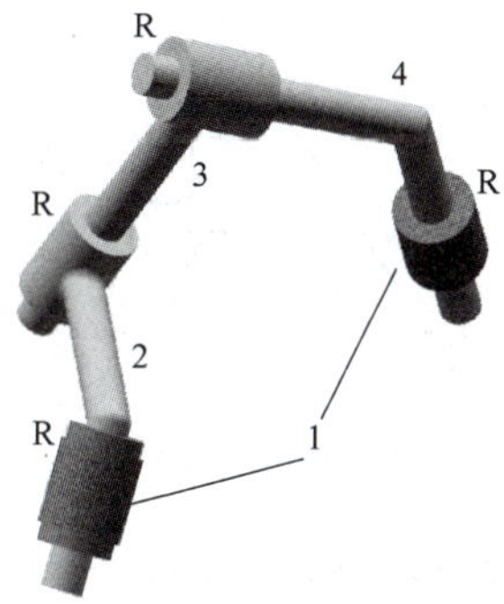

习题图 10-2　4R 空间机构

2-2　习题图 10-3 所示为工业中常用的 3RPS 并联机器人机构，求其自由度。

2-3　习题图 10-4a 所示的台灯可以简化为习题图 10-4b 所示的机构，求其自由度。

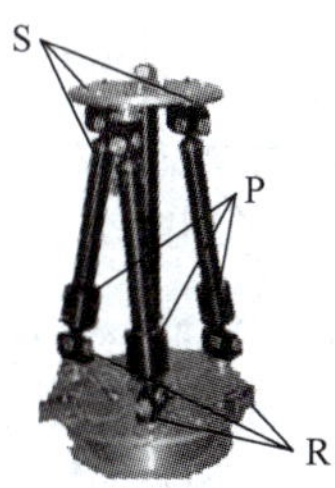

习题图 10-3　3RPS 并联机器人机构

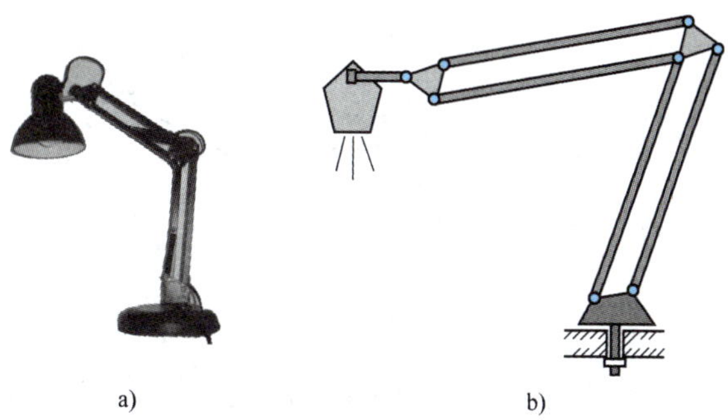

习题图 10-4　台灯及其机构简图

2-4　习题图 10-5 所示为工业中常用的串联机器人模型，试画出其机构简图，并计算其自由度（不计腕部的自由度）。

2-5　习题图 10-6 所示单万向联轴器是什么类型机构？画出其机构简图并计算机构自由度。

习题图 10-5　串联机器人模型

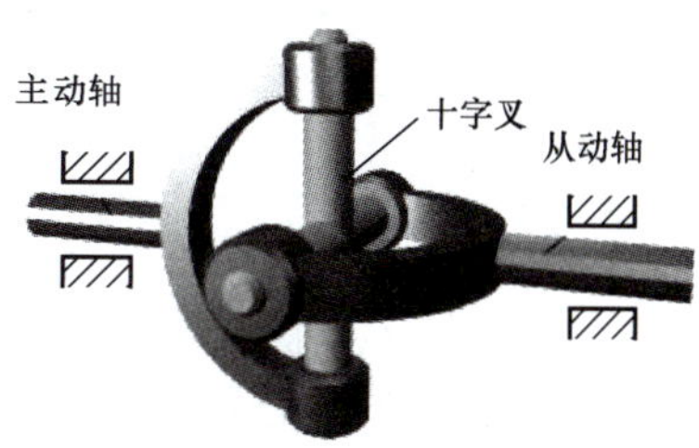

习题图 10-6　单万向联轴器

2-6 计算习题图 10-7 所示 RSSR 机构的自由度。

3. 自测题

3-1 不计机器人腕部自由度，习题图 10-8 所示机器人自由度为（　　）。

a）4　　b）5　　c）6　　d）7

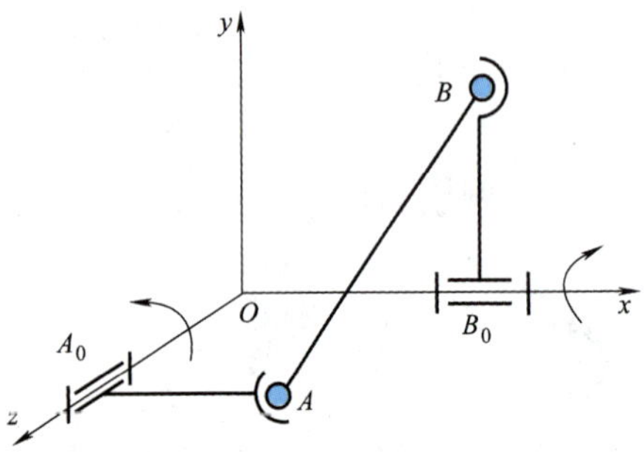

习题图 10-7 RSSR 机构

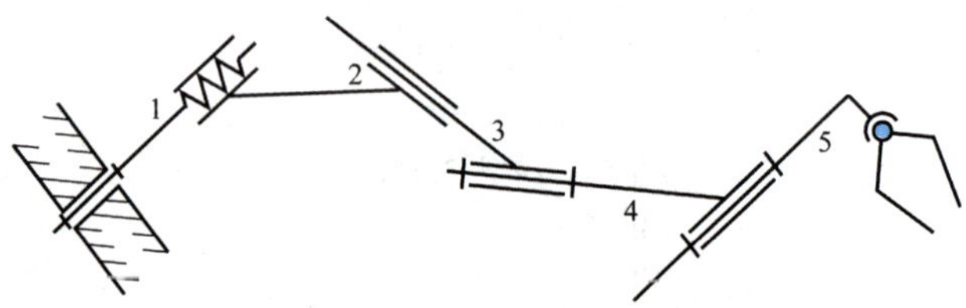

习题图 10-8 机器人机构一

3-2 习题图 10-9 所示机器人，不计机器人腕部自由度，其自由度为（　　）。

a）4　　b）5　　c）6　　d）7

3-3 习题图 10-10 所示空间机构，其自由度为（　　）。

a）4　　b）3　　c）2　　d）1

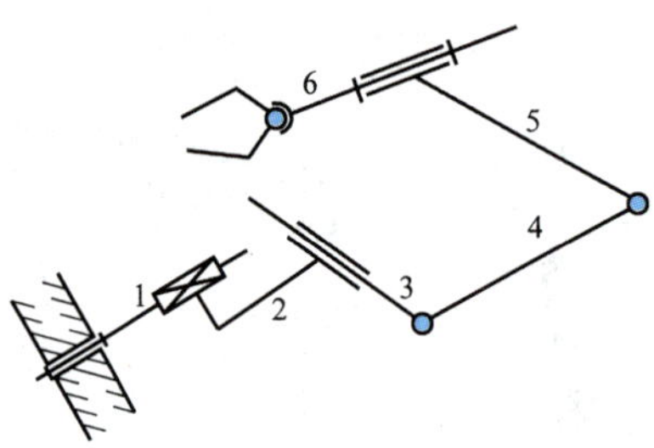

习题图 10-9 机器人机构二

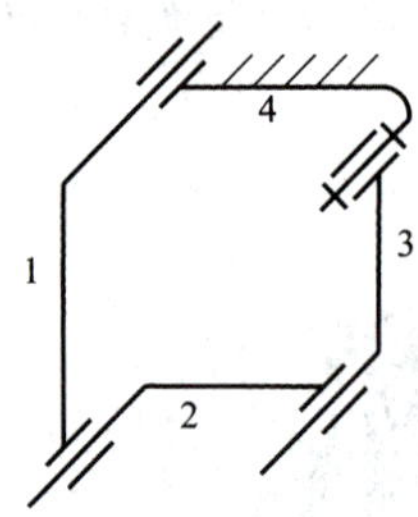

习题图 10-10 空间机构一

3-4 某空间机构如习题图 10-11 所示，试计算其自由度。

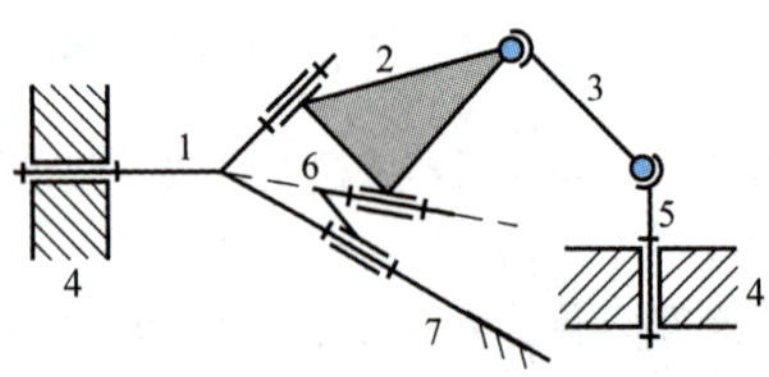

习题图 10-11 空间机构二

第十一章

机构系统及运动方案的设计

介绍简单机构系统和复杂机构系统组成，机构系统的运动协调设计，机构系统的组成方法，机械系统运动方案的设计与评估等。

第一节　机构系统设计概述

前面各章介绍了连杆机构、齿轮机构、凸轮机构以及其他各种常用机构的设计。但实际机械中很少应用单一的机构，绝大部分机械都是由各种机构通过不同的方式组合成一个系统，从而实现各种功能目标的。

机构系统可分为三大类，分别作简单介绍。

一、简单机构组成的机构系统

简单机械中，有时仅包含一个基本机构。如空气压缩机中仅有一个曲柄滑块机构作为主体机构，矿石破碎机、雷达转向机等机械仅含有曲柄摇杆机构作为主体运动机构，卷扬机仅由齿轮机构组成，这种仅包含单一机构的简单机械，使用前述各章所学知识就可以解决其机构系统的设计问题。

随着控制技术的发展，机械系统有简化的趋势。机械越简单，可靠性越高。特别是在航天领域中，机械越来越简单。因此，在完成预期工作任务的前提下，建议优先使用简单机构，使机械系统更加简单，工作更可靠。

使用简单机构进行机械系统运动方案设计时，利用机构的演化与变异原理，可提高机械的力学性能和使用寿命。如图 11-1b 所示的剪床机构中，扩大转动副 B 和移动副 C，得到图 11-1a所示的剪床机构。该剪床机构可提高曲柄强度并提高剪刀的力学性能。

二、多个独立工作的简单机构组成的机构系统

多个简单机构，各自独立工作，各机构之间没有任何结构上的连接，但各基本机构的运动必须互相协调，才能完成预期的工作要求。简单机构的选型和运动协调设计是这类机械系统的设计重点。运动协调可以通过机械方式和控制方式实现。

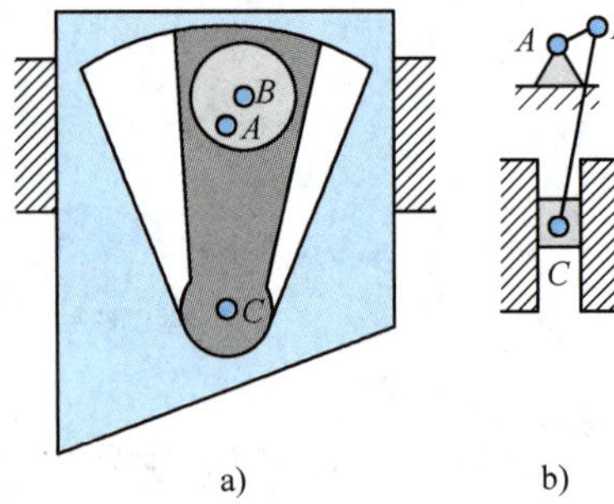

图 11-1 剪床机构

如图 11-2 所示液压系统中，液压缸 1 和液压缸 2 是两个独立的简单液压机构。液压缸 1 把工件由位置 1 送到位置 2，触动液压缸 2 的开关后，即可返回原位。液压缸 2 再把工件由位置 2 送到位置 3。两个液压缸的协调运动才能完成即定的工作要求，其运动协调依靠开关电路控制液压缸的动作即可实现。

三、简单机构连接组成的机构系统

各种简单机构通过连接杆组、串联组合、并联组合、叠加组合和封闭组合，可形成一系列的复杂机构系统，实际机械中，这类机构系统应用最为广泛。如图 11-3 所示机构是由带传动机构、蜗杆机构、凸轮机构、铰链四杆机构和正切机构串联组成的，实现零件的自动夹取与送料运动。

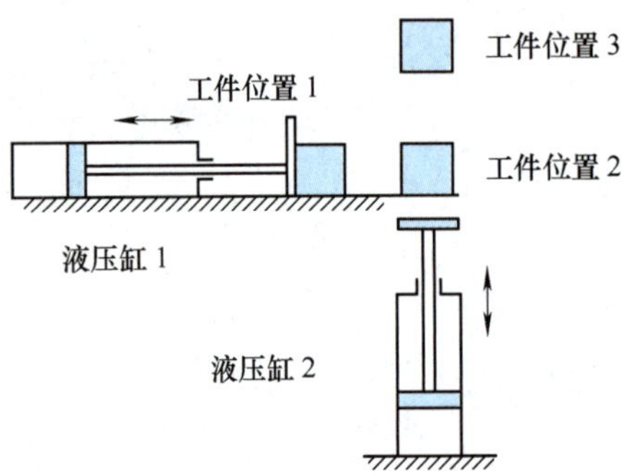

图 11-2 机构运动的协调

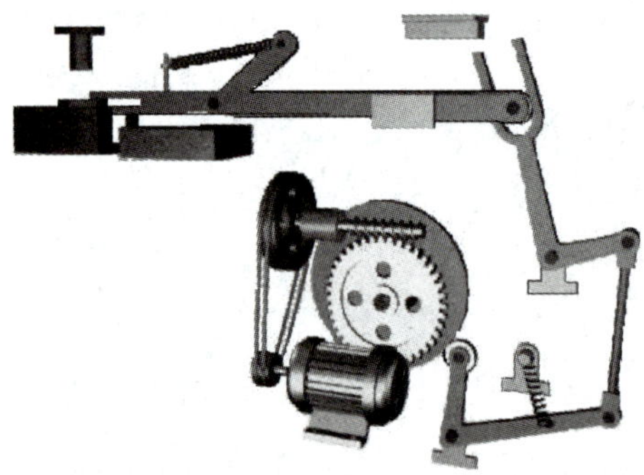
图 11-3 自动送料机构

工程中的各类机械运动系统大部分都是多个简单机构连接在一起，组成机构系统，实现各种各样的功能目标的。

第二节 机构系统的运动协调设计

机构系统的运动协调是指机构系统中的各个基本机构都按着既定的时序工作，互相配合，完成特定工作任务。

一、机构系统的运动协调

机构运动协调设计有两种途径，其一是通过对电动机或其他可控元件的时序控制，实现机械的运动协调设计，这类方法简单、实用，但可靠性差些；其二是通过机械手段实现机械的运动协调设计，这类方法同样简单、实用，但可靠性好些。本节主要介绍通过机械手段实现机械运动协调设计的方法。

图 11-4 所示压力机机构中，机构 *ABC* 为冲压机构，机构 *FGH* 为送料机构。要求在冲压

结束后，冲压头回升过程中开始送料，到冲压头下降过程的某一时刻完成送料并返回原位。冲压机构与送料机构的动作必须协调。冲压机构 *ABC* 的设计可按冲压要求设计，送料机构 *FGH* 不但要满足送料位移要求，其尺寸与位置必须满足运动协调的条件。设计时可通过连杆 *DE* 连接两个机构。其重点是选择两曲柄上 *D* 点与 *E* 点的位置，以及送料机构的基本尺寸。

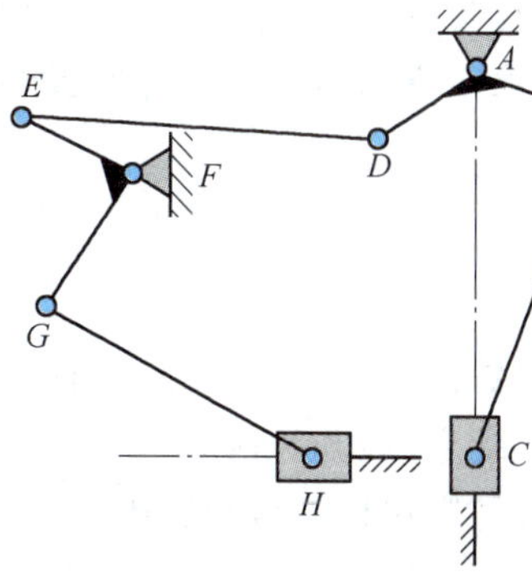

图 11-4　压力机机构

二、运动循环图的设计

表明机械在一个工作循环中各执行机构间运动配合关系的图形，称之为机械运动循环图。为了使各执行机构能按照工艺动作有序地互相配合，必须进行运动循环图的设计。

执行机构的运动循环图有多种表示方法，本书只介绍最简单实用的直角坐标表示法。图 11-5所示为压力机运动循环图，横坐标表示执行机构的运动周期，纵坐标表示执行机构的运动状态。每一个机构的运动状态均可在循环图上表示，通过合理设计可以实现它们之间的工作协调。

一般情况下，可选择主机构的动作流程作为基准，其他机构的动作流程与之协调。

图 11-5 所示冲压机构的运动循环图中，*AB* 为工作行程，*BC* 为回程，*GF* 为冲压阶段；送料机构的运动循环图中，*EC* 为开始送料阶段，*AD* 为退出送料阶段。在冲压阶段，送料机构在初始位置保持不动（即 *DE* 段），使其运动不发生干涉，必须满足 $T_5 > T_2$。设计时，要根据拟定的运动循环图设计送料机构的尺寸和位置。

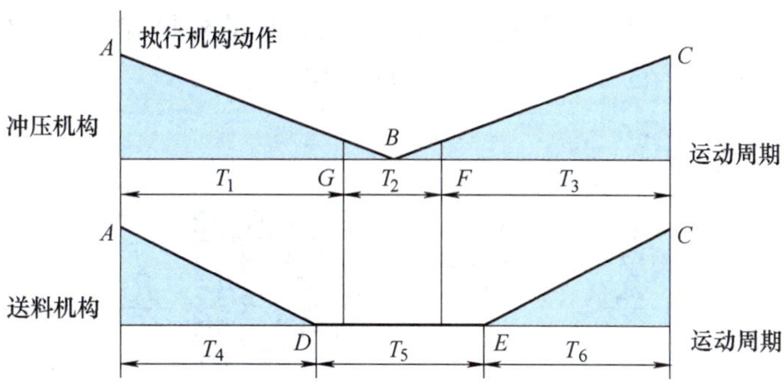

图 11-5　压力机运动循环图

运动循环图的设计结果不是唯一的，具有多值性。设计过程中，要使机构之间的运动协调实现最佳配合。

三、机构系统设计要点

机构系统的设计应注意以下问题：

1）按机械功能目标选择各简单机构。

2）拟定运动循环图。

3）进行各简单机构的尺度综合，确定各机构尺寸。

4）确定各机构的连接方法与连接件尺寸。

5）进行计算机仿真，检验运动协调的可靠性。

6）反复进行机构尺寸与位置的修订，直到满意为止，最后进行结构设计。

第三节　机构系统的组成方法

大多数机构系统中，都采用把各种基本机构连接在一起的方法，形成一个复杂的机构系统。完成既定的功能目标。

由各种简单机构组合成机构系统的方法很多，这里仅介绍几种常用方法：

1）连接基本杆组，形成复杂的机构系统。

2）简单机构串联，形成复杂的机构系统。

3）简单机构并联，形成复杂的机构系统。

4）简单机构叠加，形成复杂的机构系统。

5）简单机构封闭连接，形成复杂的机构系统

一、连接基本杆组

把基本杆组的外接副分别连接到原动件和机架上，可组成串联机构；把基本杆组的外接副全部连接到原动件上，可组成并联机构。在新机构的基础上，再连接基本杆组，可组成更复杂的机构系统。基本杆组类型很多，连接方法也多样化，连接杆组法是创新设计机构系统的重要方法之一。

如图 11-6a 所示，将Ⅱ级杆组 *BCD* 的外接副 *B*、*D* 连接到原动件 *AB* 和机架上，组成四杆机构 *ABCD*。再把Ⅱ级杆组 *EF* 中的外接副 *E*、*F* 连接到四杆机构 *ABCD* 的 *DC* 杆和机架上，组成了图 11-6a 所示的机构系统。以此类推，可设计出更复杂的机构系统。各连接点的位置可通过机构综合方法求取。如果把Ⅱ级杆组 *BCD* 中的外接副 *B*、*D* 连接到两个原动件上，就组成了图 11-6b 所示的 2 自由度五杆并联机构。

图 11-6　连接基本Ⅱ级杆组

如图 11-7a 所示，将Ⅲ级杆组 *ABC* 的外接副 *E* 连接到原动件 O_1E 上，然后将另外两个外接副 *D*、*F* 连接到机架上，组成Ⅲ级串联六杆机构。如果把Ⅲ级杆组中的外接副 *D*、*E*、*F* 连接到三个原动件上，组成图 11-7b 所示的 3 自由度八杆并联机构，三个原动件共同驱动一个动平台 *ABC* 运动。该并联机构在微型机械中有广泛应用。

二、机构串联组合

前一个单自由度机构的输出构件与后一个单自由度机构的输入构件刚性连接在一起，称之为串联组合。串联组合中的各机构可以是同类型机构，也可以是不同类型机构。

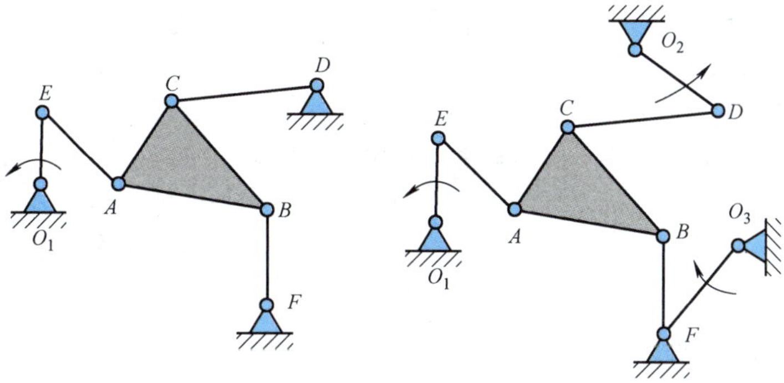

a)　　　b)

图 11-7　连接基本Ⅲ级杆组

如图 11-8a 所示齿轮机构的从动轮与连杆机构的主动曲柄刚性连接，形成了齿轮连杆机构的组合系统。该系统可降低连杆机构运转速度；如图 11-8b 所示平行四边形机构 *ABCD* 的连杆与齿轮机构的内齿轮刚性连接，形成了连杆机构和齿轮机构的组合系统。由于内齿轮 z_1 作平动。当满足$\overline{O_1O_2}=\overline{AB}=\overline{CD}$，且互相平行时，该系统的外齿轮 z_2 作大传动比减速输出。

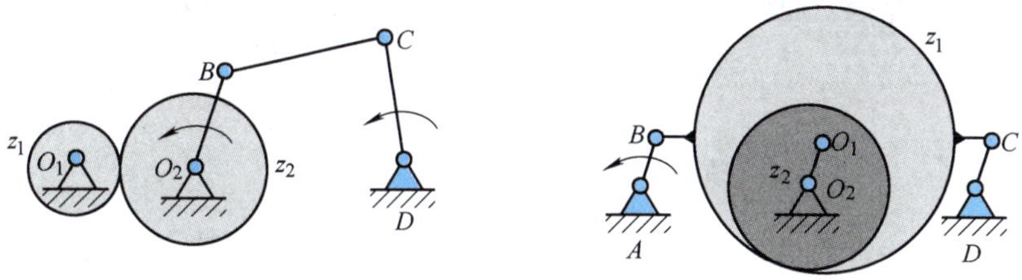

a)　　　b)

图 11-8　机构串联组合一

图 11-9a 中，摆动导杆机构的输出摆杆与曲柄滑块机构的曲柄连接，可得到滑块的特殊运动规律；图 11-9b 所示是齿轮机构与凸轮机构串联而成的机构系统，输出齿轮 2 与凸轮机构的凸轮刚性连接在一起。机构串联组合是设计新机构系统的重要途径，工程中的大部分机械都含有串联的机构系统。

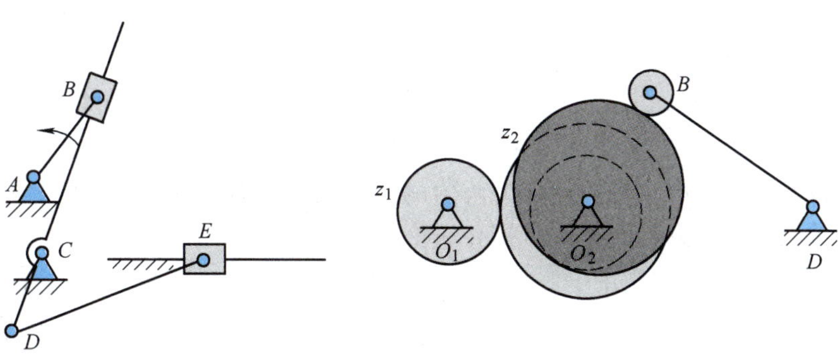

a)　　　b)

图 11-9　机构串联组合二

在串联机构组合中，由于可以使用各种不同的机构进行连接，因而可实现多种功能目标，其是重要的创新方法。

三、机构并联组合

机构并联组合方法有两种，其一是将一种运动分解为若干种运动或将若干种运动合成为一种运动；其二是将一种运动分解为若干种运动后再合成为一种运动。

机构并联组合也是最为常见的机构组合方法。如图 11-10a 所示为两个并联的摇杆机构共同驱动汽车翻斗的示意图；如图 11-10b 所示为将主轴运动分流到Ⅰ、Ⅱ、Ⅲ、Ⅳ、Ⅴ、Ⅵ轴的并联齿轮机构示意图。

a)

b)

图 11-10　机构并联组合一

图 11-11a 为轴向并联布置的内燃机机构简图。连杆机构的活塞为主动件，8 套呈 V 形布置的曲柄滑块机构共同驱动曲轴转动，实现了动力的合成。图 11-11b 为径向并联布置的内燃机机构简图。4 套曲柄滑块机构共同驱动曲轴转动，实现了动力的合成。

a)

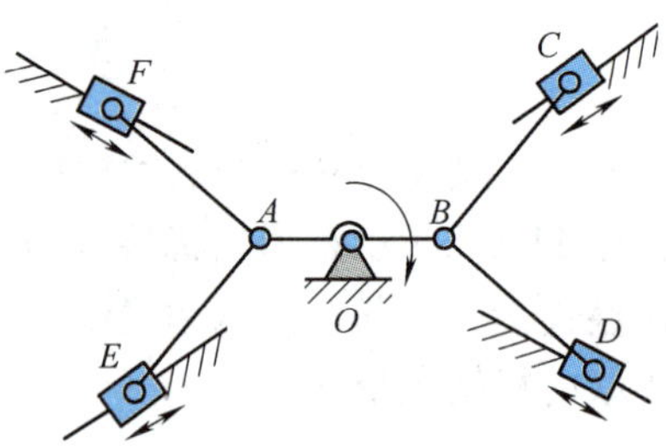

b)

图 11-11　机构并联组合二

图 11-12 所示的机构系统把电动机的运动分解为两路传动，然后再合成一个蜗杆运动，形成并联机构组合系统。这种并联组合系统可提高蜗轮的输出动力。

并联组合的各个支路中，经常应用串联机构系统。如图 11-12 所示，电动机左右两个齿轮机构系统均是串联机构系统。机构的串联组合和并联组合经常混用，在机构系统中很常见。

四、机构叠加组合

一个机构安置在另一个机构的运动构件之上，是叠加组合的基本途径。叠加组合也是设

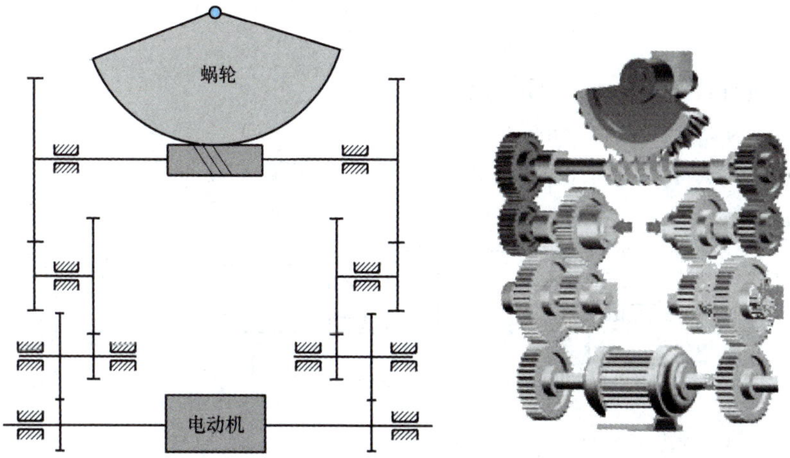

图 11-12　机构并联组合三

计机构系统的常用方法。如图 11-13a 所示的液压挖掘机中，转塔 1 上安装摆杆机构。通过液压缸 2、驱动杆 3，再驱动大臂 4 摆动。大臂 4 上又安装一套同类液压机构，通过液压缸 5、驱动杆 6 驱动小臂 7 摆动；小臂上还安装一套液压机构，通过铰链机构驱动铲斗工作。图 11-13b 所示的升降机构中，在一个平行四边形机构上叠加另外一个平行四边形机构，工作平台在升降过程中保持一个稳定姿态。

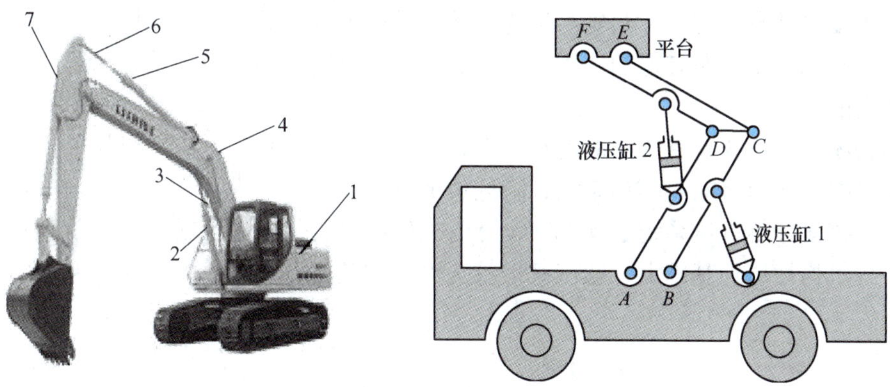

a)　　b)

图 11-13　机构叠加组合一

1—转塔　2、5—液压缸　3、6—驱动杆　4—大臂　7—小臂

叠加组合机构系统在工程机械及军事装备中有广泛应用。

图 11-14 是在行星轮系系杆上安装一个单头蜗杆机构，由蜗轮给行星轮提供输入运动，带动系杆缓慢转动。蜗杆驱动扇叶转动，又可驱动系杆作 360°的慢速转动，实现风扇的全方位运动。系杆转动速度可按轮系传动比计算

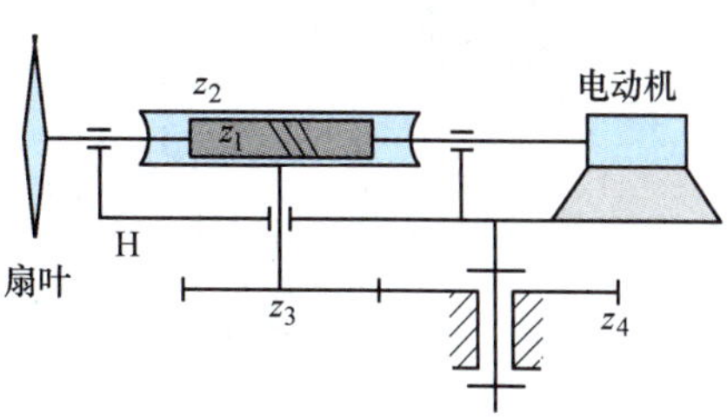

图 11-14　机构叠加组合二

$$n_H = \frac{z_3}{z_2 z_4} n_1$$

式中，n_1 为电动机转速；n_H 为系杆转速。

调整齿轮的齿数可调整系杆的转速。

图 11-15 为机械臂机构简图，该机械臂是一个串联型的叠加机构组合。

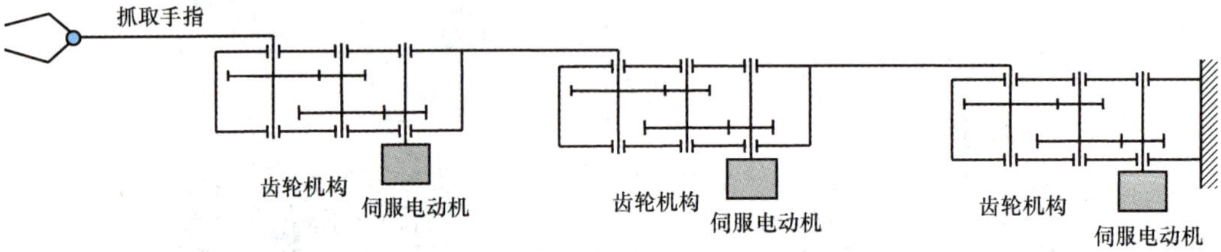

图 11-15　机构叠加组合三

机构叠加组合而成的机构系统具有很多优点，可实现复杂的运动要求，机构的传力功能较好，但设计构思难度较大。

五、机构封闭组合

2 自由度的机构，共有 2 个独立运动构件和 1 个输出构件。如果用一个单自由度的机构连接其中 2 个运动构件，就形成新的自由度为 1 的机构系统，称之为封闭连接机构系统。图 11-16所示机构中，蜗杆传动为一个 2 自由度的机构，即蜗杆绕轴线的转动和沿轴线的移动。单自由度的凸轮机构中，凸轮与蜗轮连接，推杆与蜗杆通过滑环连接，并可推动蜗杆沿轴线移动，起到调整蜗轮转速的作用。齿轮加工机床分度台的差动运动就是通过这种机构组合系统实现的。

机构封闭组合系统具有优良的运动特性，在行星传动中有广泛应用。如果设计不当，有时会产生机构系统内部的封闭功率流，降低机械效率。

机构系统设计是机械系统运动方案设计的主体内容，是机械创新设计的重要途径。只有在充分了解机构性能的基础上，运用机构系统设计的基本方法，才能设计出满足功能要求的机构系统。

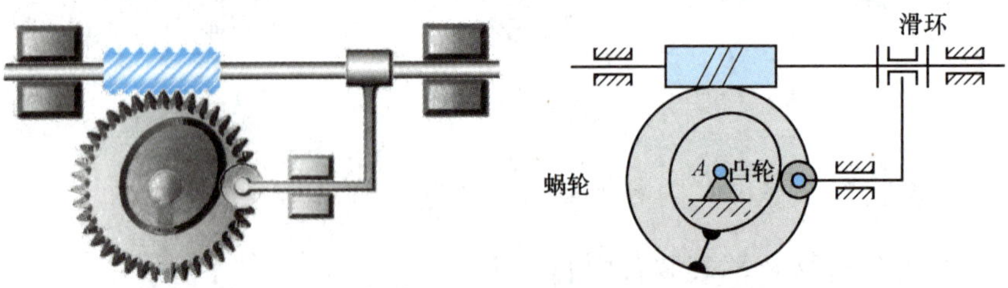

图 11-16　机构封闭组合

第四节　机械系统运动方案的设计

机械的种类虽然繁多，但对其进行分析后，它们大都由原动机、传动系统、工作执行系统和控制系统组成。也有一些机械没有传动系统，直接由原动机驱动工作机，如水力发电机组中，水轮机是原动机，直接驱动发电机，但此类机器种类较少。下面就构成机械的几个重要组成部分作简单介绍。

一、机械系统的组成部分简介

1. 原动机

原动机是把其他形式的能量转化为机械能的机器，为机器的运转提供动力。按原动机转换能量的方式可将其分为三大类。

（1）电动机　把电能转换为机械能的机器，常用的电动机有三相交流异步电动机、单相交流异步电动机、直流电动机、交流和直流伺服电动机以及步进电动机等。三相交流异步电动机和较大型直流电动机常用于工业生产领域，单相交流异步电动机常用于家用电器，交流和直流伺服电动机以及步进电动机常用于自动化程度较高的可控领域。电动机在固定设备中是应用最广泛的原动机。

（2）内燃机　把热能转换为机械能的机器，常用的内燃机主要有汽油机和柴油机，用于活动范围很大的各类移动式机械中。中小型车辆中常用汽油机作为原动机，大型车辆，如各类工程机械、内燃机车、装甲车辆、舰船等机械常用柴油机作为原动机。随着石油资源的消耗和空气污染的加剧，人们正在积极探索能代替石油产品的新型能源，如从水中分解出氢气做燃料的燃氢发动机已处于实验阶段。

（3）其他原动机　内燃机使用的汽油或柴油是由开采的石油冶炼出的二次能源，其缺点是受地球上的资源储存量的限制及价格较贵。

一次能源型原动机指直接利用地球上的能源转换为机械能的机器。常用的一次能源型原动机主要有水轮机、风力机、太阳能发电机等。因此开发利用水力、风力、太阳能、地热能、潮汐能等一次能源，是21世纪动力工程的一项艰巨任务。

在航天领域，经常使用一次性的原动机。如利用火药的爆炸力一次性做功，利用弹簧一次性做功等。

在进行原动机的选择时，本书主要涉及电动机，读者可结合具体工作需要和所学的相关知识选择适当的电动机。

2. 机械传动机构

传动机构的主要作用是进行速度变化，有时也能进行运动方向的变换。

最常见的传动机构系统有齿轮传动、带传动、链传动、螺旋传动等传动机构。

（1）齿轮传动的组合　圆柱齿轮之间的组合、圆柱齿轮与锥齿轮的组合、齿轮与蜗轮蜗杆传动的组合是常见的齿轮传动机构系统。

图11-17a所示齿轮机构为二级圆柱齿轮传动，图11-17b所示齿轮机构为一级锥齿轮传动和一级圆柱齿轮传动组成的齿轮传动系统。一般情况下，锥齿轮传动要放在高速级。图11-17c所示机构为圆柱齿轮组成的少齿差行星传动机构，该机构可获得较大的传动比。图11-17d所示机构为二级蜗杆减速器，传动比很大，但机械效率过低。图11-17e所示机构为齿轮机构与蜗杆机构的组合，蜗杆传动一般放在高速级。

齿轮传动系统主要有减速器和变速器，减速器的设计大都实现了标准化。有些产品中将电动机与减速器一体化，使用非常方便。

（2）带传动与齿轮传动的组合　当原动机与齿轮传动机构相距较远、或传动比较大、或有过载时需要靠机械手段保护原动机时，常采用带传动与齿轮传动的组合传动系统。这时

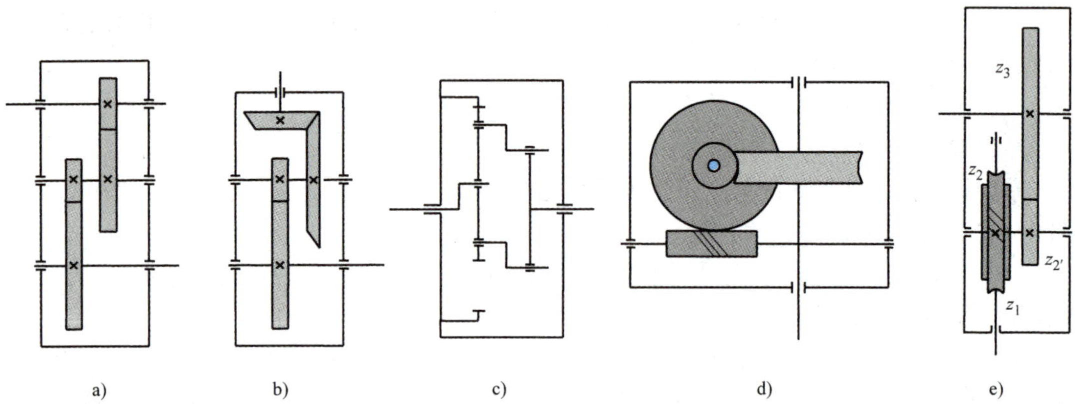

图 11-17　齿轮传动系统

常把带传动放在高速级。图 11-18 所示机构系统为带传动与圆柱齿轮传动的组合。带传动也可和其他齿轮机构组合。

（3）齿轮传动与螺旋传动的组合　螺旋传动机构是机械中常用的机构，特别是在驱动工作台移动时应用更多。由于工作台的移动速度不能过高，在螺旋机构前面一般放置齿轮减速机构。图 11-19 所示机构系统为齿轮传动与螺旋传动的组合。

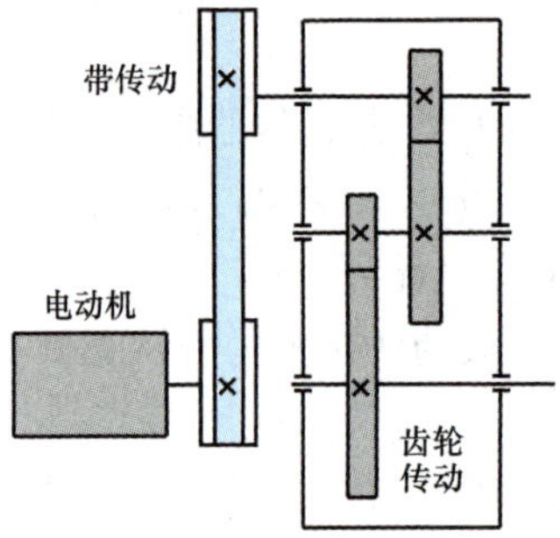

图 11-18　带传动与齿轮传动的组合

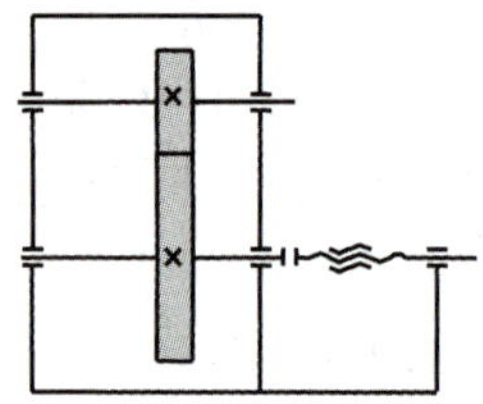

图 11-19　齿轮传动与螺旋传动的组合

齿轮机构也常和链传动组成传动系统。根据使用要求，链传动机构可以在高速级，也可以在低速级。

（4）齿轮机构与万向联轴器机构的组合　当两个齿轮机构相距很远，且不共轴线时，常采用齿轮机构和万向联轴器机构的组合，以实现特定的传动目的。如汽车变速器与后桥齿轮之间距离较大，而且变速器位置高于后桥齿轮轴线位置，可采用如图 11-20 所示的齿轮机构与万向联轴器机构的组合。

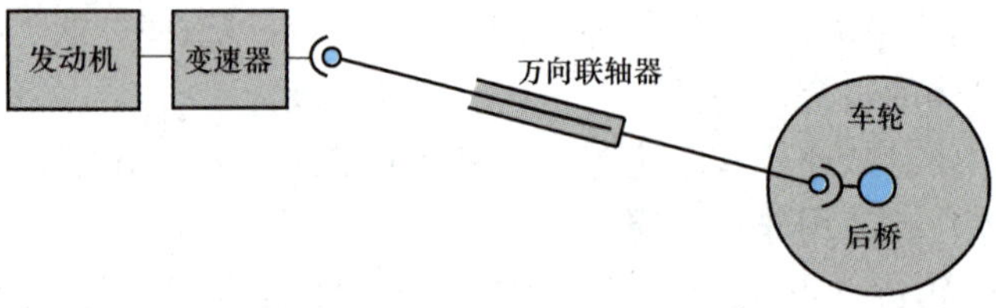

图 11-20　齿轮机构与万向联轴器机构的组合

图 11-20 中，发动机的输出轴与齿轮变速器的输入轴相连接，万向联轴器把变速器的输出轴与后桥（差速器）的输入轴连接起来，起到运动和动力的传递作用。

在进行机械传动系统设计时，要注意以下事项：

1）在满足传动要求的前提下，尽量使机构数目少，使传动链短。这样可提高机械效率，降低生产成本。

2）合理分配各级传动机构的传动比。传动比的分配原则是：带传动的传动比 $i \leqslant 3$；单级齿轮传动比 $i \leqslant 5$。

3）合理安排传动机构的次序。当总传动比 $i \geqslant 8$ 时，要考虑多级传动。如果采用带传动时，一般将带传动放置到高速级，如果采用不同类型的齿轮机构组合，锥齿轮传动或蜗杆传动一般在高速级。链传动一般不宜在高速级。

4）在满足要求的前提下，尽量采用平面传动机构。使制造、组装与维修更加方便。

5）在要求尺寸较小时，可采用行星轮系传动机构。

3. 工作执行机构

机器中的传动机构和工作执行机构统称为机械运动系统。以内燃机和电动机为原动机时，其转速较高，不能满足工作执行机构的低速、高速或变速要求，在原动机输出端往往要连接实现速度变换的传动机构。有时，传动机构的目的是改变运动方向或运动条件。如卧式机床的主轴箱，可以实现主轴正反转和多级速度变换。机械传动系统的机构形式比较简单，设计难度不是很大，而机器的工作执行机构系统则要复杂得多。不同机器的工作执行机构系统截然不同，但其传动形式却可相同。例如，一般汽车和汽车吊的传动形式一样，都是由连接内燃机的变速器、万向节和后桥组成。而汽车的工作执行系统由车轮、车厢等组成，汽车吊的工作执行系统由车轮及吊机组成。图11-21所示为汽车和汽车吊对比图。

a)　　　　b)

图 11-21　汽车和汽车吊对比图

工作执行机构的组成非常复杂，没有一定的规律，只能按具体待设计机构的功能要求设计。

不同的机械可能具有相近的传动系统，但其工作执行机构系统截然不同。所以工作执行机构多种多样，设计时必须从机器的功能出发去考虑工作执行机构系统的设计。不同机器的功能不同，工作执行机构不同。

各种连杆机构、齿轮机构、凸轮机构、间歇运动机构以及它们之间的组合，都可能成为工作执行机构。使用哪类机构及其组合作为工作执行机构，要按具体的设计要求而定。

实现相近动作的机构类型很多，将其有机组合可获得一系列的新机构。表 11-1 中简要列举了各种运动变换类型及其对应机构类型；表 11-2 中简要列举了各种功能要求与对应的机构类型。可供机构选型时参考。

表 11-1　运动变换类型及其对应机构类型

运动变换类型	机构类型
1. 转动变换为转动	齿轮机构、带传动机构、链传动机构、平行四边形机构、转动导杆机构、双转块机构等
2. 转动变换为往复摆动	曲柄摇杆机构、摆动导杆机构、摆动凸轮机构等
3. 转动变换为间歇转动	棘轮机构、槽轮机构、不完全齿轮机构、分度凸轮机构等
4. 转动变换为往复移动	齿轮齿条机构、曲柄滑块机构、正弦机构、凸轮机构、螺旋传动机构等
5. 转动变换为平面运动	平面连杆机构、行星轮系机构
6. 移动变换为连续转动	齿轮齿条机构（齿条主动）、曲柄滑块机构（滑块主动）、反凸轮机构
7. 移动变换为往复摆动	反凸轮机构、滑块机构（滑块主动）
8. 移动变换为移动	反凸轮机构、双滑块机构

表 11-2　各种功能要求与对应的机构类型

功能要求	机构类型
1. 轨迹要求	平面连杆机构、行星轮系机构
2. 自锁要求	蜗杆机构、螺旋机构
3. 微位移要求	差动螺旋机构
4. 运动放大要求	平面连杆机构
5. 力的放大要求	平面连杆机构
6. 运动合成或分解	差动轮系与 2 自由度的其他机构

一般情况下，完整的机械系统运动方案由传动系统和工作执行系统组成。传动系统的构思设计相对容易些。工作执行系统千变万化，其设计取决于机器的功能和动作要求，只有在了解表 11-1 和表 11-2 中列举的机构功能后，才能很好地进行构思设计。

由机械传动系统和工作执行系统组成的机械系统运动方案的设计是机械设计的核心内容。

4. 机械的控制系统

机械设备中的控制系统所应用的控制方法主要有机械控制、电气控制和自动控制。控制系统在机械中的作用越来越突出，传统的手工操作正在被自动化的控制手段所代替，而且向智能化方向发展。

电气控制系统体积小，操作方便，无污染，安全可靠，可进行远距离控制。通过不同的传感器可把位移、速度、加速度、温度、压力、色彩、气味等物理量的变化转变为电量的变化，然后由控制系统的微型计算机进行处理。

主要控制对象如下：

（1）对原动机进行控制　电动机结构简单、维修方便、价格低廉，是应用最为广泛的原动机。对交流电动机的控制主要是开、关、停与正反转的控制，对直流电动机与步进电动机的控制主要是开、关、停、正反转及其速度的控制。

（2）对电磁铁的控制　电磁铁是重要的开关元件，接触器、继电器、各类电磁阀、电磁开关都是按电磁转换的原理实现接通与断开动作的，从而控制机械中执行机构的各种不同动作。

现代控制系统的设计不仅需要微机技术、接口技术、模拟电路、数字电路、传感器技术、软件设计、电力拖动等方面的知识，还需要一定的生产工艺知识。

一般说来，可把控制对象分为两类。

第一类是以物体位移、速度、加速度、温度、压力等数量的大小为控制对象，并按表示数量信号的种类分为模拟控制与数字控制。把位移、速度、加速度、温度、压力的大小转换为对应的电压或电流信号，称之为模拟量。对模拟信号进行处理，称为模拟控制。模拟控制精度不高，但控制电路简单，使用方便。把位移、速度、加速度、温度、压力的大小转换为对应的数字信号，称之为数字量。对数字信号进行处理，称为数字控制。

第二类是以物体的有、无、动、停等逻辑状态为控制对象，称为逻辑控制。逻辑控制可用二进制“0”“1”的逻辑控制信号来表示。

以数量的大小、精度的高低为对象的控制系统中，经常检测输出的结果与输入指令的误差，并对误差随时进行修正，这种控制方式称为闭环控制。把输出的结果返回输入端与输入指令比较的控制方式，称为反馈控制。与此不同，输出的结果不返回输入端的控制方式，称为开环控制。

由于现代机械在向高速、高精度方向发展，闭环控制的应用越来越广泛。如机械手、机器人运动的点、位控制，都必须按反馈信号及时修正其动作，以完成精密的工作要求。在反馈控制过程中，通过对其输出信号的反馈，及时捕捉各参数的相互关系，进行高速、高精度的控制。在此基础上，发展和完善了现代控制理论。

综上所述，现代机械的控制系统集计算机、传感器、接口电路、电器元件、电子元件、光电元件、电磁元件等硬件环境及软件环境为一体，且在向自动化、精密化、高速化、智能化的方向发展，其安全性、可靠性的程度不断提高。在机电一体化设备中，机械的控制系统将起更加重要的作用。

二、机械系统运动方案的设计与评估

机械系统运动方案的设计是机械设计过程中的重要环节，方案的优劣直接影响机械产品的品质与成本，影响产品在市场竞争中的地位。

1. 机械系统运动方案设计的内容

机械系统运动方案的设计内容主要有以下几个方面：

1）根据机器的功能目标确定机器的工作原理。

2）选择原动机类型与传动机构类型。

3）按机器的工作原理确定机器的基本动作，选择执行机构。

4）进行机械运动方案的总体设计。

5）对机械运动方案进行评估，选择最优方案。

6）进行尺度综合，设计机构系统的机构运动简图。

机械系统运动方案具有多解性，如何从众多的设计方案中求得最优解，是一个较为复杂的问题。在对运动方案进行评价时，应从动作的合理性、实用性、平稳性及工作的可靠性、产品的经济性、绿色环保等多方面加以考虑。其评价方法也很多，如关联矩阵法、模糊评价法、评分法等。本书仅作简单介绍。

2. 机械系统运动方案的评价指标

机械系统运动方案的评价指标体系主要有：

1）功能指标。主要指实现预期设计目标的优劣程度，与同类产品相比的新颖性与创新性等指标。

2）技术指标。主要指产品的运动特性（位移、速度、加速度）、运动精度、力学特性（支承反力、惯性力）、强度、刚度、可靠性、寿命等指标。

3）经济指标。主要指材料、制造与维修、能耗大小等指标。

4）绿色指标。主要指产品在制造、使用、维护等过程中污染以及报废产品的可回收性等指标。

在方案的评价过程中，上述指标还要细化。

3. 机械系统运动方案的评价方法

机械系统运动方案评价的具体指标有很多，侧重面也有所不同，本书以最常用的评价项目作为具体评价指标。

（1）机械系统运动方案评价的具体指标

1）完成实现功能目标情况。指完成机械功能的好坏。

2）工作原理的先进程度。指体现在机械的运动学与动力学性能、机械效率、精度、创造性等指标，先进的机械工作原理能给机械带来许多优点。

3）工作效率的高低。指生产率、运转时间等影响工作效率的因素。

4）运转精度的高低。指传动机构和工作执行机构的精度指标。

5）方案的复杂程度。指机构简单、容易制造，机构数量少，传动链短等因素。

6）方案的实用性。指制造、维修容易，设计方案容易转换为产品，并能产生经济效益。

7）方案的可靠性。指构件和机构系统的失效率低，整机的可靠性高。

8）方案的新颖性。指方案的创造性。

9）方案的经济性。指设计成本、制造成本、运行成本及其维修保养成本等。

10）方案的绿色性。指涉及资源与环境保护方面的因素。

（2）机械系统运动方案的评价方法　目前流行的评价方法有：关联矩阵法、模糊评价法和评分法。其中评分法最为简单，评分法又分为加法评分法、连乘评分法和加乘评分法。这里介绍最简单的加法评分法。

加法评分法中，把上述具体评价指标列表，每项指标按优劣程度设置了用分数表达的评价尺度，各项指标的分值相加，总分数高者表示方案好。加法评分法可用表 11-3 表示。

表 11-3　机械运动方案加法评分法

序号	评价项目	评价等级	评价分数
1	完成实现功能目标情况	优	10
		良	8
		中	4
		差	3
2	工作原理的先进程度	优	10
		良	8
		中	4
		差	0

（续）

序号	评 价 项 目	评 价 等 级	评价分数
3	工作效率的高低	优	10
		良	8
		中	4
		差	0
4	运转精度的高低	优	10
		良	8
		中	4
		差	0
5	方案的复杂程度	简单	10
		较复杂	5
		复杂	0
6	方案的实用性	实用	10
		一般	5
		不实用	0
7	方案的可靠性	优	10
		良	8
		中	4
		差	0
8	方案的新颖性	优	10
		良	8
		中	4
		差	0
9	方案的经济性	优	10
		良	8
		中	4
		差	0
10	方案的绿色性	优	10
		良	5
		中	0
11	累计评价分数		

根据表 11-3，可对机械运动方案进行打分，分数高者为优秀方案。

当各方案的分数比较接近时，不要简单按分数高低进行评价。可用其他方法再重新进行评价。总之，不要轻易肯定，也不要轻易否定。

本章总结

1. 机构系统有三类，分别是由单一机构组成的最简单的机构系统；由多个各自独立工作的机构组成的机构系统；由多个机构通过某种方式连接而成的机构系统。
2. 由单一机构组成的最简单的机构系统设计时，要注意运动副和构件的形状、尺寸变异设计。
3. 由多个各自独立工作的机构组成的机械系统设计时，要注意进行各机构的运动协调设计。
4. 由多个机构连接组成的机械系统设计时，要根据工作需要选择连接方法。
5. 机构的连接方法主要有串联组合、并联组合、叠加组合和封闭组合。
6. 机构的串联组合是指前一个机构的输出构件与后一个机构的输入构件刚性连接在一起。
7. 机构的并联组合是指多个机构共用一个输入构件，有各自的输出运动，或者共用一个输出构件，有各自的输入运动，也可能是单一运动先分解成多路运动，最后再合成一个输出运动。机构并联的本质是运动的合成与分解问题。
8. 机构的叠加组合是指一个机构安装在另一个可动构件上的连接方式。
9. 机构的封闭组合是指一个 2 自由度机构的两个运动（两个输入运动或两个输出运动或一个输入运动和一个输出运动）被一个单自由度机构连接起来，最后形成一个单自由度的机构的连接。
10. 机械系统运动方案设计的内容包括机构选型、机构的连接组合及总体性能评估等。

习　题

1. 理解

1-1　通过连接基本杆组、机构的串联组合、并联组合、叠加组合和封闭组合，可设计出一系列的复杂机构系统。

1-2　机械运动循环图是表明机械一个工作循环中各执行机构的协调工作的图形，运动循环图的设计结果具有多值性。

1-3　前一个单自由度机构的输出构件与后一个单自由度机构的输入构件刚性连接在一起，称之为串联组合。

1-4　两个单自由度的机构连接在一起，共有一个输出运动或共有一个输入运动，这种连接方法称为机构的并联组合。

1-5　一个机构安置在另一个机构的运动构件之上，是叠加组合的基本途径。

1-6　一个 2 自由度的机构中的两个独立运动被另一个单自由度的机构连接起来，形成了封闭组合。

1-7　机构系统按其组成情况，可分为三类。其一是仅包含简单的基本机构；其二是包含多个各自独立工作的简单的基本机构；其三是包含多个基本机构，各基本机构通过某种方式连接在一起，形成一个复杂的机构系统。

1-8　进行机构系统设计时，首先要拟定机构系统运动方案，机构系统运动方案设计包括哪些具体内容？

2. 分析与设计

2-1　如习题图 11-1 所示机构，构件 1 为原动件，分析该机构是如何组成的。

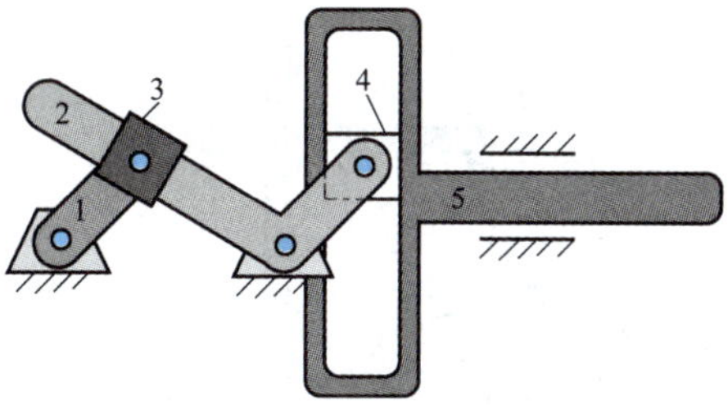

习题图 11-1 机构组成一

2-2 如习题图 11-2 所示机构，构件 *A* 为原动件，分析该机构是如何组成的。

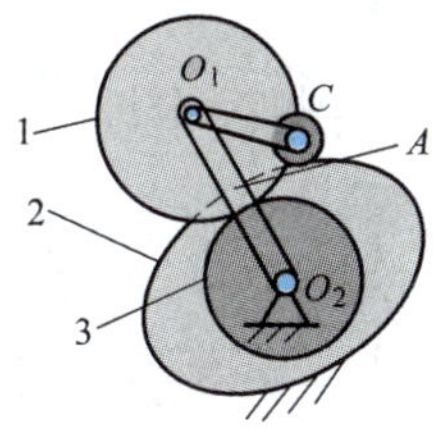

习题图 11-2 机构组成二

2-3 如习题图 11-3 所示机构，构件 1 为原动件，分析该机构是如何组成的。

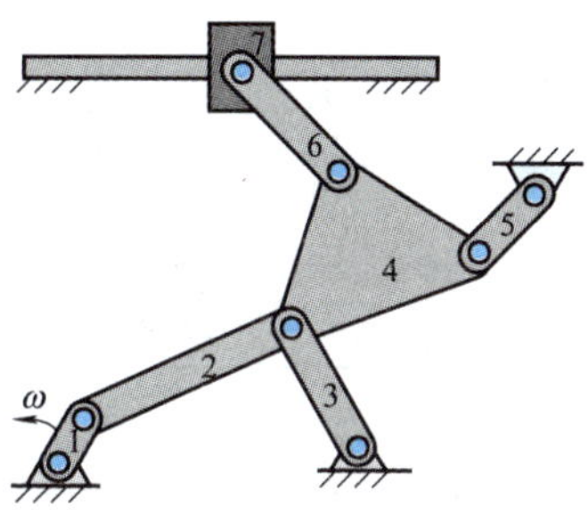

习题图 11-3 机构组成三

2-4 如习题图 11-4 所示机构，构件 1 为原动件，分析该机构是如何组成的。

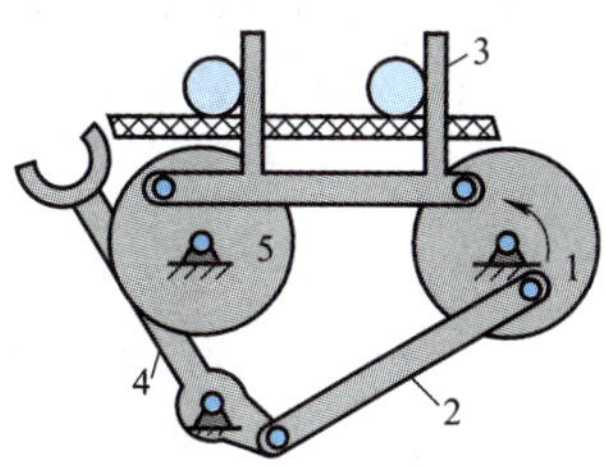

习题图 11-4 机构组成四

2-5 试设计一台自动绞肉机，要求送料机构与绞肉机构满足运动协调关系，画出其机构运动简图。

3. 自测题

3-1 复杂机构系统的组成方法有__________，__________，__________，__________。

3-2 机构系统可分为三大类，分别为__________，__________，__________。

3-3 如习题图 11-5 所示机构系统，凸轮 1 为原动件，分析机构的组成，并说明滑块 4 可实现哪种运动？

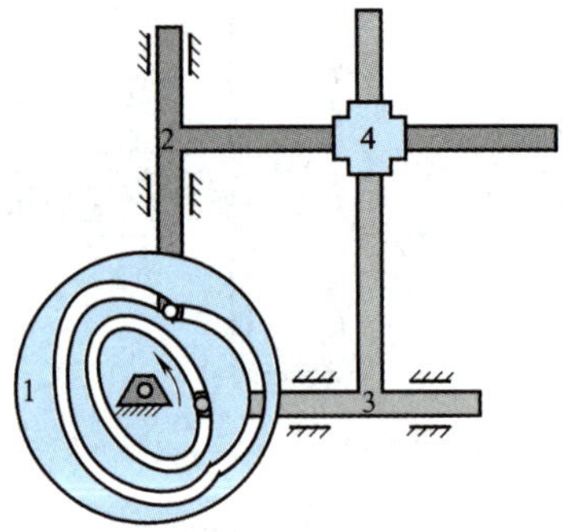

习题图 11-5　机构组成五

3-4　如习题图 11-6 所示机构，构件 1 为原动件，分析该机构系统是如何组成的。

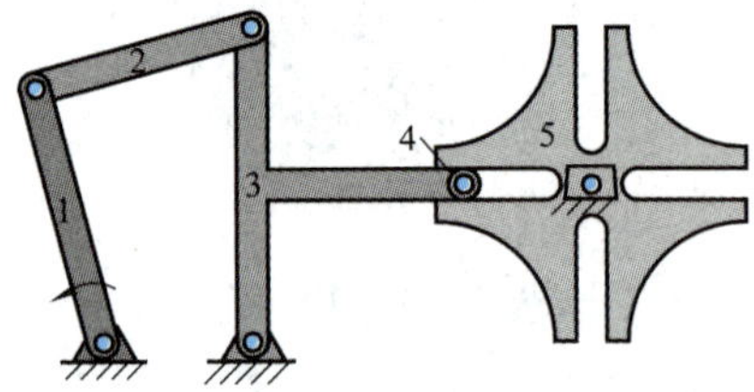

习题图 11-6　机构组成六

3-5　请运用机构组合设计方法进行机构系统的设计，使其能够实现如习题图 11-7 所示的运动轨迹，其中 $R=5\text{mm}$，$l=30\text{mm}$。

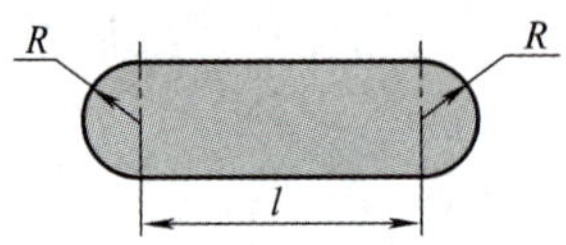

习题图 11-7　机构的运动轨迹

第十二章 机械系统的运转及速度波动的调节

分析作用在机械上的力及其对机械运转的影响，研究机械运转的方法，分析机械运转过程中速度波动的原因，学习利用加装飞轮的方法减少机械运转过程中的速度波动。

第一节 机械运转过程分析

机械的运转过程与作用在机械上的力、构件的质量和转动惯量有关。

一、作用在机械上的力

作用在机械上的力主要有工作阻力、驱动力、构件所受的重力以及构件运动产生的惯性力。因为作用在机械上的重力和惯性力在机械运转的一个周期内做功为零，所以这里不予讨论。

1. 工作阻力

工作阻力是机械正常工作时必须克服的外载荷。不同的机械，其工作阻力的性质不相同。

1）工作阻力是常量，即 $F_r = C$。如起重机、轧钢机等机械的工作阻力均为常量。

2）工作阻力随位移而变化，即 $F_r = f(s)$。如内燃机活塞的工作阻力随位移而变化。

3）工作阻力随速度而变化，即 $F_r = f(\omega)$。如鼓风机、离心泵等机械的工作阻力均随叶片的转速而变化。

4）工作阻力随时间而变化，即 $F_r = f(t)$。如球磨机、揉面机等机械的工作阻力均随时间的增加而变化。

工作阻力的特性要根据具体的机械来确定。

2. 驱动力

原动机不同，驱动力的特性不相同，常用机械特性曲线表示驱动力与其转速之间的关系。工程中常用内燃机、电动机作原动机，它们的驱动力特性不同。

图 12-1a 为内燃机的机械特性曲线，图 12-1b 为三相交流异步电动机的机械特性曲线。

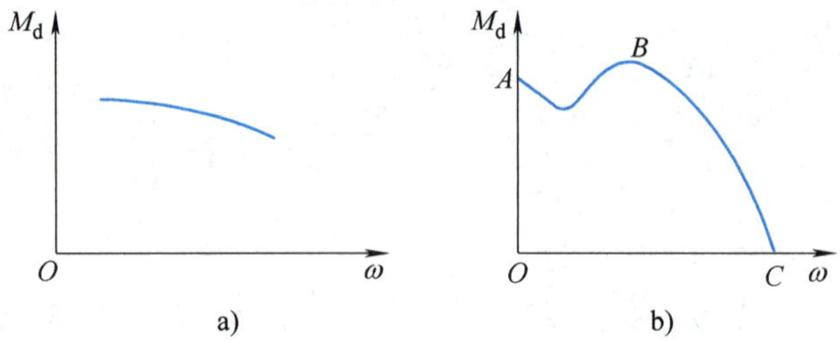

图 12-1　原动机的机械特性曲线

许多机械在工作过程中要求满足高转速、小转矩，低转速、大转矩的工作要求。图 12-1a 所示的内燃机的机械特性曲线中，在功率保持一定的条件下，当工作负荷增加而导致机械转速降低时，其驱动力矩不能相应大幅增加，不能自动平衡外载荷的变化，故内燃机无自调性。图 12-1b 所示的三相交流异步电动机的机械特性曲线中，*BC* 段曲线具有自调性，满足速度降低，力矩增大的条件。所以三相交流异步电动机工作阶段必须在 *BC* 段。

二、机械的运转过程分析

机械的运转过程一般都要经历起动、稳定运转和停车三个阶段。其中稳定运转阶段是机械的工作阶段，是机械工作性能优劣的具体表现阶段，也是本章的研究重点。

1. 机械的起动阶段

机械由零转速逐渐上升到正常工作转速的过程称为机械的起动阶段，该阶段中驱动力所做的功 W_d 大于阻力所做的功 W_r，两者之差为机械起动阶段的动能增量 ΔE。即

$$W_d = W_r + \Delta E$$

为减少机械起动的时间，一般在空载下起动，即 $W_r = 0$。驱动力做功全部转换为起动阶段的动能增量，则有

$$W_d = \Delta E$$

2. 机械的稳定运转阶段

当驱动力所做的功 W_d 和阻力所做的功 W_r 相平衡时，动能增量 ΔE 为零。其平均运转角速度保持不变，称之为等速稳定运转阶段，也是机械的工作阶段。图 12-2a所示的曲柄压力机在冲压过程中，阻力急剧增加，导致机械主轴的角速度迅速下降。在冲压完毕的返回行程中，阻力减少，机械主轴的角速度又恢复到原来的数值。周而复始，其瞬时角速度作周期性的波动，但其平均值 ω_m 保持不变。这种类型的机械稳定运转称为周期性变速稳定运转。内燃机、曲柄压力机、刨床等许多机械，在稳定运转过程中，其角速度作周期性的波动，但角速度的平均值为常量。

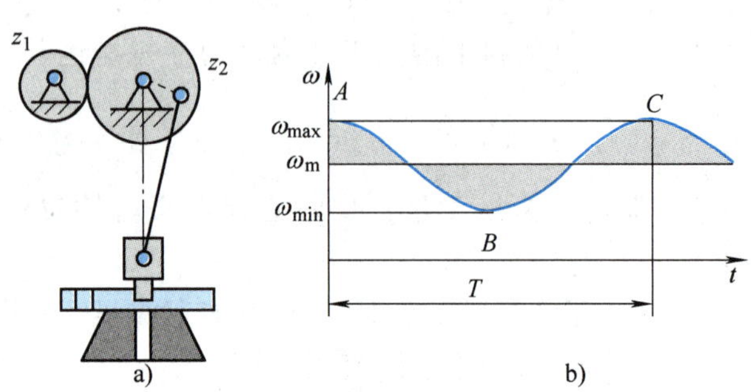

图 12-2　曲柄压力机

在周期性变速稳定运转过程中，某一时刻驱动力所做的功不等于阻力所做的功。如图 12-2b中的 AB 工作段，角速度呈下降趋势，驱动力所做的功小于阻力所做的功，即 $W_d < W_r$。在 BC 工作段，驱动力所做的功大于阻力所做的功，即 $W_d > W_r$，角速度上升。由于在一个运转周期的始末两点的角速度相等，即 $\omega_A = \omega_C$，说明在一个运转周期的始末两点的机械动能相等，或者说在一个运转周期内驱动力所做的功 W_{dp} 等于阻力所做的功 W_{rp}，即

$$W_{dp} = W_{rp}$$

尽管周期性变速稳定运转过程中的平均角速度 ω_m 为常量，但过大的速度波动会影响机械的工作性能。因此，必须把周期性变速稳定运转过程中的速度波动调节到许用范围之内。

角速度 ω_m 的平均值可近似为

$$\omega_m = \frac{1}{2}(\omega_{max} + \omega_{min}) \tag{12-1}$$

角速度的差值（$\omega_{max} - \omega_{min}$）可反映机械运转过程中速度波动的绝对量，但不能反映机械运转的不均匀程度。如速度波动的绝对量相等，均为 10r/min，一个机器的平均转速为 100r/min，另一个机器的平均转速为 1000r/min。很明显，平均速度小者的速度波动要大，其运转不均匀程度要严重。因此，工程上用速度波动的绝对量与平均角速度的比值来表示机械运转的不均匀程度，用 δ 表示，并称之为机械运转的不均匀系数，即

$$\delta = \frac{\omega_{max} - \omega_{min}}{\omega_m} \tag{12-2}$$

由式（12-1）、式（12-2）可得

$$\omega_{max} = \omega_m\left(1 + \frac{\delta}{2}\right),\ \omega_{min} = \omega_m\left(1 - \frac{\delta}{2}\right)$$

$$\omega_{max}^2 - \omega_{min}^2 = 2\delta\omega_m^2 \tag{12-3}$$

当 ω_m 一定时，机器的运转不均匀系数 δ 越小，ω_{max} 与 ω_{min} 的差值就越小，表明机器运转就越平稳。机器的运转不均匀系数的大小反映了机器运转过程中的速度波动的大小，部分机械的许用运转不均匀系数 [δ] 见表 12-1。

表 12-1　部分机械的许用运转不均匀系数 [δ]

机器名称	许用运转不均匀系数 [δ]	机器名称	许用运转不均匀系数 [δ]
石料破碎机	$\frac{1}{20} \sim \frac{1}{5}$	造纸机、织布机	$\frac{1}{50} \sim \frac{1}{40}$
农业机械	$\frac{1}{50} \sim \frac{1}{5}$	压缩机	$\frac{1}{100} \sim \frac{1}{50}$
压力机、剪床、锻床	$\frac{1}{10} \sim \frac{1}{7}$	纺纱机	$\frac{1}{100} \sim \frac{1}{60}$
轧钢机	$\frac{1}{25} \sim \frac{1}{10}$	内燃机	$\frac{1}{150} \sim \frac{1}{80}$
金属切削机床	$\frac{1}{50} \sim \frac{1}{20}$	直流发电机	$\frac{1}{200} \sim \frac{1}{100}$
汽车、拖拉机	$\frac{1}{60} \sim \frac{1}{20}$	交流发电机	$\frac{1}{300} \sim \frac{1}{200}$
水泵、鼓风机	$\frac{1}{50} \sim \frac{1}{30}$	汽轮发电机	$\leqslant \frac{1}{200}$

3. 机械的停车阶段

停车阶段是指机械由稳定运转的工作转速下降到零转速的过程。要停止机械运转必须首先撤销机械的驱动力，即 $W_d=0$。这时阻抗力所做的功用于克服机械在稳定运转过程中积累的惯性动能 ΔE，即

$$W_r=\Delta E$$

由于停车阶段一般要撤去阻抗力，仅靠摩擦力做功去克服惯性动能导致停车时间过长。为了缩短停车时间，一般要在机械中安装制动器，加速消耗机械的惯性动能，减少停车时间。如图 12-3 所示，无制动器的停车时间在 C 点，加制动器的停车时间在 B 点。很明显，加装制动器缩短了停车时间。

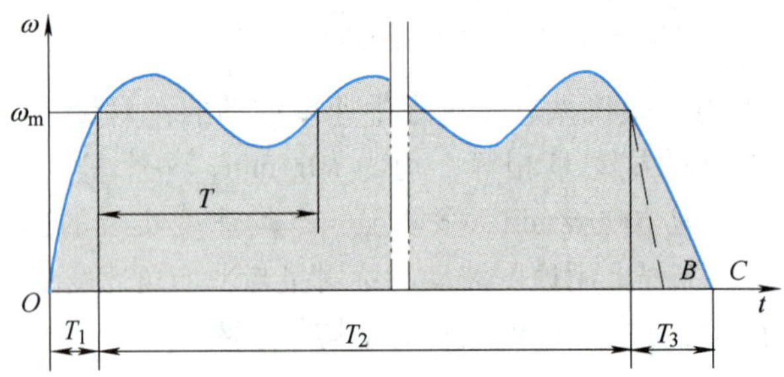

图 12-3　机械的运转过程

第二节　机械系统的等效动力学模型

一、研究机械运转的方法

机械的运转与作用在机械上的力及各力做功情况密切相关。例如，研究图 12-4 所示的曲柄压力机的运转情况时，以滑块为分离体，可以建立两个平衡方程，以连杆为分离体，可以建立三个平衡方程，再以曲柄为分离体，可以建立三个平衡方程，共计八个平衡方程。而未知数有七个约束反力 F_{ij}（A、B、C 铰链处的约束反力和机架给滑块的约束反力）和作用在曲柄上的平衡力矩 M_1，共计八个未知数。当求解出作用在曲柄上的平衡力矩 M_1 以后，再根据功率 $P=M_1\omega_1$，可求解曲柄的角速度 ω_1。每求解一个位置的角速度都要求解八个方程，十分繁锁，因此需要研究解决机械运转的有效方法。

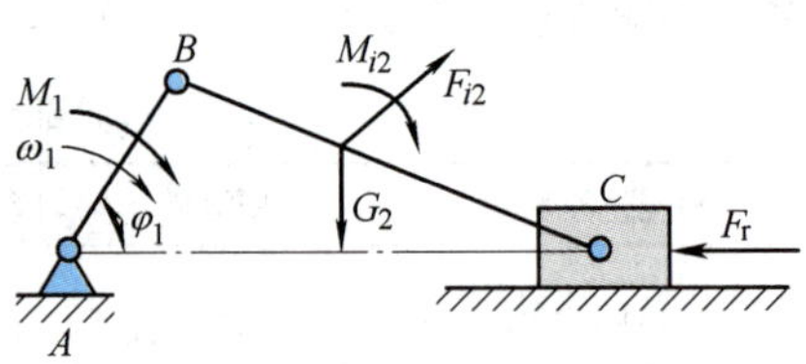

图 12-4　曲柄压力机的受力分析

对于单自由度的机械系统，给定一个构件的运动后，其余各构件的运动也随之确定，因此可以用机械中的一个构件的运动代替整个机械系统的运动。把这个能代替整个机械系统运动的构件称为等效构件。为使等效构件的运动和机械系统的真实运动一致，等效构件具有的动能应和整个机械系统的动能相等。也就是说，作用在等效构件上的外力所做的功应和整个机械系统中各外力所做的功相等。另外，等效构件上的外力在单位时间内所做的功也应等于整个机械系统中各外力在单位时间内所做的功，即等效构件上的瞬时功率等于整个机械系统中的瞬时功率。这样就把研究复杂的机械系统的运转问题简化为研究一个简单的等效构件的

运转问题。

二、等效构件

为使问题简化，常取机械系统中作简单运动的构件为等效构件，即取作定轴转动的构件或作往复移动的构件为等效构件。

对等效构件进行分析时，常用到下面的几个名词术语：

1）等效转动惯量。等效构件绕其质心轴的转动惯量，称为等效转动惯量，用 J_e 表示。

2）等效质量。等效构件的质量，称为等效质量，用 m_e 表示。

3）等效力矩。作用在等效构件上的力矩，称为等效力矩。它等于等效构件上的驱动力矩和阻抗力矩之和，用 M_e 表示。

4）等效力。作用在等效构件上的力，称为等效力。它等于等效构件上的驱动力和阻抗力之和，用 F_e 表示。

当选择定轴转动的构件为等效构件时，常用到等效转动惯量和等效力矩。当选择往复移动的构件为等效构件时，常用到等效质量和等效力。等效构件的示意图如图 12-5 所示。

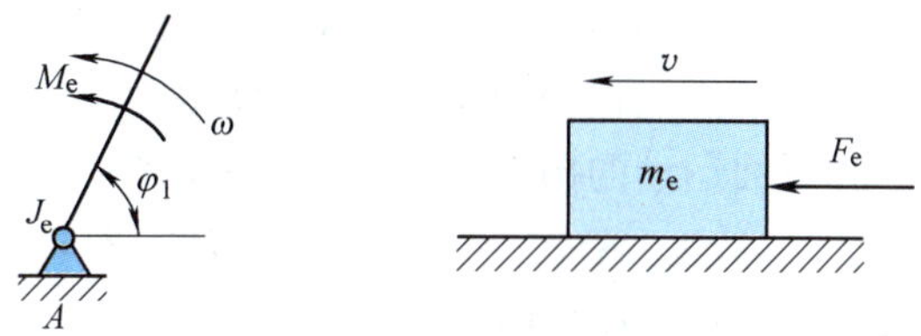

图 12-5　等效构件

为建立等效构件的动力学方程，必须求解出等效构件的转动惯量或等效构件的质量、作用在等效构件上的力或力矩。

三、等效参量的计算

为简化起见，这里把等效转动惯量、等效质量、等效力矩和等效力统称为等效参量。

等效构件的转动惯量或等效质量可根据等效构件的动能与机械系统动能相等的条件来求解。等效力矩或等效力可根据等效构件的瞬时功率与机械系统的瞬时功率相等来求解。

1. 定轴转动的等效构件

如果等效构件以角速度 ω 作定轴转动，其动能为

$$E=\frac{1}{2}J_e\omega^2$$

组成机械系统的各构件或作定轴转动，或作往复直线移动，或作平面运动，各类不同运动形式的构件的动能如下：

作定轴转动构件的动能为　　$E_i=\frac{1}{2}J_{si}\omega_i^2$

作往复直线移动构件的动能为　　$E_i=\frac{1}{2}m_i v_{si}^2$

作平面运动的构件，其运动可看作绕质心的转动和移动的合成，其动能为

$$E_i=\frac{1}{2}J_{si}\omega_i^2+\frac{1}{2}m_i v_{si}^2$$

整个机械系统的动能为

$$E=\sum_{i=1}^{n}\frac{1}{2}J_{si}\omega_i^2+\sum_{i=1}^{n}\frac{1}{2}m_i v_{si}^2$$

式中，ω_i 为第 i 个构件的角速度；m_i 为第 i 个构件的质量；J_{si} 为第 i 个构件绕其质心轴的转动惯量；v_{si} 为第 i 个构件质心处的速度。

由于等效构件的动能与机械系统的动能相等，则有

$$\frac{1}{2}J_e\omega^2=\sum_{i=1}^{n}\frac{1}{2}J_{si}\omega_i^2+\sum_{i=1}^{n}\frac{1}{2}m_iv_{si}^2$$

方程两边同除以 $\omega^2/2$，可求解等效转动惯量为

$$J_e=\sum_{i=1}^{n}J_{si}\left(\frac{\omega_i}{\omega}\right)^2+\sum_{i=1}^{n}m_i\left(\frac{v_{si}}{\omega}\right)^2 \tag{12-4}$$

由等效构件的瞬时功率与机械系统的瞬时功率相等，可求解等效力矩。

作定轴转动的等效构件的瞬时功率为

$$P=M_e\omega$$

机械系统中的各类不同运动形式构件的瞬时功率分别为

作定轴转动构件的瞬时功率为 $P_i'=M_i\omega_i$

作往复直线移动构件的瞬时功率为 $P_i''=F_iv_{si}\cos\alpha_i$

作平面运动的构件，其运动可看作绕质心的转动和移动的合成，其瞬时功率为

$$P_i'''=P_i'+P_i''=M_i\omega_i+F_iv_{si}\cos\alpha_i$$

整个机械系统的瞬时功率为

$$P=\sum_{i=1}^{n}M_i\omega_i+\sum_{i=1}^{n}F_iv_{si}\cos\alpha_i$$

由于等效构件的瞬时功率与机械系统的瞬时功率相等，即

$$M_e\omega=\sum_{i=1}^{n}M_i\omega_i+\sum_{i=1}^{n}F_iv_{si}\cos\alpha_i$$

方程两边同除以 ω，可求解等效力矩为

$$M_e=\sum_{i=1}^{n}M_i\left(\frac{\omega_i}{\omega}\right)+\sum_{i=1}^{n}F_i\left(\frac{v_{si}}{\omega}\right)\cos\alpha_i \tag{12-5}$$

式中，M_i 为第 i 个构件上的力矩；F_i 为第 i 个构件上的力；α_i 为第 i 个构件质心处的速度 v_{si} 与作用力 F_i 之间的夹角。

2. 直线移动的等效构件

如果等效构件为移动件，其动能为

$$E=\frac{1}{2}m_ev^2$$

由于等效构件的动能与机械系统的动能相等，则有

$$\frac{1}{2}m_ev^2=\sum_{i=1}^{n}\frac{1}{2}J_{si}\omega_i^2+\sum_{i=1}^{n}\frac{1}{2}m_iv_{si}^2$$

方程两边同除以 $v^2/2$，可求解等效质量为

$$m_e=\sum_{i=1}^{n}J_{si}\left(\frac{\omega_i}{v}\right)^2+\sum_{i=1}^{n}m_i\left(\frac{v_{si}}{v}\right)^2 \tag{12-6}$$

同理，由于等效构件的瞬时功率与机械系统的瞬时功率相等，可求解等效力。

等效构件作往复移动，其瞬时功率为

$$P=F_ev$$

等效构件的瞬时功率与机械系统的瞬时功率相等，即

$$F_e v = \sum_{i=1}^{n} M_i \omega_i + \sum_{i=1}^{n} F_i v_{si} \cos\alpha_i$$

方程两边同除以 v，可求解等效力为

$$F_e = \sum_{i=1}^{n} M_i \left(\frac{\omega_i}{v}\right) + \sum_{i=1}^{n} F_i \left(\frac{v_{si}}{v}\right) \cos\alpha_i \tag{12-7}$$

由以上计算可知，等效转动惯量、等效质量、等效力矩、等效力的数值均与构件的速度比值有关，而构件的速度又与机构位置有关，故等效转动惯量、等效质量、等效力矩、等效力均为机构位置的函数。

这里的等效力矩是指作用在等效构件上的等效驱动力矩 M_{ed} 和等效阻抗力矩 M_{er} 之和；等效力是指作用在等效构件上的等效驱动力 F_{ed} 与等效阻抗力 F_{er} 的和。即

$$M_e = M_{ed} - M_{er}, \ F_e = F_{ed} - F_{er}$$

工程上有时需要仅求解某一个力的等效力或等效力矩。求解驱动力的等效驱动力时，可按驱动力的瞬时功率等于等效驱动力的瞬时功率来求解。求解驱动力矩的等效驱动力矩时，可按驱动力矩的瞬时功率等于等效驱动力矩的瞬时功率来求解。求解阻力的等效阻力时，可按阻力的瞬时功率等于等效阻力的瞬时功率来求解。求解阻力矩的等效阻力矩时，可按阻力矩的瞬时功率等于等效阻力矩的瞬时功率来求解。

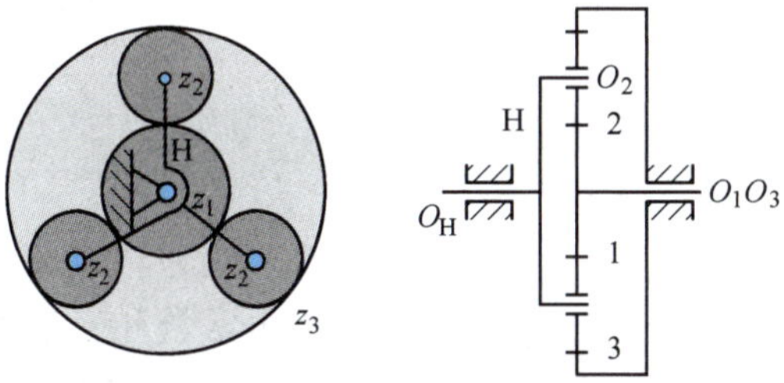

图 12-6　行星轮系

四、实例与分析

例 12-1　如图 12-6 所示的轮系中，已知各齿轮的齿数分别为 z_1、z_2、z_3，各齿轮与系杆 H 的质心与其回转中心重合，绕质心的转动惯量分别为 J_1、J_2、J_3、J_H。有三个行星轮，每个行星轮的质量均为 m_2。若设等效构件设置在齿轮 1 处，求其等效转动惯量 J_e。

解　等效构件在齿轮 1 处，其动能为

$$E = \frac{1}{2} J_e \omega_1^2$$

机构系统的动能为

$$E = \frac{1}{2} J_1 \omega_1^2 + 3\left(\frac{1}{2} J_2 \omega_2^2 + \frac{1}{2} m_2 v_{s2}^2\right) + \frac{1}{2} J_H \omega_H^2$$

由于两者动能相等，两边同除以 $\frac{1}{2}\omega_1^2$ 并整理，得

$$J_e = J_1 + 3\left[J_2\left(\frac{\omega_2}{\omega_1}\right)^2 + m_2\left(\frac{v_{s2}}{\omega_1}\right)^2\right] + J_H\left(\frac{\omega_H}{\omega_1}\right)^2$$

$$J_e = J_1 + 3\left[J_2\left(\frac{\omega_2}{\omega_1}\right)^2 + m_2\left(\frac{\omega_H r_H}{\omega_1}\right)^2\right] + J_H\left(\frac{\omega_H}{\omega_1}\right)^2$$

由轮系传动比，得

$$\frac{\omega_2}{\omega_1}=\frac{z_2-z_3}{z_1+z_3}\frac{z_1}{z_2},\ \frac{\omega_H}{\omega_1}=\frac{z_1}{z_1+z_3}$$

整理，得

$$J_e=J_1+3J_2\left[\frac{z_1(z_2-z_3)}{z_2(z_1+z_3)}\right]^2+(3m_2r_H^2+J_H)\left(\frac{z_1}{z_1+z_3}\right)^2$$

由例 12-1 可知：传动比为常量的机械系统，其等效转动惯量也为常量。

例 12-2 如图 12-7 所示正弦机构中，已知曲柄长为 l_1，绕 A 轴的转动惯量为 J_1，构件 2，3 的质量为 m_2，m_3，作用在构件 3 上的阻力为 F_3。若等效构件设置在构件 1 处，求其等效转动惯量 J_e，并求出阻力 F_3 的等效阻力矩 M_{er}。

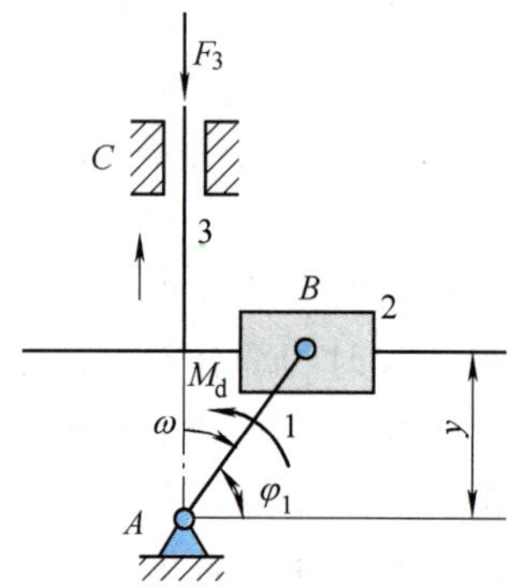

图 12-7 正弦机构

解 根据动能相等的条件，有

$$\frac{1}{2}J_e\omega_1^2=\frac{1}{2}J_1\omega_1^2+\frac{1}{2}m_2v_B^2+\frac{1}{2}m_3v_C^2$$

$$J_e=J_1+m_2\left(\frac{v_B}{\omega_1}\right)^2+m_3\left(\frac{v_C}{\omega_1}\right)^2$$

由运动分析可知

$$v_B=\omega_1l_1,\ v_C=y'=(l_1\sin\varphi_1)'=l_1\omega_1\cos\varphi_1$$

将其代入上述方程中可解出

$$J_e=J_1+m_2l_1^2+m_3l_1^2\cos^2\varphi_1=J_C+J_v$$

式中，$J_C=J_1+m_2l_1^2$，$J_v=m_3l_1^2\cos^2\varphi_1$。

例 12-2 说明机械系统含有连杆机构时，其等效转动惯量由常量和变量两部分组成。由于工程中的连杆机构常安装在低速级，等效转动惯量中的变量部分有时可以忽略不计。

由于阻力的瞬时功率等于等效阻力的瞬时功率，可有

$$M_{er}\omega_1=F_3v_C\cos180^\circ$$

$$M_{er}=-\frac{F_3l_1\omega_1}{\omega_1}\cos\varphi_1=-F_3l_1\cos\varphi_1$$

第三节 机械系统的运动方程及其求解

引入等效构件概念后，就可以把研究机械系统的运动规律问题简化为研究等效构件的运动规律问题。只要建立等效构件的运动方程，就可以确定机械系统的运动规律。

一、等效构件的运动方程

在研究等效构件的运动方程时，为简化书写格式，在不引起混淆的情况下，略去表示等效概念的下角标 e。根据动能定理，在 $\mathrm{d}t$ 时间内，等效构件上的动能增量 $\mathrm{d}E$ 应等于该瞬时等效力或等效力矩所做的元功 $\mathrm{d}W$。

$$\mathrm{d}E=\mathrm{d}W$$

如等效构件作定轴转动，则有

$$\mathrm{d}\left(\frac{1}{2}J\omega^2\right)=M\mathrm{d}\varphi \tag{12-8}$$

如等效构件作往复移动，则有

$$d\left(\frac{1}{2}mv^2\right)=F\mathrm{d}s \tag{12-9}$$

由式（12-8）可有

$$\frac{d\left(\frac{1}{2}J\omega^2\right)}{d\varphi}=M \tag{12-10}$$

实际上等效转动惯量、等效力、等效力矩及角速度均是机构位置的函数，即 $J=J(\varphi)$，$F=F(\varphi)$，$M=M(\varphi)$，$\omega=\omega(\varphi)$。

整理式（12-10），得

$$J\frac{\omega\mathrm{d}\omega}{\mathrm{d}\varphi}+\frac{\omega^2}{2}\frac{\mathrm{d}J}{\mathrm{d}\varphi}=M=M_\mathrm{d}-M_\mathrm{r} \tag{12-11}$$

由于

$$\frac{\mathrm{d}\omega}{\mathrm{d}\varphi}=\frac{\mathrm{d}\omega}{\mathrm{d}t}\frac{\mathrm{d}t}{\mathrm{d}\varphi}=\frac{\mathrm{d}\omega}{\mathrm{d}t}\frac{1}{\omega}$$

将其代入式（12-11），得

$$J\frac{\mathrm{d}\omega}{\mathrm{d}t}+\frac{\omega^2}{2}\frac{\mathrm{d}J}{\mathrm{d}\varphi}=M=M_\mathrm{d}-M_\mathrm{r} \tag{12-12}$$

式（12-12）称为等效构件作定轴转动的微分方程。

等效构件作往复移动时的微分方程推导如下。

整理式（12-9），得

$$m\frac{v\mathrm{d}v}{\mathrm{d}s}+\frac{v^2}{2}\frac{\mathrm{d}m}{\mathrm{d}s}=F=F_\mathrm{d}-F_\mathrm{r} \tag{12-13}$$

将$\frac{\mathrm{d}v}{\mathrm{d}s}=\frac{\mathrm{d}v}{\mathrm{d}t}\frac{\mathrm{d}t}{\mathrm{d}s}=\frac{\mathrm{d}v}{\mathrm{d}t}\frac{1}{v}$代入式（12-13），得

$$m\frac{\mathrm{d}v}{\mathrm{d}t}+\frac{v^2}{2}\frac{\mathrm{d}m}{\mathrm{d}s}=F=F_\mathrm{d}-F_\mathrm{r} \tag{12-14}$$

式（12-14）称为等效构件作往复移动的微分方程。

如果对式（12-8）两边积分，并取边界条件为 $t=t_0$，$\varphi=\varphi_0$，$\omega=\omega_0$，$J=J_0$，得

$$\frac{1}{2}J\omega^2-\frac{1}{2}J_0\omega_0^2=\int_{\varphi_0}^{\varphi}M\mathrm{d}\varphi=\int_{\varphi_0}^{\varphi}(M_\mathrm{d}-M_\mathrm{r})\mathrm{d}\varphi \tag{12-15}$$

式中，ω_0、ω 为等效构件在初始位置和任意位置的角速度；φ_0、φ 为等效构件在初始位置和任意位置的角位移；J_0、J 为等效构件在初始位置和任意位置的等效转动惯量。

式（12-15）称为等效构件作定轴转动的积分方程。

如果对式（12-9）两边积分，并取边界条件为 $t=t_0$，$s=s_0$，$v=v_0$，$m=m_0$，得

$$\frac{1}{2}mv^2-\frac{1}{2}m_0v_0^2=\int_{s_0}^{s}F\mathrm{d}s=\int_{s_0}^{s}(F_\mathrm{d}-F_\mathrm{r})\mathrm{d}s \tag{12-16}$$

式中，v_0、v 为等效构件在初始位置和任意位置的线速度；s_0、s 为等效构件在初始位置和任意位置的位移；m_0、m 为等效构件在初始位置和任意位置的等效质量。

式（12-16）称为等效构件作往复移动的积分方程。

在描述等效构件的运动时，有微分方程和积分方程两种形式，具体应用时要看使用哪个方程更加方便。

二、运动方程的求解

不同机械的驱动力和工作阻力特性不同，它们可能是时间的函数、也可能是机构位置或速度的函数，等效转动惯量可能是常数，也可能是机构位置的函数，等效力或等效力矩可能是机构位置的函数，也可能是速度的函数。因此，运动方程的求解方法也不尽相同。

工程上常选作定轴转动的构件为等效构件，故下面主要讨论等效构件作定轴转动的简单情况。

1. 等效转动惯量与等效力矩均为常数时运动方程求解

等效转动惯量与等效力矩均为常数是定传动比机械系统中的常见问题。在这种情况下运转的机械大都属于等速稳定运转，使用力矩方程求解该类问题要方便些。

由于 $J=$ 常数，$M=$ 常数，式（12-12）可改写为

$$J\frac{\mathrm{d}\omega}{\mathrm{d}t}=M,\ \frac{\mathrm{d}\omega}{\mathrm{d}t}=\frac{M}{J}=\alpha$$

$\mathrm{d}\omega=\alpha\mathrm{d}t$，两边积分后

$$\int_{\omega_0}^{\omega}\mathrm{d}\omega=\int_{t_0}^{t}\alpha\mathrm{d}t$$

$$\omega=\omega_0+\alpha(t-t_0)$$

$$\varphi=\varphi_0+\omega_0(t-t_0)+\frac{\alpha}{2}(t-t_0)^2$$

例 12-3 如图 12-8 所示的机械系统中，已知电动机 A 的转速为 1440r/min，减速器的传动比 $i=2.5$，选 B 轴为等效构件，等效转动惯量 $J_e=0.5\mathrm{kg\cdot m^2}$。要求 B 轴制动后 3s 停车，求解等效制动力矩。

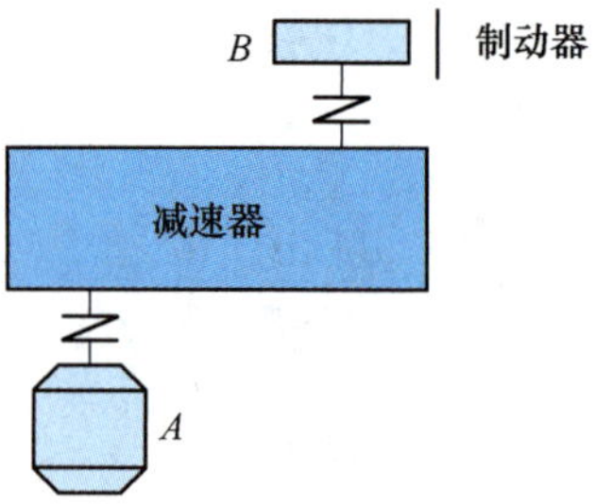

图 12-8 简单的机械系统

解 $\omega_B=\dfrac{1440}{2.5}\times\dfrac{2\pi}{60}\mathrm{rad/s}=60.32\mathrm{rad/s}$

由 $\omega=\omega_0+\alpha(t-t_0)$，$\omega_0=\omega_B$，$\omega=0$，$t=3$，$t_0=0$，得

$$\alpha=\frac{\omega-\omega_0}{t-t_0}=\frac{0-60.32}{3}\mathrm{rad/s^2}=-20.1\mathrm{rad/s^2}$$

制动时要取消驱动力矩和工作阻力，$M=M_d-M_r=-M_r$，此处 M_r 为制动力矩。

由 $\dfrac{\mathrm{d}\omega}{\mathrm{d}t}=\dfrac{M}{J}=\alpha$ 可知

$$M_r=-\alpha J=-20.1\times0.5\mathrm{N\cdot m}=-10.05\mathrm{N\cdot m}$$

2. 等效转动惯量与等效力矩均为等效构件位置函数时运动方程求解

当 $J=J(\varphi)$，$M=M(\varphi)$ 可用解析式表示时，用积分方程求解方便些。

由

$$\frac{1}{2}J\omega^2-\frac{1}{2}J_0\omega_0^2=\int_{\varphi_0}^{\varphi}M\mathrm{d}\varphi$$

可解出

$$\omega=\sqrt{\frac{J_0}{J}\omega_0^2+\frac{2}{J}\int_{\varphi_0}^{\varphi}M\mathrm{d}\varphi}$$

当等效转动惯量与等效力矩不能写成解析式时，可用数值解法求解。

第四节　周期性速度波动及其调节

周期性变速稳定运转过程中，在一个运转周期内，等效驱动力矩所做的功等于等效阻力矩所做的功。但在运转周期内的任一时刻，等效驱动力矩所做的功不等于等效阻力矩所做的功，从而导致了机械运转过程中的速度波动。

一、周期性变速稳定运转过程中的功能关系

图 12-9 所示为等效驱动力矩和等效阻力矩的变化线图。等效驱动力矩和等效阻力矩均为机构位置的函数。$M_d = M_d(\varphi)$，$M_r = M_r(\varphi)$。φ_a、φ_e 为运转周期的开始位置和终止位置，运转周期为 2π。

为方便起见，一般取等效驱动力矩和等效阻力矩的交点处作为时间间隔或角位置间隔。

$\varphi_a - \varphi_b$ 区间，$M_d > M_r$，动能增量 $\Delta E_1 > 0$，机械动能增加，角速度上升。

$\varphi_b - \varphi_c$ 区间，$M_d < M_r$，动能增量 $\Delta E_2 < 0$，机械动能减少，角速度下降。

$\varphi_c - \varphi_d$ 区间，$M_d > M_r$，动能增量 $\Delta E_3 > 0$，机械动能增加，角速度上升。

$\varphi_d - \varphi_e$ 区间，$M_d < M_r$，动能增量 $\Delta E_4 < 0$，机械动能减少，角速度下降。

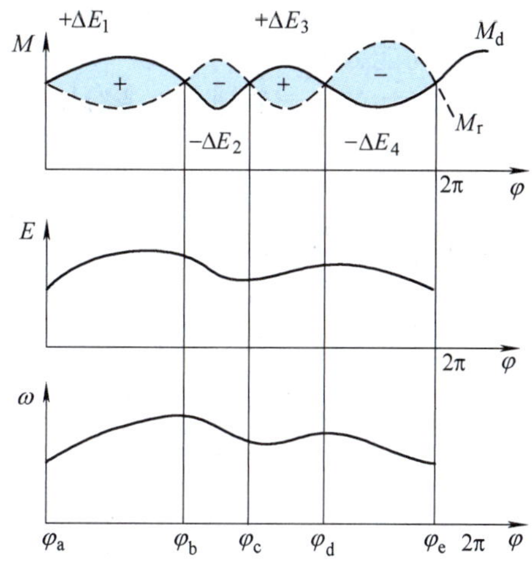

图 12-9　等效力矩变化图

在一个运转周期内，等效驱动力矩所做的功 W_{dp} 等于等效阻力矩所做的功 W_{rp}。

$$W_{dp} = \int_{\varphi_a}^{\varphi_e} M_d(\varphi)\,d\varphi,\ W_{rp} = \int_{\varphi_a}^{\varphi_e} M_r(\varphi)\,d\varphi$$

$$\int_{\varphi_a}^{\varphi_e} M_d(\varphi)\,d\varphi - \int_{\varphi_a}^{\varphi_e} M_r(\varphi)\,d\varphi = \int_{\varphi_a}^{\varphi_e} (M_d(\varphi) - M_r(\varphi))\,d\varphi = 0 \tag{12-17}$$

式中，W_{dp} 为曲线 $M_d(\varphi)$ 所包围的面积；W_{rp} 为曲线 $M_r(\varphi)$ 所包围的面积。

由式（12-17）可知

$$\sum_{i=1}^{n} \Delta E_i = 0$$

设机械系统在稳定运转周期开始位置的动能为 E_a，则图 12-9 所示各位置的动能为

$$E_b = E_a + \Delta E_1$$

$$E_c = E_b - \Delta E_2 = E_a + \Delta E_1 - \Delta E_2$$

$$E_d = E_c + \Delta E_3 = E_a + \Delta E_1 - \Delta E_2 + \Delta E_3$$

$$E_e = E_d - \Delta E_4 = E_a + \Delta E_1 - \Delta E_2 + \Delta E_3 - \Delta E_4$$

计算出一系列的动能后，可从中选出动能的最大值与最小值。

当等效转动惯量为常值，机械动能处于最大值 E_{max} 时，其角速度 ω 也达到最大值 ω_{max}。机械动能处于最小值 E_{min} 时，其角速度 ω 也下降到最小值 ω_{min}。所以，可通过控制机械的最大动能 E_{max} 与最小动能 E_{min} 来限制角速度 ω 的波动。

二、周期性变速稳定运转的速度波动的调节

周期性变速稳定运转的速度波动可通过在机械中安装具有较大转动惯量的飞轮来进行调节。当速度升高时，飞轮的惯性阻止其速度增加，飞轮储存能量，限制了 ω_{max} 的升高。当速度降低时，飞轮的惯性又阻止其速度减少，飞轮释放能量，限制了 ω_{min} 的降低，从而实现了调节速度波动的目的。

在机械系统的等效构件上安装飞轮后，机械系统的总动能 E 为飞轮动能 E_f 和机械系统中各构件的动能 E_e 之和。即

$$E = E_f + E_e$$

飞轮动能为

$$E_f = E - E_e$$

飞轮动能的最大值和最小值分别为

$$E_{fmax} = (E - E_e)_{max} \tag{12-18}$$

$$E_{fmin} = (E - E_e)_{min} \tag{12-19}$$

若飞轮的转动惯量为 J_f，则其动能的最大值与最小值为

$$E_{fmax} = \frac{1}{2}J_f\omega_{max}^2,\ E_{fmin} = \frac{1}{2}J_f\omega_{min}^2$$

$$E_{fmax} - E_{fmin} = (E - E_e)_{max} - (E - E_e)_{min}$$

$$E_{fmax} - E_{fmin} = \frac{1}{2}J_f\omega_{max}^2 - \frac{1}{2}J_f\omega_{min}^2 = \frac{1}{2}J_f(\omega_{max}^2 - \omega_{min}^2) = J_f\delta\omega_m^2$$

$$J_f = \frac{(E - E_e)_{max} - (E - E_e)_{min}}{\delta\omega_m^2} \tag{12-20}$$

因等效构件动能与飞轮动能相差较大，简单计算时可以忽略等效构件的动能，$E_e = 0$，则上式简化为

$$J_f = \frac{E_{max} - E_{min}}{\delta\omega_m^2} \tag{12-21}$$

式（12-21）为计算飞轮转动惯量的简便公式。

机械中各构件动能或者说等效构件的动能为

$$E_e = \frac{1}{2}J_e\omega^2 = \frac{1}{2}(J_C + J_v)\omega^2$$

当忽略等效转动惯量中的变量部分时，$J_v = 0$，有

$$E_e = \frac{1}{2}J_C\omega^2$$

代入式（12-20），得

$$J_f = \frac{\left(E - \frac{1}{2}J_C\omega^2\right)_{max} - \left(E - \frac{1}{2}J_C\omega^2\right)_{min}}{\delta\omega_m^2} \tag{12-22}$$

由于认为 ω_{max} 近似地发生在 E_{max} 处，ω_{min} 近似地发生在 E_{min} 处，而机械总动能又远远大于等效构件的动能，则有

$$\left(E - \frac{1}{2}J_C\omega^2\right)_{max} = E_{max} - \frac{1}{2}J_C\omega_{max}^2$$

$$\left(E - \frac{1}{2}J_C\omega^2\right)_{min} = E_{min} - \frac{1}{2}J_C\omega_{min}^2$$

将其代入式（12-22）中并整理，得

$$J_{\mathrm{f}}=\frac{E_{\max}-\frac{1}{2}J_{\mathrm{C}}\omega_{\max}^{2}-E_{\min}+\frac{1}{2}J_{\mathrm{C}}\omega_{\min}^{2}}{\delta\omega_{\mathrm{m}}^{2}}=\frac{E_{\max}-E_{\min}}{\delta\omega_{\mathrm{m}}^{2}}-\frac{\frac{1}{2}J_{\mathrm{C}}(\omega_{\max}^{2}-\omega_{\min}^{2})}{\delta\omega_{\mathrm{m}}^{2}}$$

$$J_{\mathrm{f}}=\frac{E_{\max}-E_{\min}}{\delta\omega_{\mathrm{m}}^{2}}-J_{\mathrm{C}} \tag{12-23}$$

式（12-23）为计算飞轮转动惯量的近似公式。

上述方法是按飞轮安装在等效构件上计算的。如果飞轮没有安装在等效构件上，仍按安装在等效构件上计算，然后再把计算结果转换到安装飞轮的构件上。

无论飞轮安装在哪个构件上，所提供的调速动能是一样的。以等效构件上固定点为原点，建立直角坐标系，设飞轮安装在 x 轴上，转动惯量为 J_x，则飞轮提供的动能为

$$E_{\mathrm{f}}=\frac{1}{2}J_x\omega_x^2$$

式中，ω_x 为 x 轴的角速度。

由于安装在 x 轴上的飞轮的动能与安装在等效构件上的动能相等，则有

$$\frac{1}{2}J_x\omega_x^2=\frac{1}{2}J_{\mathrm{f}}\omega^2,\ J_x=J_{\mathrm{f}}\left(\frac{\omega}{\omega_x}\right)^2$$

由于飞轮的转动惯量是常量，ω/ω_x 也必须是常量，这就是说，安装飞轮的轴与等效构件的轴之间的传动链必须是定传动比的机构。从减小飞轮的尺寸角度出发，将飞轮安装在高速轴上是有利的。

三、飞轮尺寸的设计

求出飞轮的转动惯量后，进而可设计飞轮的尺寸。工程中常把飞轮做成圆盘状或腹板状。图 12-10a 所示为直径为 d、宽度为 b、质量为 m 的圆盘状飞轮，图 12-10b 所示为腹板状飞轮。

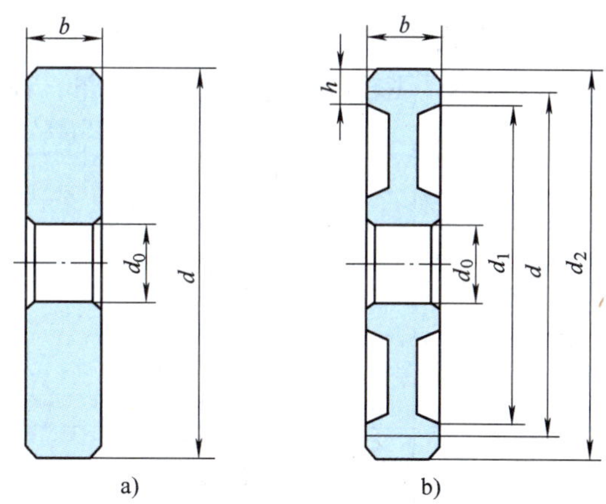

图 12-10　飞轮尺寸

1. 圆盘状飞轮尺寸的计算

如图 12-10a 所示的圆盘状飞轮，由理论力学可知，圆盘状飞轮对其转轴的转动惯量 J_{f} 为

$$J_{\mathrm{f}}=\frac{1}{2}m\left(\frac{d}{2}\right)^2=\frac{1}{8}md^2$$

$$md^2=8J_{\mathrm{f}}$$

称 md^2 为飞轮矩，设定飞轮直径 d 以后，可求出飞轮的质量 m。直径越大，其质量可越小。但直径过大会导致飞轮的尺寸过大，使其圆周速度和离心力增大。为防止发生飞轮破裂事故，所选择的飞轮直径与对应的圆周速度要小于工程上规定的许用值。

根据计算的飞轮质量 m 和直径 d，可求出飞轮的宽度 b。

飞轮质量为

$$m=\frac{1}{4}\pi d^2b\rho,\ b=\frac{4m}{\pi d^2\rho}$$

式中，ρ 为飞轮的材料密度，单位为 kg/m^3。

2. 腹板状飞轮尺寸的计算

图 12-10b 所示为腹板状飞轮，其转动惯量可近似认为是飞轮轮缘部分的转动惯量。厚度为 h 的轮缘部分是一个直径为 d_1、d_2 的圆环。由理论力学可知，其转动惯量为

$$J_f=\frac{1}{2}m\left[\left(\frac{d_1}{2}\right)^2+\left(\frac{d_2}{2}\right)^2\right]=\frac{m}{2}\left(\frac{d_1^2+d_2^2}{4}\right)$$

$$d_1=d+h,\ d_2=d-h,\ d=\frac{1}{2}(d_1+d_2)$$

式中，d 为轮缘的平均直径。

整理上式，得

$$J_f=\frac{1}{4}m(d^2+h^2)$$

由于 $h\ll d$，上式可近似地写为

$$J_f=\frac{1}{4}md^2,\ md^2=4J_f$$

选定飞轮直径 d 后，根据飞轮矩可计算飞轮质量 m，即

$$m=\pi dbh\rho$$

可从手册中查取到 b/h 的值，或者自己先确定一个 b/h 的值，再确定平均 d 值后，可计算出飞轮宽度 b 和轮缘厚度 h。

四、实例与分析

例 12-4 某刨床的主轴为等效构件，平均转速 $n=60r/min$。在一个运转周期内的等效阻力矩 M_r 如图 12-11a 所示，$M_r=600N\cdot m$。等效驱动力矩 M_d 为常数。运转不均匀系数 $\delta=0.1$，若不计飞轮以外构件的转动惯量，计算安装在主轴上的飞轮转动惯量。

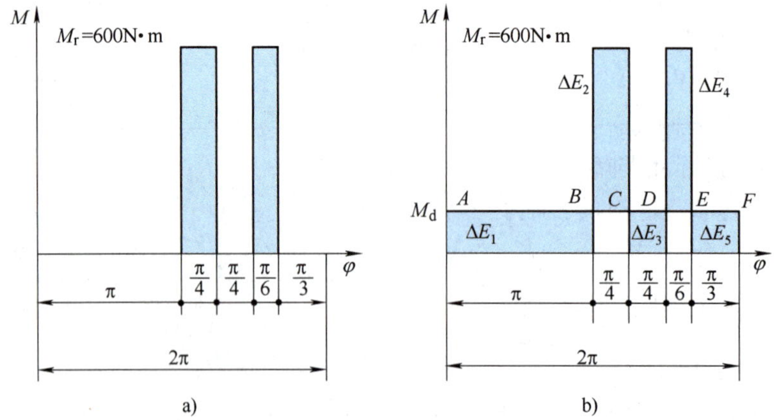

图 12-11 刨床等效力矩变化图

解 如图 12-11b 所示，作一条代表 M_d 且平行 φ 轴的直线，在一个周期内与 M 轴和 M_r 的交点为 A、B、C、D、E、F。

在一个运转周期内，等效驱动力矩 M_d 与等效阻力矩 M_r 做的功相等。

等效驱动力矩做功为 M_d 所包围的面积：$2\pi M_d$

等效阻力矩做功为 M_r 所包围的面积：$600\times\frac{\pi}{4}+600\times\frac{\pi}{6}$

$$2\pi M_d=600\times\frac{\pi}{4}+600\times\frac{\pi}{6}$$

$$M_d=125\text{N}\cdot\text{m}$$

设周期开始点的动能为 E_A，则其余各点的动能分别为

$$E_B=E_A+\Delta E_1=E_A+125\pi$$

$$E_C=E_B-\Delta E_2=E_A+125\pi-(600-125)\times\frac{\pi}{4}=E_A+6.25\pi$$

$$E_D=E_C+\Delta E_3=E_A+6.25\pi+125\times\frac{\pi}{4}=E_A+37.5\pi$$

$$E_E=E_D-\Delta E_4=E_A+37.5\pi-(600-125)\times\frac{\pi}{6}=E_A-41.67\pi$$

$$E_F=E_E+\Delta E_5=E_A-41.67\pi+125\times\frac{\pi}{3}=E_A$$

$$E_{max}=E_A+125\pi$$

$$E_{min}=E_A-41.67\pi$$

将 E_{max}、E_{min}代入式（12-21）中，得

$$J_f=\frac{E_{max}-E_{min}}{\delta\omega_m^2}=\frac{E_A+125\pi-(E_A-41.67\pi)}{0.1\times\left(\frac{\pi\times60}{30}\right)^2}=132.7\text{kg}\cdot\text{m}^2$$

在飞轮设计过程中，运转周期开始点的动能可以先假设为某值，在运算过程中会被消去，不影响计算结果。

一般情况下，在机械系统中安装飞轮的目的是通过飞轮储存能量和释放能量的过程，起到调节速度波动的作用，同时也能减小电动机功率。

在单缸四冲程内燃机驱动的发电机组中，内燃机主轴转两周，才有一次做功冲程，其余为排气、吸气、压缩冲程。主轴转动的不均匀将直接影响发电机的运转，造成电压的不稳定，这时安装在主轴上的飞轮主要以调速为主。而由电动机驱动的压力机、剪床等机械，在工作的瞬间，工作阻力非常大，要求有很大的驱动力。在这类机械上安装飞轮，不但可以实现调速的目的，而且可以减小电动机的功率。这是因为在非冲压期间，电动机提供多余的能量可以储存在飞轮中，而在冲压期间再由飞轮释放出来。图 12-12 所示的压力机主轴等效力矩变化图中，如按冲压时的力矩 M_{r2} 选择电动机，则在空程期间的功率浪费较大。如按空载时的力矩 M_{r1} 选择电动机，则在冲压期间将发生功率不够的现象。安装飞轮后，就可以按等效力矩 M_d 来选择电动机，在空程期间电动机多余能量 ΔE 储存在飞轮中，而在冲压期间再由飞轮释放出来，这样就可以减小电动机的功率。

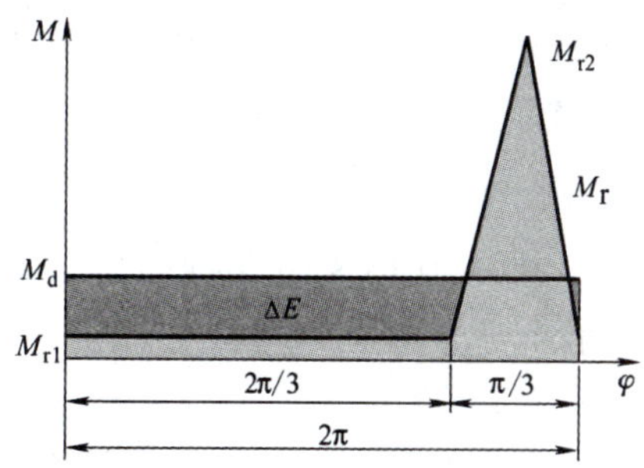

图 12-12　压力机主轴等效力矩变化图

例 12-5 如图 12-13a 所示的电动机为原动机的压力机中，已知电动机转速 $n_1=900\text{r/min}$，减速齿轮机构的齿数分别为：$z_1=20$，$z_2=120$，$z_{2'}=20$，$z_3=100$。该压力机每分钟冲孔 30 个，冲孔时间为运转周期的 1/8，钢板材料为 Q235A，剪切极限应力 $\tau=310\times10^6\text{Pa}$，板厚 $h=10\text{mm}$，冲孔直径 $d=20\text{mm}$。$l_3=0.1\text{m}$，$l_4=0.5\text{m}$。运转不均匀系数 $\delta=0.1$，求安装在轴 2 上的飞轮的转动惯量及电动机功率，并设计该飞轮的尺寸。

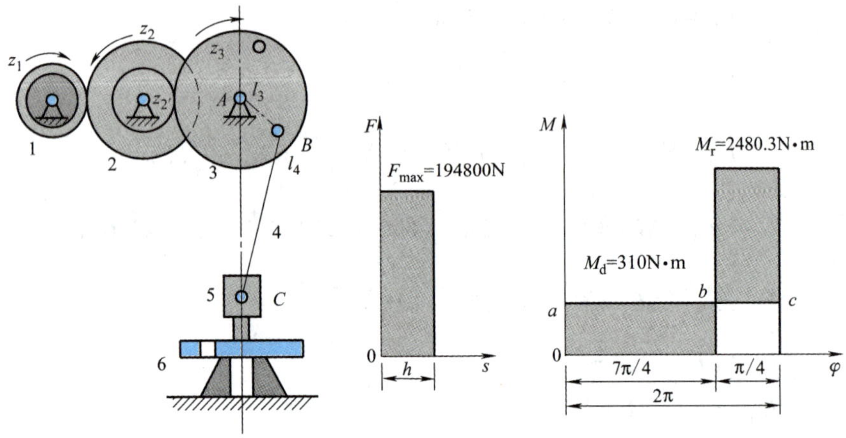

图 12-13 压力机

解 1）计算冲孔周期。

该压力机每分钟冲孔 30 个，每冲一个孔的时间为 60s/30 = 2s，即运转周期为 $T=2\text{s}$。实际冲孔时间为 $T/8=1/4\text{s}$。

2）求最大剪切力。

$$F_{max}=\pi dh\tau=3.14\times0.02\times0.01\times310\times10^6\text{N}=194.8\times10^3\text{N}$$

最大剪切力 F_{max} 如图 12-13b 所示。

3）求等效阻力矩。

冲压期间剪切力所做的功 W 为

$$W=F_{max}h=194.8\times10^3\text{N}\times0.01\text{m}=1948\text{J}$$

在 1/4s 的冲孔时间内，剪切力的平均功率

$$P=\frac{W}{t}=\frac{1948}{\frac{1}{4}}\text{W}=7792\text{W}$$

由于剪切力即为滑块上所克服的生产阻力，而阻力的瞬时功率等于等效力矩的瞬时功率，故有

$$M_r\omega_3=P$$

传动比可由图 12-13a 所示的定轴轮系计算

$$i_{13}=\frac{\omega_1}{\omega_3}=\frac{z_2z_3}{z_1z_{2'}}=\frac{120\times100}{20\times20}=30$$

$$\omega_3=\frac{\omega_1}{i_{13}}=\frac{\frac{\pi n_1}{30}}{30}=\frac{3.14\times900}{900}\text{rad/s}=3.14\text{rad/s}$$

$$M_r=\frac{P}{\omega_3}=\frac{7792\text{W}}{3.14\text{rad/s}}=2480.3\text{N}\cdot\text{m}$$

等效阻力矩 M_r 如图 12-13c 所示。

4）计算等效驱动力矩。

等效驱动力矩 M_d 为常数，在一个运转周期内做的功等于等效阻力矩做的功。

$$M_d 2\pi=M_r\frac{2\pi}{8}$$

$$M_d=\frac{M_r}{8}=\frac{2480.3}{8}\text{N}\cdot\text{m}=310\text{N}\cdot\text{m}$$

等效驱动力矩 M_d 如图 12-13c 所示。

5）计算飞轮等效转动惯量。

如图 12-13c 所示，求解最大与最小动能。

$$E_a=E_0$$

$$E_b=E_0+310\times\frac{7\pi}{4}=E_0+1704.3$$

由于一个运转周期的始末点动能相等，$E_c=E_a=E_0$

$$E_{max}=E_0+1704.3$$

$$E_{min}=E_0$$

$$J_f=\frac{E_{max}-E_{min}}{\delta\omega_3^2}=\frac{1704.3}{0.1\times3.14^2}\text{kg}\cdot\text{m}^2=1726.8\text{kg}\cdot\text{m}^2$$

6）求安装在轴 2 上的飞轮转动惯量。

$$J_2=J_f\left(\frac{\omega_3}{\omega_2}\right)^2=J_f\left(\frac{z_{2'}}{z_3}\right)^2=1726.8\times\left(\frac{20}{100}\right)^2\text{kg}\cdot\text{m}^2=69.07\text{kg}\cdot\text{m}^2$$

7）求电动机功率。

$$M_1=M_d\left(\frac{\omega_3}{\omega_1}\right)=310\times\frac{1}{30}\text{N}\cdot\text{m}=10.33\text{N}\cdot\text{m}$$

$$P_{电动机}=M_1\omega_1=10.33\times\frac{\pi n_1}{30}=10.33\times\frac{3.14\times900}{30}\text{kW}=0.97\text{kW}$$

8）求该飞轮尺寸。

设该飞轮形状为圆盘状，其飞轮矩为

$$md^2=8J_2$$

假设 $d=850\text{mm}$，则质量为

$$m=\frac{8J_2}{d^2}=\frac{8\times69.07}{0.85^2}\text{kg}=764.8\text{kg}$$

若采用钢制飞轮，其密度为 $\rho=7800\text{kg/m}^3$，则飞轮宽度 b 为

$$b=\frac{4m}{\pi d^2\rho}=\frac{4\times764.8}{3.14\times0.85^2\times7800}\text{m}=172.9\text{mm}$$

第五节　非周期性速度波动及其调节

一、概述

有些机器在稳定运转过程中，驱动力所做的功突然大于阻力所做的功，或者阻力所做的功突然大于驱动力所做的功，两者在一个运转周期内做的功不再相等，破坏了稳定运转的平衡条件，使得机器主轴的速度突然加速或减速。这样的速度波动没有周期性，因此，不能用安装飞轮的方法进行速度波动的调节。

例如，在内燃机驱动的发电机组中，由于用电负荷的突然减少，导致发电机组中的阻力矩也随之减小，而内燃机提供的驱动力矩没有改变，发电机转子的转速则会升高，用电负荷的继续减少，将导致发电机转子的转速继续升高，有可能发生飞车事故。反之，若用电负荷的突然增加，导致发电机组中的阻力矩也随之增加，而内燃机提供的驱动力矩没有改变，发电机转子的转速降低，用电负荷的继续增加，将导致发电机转子的转速继续降低，直至发生停车事故。因此，必须研究这种非周期性速度波动的调节方法。

二、非周期性速度波动的调节方法

由于机械运转的平衡条件受到破坏，从而导致机械系统的运转速度发生非周期性的变化，安装飞轮已不能调节这种速度波动。在机械系统中安装调速系统可以重新建立一种平衡关系，称之为调速器。调速器的种类很多，常用的调速器有机械式调速器和电子式调速器。以下简单介绍机械式调速器的工作原理。

图 12-14 所示为内燃机驱动的发电机组中的机械式离心调速器示意图，W_1 为内燃机，W_2 为发电机，6（6′）为弹簧，构件 7、5（5′）、3（3′）、2 对称空套在主轴 1 上。

当与内燃机 W_1 相连接的主轴 1 的速度增加时，安装在连杆 5（5′）末端的重球 4（4′）所产生的离心惯性力 F 使构件 3（3′）张开，并带动套筒 2 往上移动。再通过连杆机构 $AOBCD$ 中 CD 杆件的动作，减少油路的流通面积。从而减小了内燃机的驱动力。套筒经过多次的振荡后，停留在固定位置，从而建立起新的平衡关系。反之，由于外载荷的突然增加而造成机械主轴转速下降时，调速器中的重球所产生的离心惯性力也随之减小。重球往里靠近，套筒 2 下移，油路开口增加。进油量的增加导致内燃机的驱动力矩增加。当与外载荷平衡时，套筒经过几次振荡后停留在固定位置，被打破的平衡关系重新建立起来。

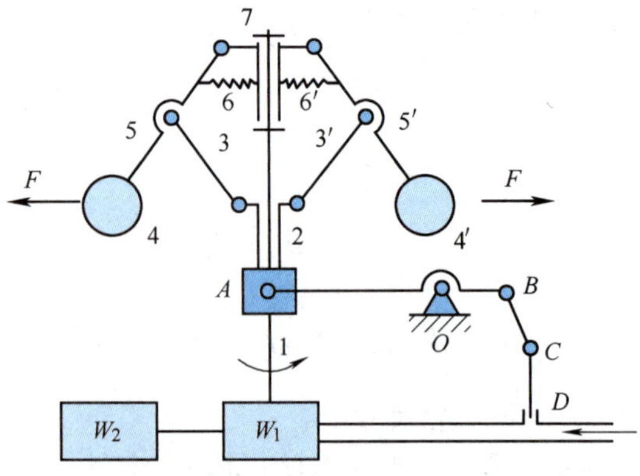

图 12-14　离心调速器

1—主轴　2—套筒　3（3′）、5（5′）、7—杆件　4（4′）—重球　6（6′）—弹簧

不同的机械，使用的调速器种类也不相同。在风力发电机中，要随风力的强弱调整叶片的角度，实现调整风力发电机主轴转速的目的。在水力发电机中，调速器安装在水轮机中，通过调整水轮机叶轮的角度，改变进水的流量，实现调整发电机主轴转速的目的。

关于调速器的详细原理与设计可参阅有关调速器的专业书籍。

本章总结

1. 机械的运转过程分三个阶段，即起动阶段、工作阶段（稳定运转阶段）和停车阶段。
2. 机械的稳定运转又分为等速稳定运转和周期性的变速稳定运转。
3. 在周期性的变速稳定运转中，瞬时角速度在变化，其平均角速度是常量。但过大的速度波动会影响机械的工作性能。
4. 工程中，常用机械运转的不均匀系数 δ 衡量其速度波动情况。
5. 一个构件能代替整个机械系统运动的状况，称该构件为等效构件。但等效构件只适用于单自由度的机械系统。
6. 一个构件能代替整个机械系统运动的状况，必须满足以下两个条件。其一是作用在等效构件上的等效力所做的功必须等于外力在机械系统中所做的功；其二是作用在等效构件上的等效力在单位时间内所做的功必须等于外力在机械系统中单位时间内所做的功。
7. 一般情况下，常选择作定轴转动的构件或往复移动的构件为等效构件。
8. 研究等效构件的运动比研究整个机械系统的运动要简单得多。
9. 求解等效构件的等效转动惯量、等效质量、等效力矩或等效力是建立等效构件运动方程的基础。
10. 等效构件的运动方程有微分形式和积分形式两种。
11. 当机器加速运转时，飞轮储存能量；当机器减速运转时，飞轮释放能量。
12. 当机器在运转中减速时，飞轮的惯性阻止其减速，当机器加速运转时，飞轮的惯性阻止其加速，从而起到调速作用。
13. 计算飞轮的等效转动惯量时，采用了两个假设条件。其一是机器动能最大时，对应角速度最大；其二是机器动能最小时，对应角速度最小。这两个假设条件忽略了运动状态与能量状态的滞后或超前现象。
14. 应用公式去计算飞轮的转动惯量时，其前提是飞轮安装在等效构件上。如果飞轮没有安装在等效构件上，仍然按照安装在等效构件上计算，最后再换算到安装飞轮的构件上。但两构件之间必须保持定传动比连接。
15. 飞轮矩是指飞轮质量与其直径平方的乘积，即 md^2。

习　题

1. 理解

1-1　当选曲柄滑块机构的曲柄为等效构件时，一般要计算其（　　）。

a）等效转动惯量和等效力　　b）等效转动惯量和等效力矩

c）等效质量和等效力　　d）等效质量和等效力矩

1-2　为减小飞轮转动惯量，最好将飞轮安装在（　　）。

a）低速轴上　　b）高速轴上

1-3　对于存在周期性速度波动的机器，安装飞轮主要是为了在（　　）阶段进行速度调节。

a）起动　　b）停车　　c）稳定运转　　d）整个运转

1-4　机器安装飞轮后，原动机的功率与未安装飞轮时（　　）。

a）相同　　b）不同

1-5 在周期性速度波动中，一个周期内等效驱动力做功（　　）等效阻力做功。

a）等于　　b）小于　　c）大于

1-6 三个机构系统主轴转速的最大值和最小值分别为 ω_1 和 ω_2，其中运转最不均匀的是（　　）。

a）$\omega_1=1000\text{rad/s}$，$\omega_2=900\text{rad/s}$　　b）$\omega_1=725\text{rad/s}$，$\omega_2=675\text{rad/s}$

c）$\omega_1=525\text{rad/s}$，$\omega_2=475\text{rad/s}$

1-7 计算机构的等效转动惯量时，可利用机械系统的__________与等效构件的__________相等的条件求解。

1-8 计算机构的等效力矩时，可利用机械系统的__________与等效构件的__________相等的条件求解。

1-9 使用简便公式 $J_f=\dfrac{E_{max}-E_{min}}{\delta\omega_m^2}$ 计算飞轮的转动惯量时，其值偏大，从调速的观点看，机器速度波动（　　）。

a）偏小　　b）偏大　　c）不变化

1-10 利用等效构件的运动方程可求解机器的起动时间和停车时间，也可求解停车阶段的（　　）。

a）起动力矩　　b）制动力矩

2. 分析与设计

2-1 如习题图 12-1a 所示的内燃机中，其主体运动机构可以简化为由曲轴 1、连杆 2 和活塞 3 组成的曲柄滑块机构，如习题图 12-1b 所示。系统运转过程中由于受到工作阻力的作用，导致曲轴的运转速度发生变化。已知曲轴 1 长 l_1，连杆 2 长 l_2，稳定运转过程中，曲轴转速近似可以表示为 $\omega=2\pi f_0+A\sin(2\pi f_0 t+\varphi_0)$。求当 $A=30\text{rad/s}$，$f_0=60\text{s}^{-1}$，$\varphi_0=0°$时，曲轴转速的平均值和速度的不均匀系数。

2-2 如习题图 12-2 所示的曲柄滑块机构中，已知构件 1 的长度为 l_1、质量为 m_1、转速为 ω_1，构件 2 的长度为 l_2、质量为 m_2，构件 3 的质量为 m_3，作用于构件 3 上的阻力为 F_3，求：

1）等效构件设在构件 1 处时的等效转动惯量。

2）等效构件设在构件 1 处时的等效阻力矩。

a)

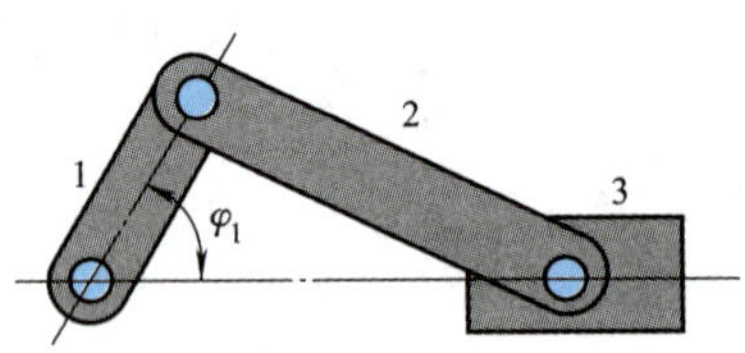

b)

习题图 12-1　内燃机及主体运动机构简图

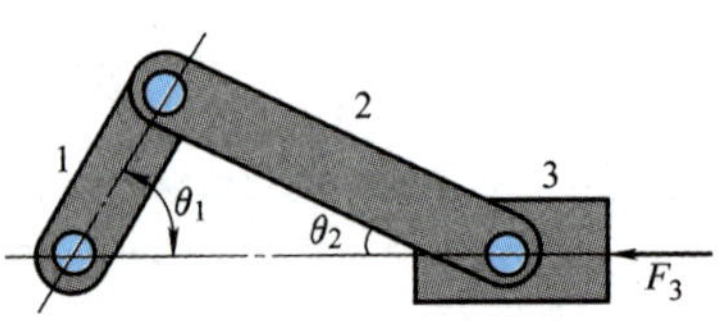

习题图 12-2　曲柄滑块机构

2-3 如习题图 12-3 所示的轮系中，齿轮 1、2、3、4 的齿数分别为 $z_1=20$，$z_2=40$，$z_3=20$，$z_4=40$，绕各自转动中心的转动惯量分别为 $J_1=0.02\text{kg}\cdot\text{m}^2$，$J_2=0.08\text{kg}\cdot\text{m}^2$，$J_3=0.02\text{kg}\cdot\text{m}^2$，$J_4=0.08\text{kg}\cdot\text{m}^2$。作用于轴 O_3 的阻力矩 $M_3=40\text{N}\cdot\text{m}$。求当取齿轮 1 为等效构件时轮系的等效转动惯量和等效阻力矩。

2-4 习题图 12-4 所示为一机床工作台的传动系统，各齿轮的齿数已知，分别为 z_1、z_2、$z_{2'}$、z_3，其绕各自转动中心的转动惯量分别为 J_1、J_2、$J_{2'}$，J_3，齿轮 3 的分度圆半径为 r_3，齿轮 1 安装在电动机轴上（J_1 包括电动机转子的转动惯量），工作台、工件及齿条所受的重力为 G，如取齿轮 1 为等效构件，求该机械系统的等效转动惯量。

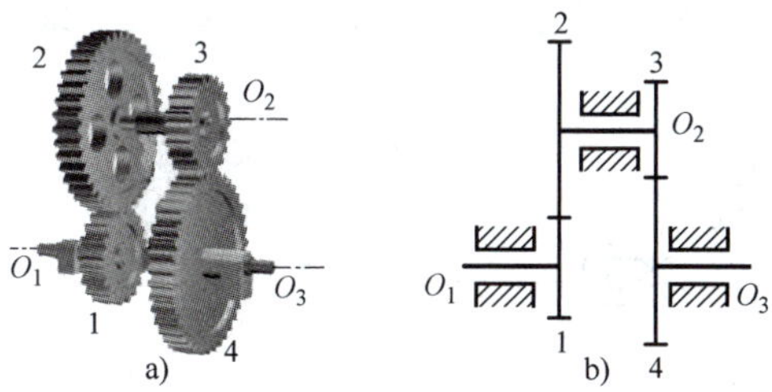

习题图 12-3 轮系

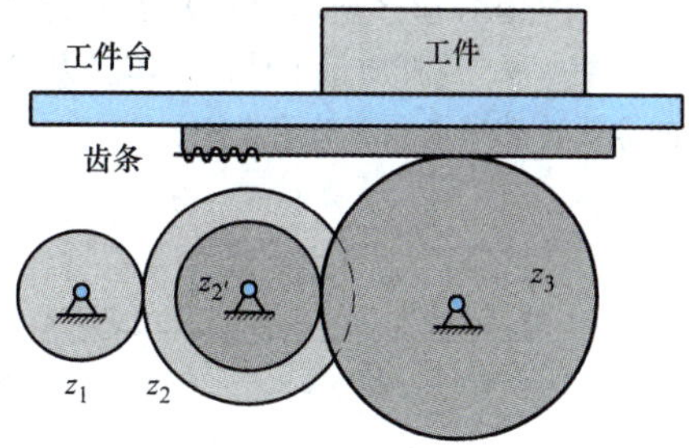

习题图 12-4 机床工作台传动系统

2-5 已知某系统主轴的等效阻力矩 M_r 的变化曲线如习题图 12-5 所示，其平均转速为 980r/min，运转不均匀系数为 0.2。求当等效驱动力矩 M_d 为常数时，所需飞轮的转动惯量。

2-6 选取某系统的旋转主轴为等效构件，平均转速为 120r/min。在一个运转周期内的等效阻力矩 M_r 如习题图 12-6 所示。等效驱动力矩 M_d 为常数，等效阻力矩 $M_r = 900\text{N}\cdot\text{m}$，运转不均匀系数为 0.15。求当不计飞轮以外构件的转动惯量时，主轴上飞轮的转动惯量。

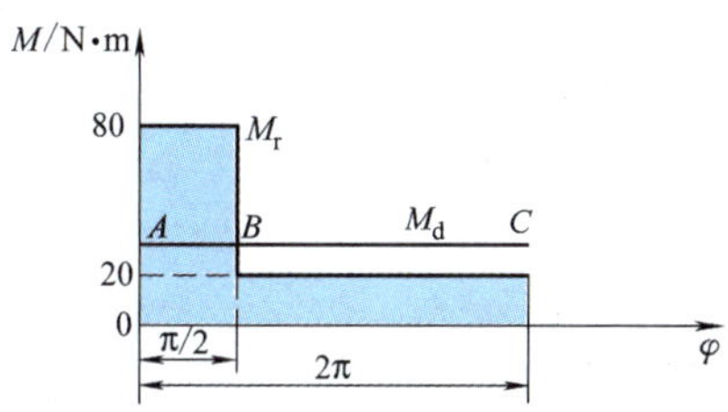

习题图 12-5 等效阻力矩变化曲线

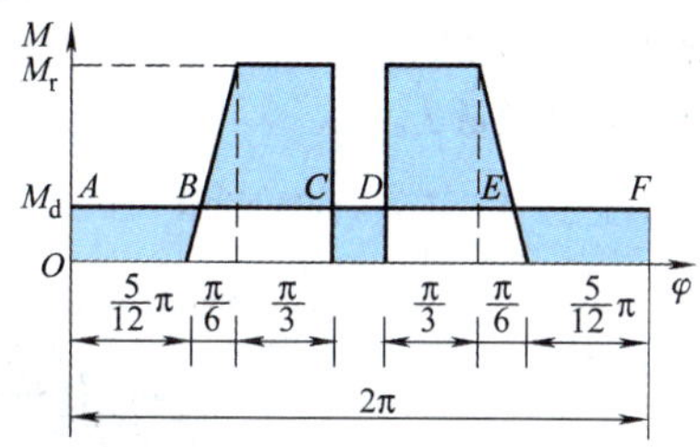

习题图 12-6 等效阻力矩变化图

2-7 已知某主轴与制动器直接相连，机床主轴转速为 980r/min，已知其主轴为等效构件，系统的等效转动惯量为 $1.6\text{kg}\cdot\text{m}^2$，要求系统在 3s 内实现制动，求制动器的制动力矩。

2-8 某主轴输出力矩 M_d 在一个周期内随曲柄输出角的变化曲线如习题图 12-7 所示，其平均转速为 600r/min。当该内燃机受到的阻力矩 M_r 为常数时，若其运动不均匀系数为 0.01，求曲柄的最大转速和装在曲柄上的飞轮的转动惯量。

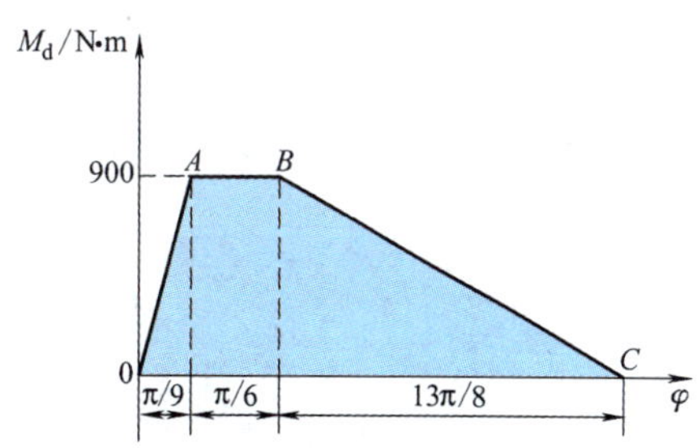

习题图 12-7 输出力矩变化曲线

3. 自测题

3-1 在机器的稳定运转阶段，机器主轴的转速可有两种不同情况，即________和________。

3-2 机器中安装飞轮的目的是________。

3-3 某机器的主轴平均转速为 100r/min，机器运转的速度不均匀系数为 0.05，则该机器的最大转速等于________，最小转速等于________。

3-4 为了减小飞轮的质量，最好将飞轮安装在转速（　　）的轴上。

a）较高　　b）较低

3-5 机器稳定运转的含义是指原动件作等速转动。(　　)

a）正确　　b）错误

3-6 机器等效动力学模型中的等效质量是一个假想质量，它的大小等于原机器中各运动构件的质量之和。(　　)

a）正确　　b）错误

3-7　如习题图 12-8 所示的曲柄滑块机构中，曲柄$\overline{OA}=\overline{OA'}=r$，曲柄对轴 O 的转动惯量为 J_1，滑块 B 及 B'的质量为 m，连杆质量不计，工作阻力 $F=F'$，现以曲柄为等效构件，已知曲柄转速为 ω，求当 $\varphi=90°$时的等效转动惯量和等效阻力矩。

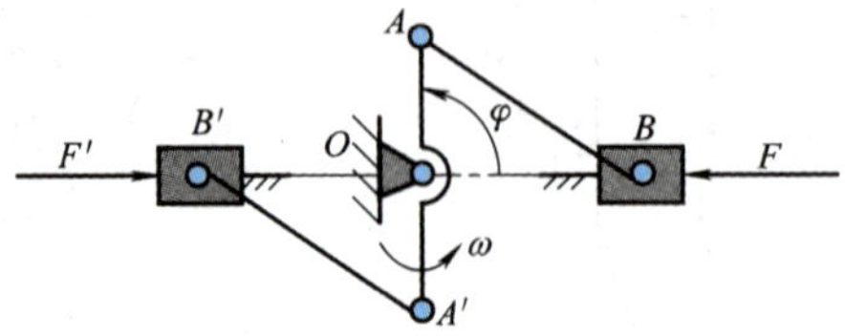

习题图 12-8　曲柄滑块机构

3-8　一机械作稳定运动，原动件运动周期为 2π。若取原动件为等效构件，则等效阻力矩 M_r 如习题图 12-9 所示，等效驱动力矩 M_d 为常数。等效构件的平均转速为 1000r/min，速度不均匀系数为 0.05，若只考虑装在原动件上的飞轮转动惯量，求：

1）等效驱动力矩 M_d 的大小。

2）等效构件的最大角速度 ω_{max}和最小角速度 ω_{min}。

3）最大盈亏功 ΔE_{max}。

4）飞轮转动惯量 J_f。

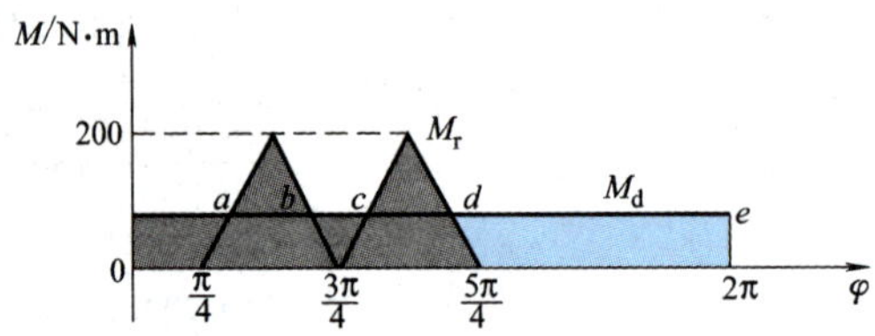

习题图 12-9　等效阻力矩变化图

第十三章

机械的平衡设计与实验

当转动构件高速运动时，如果转动轴线与中心主惯性轴线不重合，就会产生离心惯性力。这种惯性力会使转子的支承产生动压力、振动与噪声，影响机器的工作性能，因此，研究消除或减小旋转构件的离心惯性力，是机械平衡的主要目的。

第一节　机械平衡概述

一、研究机械平衡的目的

机械运转时，当转动构件的轴线与中心主惯性轴线不重合时，转动构件会产生大小和方向作周期性变化的惯性力，并引起机械及其基础产生强迫振动。如果其振幅较大，或其频率接近系统的固有频率，会导致机械工作性能和可靠性的下降，零件材料内部疲劳损伤加剧，从而使机械设备遭到破坏，甚至危及人员的安全。

研究机械平衡的目的就是根据惯性力的变化规律，进行构件的平衡设计和平衡实验，从而消除或减小构件所产生的惯性力，减轻机械振动，降低噪声，提高机械系统的工作性能和使用寿命。

二、机械平衡的种类

组成机械的构件按照运动方式可分为三种：作定轴转动的构件，往复移动的构件和作平面复合运动的构件。由于构件的结构及运动形式的不同，产生的惯性力和平衡方法也不相同。

在平衡技术中，把作定轴转动的构件称为转子。转子分为刚性转子和挠性转子两种。忽略在运转过程中的转子弹性变形时，称之为刚性转子，否则为挠性转子。

（1）刚性转子的平衡　工作转速低于一阶临界转速，转子本身弹性变形可以忽略不计时，称其为刚性转子。

图13-1所示的转子直径为 d，宽度为 b，左右两面各有一个相位相反的不平衡质量 m_1、m_2，所产生的离心惯性力为 F_1、F_2。转子上各平面产生的惯性力向左平面Ⅰ或右平面Ⅱ简化，可有

$$F = F_1 + F_2$$
$$M_{\mathrm{I}} = F_2 b$$
$$M_{\mathrm{II}} = F_1 b$$

式中，M_{I}、M_{II} 为作用在左平面Ⅰ和右平面Ⅱ的力矩。

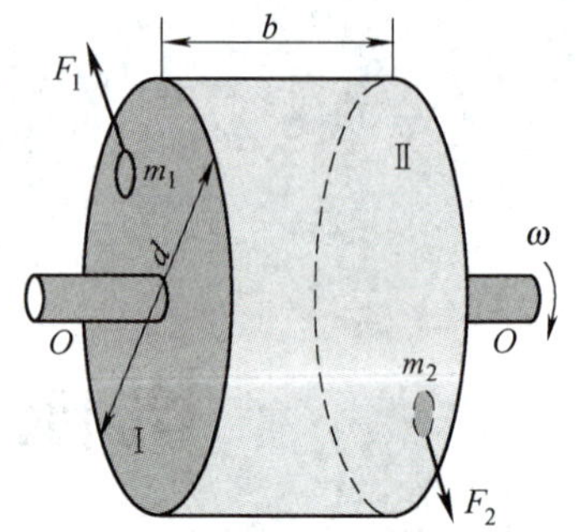

图 13-1　转子的惯性力

若转子的宽度 b 很小，或宽径比 $b/d \leqslant 0.2$ 时，可不考虑转子的宽度影响，左右两平面惯性力产生的力矩可忽略不计。其质量分布可认为在同一平面内。其不平衡现象在静止状态即可表现出来，称为静不平衡。如支起后架的自行车后轮在静止状态气门芯位置一般位于下方。这类盘状转子可以只进行静平衡设计。静平衡设计仅需在一个平面内对转子的惯性力进行平衡，又称为单面平衡。

若转子的宽度 b 很大，或宽径比 $b/d > 0.2$ 时，转子的宽度不能忽略，惯性力矩的影响也不能忽略不计。这类长圆柱形转子的不平衡现象在静止时不易显示出来，只有在运转过程中才会出现明显的不平衡特征，称为动不平衡。这类转子需要进行动平衡设计，动平衡设计需对惯性力和惯性力矩进行平衡，需要在转子的左右两个校正平面内进行平衡设计，又称双面平衡。

静平衡仅需对转子的惯性力进行平衡，而动平衡需要对转子的惯性力和惯性力矩同时进行平衡。也就是说，经过静平衡的转子不能满足动平衡的条件，而经过动平衡的转子一定满足静平衡的条件。

（2）挠性转子的平衡　有些长圆柱形的转子在高速运转过程中，转子本身会发生明显的弯曲变形，产生动挠度，从而使其惯性力变化显著，称这类发生弹性变形的转子为挠性转子。挠性转子的平衡原理基于弹性梁的横向振动理论，其平衡设计可参阅相关书籍。

（3）机构的平衡　当机构中含有往复移动的构件和平面运动的构件时，因构件质心位置随机构运动发生变化，故质心处的加速度与惯性力也随构件的运动而变化，所以不能针对某一构件进行平衡设计，只能对整个机构进行研究，通过合理设计，设法使各运动构件惯性力的合力和合力偶作用在机架上，故此类平衡问题又称为机械在机座上的平衡。

第二节　刚性转子的平衡设计

在转子的设计阶段，必须对其进行平衡计算，以检查其惯性力和惯性力矩是否平衡。若不平衡，则需在结构上采取措施，消除不平衡惯性力的影响，这一过程称为转子的平衡设计。

一、刚性转子的静平衡设计

宽径比 $b/d \leqslant 0.2$ 的盘状转子需要进行静平衡设计。设计原理是转子上各不平衡质量所

产生的离心惯性力与所加配重（或所减配重）所产生的离心惯性力的合力为零，利用力平衡式解出应加或应减重的大小与方位。

转子离心惯性力的计算公式为

$$F = mr\omega^2$$

转子离心惯性力的静平衡条件为：转子上各不平衡质量所产生的离心惯性力与所加配重所产生的离心惯性力的合力为零。即

$$\sum_{i=1}^{n} \boldsymbol{F}_i + \boldsymbol{F} = 0 \tag{13-1}$$

当转子以等角速度 ω 转动时，决定离心惯性力的大小与方位的只有质径积 mr。在平衡技术中，常称 mr 为不平衡量。

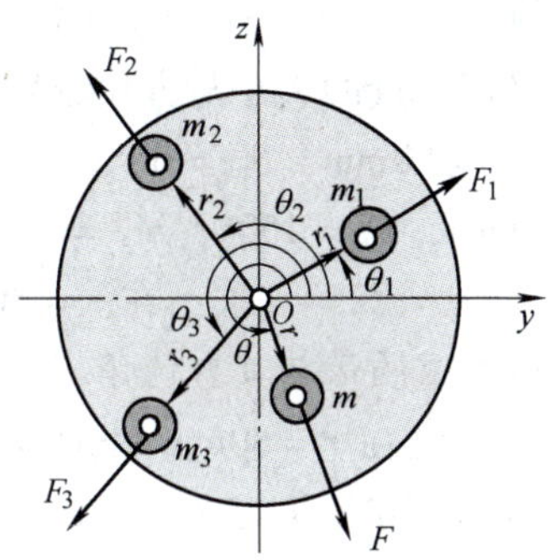

图 13-2 刚性转子的静平衡

图 13-2 所示的转子上，已知三个不平衡质量的大小分别为 m_1、m_2、m_3；相对直角坐标系 Oyz 的方位为 r_1、θ_1，r_2、θ_2，r_3、θ_3，设应加配重质量为 m，坐标方位为 r、θ。应加配重质量 m 产生的惯性力 $\boldsymbol{F}$ 与三个不平衡质量 m_1、m_2、m_3 产生的惯性力 $\boldsymbol{F}_1$、$\boldsymbol{F}_2$、$\boldsymbol{F}_3$ 的合力为零时，其质量中心位于回转轴线上，则可以实现转子的静平衡。

根据力系平衡式可有

$$\begin{cases} F_1\cos\theta_1 + F_2\cos\theta_2 + F_3\cos\theta_3 + F\cos\theta = 0 \\ F_1\sin\theta_1 + F_2\sin\theta_2 + F_3\sin\theta_3 + F\sin\theta = 0 \end{cases} \tag{13-2}$$

由图 13-2 解得第 i 个构件上的惯性力 $F_i = m_i r_i \omega^2$，$i = 1$、2、3，配重质量的惯性力 $F = mr\omega^2$，代入式（13-2）中消去 ω^2，得

$$\begin{cases} m_1 r_1\cos\theta_1 + m_2 r_2\cos\theta_2 + m_3 r_3\cos\theta_3 + mr\cos\theta = 0 \\ m_1 r_1\sin\theta_1 + m_2 r_2\sin\theta_2 + m_3 r_3\sin\theta_3 + mr\sin\theta = 0 \end{cases} \tag{13-3}$$

写成通式为

$$\sum_{i=1}^{n} m_i r_i\cos\theta_i + mr\cos\theta = 0 \tag{13-4}$$

$$\sum_{i=1}^{n} m_i r_i\sin\theta_i + mr\sin\theta = 0 \tag{13-5}$$

联立求解式（13-4）与式（13-5），可求得转子上应加的质径积 mr 为

$$mr = \sqrt{\left(\sum_{i=1}^{n} m_i r_i\cos\theta_i\right)^2 + \left(\sum_{i=1}^{n} m_i r_i\sin\theta_i\right)^2} \tag{13-6}$$

选定应加配重半径 r 后，即可确定应加的配重质量 m。

整理式（13-4）与式（13-5），可求平衡配重质量 m 所在方位角 θ 为

$$\theta = \arctan\left[\frac{-\sum_{i=1}^{n}(m_i r_i\sin\theta_i)}{-\sum_{i=1}^{n}(m_i r_i\cos\theta_i)}\right] = \arctan\left[\frac{\sum_{i=1}^{n} -(m_i r_i\sin\theta_i)}{\sum_{i=1}^{n} -(m_i r_i\cos\theta_i)}\right] \tag{13-7}$$

根据式（13-7）中分子与分母的正负号可区别方位角 θ 所在的象限，见下表。

分子	+	+	−	−
分母	+	−	−	+
象限	Ⅰ	Ⅱ	Ⅲ	Ⅳ

进行静平衡设计时，也可以在加配重质量位置的反方向减配重质量，具体情况要根据转子的结构确定。

例 13-1 图 13-3 所示的转子中，各不平衡质量的大小与方位分别为 $m_1=3\text{kg}$，$r_1=80\text{mm}$，$\theta_1=60°$；$m_2=2\text{kg}$，$r_2=80\text{mm}$，$\theta_2=150°$；$m_3=2\text{kg}$，$r_3=60\text{mm}$，$\theta_3=225°$。求：在 $r=80\text{mm}$ 处应加的配重质量与其方位角。

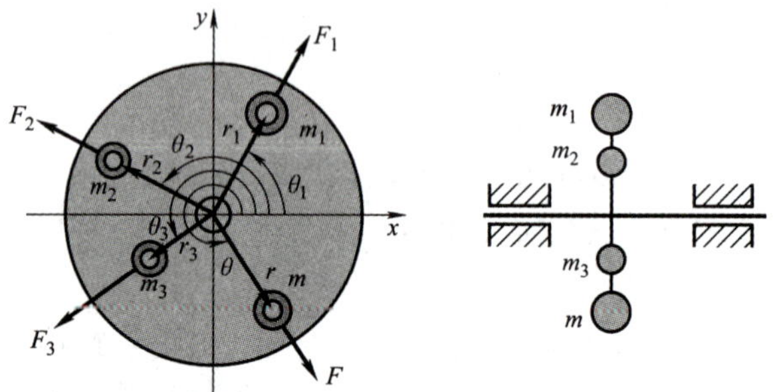

图 13-3 盘状转子的静平衡设计

解 设在 $r=80\text{mm}$ 处应加的配重质量为 m，方位角为 θ。

由式（13-4）、式（13-5）、式（13-6）可有

$$\sum_{i=1}^{n} m_i r_i \cos\theta_i + mr\cos\theta = 0$$

$$\sum_{i=1}^{n} m_i r_i \sin\theta_i + mr\sin\theta = 0$$

$$mr = \sqrt{\left(\sum_{i=1}^{n} m_i r_i \cos\theta_i\right)^2 + \left(\sum_{i=1}^{n} m_i r_i \sin\theta_i\right)^2}$$

$$= \sqrt{(m_1r_1\cos\theta_1 + m_2r_2\cos\theta_2 + m_3r_3\cos\theta_3)^2 + (m_1r_1\sin\theta_1 + m_2r_2\sin\theta_2 + m_3r_3\sin\theta_3)^2}$$

代入已知数据，得

$$mr = 227.8\text{kg} \cdot \text{mm}$$

由于已经选定 $r=80\text{mm}$，则应加配重质量为

$$m = \frac{227.8\text{kg}\cdot\text{mm}}{80\text{mm}} = 2.85\text{kg}$$

由式（13-7）求应加配重质量的方位角，得

$$\theta = \arctan\left[\frac{\sum_{i=1}^{3}(-m_i r_i \sin\theta_i)}{\sum_{i=1}^{3}(-m_i r_i \cos\theta_i)}\right] = \arctan\left(\frac{-240\sin60° - 160\sin150° - 120\sin225°}{-240\cos60° - 160\cos150° - 120\cos225°}\right)$$

$$= \arctan\left(\frac{-203}{103.4}\right) = 297°$$

如果使用图解法进行设计，可以利用理论力学中的知识求解，如图 13-4 所示。

根据力系平衡条件，可有

$$\boldsymbol{F}_1 + \boldsymbol{F}_2 + \boldsymbol{F}_3 + \boldsymbol{F} = 0$$

由于 $\boldsymbol{F}_i = m_i \boldsymbol{r}_i \omega^2$，消去 ω^2 后，可有

$$m_1\boldsymbol{r}_1+m_2\boldsymbol{r}_2+m_3\boldsymbol{r}_3+m\boldsymbol{r}=0$$

选择质径积比例尺 $\mu_{mr}=\dfrac{m_1r_1}{\overline{ab}}$（kg · mm/mm），将质径积转换为长度矢量，各质径积的方向就是对应惯性力的方向，进行图解矢量加法，即可求出未知矢量 $m\boldsymbol{r}$。

$$mr=\mu_{mr}\overline{da}$$

方位角 θ 可从矢量 $\boldsymbol{da}$ 的尾端逆时针量出，如图 13-4 所示。

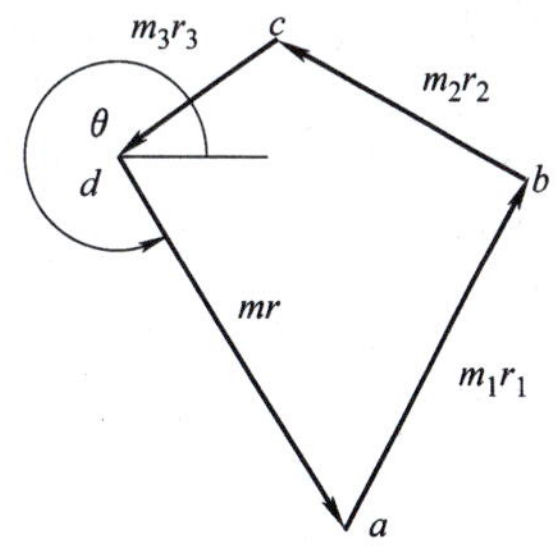

图 13-4　图解平衡设计法

二、刚性转子的动平衡设计

对于宽径比 $b/d>0.2$ 的长圆柱状转子，不能忽略转子的宽度，转子上不平衡质量不能视为集中在一个平面内，而是分布在多个平面内，所产生的离心惯性力不在同一回转平面，因而形成轴面惯性力矩，且该力矩的作用方位随转子的转动而变化。对这类转子进行动平衡设计时，要求转子各偏心质量产生的惯性力和惯性力矩同时得以平衡。

刚性转子的动平衡条件为

$$\begin{cases}\sum \boldsymbol{F}=0\\ \sum \boldsymbol{M}=0\end{cases} \tag{13-8}$$

在图 13-5 所示的转子中，已知偏心质量 m_1、m_2、m_3 分别位于 1、2、3 平面内，方位分别为 r_1、θ_1，r_2、θ_2，r_3、θ_3。当转子以等角速度 ω 旋转时所产生的惯性力 $\boldsymbol{F}_1$、$\boldsymbol{F}_2$、$\boldsymbol{F}_3$ 形成一个空间力系。即

$$F_1=m_1r_1\omega^2,\ F_2=m_2r_2\omega^2,\ F_3=m_3r_3\omega^2$$

一般求解方法是将各平面的惯性力按理论力学的原理分解到两个校正平面Ⅰ和Ⅱ上，如图 13-5 所示，$\boldsymbol{F}_1$ 分解为 $F_{1\mathrm{I}}$ 和 $F_{1\mathrm{II}}$，$\boldsymbol{F}_2$ 分解为 $F_{2\mathrm{I}}$ 和 $F_{2\mathrm{II}}$，$\boldsymbol{F}_3$ 分解为 $F_{3\mathrm{I}}$ 和 $F_{3\mathrm{II}}$；然后使用静平衡设计的方法在两个校正平面Ⅰ和Ⅱ上分别进行静平衡设计，使用图解法和解析法都可以实现整个转子动平衡的目的。

为避免进行力系分解的麻烦，本书介绍国外常用的一种简单的解析设计方法。

由已知及式（13-8），刚性转子的动平衡式可写为

$$\begin{cases}\sum\limits_{i=1}^{n}\boldsymbol{F}_i+\boldsymbol{F}_{\mathrm{I}}+\boldsymbol{F}_{\mathrm{II}}=0\\ \sum M_{\mathrm{I}}=0\\ \sum M_{\mathrm{II}}=0\end{cases} \tag{13-9}$$

式中，$\sum\limits_{i=1}^{n}\boldsymbol{F}_i+\boldsymbol{F}_{\mathrm{I}}+\boldsymbol{F}_{\mathrm{II}}=0$ 表示各

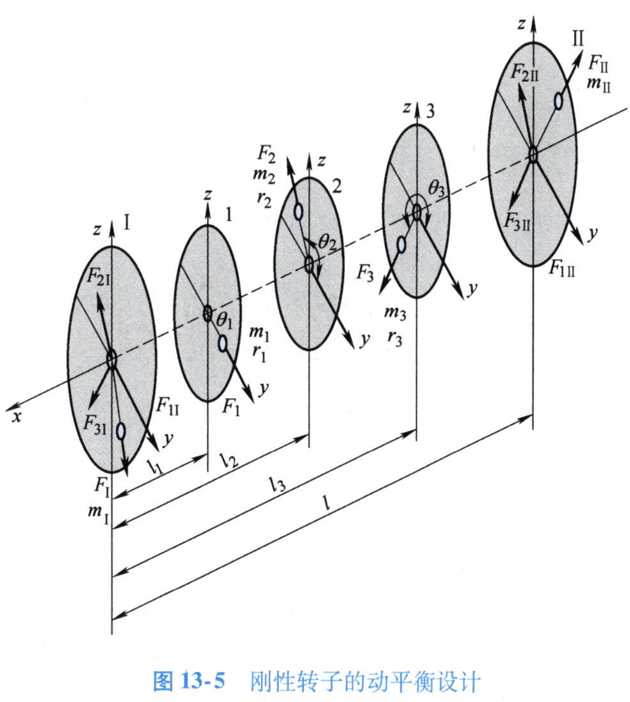

图 13-5　刚性转子的动平衡设计

平面内的惯性力和两个平衡面所加配重产生的惯性力之和为零；$\sum M_{\mathrm{I}}=0$ 表示各面惯性力和所加配重产生的惯性力对平衡面Ⅰ的力矩之和为零；$\sum M_{\mathrm{II}}=0$ 表示各面惯性力和所加配重产生的惯性力对平衡面Ⅱ的力矩之和为零。

将 $\boldsymbol{F}_{\mathrm{I}}=m_{\mathrm{I}}\boldsymbol{r}_{\mathrm{I}}\omega^2$，$\boldsymbol{F}_{\mathrm{II}}=m_{\mathrm{II}}\boldsymbol{r}_{\mathrm{II}}\omega^2$，$\boldsymbol{F}_i=m_i\boldsymbol{r}_i\omega^2$，代入式（13-9），消去 ω^2，写成质径积的形式为

$$\sum_{i=1}^{n} m_i\boldsymbol{r}_i + m_{\mathrm{I}}\boldsymbol{r}_{\mathrm{I}} + m_{\mathrm{II}}\boldsymbol{r}_{\mathrm{II}} = 0 \tag{13-10}$$

$$\sum_{i=1}^{n} m_i\boldsymbol{r}_i l_i + m_{\mathrm{II}}\boldsymbol{r}_{\mathrm{II}} l = 0 \tag{13-11}$$

$$\sum_{i=1}^{n} m_i\boldsymbol{r}_i(l-l_i) + m_{\mathrm{I}}\boldsymbol{r}_{\mathrm{I}} l = 0 \tag{13-12}$$

由于式（13-10）含有四个未知数（$m_{\mathrm{I}}\boldsymbol{r}_{\mathrm{I}}$，$m_{\mathrm{II}}\boldsymbol{r}_{\mathrm{II}}$），可利用式（13-11）和式（13-12）求解。

首先把式（13-11）向 y 轴和 z 轴投影，有

$$\sum_{i=1}^{n} m_i r_i l_i\cos\theta_i + m_{\mathrm{II}} r_{\mathrm{II}} l\cos\theta_{\mathrm{II}} = 0 \tag{13-13}$$

$$\sum_{i=1}^{n} m_i r_i l_i\sin\theta_i + m_{\mathrm{II}} r_{\mathrm{II}} l\sin\theta_{\mathrm{II}} = 0 \tag{13-14}$$

从式（13-13）和式（13-14）中，可求解平衡面Ⅱ的质径积和所在方位角。

$$m_{\mathrm{II}} r_{\mathrm{II}} = \frac{\left[\left(\sum_{i=1}^{n} l_i m_i r_i\cos\theta_i\right)^2 + \left(\sum_{i=1}^{n} l_i m_i r_i\sin\theta_i\right)^2\right]^{1/2}}{l} \tag{13-15}$$

$$\theta_{\mathrm{II}} = \arctan\left(\frac{-\sum_{i=1}^{n} l_i m_i r_i\sin\theta_i}{-\sum_{i=1}^{n} l_i m_i r_i\cos\theta_i}\right) \tag{13-16}$$

同理，再把式（13-12）向 y 轴和 z 轴投影，有

$$\sum_{i=1}^{n} l m_i r_i\cos\theta_i - \sum_{i=1}^{n} l_i m_i r_i\cos\theta_i + l m_{\mathrm{I}} r_{\mathrm{I}}\cos\theta_{\mathrm{I}} = 0 \tag{13-17}$$

$$\sum_{i=1}^{n} l m_i r_i\sin\theta_i - \sum_{i=1}^{n} l_i m_i r_i\sin\theta_i + l m_{\mathrm{I}} r_{\mathrm{I}}\sin\theta_{\mathrm{I}} = 0 \tag{13-18}$$

联立式（13-17）、式（13-18）求解，则

$$m_{\mathrm{I}} r_{\mathrm{I}} = \frac{\left[\left(\sum_{i=1}^{n} l m_i r_i\cos\theta_i - \sum_{i=1}^{n} l_i m r_i\cos\theta_i\right)^2 + \left(\sum_{i=1}^{n} l m_i r_i\sin\theta_i - \sum_{i=1}^{n} l_i m_i r_i\sin\theta_i\right)^2\right]^{1/2}}{l} \tag{13-19}$$

$$\theta_{\mathrm{I}} = \arctan\left(\frac{-\sum_{i=1}^{n} l m_i r_i\sin\theta_i + \sum_{i=1}^{n} l_i m_i r_i\sin\theta_i}{-\sum_{i=1}^{n} l m_i r_i\cos\theta_i + \sum_{i=1}^{n} l_i m_i r_i\cos\theta_i}\right) \tag{13-20}$$

任何动不平衡的刚性转子，无论具有多少个偏心质量，以及分布于多少个回转平面内，都可以在任选的两个平衡面分别加上或减去一个适当的配重，使转子得到完全的平衡。

例 13-2　图 13-6 所示为一长圆柱形转子，转子上存在的不平衡质量的大小与方位分别为：$m_1=3\text{kg}$，$r_1=80\text{mm}$，$\theta_1=90°$，距平衡面 Ⅰ 的距离 $l_1=200\text{mm}$；$m_2=2\text{kg}$，$r_2=100\text{mm}$，$\theta_2=270°$，距平衡面 Ⅰ 的距离 $l_2=500\text{mm}$。两平衡面 Ⅰ 和 Ⅱ 位于两轴承中心位置，距离为 $l=800\text{mm}$。求加在平衡面 Ⅰ 和 Ⅱ 内的平衡质量的大小与方位。

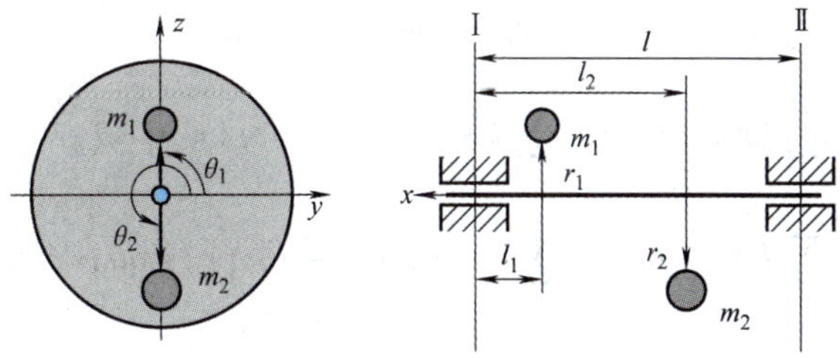

图 13-6　动平衡设计一

解　该转子有两个如图 13-6 所示的不平衡质量，已知过两个轴承中心的平面 Ⅰ、Ⅱ 为平衡面，设所加配重的质量分别为 m_{I}、m_{II}，所加配重的半径分别为 r_{I}、r_{II}。由平衡式（13-10）~式（13-12）可有

$$\begin{cases}\sum_{i=1}^{2} m_i\boldsymbol{r}_i + m_{\mathrm{I}}\boldsymbol{r}_{\mathrm{I}} + m_{\mathrm{II}}\boldsymbol{r}_{\mathrm{II}} = 0\\ \sum_{i=1}^{2} m_i\boldsymbol{r}_i l_i + m_{\mathrm{II}}\boldsymbol{r}_{\mathrm{II}} l = 0\\ \sum_{i=1}^{2} m_i\boldsymbol{r}_i (l-l_i) + m_{\mathrm{I}}\boldsymbol{r}_{\mathrm{I}} l = 0\end{cases}$$

一般情况下，利用对平衡面 Ⅰ 和平衡面 Ⅱ 的力矩方程就可以求解两平衡面的配重质量大小与方位。

先将平衡面 Ⅰ 的力矩方程向 y 轴和 z 轴投影，有

$$\begin{cases}\sum_{i=1}^{2} m_i r_i l_i\cos\theta_i + m_{\mathrm{II}} r_{\mathrm{II}} l\cos\theta_{\mathrm{II}} = 0\\ \sum_{i=1}^{2} m_i r_i l_i\sin\theta_i + m_{\mathrm{II}} r_{\mathrm{II}} l\sin\theta_{\mathrm{II}} = 0\end{cases}$$

则可求解平衡面 Ⅱ 的质径积和所在方位角。由式（13-15）有

$$m_{\mathrm{II}} r_{\mathrm{II}} = \frac{\left[\left(\sum_{i=1}^{2} l_i m_i r_i\cos\theta_i\right)^2 + \left(\sum_{i=1}^{2} l_i m_i r_i\sin\theta_i\right)^2\right]^{1/2}}{l}$$

代入已知数据，得

$$m_{\mathrm{II}} r_{\mathrm{II}} = \frac{\left[(l_1 m_1 r_1\cos\theta_1 + l_2 m_2 r_2\cos\theta_2)^2 + (l_1 m_1 r_1\sin\theta_1 + l_2 m_2 r_2\sin\theta_2)^2\right]^{1/2}}{l}$$

$$= \frac{\left[(200\times3\times80\times\cos90° + 500\times2\times100\times\cos270°)^2 + (200\times3\times80\times\sin90° + 500\times2\times100\times\sin270°)^2\right]^{1/2}}{800}\text{kg}\cdot\text{mm}$$

$$= 65\text{kg}\cdot\text{mm}$$

取配重半径 $r_{\mathrm{II}}=100\mathrm{mm}$，则配重质量 $m_{\mathrm{II}}=0.65\mathrm{kg}$。再求方位角，由式（13-16）有

$$\theta_{\mathrm{II}}=\arctan\left(\frac{-\sum_{i=1}^{n}l_im_ir_i\sin\theta_i}{-\sum_{i=1}^{n}l_im_ir_i\cos\theta_i}\right)=\arctan\left(\frac{-l_1m_1r_1\sin\theta_1-l_2m_2r_2\sin\theta_2}{-l_1m_1r_1\cos\theta_1-l_2m_2r_2\cos\theta_2}\right)$$

$$=\arctan\left(\frac{-200\times3\times80\times\sin90°-500\times2\times100\times\sin270}{-200\times3\times80\times\cos90°-500\times2\times100\times\cos270°}\right)=90°$$

同理，将平衡面Ⅱ的力矩方程向 y 轴和 z 轴投影，有

$$\begin{cases}\sum_{i=1}^{2}lm_ir_i\cos\theta_i-\sum_{i=1}^{2}l_im_ir_i\cos\theta_i+lm_{\mathrm{I}}r_{\mathrm{I}}\cos\theta_{\mathrm{I}}=0\\ \sum_{i=1}^{2}lm_ir_i\sin\theta_i-\sum_{i=1}^{2}l_im_ir_i\sin\theta_i+lm_{\mathrm{I}}r_{\mathrm{I}}\sin\theta_{\mathrm{I}}=0\end{cases}$$

联立求解，则

$$m_{\mathrm{I}}r_{\mathrm{I}}=\frac{\left[\left(\sum_{i=1}^{2}lm_ir_i\cos\theta_i-\sum_{i=1}^{2}l_imr_i\cos\theta_i\right)^2+\left(\sum_{i=1}^{2}lm_ir_i\sin\theta_i-\sum_{i=1}^{2}l_im_ir_i\sin\theta_i\right)^2\right]^{1/2}}{l}$$

代入已知数据，得

$$m_{\mathrm{I}}r_{\mathrm{I}}=105\mathrm{kg}\cdot\mathrm{mm}$$

取配重半径 $r_{\mathrm{I}}=100\mathrm{mm}$，则配重质量 $m_{\mathrm{II}}=1.05\mathrm{kg}$。再求方位角，由式（13-20）有

$$\theta_{\mathrm{I}}=\arctan\left(\frac{-\sum_{i=1}^{n}lm_ir_i\sin\theta_i+\sum_{i=1}^{n}l_im_ir_i\sin\theta_i}{-\sum_{i=1}^{n}lm_ir_i\cos\theta_i+\sum_{i=1}^{n}l_im_ir_i\cos\theta_i}\right)=270°$$

例 13-3 如图 13-7 所示转子中，已知各不平衡质量的大小与方位如下：

$m_1=1.2\mathrm{kg}$，　$r_1=1135\mathrm{mm}$，　$\theta_1=113.4°$

$m_2=1.8\mathrm{kg}$，　$r_2=822\mathrm{mm}$，　$\theta_2=48.8°$

$m_3=2.4\mathrm{kg}$，　$r_3=1040\mathrm{mm}$，　$\theta_3=251.4°$

$l_1=854\mathrm{mm}$，　$l_2=1701\mathrm{mm}$，　$l_3=2396\mathrm{mm}$，　$l=3097\mathrm{mm}$

求在两个平衡面 A、B 上的配重质量大小与方位。

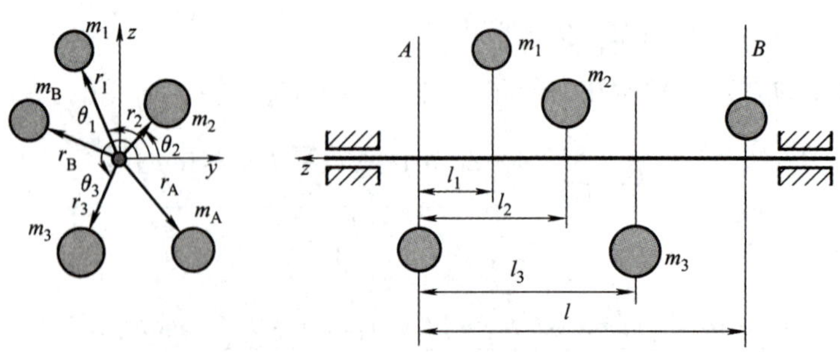

图 13-7　动平衡设计二

解　由式（13-9）知刚性转子的动平衡条件为

$$\begin{cases} \sum_{i=1}^{3} \boldsymbol{F}_i + \boldsymbol{F}_A + \boldsymbol{F}_B = 0 \\ \sum \boldsymbol{M}_A = 0 \\ \sum \boldsymbol{M}_B = 0 \end{cases}$$

式中，$\boldsymbol{F}_A$ 为平衡面 A 上所加配重质量产生的惯性力；$\boldsymbol{F}_B$ 为平衡面 B 上所加配重质量产生的惯性力；$\boldsymbol{F}_i$ 为各不平衡质量产生的惯性力；$\sum M_A=0$ 为各面惯性力和所加配重产生的惯性力对平衡面 A 的力矩之和；$\sum M_B=0$ 为各面惯性力和所加配重产生的惯性力对平衡面 $\boldsymbol{B}$ 的力矩之和。

将 $\boldsymbol{F}_i=m_i\boldsymbol{r}_i\omega^2$，$\boldsymbol{F}_A=m_A\boldsymbol{r}_A\omega^2$，$\boldsymbol{F}_B=m_B\boldsymbol{r}_B\omega^2$，代入上式，消去 ω^2，写成质径积的形式为

$$\sum_{i=1}^{3} m_i\boldsymbol{r}_i + m_A\boldsymbol{r}_A + m_B\boldsymbol{r}_B = 0$$

$$\sum_{i=1}^{3} m_i\boldsymbol{r}_i l_i + m_B\boldsymbol{r}_B l = 0$$

$$\sum_{i=1}^{3} m_i\boldsymbol{r}_i(l-l_i) + m_A\boldsymbol{r}_A l = 0$$

将对 A 面的力矩式向 z 轴和 y 轴投影，有

$$\sum_{i=1}^{3} m_i r_i l_i\cos\theta_i + m_B r_B l\cos\theta_B = 0$$

$$\sum_{i=1}^{3} m_i r_i l_i\sin\theta_i + m_B r_B l\sin\theta_B = 0$$

联立求解，得

$$m_B r_B = \frac{\left[\left(\sum_{i=1}^{3} l_i m_i r_i\cos\theta_i\right)^2 + \left(\sum_{i=1}^{3} l_i m_i r_i\sin\theta_i\right)^2\right]^{1/2}}{l}$$

$$= \frac{\left[(l_1m_1r_1\cos\theta_1+l_2m_2r_2\cos\theta_2+l_3m_3r_3\cos\theta_3)^2+(l_1m_1r_1\sin\theta_1+l_2m_2r_2\sin\theta_2+l_3m_3r_3\sin\theta_3)^2\right]^{1/2}}{l}$$

代入题目中各已知量，并计算得

$$m_B r_B = 904\text{kg}\cdot\text{mm}$$

取 $r_B=1000\text{mm}$，则 $m_B=0.904\text{kg}$。又由式（13-16）和题目各已知量得

$$\theta_B = \arctan\left(\frac{-\sum_{i=1}^{3} l_i m_i r_i\sin\theta_i}{-\sum_{i=1}^{3} l_i m_i r_i\cos\theta_i}\right) = 75.27°$$

同理，可求 A 面的应加配重质量大小与方位。即

$$m_A r_A = \frac{\left[\left(\sum_{i=1}^{3} lm_i r_i\cos\theta_i - \sum_{i=1}^{3} l_i mr_i\cos\theta_i\right)^2 + \left(\sum_{i=1}^{3} lm_i r_i\sin\theta_i - \sum_{i=1}^{3} l_i m_i r_i\sin\theta_i\right)^2\right]^{1/2}}{l} = 880\text{kg}\cdot\text{mm}$$

取 $r_A=1000\text{mm}$，则 $m_A=0.88\text{kg}$。又由式（13-20）和题目各已知量得

$$\theta_A = \arctan\left(\frac{-\sum_{i=1}^{3} l m_i r_i \sin\theta_i + \sum_{i=1}^{3} l_i m_i r_i \sin\theta_i}{-\sum_{i=1}^{3} l m_i r_i \cos\theta_i + \sum_{i=1}^{3} l_i m_i r_i \cos\theta_i}\right) = -81.25°$$

第三节　刚性转子的平衡实验

经过平衡设计的转子实现了理论上的平衡，但由于制造、装配误差及材质不均匀等原因，实际生产出来的转子在运转时还会出现不平衡现象，这种不平衡在设计阶段是无法消除的，需要通过实验来确定不平衡量质量的大小和方位，然后利用增加或去除质量的方法予以平衡。

一、刚性转子的静平衡实验

对于宽径比 $b/d \leqslant 0.2$ 的刚性转子，可进行静平衡实验。静平衡实验设备比较简单，一般采用带有两根平行导轨的静平衡架。为减少轴颈与导轨之间的摩擦，导轨端口形状常做成刀口状或圆弧状。图 13-8 所示为静平衡实验示意图，1 为待平衡转子，2 为刀口状平衡架。

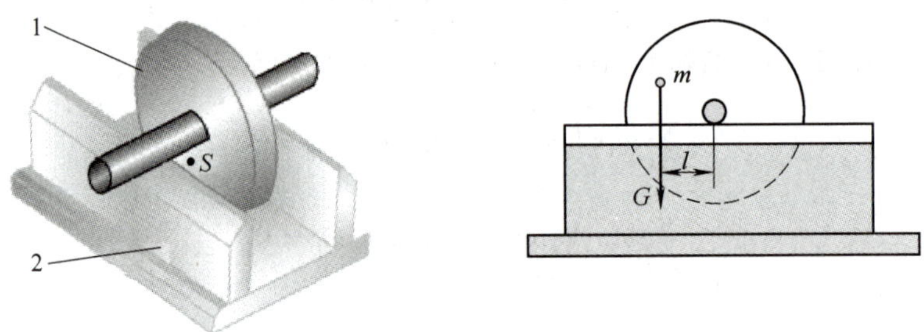

图 13-8　静平衡实验

1—待平衡转子　2—刀口状平衡架

静平衡实验时，将一个具有偏心质量的盘状转子放在静平衡支架上，偏心重对其转动中心会产生一个重力矩 Gl，并驱动转子转动，直到质心位于正下方（力臂为零）才会停止。进行静平衡实验时，首先调整好支架的水平状态，然后将转子轴颈放置在支架的一端，轻轻使转子向另一端滚动，待其静止时，说明该位置时的质心位于转子轴线的下方，在其正上方作一标记。然后再使转子反方向滚动，在转子静止位置的上方仍作一标记，在两个标记之间加一配重或在相对轴心镜像处减一配重。再反复实验，直到该转子在任意位置都能静止，说明转子的质心与其回转轴线趋于重合。

由于轴颈和支架之间的摩擦会影响静平衡的精度，所以重要的盘状转子还要在动平衡机上进行静平衡实验。

二、刚性转子的动平衡实验

对于宽径比 $b/d > 0.2$ 的刚性转子，需进行动平衡实验。刚性转子的动平衡实验要在动平衡机上进行。转子不平衡而产生的离心惯性力和惯性力矩，将使转子的支承产生强迫振动，转子支承处振动的强弱反映了转子的不平衡情况。各类动平衡机的工作原理都是通过测量转子支承处的振动强度和相位来测定转子不平衡量的大小与方位的。图 13-9 所示为工业动平衡机。通过测量两个支承处的振动就可以知道两平面的平衡结果。

图 13-9 工业动平衡机

1—底座 2—动力箱 3—计算机系统 4—主轴 5—转子 6—支承架

安置在底座 1 上的动力箱 2 为主轴 4 的转动提供动力，主轴 4 再通过联轴器驱动转子 5 转动。转子 5 安装在前后两个支承架 6 上。转子 5 的振动传递到支承架，由传感器将支承架的振动信号经过选频、整形、放大等信号处理后，经计算机系统 3 处理，显示出转子 5 不平衡质量的大小与方位。在转子 5 的两个平衡面进行增加配重或减少配重后，再重新进行平衡，直到满足平衡精度为止。

平衡过程中，增加配重或减少配重与转子的结构有关，带有叶片类的转子一般采用减少配重方法或采用焊接或喷涂之类的增加配重方法。

三、刚性转子的平衡精度

经过平衡实验的转子还会存在一些残存的不平衡量。只要转子的残存不平衡量小于许用不平衡量就可以满足工作要求。

转子的许用不平衡量有两种表示方法，即质径积表示法和偏心距表示法。转子的许用不平衡质径积用 $[mr]$ 表示，转子质心距离回转轴线的许用偏心距用 $[e]$ 表示。两者的关系为

$$[e]=[mr]/m$$

偏心距是一个与转子质量无关的绝对量，而质径积是与转子质量有关的相对量。通常，对于具体给定的转子，用许用不平衡质径积较好，因为它直观，便于平衡操作，缺点是不能反映转子和平衡机的平衡精度。而为了便于比较，在衡量转子平衡的优劣或衡量平衡的精度时，用许用偏心距较好。

关于转子的许用不平衡量，目前我国尚未制定统一的标准。表 13-1 为国际标准化组织（ISO）制定的关于刚性转子平衡精度的标准，所给出各种典型转子的平衡精度与对应的许用不平衡量，可供参考使用。使用该表时，可首先选定平衡精度 A，然后依据表中公式计算出许用偏心距 $[e]$，再计算许用质径积 $[mr]$，判别平衡结果是否满足平衡精度要求。

根据表 13-1 中数据，通过计算可得到转子的许用偏心距和许用质径积。

表 13-1 转子的平衡精度

精度等级	$A=\frac{[e]\omega}{1000}$① mm/s	典型转子举例
A4000	4000	具有奇数个气缸的低速、船用柴油机曲轴传动装置②
A1600	1600	刚性安装的大型两冲程发动机曲轴传动装置
A630	630	大型四冲程发动机曲轴传动装置
A250	250	高速四缸柴油机曲轴传动装置
A100	100	六缸或六缸以上的高速柴油机曲轴传动装置；汽车和机车用发动机整机
A40	40	汽车轮、轮缘、轮组、传动轴；弹性安装的六缸或六缸以上的高速四冲程发动机曲轴传动装置；汽车和机车用发动机的曲轴传动装置
A16	16	特殊要求的传动轴（螺旋桨轴、万向联轴器）；破碎机械及农用机械的零部件；汽车和机车用发动机的特殊部件；有特殊要求的六缸或六缸以上发动机的曲轴传动装置
A6. 3	6. 3	作业机械的回转零件；船用主汽轮机的齿轮、风扇；航空燃气轮机转子部件；泵的叶轮；离心机鼓轮；机床及一般机械的回转零部件；普通电动机转子；特殊要求的发动机回转零部件
A2. 5	2. 5	燃气轮机和汽轮机的转子部件；刚性汽轮发电机的转子；透平压缩机转子；机床主轴和驱动部件；特殊要求的大型和中型电动机转子；小型电动机转子；透平驱动泵
A1. 0	1. 0	磁带记录仪及录音机驱动部件；磨床驱动部件；特殊要求的微型电动机转子
A0. 4	0. 4	精密磨床的主轴、砂轮、电动机转子、陀螺仪

① ω 单位为 rad/s，$[e]$ 单位为 μm。

② 曲轴传动装置包括曲轴、飞轮、离合器、带轮、减振器、连杆回转部分等组件。

许用偏心距为

$$[e]=\frac{1000}{\omega}\times A$$

许用质径积为

$$[mr]=m[e]$$

进行静平衡实验时，由于转子的不平衡质量与配重质量均在同一个平面内，故转子质心与回转中心之间的最大距离应控制在许用偏心距之内，其许用质径积为 $m[e]$。

进行动平衡实验时，先求出质心所在平面的许用偏心距 $[e]$，再求出许用质径积 $m[e]$，然后再换算出两个平衡基面内的许用质径积。以图 13-10 所示转子为例，设转子质量为 m，质心位于 S 点，平衡基面Ⅰ、Ⅱ上的许用质径积分别为

$$[mr]_{\mathrm{I}}=\frac{b}{a+b}$$

$$[mr]_{\mathrm{II}}=\frac{a}{a+b}$$

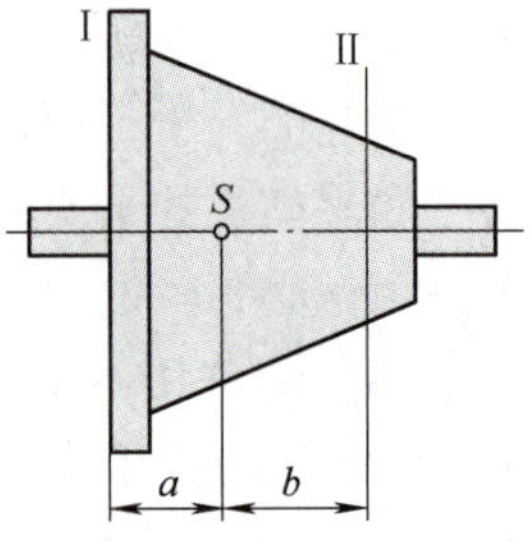

图 13-10 许用质径积的分配

进行平衡实验时，两个平面的剩余不平衡质量分别与上述值相比较即可知道平衡效果。

例 13-4 图 13-10 所示转子质量 $m=100\text{kg}$，工作转速为 $n=3000\text{r/min}$，$a=200\text{mm}$，$b=300\text{mm}$，平衡精度为 A6. 3。求两个平衡面上的许用质径积。

解　$\omega = \dfrac{2\pi n}{60} = \dfrac{2\times\pi\times3000}{60}\text{rad/s} = 314.159\text{rad/s}$

质心平面的许用偏心距为$[e] = \dfrac{1000}{\omega}\times A = \dfrac{1000}{\omega}\times6.3\mu\text{m} = 20\mu\text{m}$

许用质径积为$m[e] = 100\text{kg}\times0.02\text{mm} = 2\text{kg}\cdot\text{mm}$

Ⅰ平面的许用质径积为

$$[mr]_{\text{I}} = m[e]\ \frac{b}{a+b} = 2\text{kg}\cdot\text{mm}\times\frac{300}{200+300} = 1.2\text{kg}\cdot\text{mm}$$

Ⅱ平面的许用质径积为

$$[mr]_{\text{II}} = m[e]\ \frac{a}{a+b} = 2\text{kg}\cdot\text{mm}\times\frac{200}{200+300} = 0.8\text{kg}\cdot\text{mm}$$

确定刚性转子的平衡精度时，一定要从实际生产的需要出发，既要考虑技术条件，还要考虑经济性，对转子提出过高的平衡精度要求会在制造时间和劳动力上造成浪费。

第四节　平面机构的平衡简介

一、平面机构的平衡条件

机构运动时，各运动构件所产生的惯性力可以合成为一个通过机构质心S处的总惯性力和一个总惯性力偶矩，这个总惯性力和总惯性力偶矩全部由基座承受。因此，为了消除机构在基座上引起的动压力，就必须设法平衡这个总惯性力和总惯性力偶矩。故机构平衡的条件是作用在机构质心的总惯性力和总惯性力偶矩分别为零，即

$$\sum m_i \boldsymbol{a}_S = 0$$

$$\sum \boldsymbol{M}_z = 0$$

式中，$\sum m_i$为机构中各构件的质量和；$\boldsymbol{a}_S$为机构总质心处的加速度；$\sum \boldsymbol{M}_z$为机构中各构件的惯性力矩之和。

实际平衡中，总惯性力偶矩对基座的影响应当与外加驱动力矩和阻抗力矩一并研究（因这三者都将作用到基座上），但是由于驱动力矩和阻抗力矩与机械的工作性质有关，单独平衡惯性力偶矩往往没有意义，故本章只讨论总惯性力的平衡问题。

机构的总质量$\sum m_i$不可能为零，若使机构惯性力得以平衡，则机构的总质心处的加速度$a_S=0$。满足$a_S=0$的条件是机构总质心静止不动或作匀速直线运动，由于机构在运动过程中总质心的运动轨迹为封闭曲线，总质心不可能作匀速直线运动，故机构惯性力的平衡条件只能是总质心静止不动。

二、平面机构平衡方法简介

1. 机构惯性力的完全平衡

对平面机构进行平衡时，可利用在运动构件上加减配重的方法，使机构总质心位于机架上并静止不动，称为机构惯性力的完全平衡。

图13-11所示曲柄滑块机构中，在连杆BC延长线上安装配重m_{22}，使连杆与滑块的质心位于曲柄和连杆的铰接点B处，在曲柄的延长线上安装配重m_{11}，使曲柄1的质心位于A点，

这样机构总质心位于固定点，对应总质心处的加速度为零。

2. 满足完全平衡时的构件平衡质量

（1）构件的质量代换　在进行机构的动力分析和平衡设计时，经常把构件质心处的质量用几个选定位置的质量代替，工程中一般选定两个集中代换点处的质量代替构件质心处的质量，并称之为质量代换。在图 13-12 所示构件中，构件 BC 质量为 m，质心在 S 点。两个代换点分别为 B、K，代换点的质量分别为 m_B、m_K。为了保证代换前后的惯性力和惯性力偶矩不变，进行质量代换时必须满足以下几个条件：

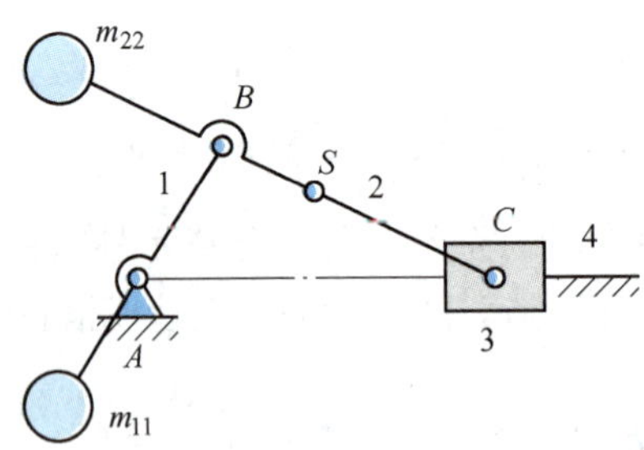

图 13-11　机构的平衡

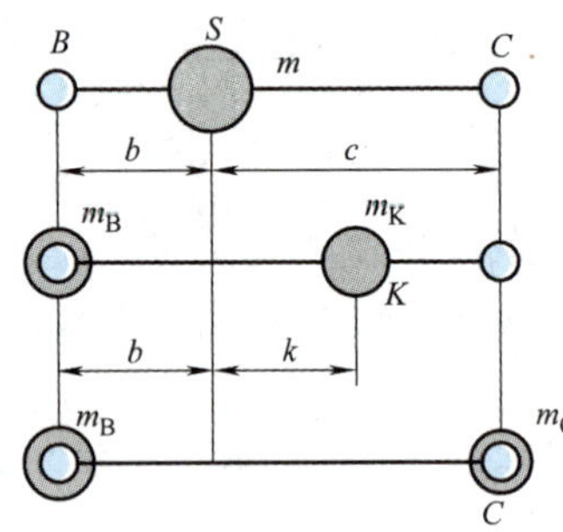

图 13-12　构件的质量代换

1）代换点处的质量总和等于质心处质量，即代换前后质量不变，可有

$$m_B + m_K = m$$

2）代换前后的构件质心位置不变，可有

$$m_B b = m_K k$$

3）代换前后构件对质心的转动惯量不变，可有

$$m_B b^2 + m_K k^2 = J_S$$

由此可解出代换点的质量为

$$m_B = \frac{mk}{b+k}$$

$$m_K = \frac{mb}{b+k}$$

$$k = \frac{J_S}{mb}$$

同时满足上述三个条件时，代换前后构件的惯性力和惯性力偶矩不变，故称之为动代换。动代换时，由于选定一个代换点 B 后，另一个代换点 K 的位置也随之确定，而不能随意选择，这限制了动代换的应用。

工程中，经常选用满足前两个条件的代换方法，并称之为静代换。静代换只满足惯性力的平衡条件，不满足惯性力偶矩的平衡条件，但两个代换点可任意选择，给工程应用带来很大方便。

一般情况下，两个代换点常选在 B、C 处，有

$$m_B + m_C = m$$

$$m_B b = m_C c$$

$$m_B = m\frac{c}{b+c}$$

$$m_C = m\frac{b}{b+c}$$

（2）在运动构件上加平衡质量实现机构惯性力的完全平衡　在运动构件的适当位置上增加平衡质量，重新调整机构的质心位置，使质心落在机架上静止不动。图 13-13 所示机构中，曲柄 AB 是定轴转动构件，可通过转子平衡方法使其质心落在轴线 A 上。构件质量分别为 m_1、m_2、m_3，连杆与摇杆的质心位置分别在 S_2、S_3。利用机构的质量静代换方法将构件 2 的质量 m_2 代换到铰链 B、C 点。

$$m_{2B} = m_2\frac{l_2-h_2}{l_2} = m_2\left(1-\frac{h_2}{l_2}\right)$$

$$m_{2C} = m_2\frac{h_2}{l_2}$$

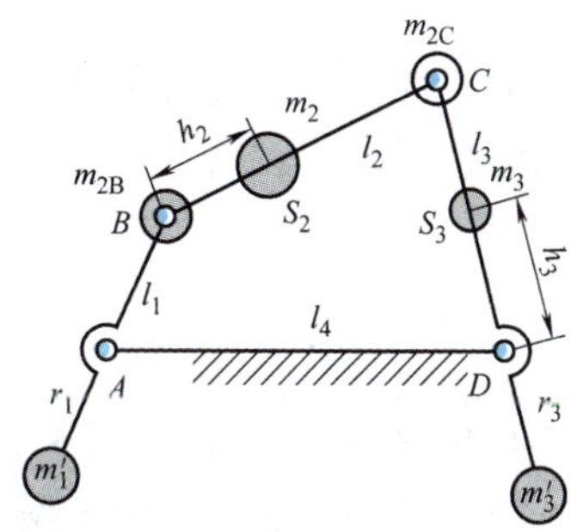

图 13-13　铰链四杆机构的完全平衡法

在构件 1 的延长线上的 r_1 处加装一个平衡质量 m_1'，使 m_1'、m_1、m_{2B} 的质心位于 A 点，有

$$m_1'r_1 = m_{2B}l_1$$

$$m_1' = \frac{m_{2B}l_1}{r_1}$$

同样在构件 3 的延长线上的 r_3 处加装一个平衡质量 m_3'，使 m_3'、m_3、m_{2C} 的质心位于 D 点，有

$$m_3'r_3 = m_3h_3 + m_{2C}l_3$$

$$m_3' = \frac{m_3h_3 + m_{2C}l_3}{r_3}$$

通过加装配重质量 m_1'、m_3'，可认为机构总质量集中在 A、D 两处。即

$$m_A = m_1' + m_1 + m_{2B}$$

$$m_D = m_3' + m_3 + m_{2C}$$

机构总质心位于机架上，则机构系统的惯性力得到完全平衡。

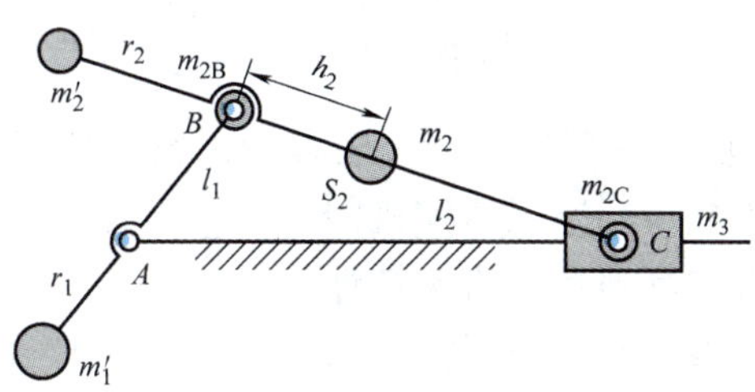

图 13-14　曲柄滑块机构的完全平衡法

同理，可对图 13-14 所示的曲柄滑块机构进行平衡设计，把连杆的质量 m_2 代换到 B、C 两点，计算出 m_{2B} 和 m_{2C}，此时滑块处的质量为（$m_{2C}+m_3$）；在连杆 l_2 的延长线上加平衡重 m_2'，使构件 2 质心位于 B 点，有

$$m_B = m_2' + m_2 + m_3$$

$$m_2'r_2 = m_2h_2 + m_3l_2$$

$$m_2' = \frac{m_2h_2 + m_3l_2}{r_2}$$

假设曲柄已经进行过转子的平衡计算，在其延长线上的 r_1 处加配重质量 m_1'，使构件 1 的质心位于 A 点，有

$$m_1'r_1 = m_Bl_1$$

$$m_1' = \frac{m_Bl_1}{r_1}$$

机构总质量为 $m_A = m_1' + m_1 + m_B$，总质心位于 A 点。

以上平衡方法可完全平衡机构的惯性力，但是若要完全平衡 n 个构件的单自由度机构的惯性力，需要至少加 $n/2$ 个平衡质量，这样一来，机构的质量将大大增加，特别是在连杆上增加质量不利于机构的结构设计，因此，实际应用中往往不采用这种方法，而更多地采用下述部分平衡的方法。

（3）平面机构惯性力的部分平衡　完全平衡机构的惯性力会增加机构的质量，使机构结构复杂。因此，设计人员常采用平衡机构的部分惯性力的方法。

1）安装平衡机构平衡部分惯性力。图 13-15a 所示曲柄滑块机构 ABC 中，在曲柄 AB 的反方向连接一套曲柄滑块机构 AB_1C_1，称为平衡机构，两滑块运动方向相反，抵消滑块的部分惯性力。图 13-15b 所示曲柄摇杆机构 $ABCD$ 中，在曲柄 AB 的反方向连接一套作为平衡用的曲柄摇杆机构 AB_1C_1D，两摇杆运动方向相反，抵消摇杆的部分惯性力。

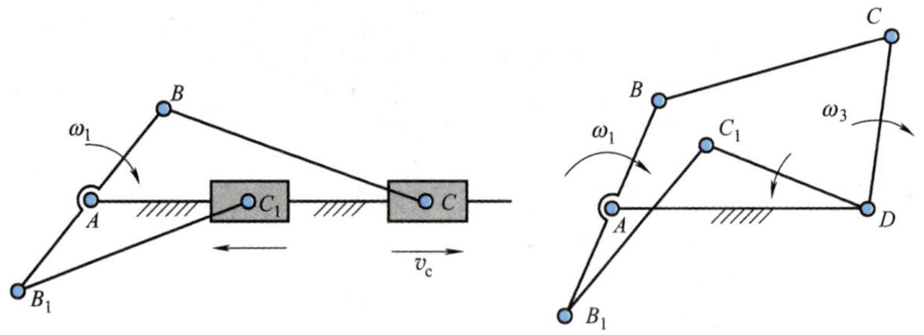

图 13-15　安装平衡机构的部分惯性力平衡法

2）在运动构件上加配重实现部分平衡。工程中，铰链四杆机构常位于传动链的低速级，而曲柄滑块机构作为内燃机、空气压缩机的主体机构，则常位于传动链的高速级，机构惯性力的完全平衡受结构限制，因此常采用惯性力的部分平衡方法，在图 13-16 所示的曲柄滑块机构中，曲柄已经经过转子的平衡设计，其质量中心与回转中心重合。利用质量静代换方法，将构件 2 的质量 m_2 代换到 B、C 两点，B 点的质量为 m_{2B}，C 点的质量为 m_{2C}，则有

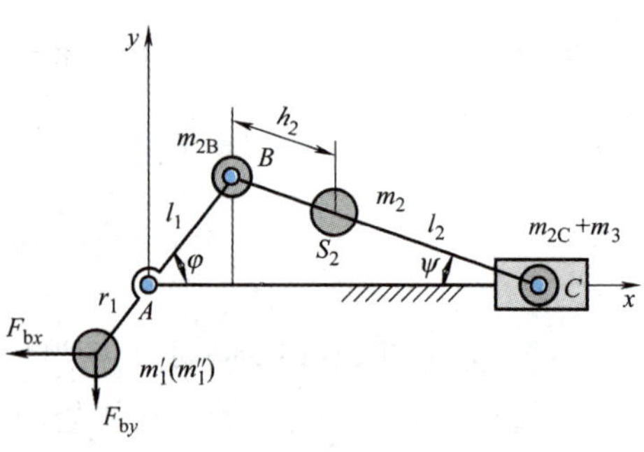

图 13-16　安装配重实现部分惯性力平衡法

$$m_{2B} = \frac{l_2 - h_2}{l_2}m_2$$

$$m_{2C}=\frac{h_2}{l_2}m_2$$

在曲柄反方向延长线上的 r_1 处加一平衡质量 m_1'，使其产生的惯性力能够平衡 m_{2B} 所产生的惯性力。即

$$m_1'r_1=m_{2B}l_1$$

$$m_1'=\frac{l_1(l_2-h_2)}{l_2r_1}m_2$$

m_1' 可平衡该机构的部分惯性力。

若要平衡滑块所产生的往复惯性力 $\boldsymbol{F}_C$，平衡过程则要复杂一些，因为 $\boldsymbol{F}_C$ 的大小与方向随着曲柄转角 φ 的不同而时刻变化。由图 13-16 可知，滑块的位移 x_C 为

$$x_C=l_1\cos\varphi+l_2\cos\psi$$

$$\sin\psi=\frac{l_1\sin\varphi}{l_2}=\lambda\sin\varphi，\lambda=\frac{l_1}{l_2}$$

$$\cos\psi=\sqrt{1-\sin^2\psi}=(1-\lambda^2\sin^2\varphi)^{\frac{1}{2}}$$

由牛顿二项式展开定理，可有

$$(a+b)^n=a^n+na^{n-1}b+\frac{n(n-1)}{2!}a^{n-2}b^2+\frac{n(n-1)(n-2)}{3!}a^{n-3}b^3+\cdots$$

令 $a=1$，$b=-\lambda^2\sin^2\varphi$，$n=\frac{1}{2}$，则有

$$\cos\psi=1-\frac{1}{2}\lambda^2\sin^2\varphi-\frac{1}{8}\lambda^4\sin^4\varphi-\frac{1}{16}\lambda^6\sin^6\varphi+\cdots$$

由于该级数收敛很快，一般取前两项即可满足计算要求。即

$$\cos\psi=1-\frac{1}{2}\lambda^2\sin^2\varphi$$

将其代入位移式中

$$x_C=l_1\cos\varphi+l_2-\frac{l_2}{2}\lambda^2\sin^2\varphi=l_1\cos\varphi+l_2-\frac{l_1}{2}\lambda\sin^2\varphi$$

求出位移 x_C 的二阶导数，即为滑块的加速度 a_C

$$a_C=-l_1\omega_1^2(\cos\varphi+\lambda\cos2\varphi)$$

滑块产生的惯性力 F_C 为

$$F_C=-(m_3+m_{2C})a_C=(m_3+m_{2C})l_1\omega_1^2\cos\varphi+(m_3+m_{2C})l_1\omega_1^2\lambda\cos2\varphi=F_{\text{I}}+F_{\text{II}}$$

$$F_{\text{I}}=(m_3+m_{2C})l_1\omega_1^2\cos\varphi$$

$$F_{\text{II}}=(m_3+m_{2C})l_1\omega_1^2\lambda\cos2\varphi$$

式中，F_{I} 称为一阶惯性力；F_{II} 称为二阶惯性力。

若要平衡一阶惯性力，可在曲柄反向延长线上的 r_1 处加一个配重质量 m_1''，所产生的惯性力为 F_b，则水平分力和垂直分力为

$$F_{bx}=m_1''r_1\omega_1^2\cos\varphi$$

$$F_{by}=m_1''r_1\omega_1^2\sin\varphi$$

若 F_{bx} 将 F_C 完全平衡，所加配重很大，所产生的垂直分力 F_{by} 也很大，故一般只需平衡

一阶惯性力的一部分。工程上常取

$$F_{bx} = (0.3 \sim 0.5) F_C$$

若平衡一阶惯性力，则有

$$F_{bx} = F_I$$

$$m_1'' r_1 \omega^2 \cos\varphi = (m_3 + m_{2C}) l_1 \omega_1^2 \cos\varphi$$

$$m_1'' = \frac{(m_3 + m_{2C}) l_1}{r_1}$$

尽管这种平衡方法是近似的，但由于结构简单，在工程中得到了广泛的应用。

最后，对于机械平衡问题，还需进一步指出，在一些精密设备中，要获得高质量的平衡效果，仅在最后才进行平衡检测是不够的，应在生产的全过程中（即原材料的准备、加工、装配各个环节）都关注到平衡问题。

本章总结

1. 机械平衡设计是机械动力学的重要内容。
2. 当转子的尺寸符合 $b/d \leqslant 0.2$ 时，可以认为转子的不平衡质量分布在同一个平面内，此类转子只进行静平衡设计即可满足设计要求。静平衡设计只在一个平面内进行，故又称为单面平衡设计。
3. 当转子的尺寸符合 $b/d > 0.2$ 时，不能认为转子的不平衡质量分布在同一个平面内，此类转子需要进行动平衡设计，才可满足设计要求。
4. 动平衡设计时，可把转子内部的不平衡质量分配到任选的两个校正平面上，然后在两个校正平面内分别进行平衡设计，整个转子即可满足动平衡设计要求，故又称为双面平衡设计。
5. 当忽略运转中的转子弹性变形时，此类转子称为刚性转子，否则为挠性转子。
6. 平衡设计的理论依据是力系平衡法则。
7. 平衡设计的方法有图解法和解析法，图解法的依据是矢量和为零的数学法则。
8. 从力系平衡观点出发，作用在转子上的离心惯性力之和为零；但在平衡设计过程中，经常使用质径积之和为零。
9. 经过动平衡设计的转子满足静平衡要求，但经过静平衡设计的转子，不满足动平衡要求。
10. 一些在高速运转条件下工作的重要转子，当 $b/d \leqslant 0.2$ 时，也要进行动平衡设计。
11. 经过平衡设计的转子，仍然需要进行平衡实验。这是因为转子本身存在材质分布不均匀和转子在制造与装配过程中存在偏心误差。
12. 平衡实验过程中，必须要满足残存的不平衡量小于许用的不平衡量。
13. 许用不平衡量是指通过转子质心的值，进行静平衡实验时可直接采用，进行动平衡实验时，必须将其分配到两个校正平面上。
14. 进行平衡设计与实验时，不平衡量一般指质径积 mr。
15. 平面机构中，连杆或滑块的惯性力的大小与方向随机构运动而变化，因此不能就其本身进行增加配重或减少配重实现构件的平衡，必须就机构整体统一考虑。
16. 平面机构平衡时，可在构件上适当增加配重，调整机构系统的总质心，使总质心落在机架上，实现机构惯性力的平衡。

习　题

1. 理解

1-1 刚性转子的动平衡分析的依据是空间力系的平衡原理。

1-2 根据转子在转动过程中是否存在变形，可确定转子是刚性转子或挠性转子。

1-3 平面机构平衡的力学条件是（　　）。

a）惯性力平衡和惯性力偶矩平衡　　b）各构件分别达到平衡

1-4 在刚性转子的平衡分析中，如果转子的转动速度变为原来的 2 倍时，其平衡质量（　　）。

a）变为原来的 2 倍　　b）变为原来的 1/2　　c）不变　　d）变为原来的 4 倍

1-5 进行动平衡设计时，至少需要（　　）个平衡质量。

a）2　　b）3　　c）4　　d）1

1-6 进行刚性转子的静平衡设计时，可在一个（　　）平衡面内进行。

a）2　　b）1

1-7 进行刚性转子的动平衡设计时，可在一个（　　）平衡面内进行。

a）2　　b）1

1-8 经过动平衡的刚性转子，一定满足__________条件。

1-9 经过平衡设计的转子，（　　）进行平衡实验。

a）仍需要　　b）不需要

1-10 刚性转子的平衡精度是指（　　）的精度。

a）平衡面　　b）转子质心平面

1-11 如习题图 13-1 所示盘状转子是否符合静平衡条件？是否符合动平衡条件？说明理由。

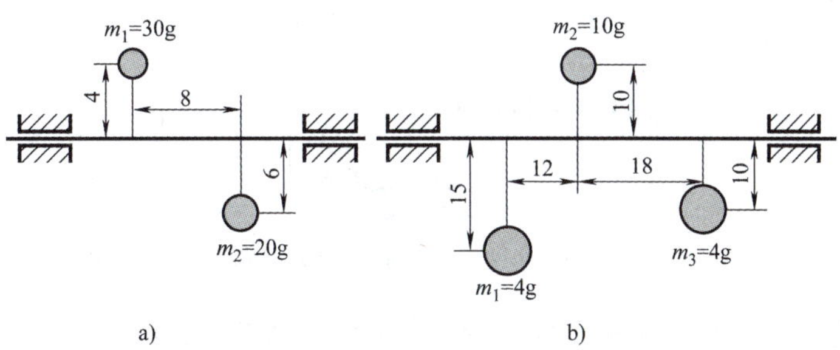

习题图 13-1　盘状转子静平衡

1-12 设计习题图 13-2 所示的横梁式重力静平衡机，右端安装待平衡转子，左端为配重，使横梁保持水平位置。转子转动过程中，当不平衡质量 m 位于右端位置 A 时，横梁左端顺时针摆动一角度，当 m 位于左端位置 B 时，横梁左端逆时针摆动一角度。利用在转子上加配重的方式可实现转子的静平衡。请详细论证该平衡机的工作原理。

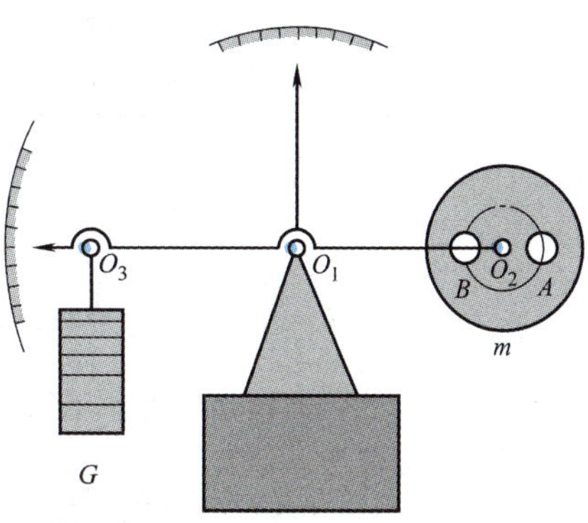

习题图 13-2　横梁式重力静平衡机

2. 分析与设计

2-1 如习题图 13-3 所示的盘状转子上，三个不平衡质量的大小分别为 $m_1=4\text{kg}$，$m_2=5\text{kg}$，$m_3=2\text{kg}$；径向位置分别为 $r_1=80\text{mm}$，$r_2=90\text{mm}$，$r_3=40\text{mm}$；角度位置分别为 $\alpha_1=45°$，$\alpha_2=120°$，$\alpha_3=225°$。设应添加的配重的径向位置为 $r_c=$

80mm，试确定配重的质量和角度位置，使系统达到静平衡。

2-2　如习题图 13-4 所示的零件，由于加工原因，存在有不平衡质量 $m_1=0.28$kg，$m_2=0.28$kg，$m_3=0.28$kg，$m_4=0.28$kg，角度位置分别为 $\alpha_1=0.5°$，$\alpha_2=90°$，$\alpha_3=179.5°$，$\alpha_3=275°$，径向位置分别为 $r_1=r_2=r_3=r_4=40$mm。试求该零件总的不平衡质量的大小和方位。

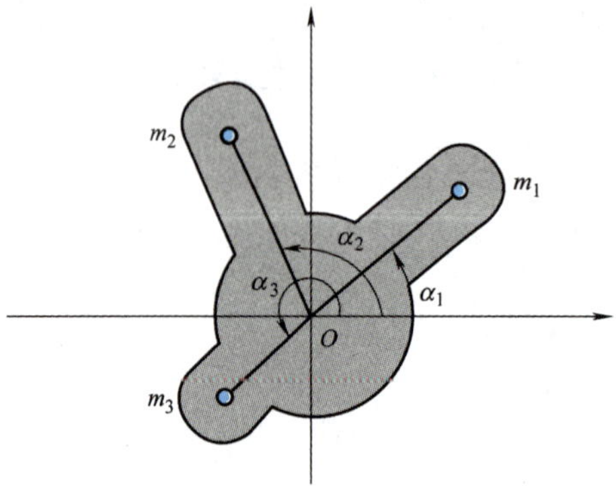

习题图 13-3　盘状转子平衡设计

习题图 13-4　不平衡零件

2-3　习题图 13-5 所示为一悬臂布置的刚性转子，转子的转速 $n=500$r/min，不平衡质量分布如下：$m_1=8$kg，$m_2=4$kg，$r_1=80$mm，$r_2=110$mm，$\theta_1=90°$，$\theta_2=225°$；两支承面 A、B 之间的距离 $a=80$mm，$b=40$mm。

1）求两个支承面 A、B 处的动反力。

2）求平衡面应加质径积的大小与方位，如果配重半径 $r=100$mm，应加的配重质量为多少？

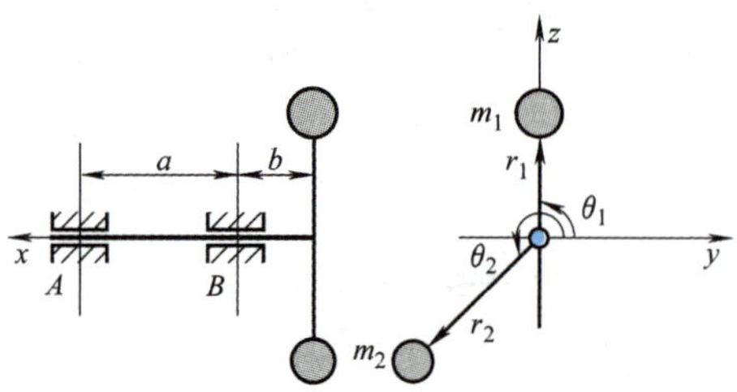

习题图 13-5　悬臂布置的刚性转子

2-4　如习题图 13-6 所示，一个刚性回转体绕 z 轴转动，其上有三个不平衡质量 $m_1=10$kg，$m_2=8$kg，$m_3=5$kg，位置如图所示。求在平面 Ⅰ 和平面 Ⅱ 内应该添加多大的平衡质量才能使该回转体达到动平衡。

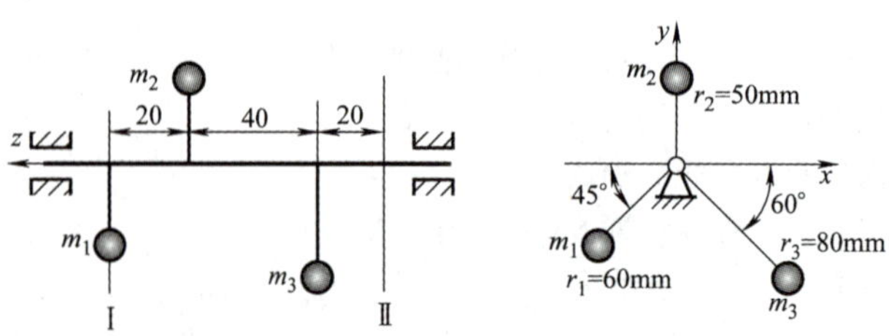

习题图 13-6　刚性回转体动平衡设计

2-5　如习题图 13-7a 所示的曲轴可以简化为如习题图 13-7b 所示的示意图。不平衡质量位于平面 A 和 B 上，大小及方位为 $m_1=m_2=2$kg，$r_1=r_2=30$mm，$\theta_1=270°$，$\theta_2=90°$。图中 $l_1=100$mm，$l_2=200$mm，$l_3=100$mm。为使系统达到动平衡状态，在平面 C 和 D 中添加配重质量 m_C 和 m_D，方位为 $r_C=r_D=28$mm，$\theta_C=90°$，$\theta_D=270°$，试确定 m_C 和 m_D 的大小。

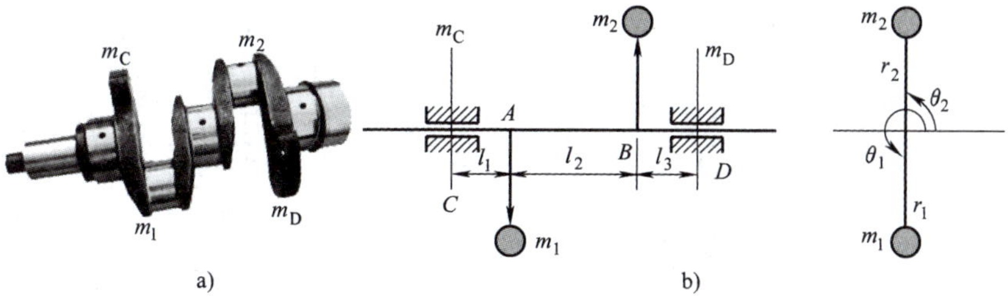

习题图 13-7　曲轴平衡设计

2-6　如习题图 13-8 所示刚性转子，不平衡质量分布如下：$m_1=1\text{kg}$，$m_2=2\text{kg}$，$r_1=300\text{mm}$，$r_2=150\text{mm}$，$\theta_1=45°$，$\theta_2=300°$。求两个平衡面 L、R 上应加质径积的大小与方位。

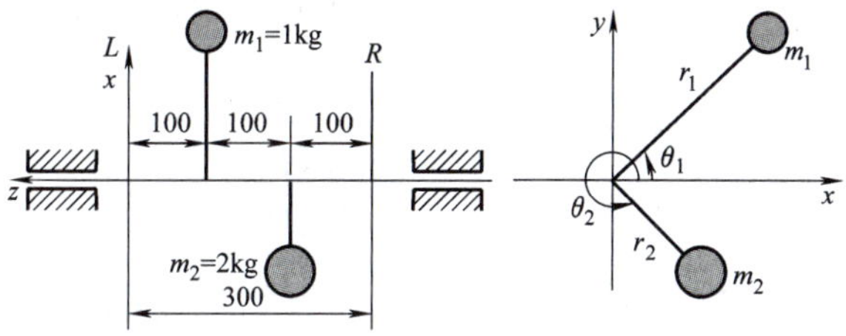

习题图 13-8　刚性转子平衡设计

2-7　如习题图 13-9a 所示为涡轮增压器中的涡轮转子，可以简化为习题图 13-9b 所示结构，已知其质量 $m=2\text{kg}$，工作转速 $n=9000\text{r/min}$，$l_1=70\text{mm}$，$l_2=80\text{mm}$，平衡精度为 A2.5，求 Ⅰ、Ⅱ 两个平衡面上的许用质径积。

2-8　已知习题 2-5 中的曲轴由于加工原因两个配重的角度位置参数分别为 $\theta_1=92°$、$\theta_2=273°$。试设计动平衡实验，重新修整曲轴配重使其达到动平衡。

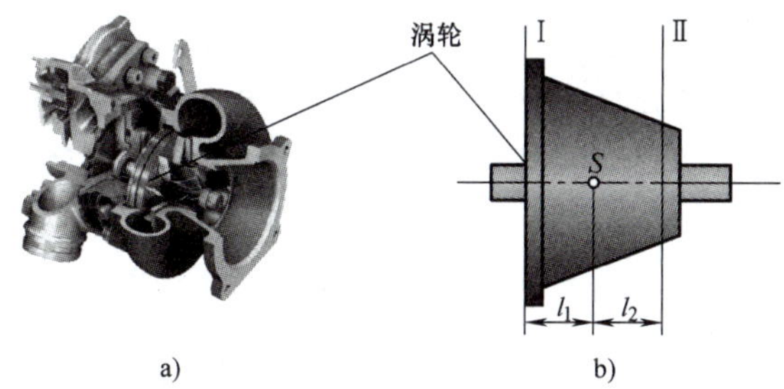

习题图 13-9　涡轮转子

3. 自测题

3-1　静平衡是（　　）的平衡。

a）惯性力　　b）惯性力偶矩　　c）惯性力和惯性力偶矩

3-2　静平衡是__________，需要__________个平衡面；动平衡是__________，需__________个平衡面。

3-3　转子系统静平衡的力学条件是__________；动平衡的力学条件是__________。

3-4　如习题图 13-10 所示的转子中，已知不平衡质量 $m_1=m_2$，径向位置 $r_1=r_2$；习题图 13-10a 中，两个不平衡质量方位角相同；习题图 13-10b 中，两个不平衡质量方位角相差 180°。试比较这两种转子不平衡现象的差别，并说明如何平衡这两种转子。

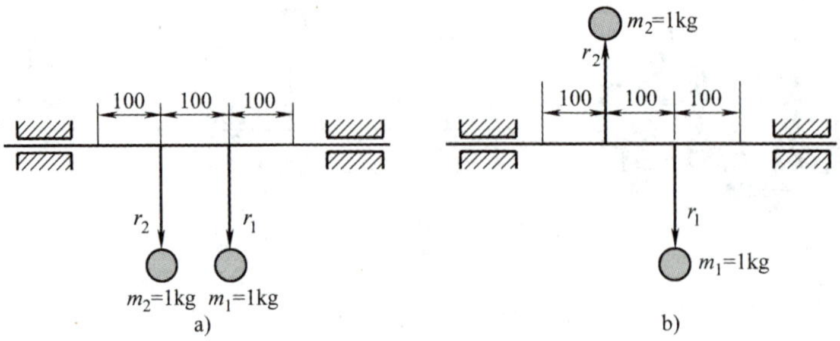

习题图 13-10　比较两种转子不平衡现象的差别

3-5　如习题图 13-11 所示曲轴上，四个不平衡质量位于同一轴平面内，已知 $m_1=m_4=1\text{kg}$，$m_2=m_3=1.2\text{kg}$，$r_1=r_4=0.06\text{m}$，$r_2=r_3=0.05\text{m}$，$l_1=l_3=0.4\text{m}$，$l_2=0.6\text{m}$，试判断该曲轴是否符合动平衡条件？如何进行动平衡设计？

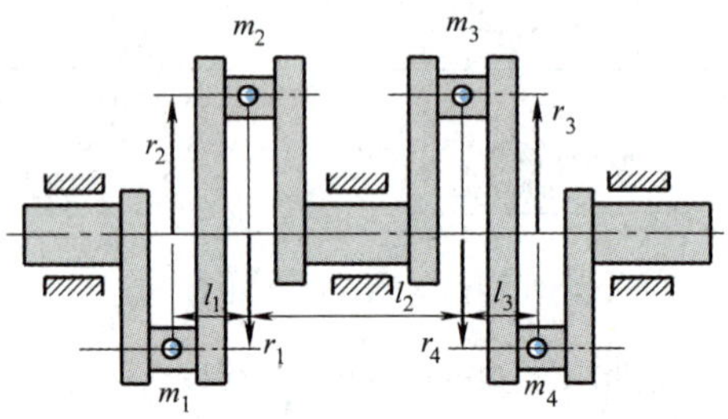

习题图 13-11　曲轴动平衡

参 考 文 献

[1] 张春林，张颖. 机械原理（英汉双语）[M]. 北京：机械工业出版社，2012.
[2] 张春林. 机械原理 [M]. 北京：高等教育出版社，2006.
[3] 张春林. 高等机构学 [M]. 2 版. 北京：北京理工大学出版社，2006.
[4] 张春林. 机械创新设计 [M]. 2 版. 北京：机械工业出版社，2007.
[5] 张春林，余跃庆. 机械原理教学参考书：上册 [M]. 北京：高等教育出版社，2009.
[6] 张春林，余跃庆. 机械原理教学参考书：中册 [M]. 北京：高等教育出版社，2009.
[7] 张春林，余跃庆. 机械原理教学参考书：下册 [M]. 北京：高等教育出版社，2009.
[8] 申永胜. 机械原理教程 [M]. 北京：清华大学出版社，1999.
[9] 张策. 机械原理与机械设计 [M]. 北京：机械工业出版社，2004.
[10] 孙桓，陈作模，葛文杰. 机械原理 [M]. 北京：高等教育出版社，2006.
[11] 郑文纬，吴克坚. 机械原理 [M]. 北京：高等教育出版社，1997.
[12] 邹慧君，张春林，李杞仪. 机械原理 [M]. 北京：高等教育出版社，2006.
[13] 黄茂林，秦伟. 机械原理 [M]. 北京：机械工业出版社，2002.
[14] 王德伦，高媛. 机械原理 [M]. 北京：机械工业出版社，2011.
[15] 师忠秀. 机械原理 [M]. 北京：机械工业出版社，2012.
[16] Robert L. Norton. Design of Machinery [M]. New York: McGraw-Hill, 2002.
[17] S S. Rattan. Theory of Machines [M]. New York: Tata McGraw-Hill Education Private Limited, 2009.
[18] J. E. Shigley. Theory of Machine and Mechanisms [M]. New York: McGraw- Hill, 1980.
[19] Reuleux F. Kinematics of machinery [M]. London: Dover Publications Inc. 1963.
[20] Erdman A G. Sandor G N. Mechanism Design [M]. New York: Prentice- Hall International Inc. 1984.
[21] Uicker, Shigley. Theory of Machine and Mechanisms [M]. London: Oxford University Press, 2003.
[22] Hamilton H. Mabi. Mechanisms and Dynamics of Machinery [M]. New York: John Wiley and Sons. Inc, 1987.
[23] R. C. Hibbeler. Engineering Mechanics [M]. New Jersey : Prentice-Hall International Inc, 1995.
[24] Wilson, Sadler, Michels. Kinematics and Dynamics of Machinery [M]. New York: Harper & Row, 1983.
[25] Barnacle, Walker. Mechanics of Machines [M]. London: Oxford Pergamon, 1965.
[26] George H. Martin . Kinematics and Dynamics of Machines [M]. New York: McGraw-Hill, 1982.
[27] Jerimy, Hirschhorm. Kinematics and Dynamics of Plane Mechanisms [M]. New York: McGraw-Hill, 1962.
[28] John R. Zimmerman. Elementary Kinematics of Mechanisms [M]. New York: John Wiley &Sons, 1975.